零基础学习PLC

机电维修孔师傅　等编著

机械工业出版社

本书专门为刚开始从事自动化工作、在工厂从事电气维护或者打算学习 PLC 的人士编写。本书从简单的电路图开始，手把手教授如何将其转换为梯形图程序，再辅以实物接线图，从而快速实现从传统的继电器-接触器控制电路到 PLC 编程和应用的无缝衔接。本书具体内容包括 PLC 基础入门、开关量应用、西门子 PLC 常用指令解析、指令应用案例详解、模拟量应用、高速计数器和运动控制应用、组态软件 MCGS 的应用和三菱 FX3U PLC 的应用。全书以超大的实物彩图，辅以清晰的接线引导，给 PLC 初学者提供了一种全新的、直接的学习方式，可帮助从业者快速提高应用技能、提升工作效率。

图书在版编目（CIP）数据

零基础学习 PLC/机电维修孔师傅等编著. —北京：机械工业出版社，2024. 3

ISBN 978-7-111-74753-6

Ⅰ. ①零… Ⅱ. ①机… Ⅲ. ①PLC 技术 Ⅳ. ①TM571. 61

中国国家版本馆 CIP 数据核字（2024）第 021574 号

机械工业出版社（北京市百万庄大街 22 号 邮政编码 100037）

策划编辑：任 鑫 责任编辑：任 鑫

责任校对：张雨霏 张 薇 责任印制：李 昂

天津市银博印刷集团有限公司印刷

2024 年 8 月第 1 版第 1 次印刷

260mm×184mm · 15. 75 印张 · 390 千字

标准书号：ISBN 978-7-111-74753-6

定价：128. 00 元

电话服务

客服电话：010-88361066

010-88379833

010-68326294

网络服务

机 工 官 网：www. cmpbook. com

机 工 官 博：weibo. com/cmp1952

金 书 网：www. golden-book. com

机工教育服务网：www. cmpedu. com

前　言 PREFACE

亲爱的读者朋友们，你们好！

非常感谢您选购《零基础学习 PLC》。本书内容包括西门子 S7-200 PLC、S7-200 SMART PLC、三菱 FX3U PLC 相关的基础入门知识和实际电路应用案例，以及组态软件 MCGS 的一些基础操作。全书知识安排从简单到复杂，易于上手、易于应用。

在学习 PLC 时，大家之所以觉得 PLC 难，学不会，其主要原因还是心理因素。这与平时大家总习惯把 PLC 等内容说得非常专业有关，比如 DCS（集散控制系统）、分布式 I/O、组态等专业名词，猛然听起来一头雾水，从心里就觉得不好学。在本书中，我使用了最通俗的语言、最简单的办法介绍 PLC 的使用方法，可能语言上不是很专业，但希望能够帮助您消除抵触心理，实现快速上手入门。

本书专门为刚开始从事自动化工作、在工厂从事电气维护或者打算学习 PLC 的人士设计。全书从简单的电路图开始，手把手教授如何将其转化为梯形图程序，再辅以实物接线图，从而快速实现从传统的继电器-接触器控制电路到 PLC 编程和应用的无缝衔接。书中包含的上百种常用控制电路图+梯形图程序、模拟量应用、运动控制应用等来源于工程实际，真正做到了在做中学、在学中做。

谈到学习 PLC，首先应该对其有基本的了解，要有动手实操的意识。因为学习任何技能都不是一蹴而就的，要给自己充分的时间去尝试。有基础、学习能力强的人肯定入门快；如果基础差，那就要多花时间和精力，多请教，实在不行就把工作中常用的程序搞明白也是一种很好的学习方式。至于入门学习的是西门子 PLC 还是三菱 PLC 并不重要，重要的是要安下心来去研究、去应用、去操作，久而久之必然能学会，任何一款 PLC 入门后，再换其他品牌都能很快上手。

在本书的学习过程中，首先希望您要相信自己能学会，那就一定能学会。如果对自己没有信心，没有正确的学习观，就会让您的学习止步不前。其次就是不要固步自封，以为自己掌握了一定的技能，有了些工作经验，就可以高枕无忧。先不说PLC发展迅速，不持续学习肯定会被抛下，单说我们掌握的这些技能，真的能解决工作中所有问题吗？或者只是解决了特定岗位的问题，换个工作能否胜任呢？是否出现因为知识点掌握不牢靠，问题一直没有解决，别人点拨了一下就想起某个知识点，问题也随之解决的情况呢？学习基础知识，利用知识解决问题，问题解决了总结经验，在积累经验的基础上，继续学习下一阶段的知识，如此往复，才能实现知识的融会贯通。千万不要出现十年后在面试新的工作时当说出“我有十年的工作经验”，而面试官却告诉你“不，你只是用一年的经验工作了十年而已”的尴尬场面。所以我也想和您分享一句我时常激励自己的话：在工作中学习，在岗位上成才。

以上这些写给想进入这行的朋友，也是写给我自己的，希望我们保持初心、不断学习。在技术高速发展的今天，做一个终身学习者。

值得注意的是，为了便于读者区分，本书中的电路图使用了不同颜色线条来表示不同功能的导线，但并未按国家标准进行统一，仅作为示例，请读者在阅读使用时，注意区分。另外，为了便于读者阅读，书中的元器件图形符号和文字符号、相关的名词术语也并未按照国家标准进行完全统一。书中电路虽然已经过电子仿真和实际验证，但由于使用条件不同，元器件参数不一致，电路运行效果也会不一致，所以本书中的电路仅供参考！

在本书编写过程中，很多同行及经验丰富的老师傅们也给予了大力支持和帮助，在此一并表示感谢！

由于作者水平有限，书中可能存在不当或疏漏之处，敬请广大读者批评指正。

机电维修孔师傅

目　录 CONTENTS

第 4 章　指令应用案例详解 …… 069

第 1 章

PLC 基础入门

1. 初识 PLC

扫一扫看视频

PLC全称为可编辑逻辑控制器，主要由电源、CPU、储存器、输入单元和输出单元等组成。可把它分成三个部分理解，可编程、逻辑和控制器，控制器分为时间控制器、温度控制器、计数控制器等，它们的功能很单一，可实现时间控制、温度控制、计数控制。当使用条件很复杂时，就出现了逻辑。由于很多电路图元器件搭建会非常复杂，接线困难，故障率高，所以可以通过PLC完成，只需输入和输出没有了中间复杂的接线，即可实现直接想要的结果。

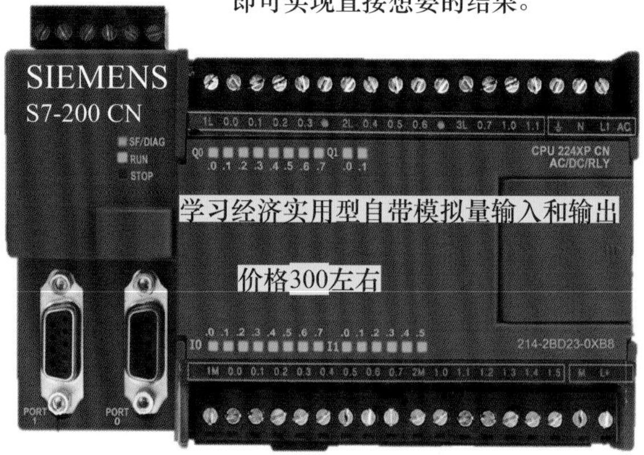

PLC系列	输出类型	PLC型号种类繁多
小型	T:晶体管	常用的小型PLC有
中型	R:继电器	西门子S7-200 PLC
大型		西门子S7-200 SMART PLC
		三菱FX3U PLC

R:晶体管型

优点 响应速度快，一般用于控制步进电动机和伺服电动机。

缺点 负载电流小约为0.2A，只能带直流负载。

T:继电器型

优点 控制较大的电流约为2A，一般用于需要开关量的设备，带交直流负载均可。

缺点 响应速度慢，不能控制步进电动机和伺服电动机。

S7-200 SMART PLC 输入+输出总点数有20点、30点、40点、60点。

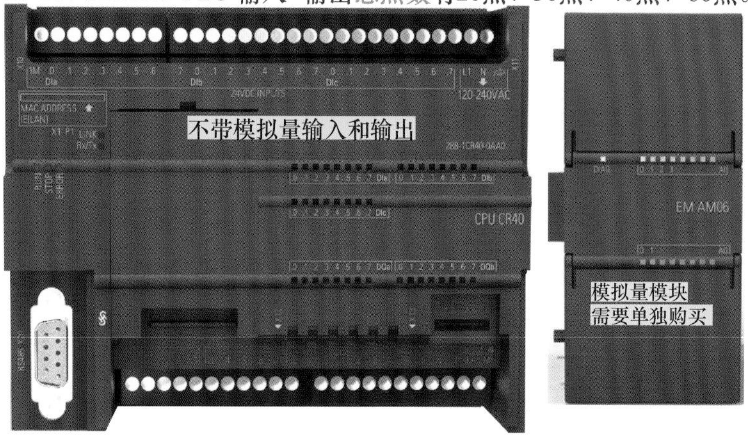

三菱FX3U PLC 输入+输出总点数有16点、32点、64点、80点、128点。

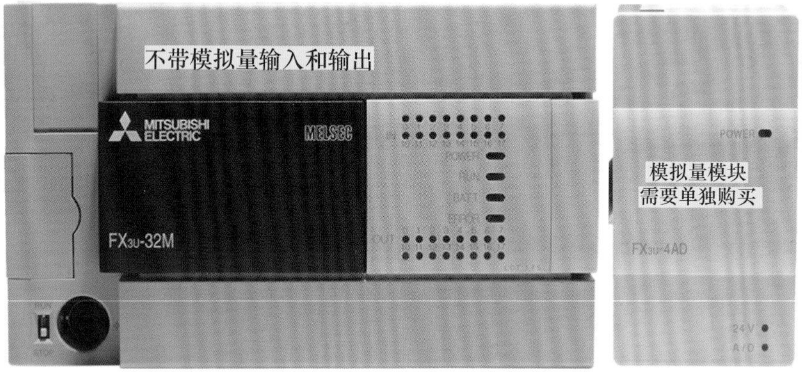

2. 晶体管输出型和继电器输出型 PLC 的区别

扫一扫看视频

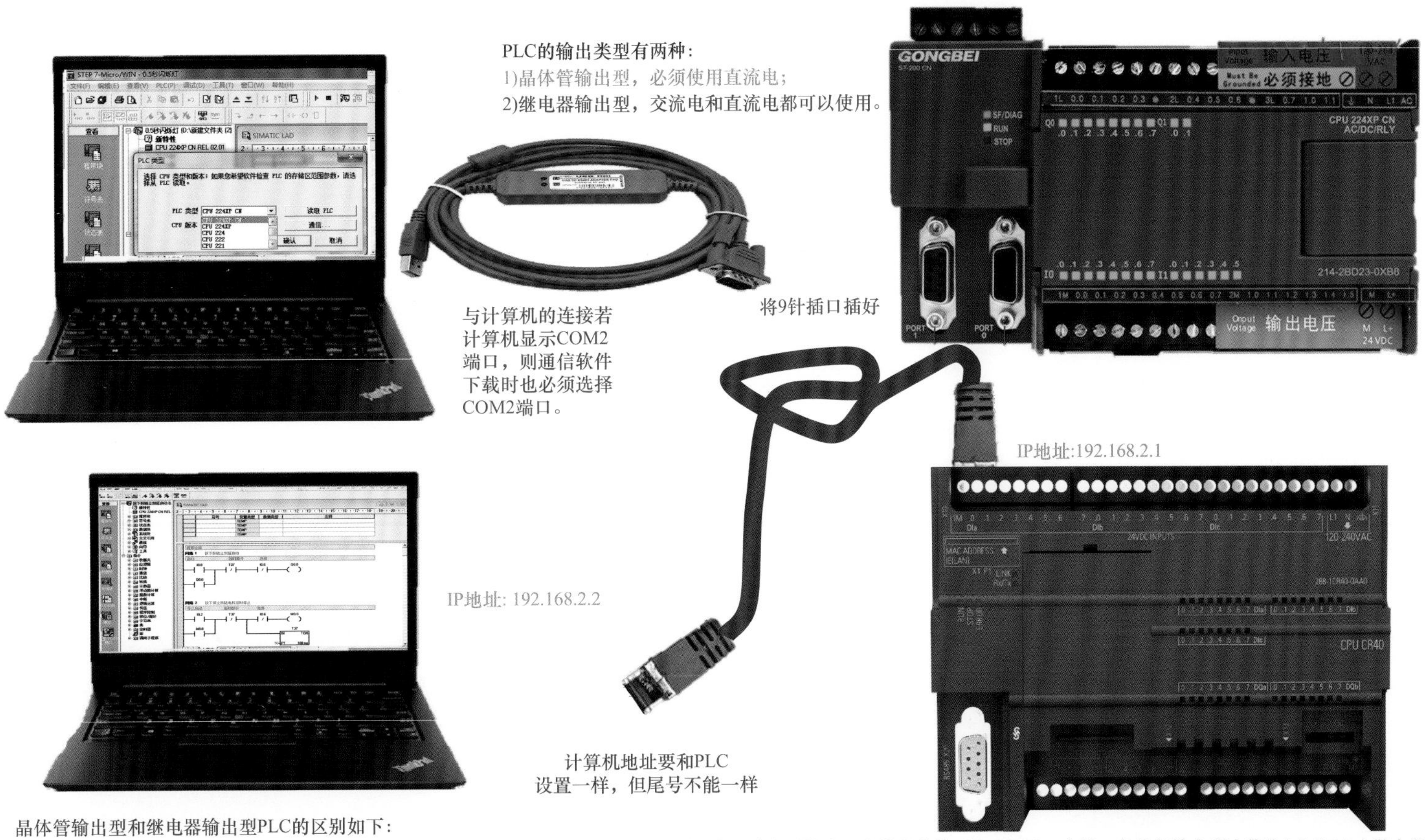
PLC的输出类型有两种：
1)晶体管输出型，必须使用直流电；
2)继电器输出型，交流电和直流电都可以使用。
与计算机的连接若计算机显示COM2端口，则通信软件下载时也必须选择COM2端口。
将9针插口插好
IP地址:192.168.2.1
IP地址: 192.168.2.2
计算机地址要和PLC设置一样，但尾号不能一样
GONGBEI
输入电压
必须接地
CPU 224XP CN
AC/DC/RLY
214-2BD23-0XB8
输出电压
24 VDC
CPU CR40
120-240VAC

晶体管输出型和继电器输出型PLC的区别如下：

1)负载电压、电流类型不同。负载类型：晶体管输出型只能带直流24V负载，而继电器输出型带交、直流负载均可(0~220V)。电流：晶体管输出型电流为0.2~0.3A，继电器输出型电流为2A。

2)过载能力不同。晶体管输出型过载能力小于继电器输出型过载能力。使用晶体管输出型PLC时，若存在冲击电流较大的情况(例如灯泡、感性负载等)，需要加直流中间继电器或固态继电器。

3)响应速度不同。晶体管输出型响应速度快于继电器输出型。晶体管输出型主要用于定位控制，要用晶体管输出来发出脉冲。而继电器输出型是不能用来发出脉冲的，也就不能进行定位控制。如果用继电器输出型PLC去控制定位伺服或步进电动机的话还要添加定位模块，经济上不划算。而用一个晶体管输出型PLC就可以控制步进、伺服电动机等。

4)寿命不同。在额定工作情况下，继电器由于是机械元件有动作次数寿命，晶体管是电子元件只有老化，没有使用次数限制。此外，继电器每分钟的开关次数也是有限制的，而晶体管则没有。

3. PLC的CPU、输入单元和输出单元

扫一扫看视频

PLC的CPU相当于人类的大脑，用于处理各种数据，执行用户程序。PLC输入单元相当于人类的眼睛和耳朵，用于接收外界信号，主要有以下两类：一类是按钮、接近开关、行程开关等开关量输入信号；另一类是温度变送器、压力变送器、流量变送器、电动执行器、编码器等。

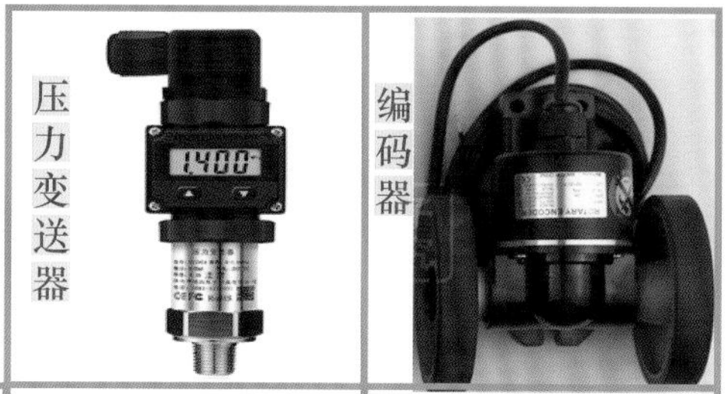

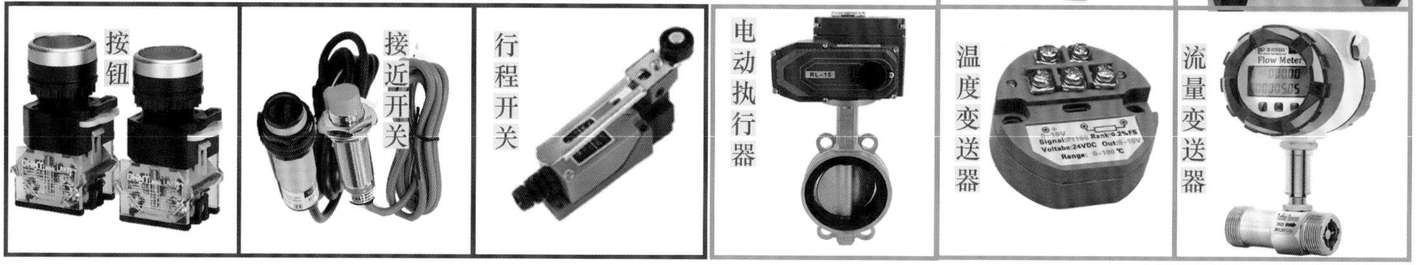

PLC输出单元相当于人类的手，用于控制物体，可以连接被控制的对象，主要有指示灯、中间继电器、电磁阀、接触器、固态继电器、变频器、步进电动机驱动器等。

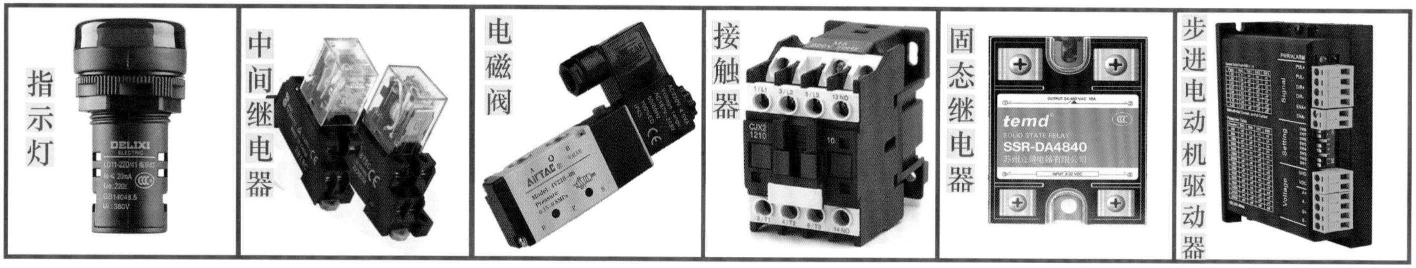

4. 晶体管输出型 PLC 内部输入、输出结构详解

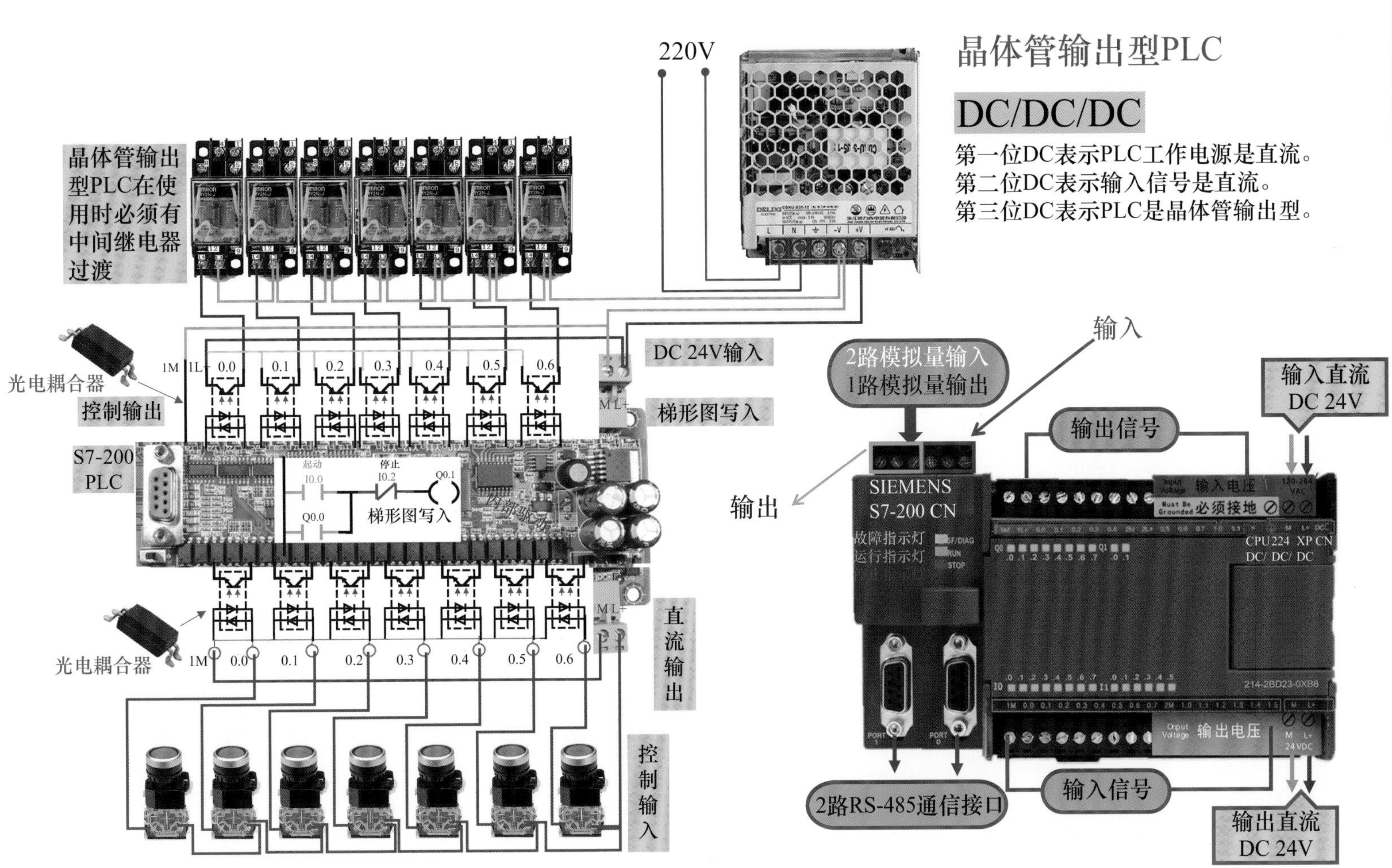

220V
晶体管输出型PLC
DC/DC/DC
第一位DC表示PLC工作电源是直流。
第二位DC表示输入信号是直流。
第三位DC表示PLC是晶体管输出型。
晶体管输出型PLC在使用时必须有中间继电器过渡
光电耦合器
控制输出
DC 24V输入
梯形图写入
S7-200 PLC
起动 I0.0
停止 I0.2
Q0.1
Q0.0
梯形图写入
光电耦合器
直流输出
控制输入
输入
2路模拟量输入 1路模拟量输出
输入直流 DC 24V
输出信号
输出
SIEMENS S7-200 CN
故障指示灯
运行指示灯
输入电压
必须接地
CPU224 XP CN DC/ DC/ DC
输出电压
2路RS-485通信接口
输入信号
输出直流 DC 24V

5. 继电器输出型 PLC 内部输入、输出结构详解

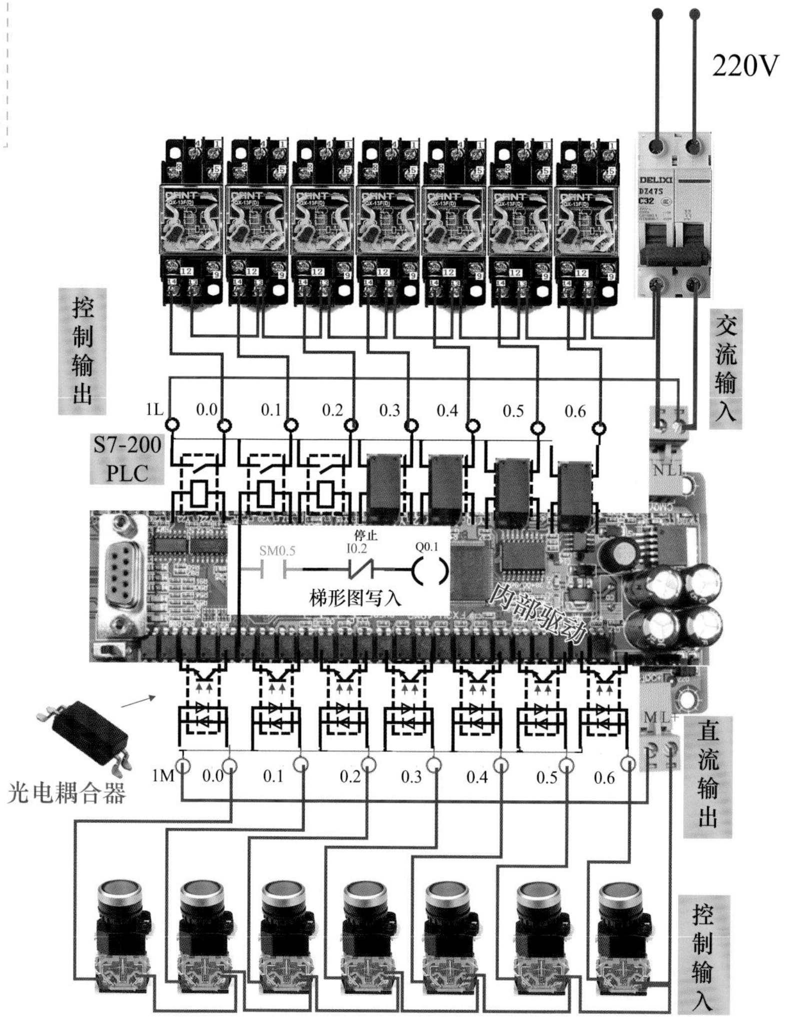

继电器(RELAY)输出型PLC

AC/DC/RLY

第一位AC表示PLC工作电源是交流。
第二位DC表示输入信号是直流。
第三位RLY(RELAY)表示PLC是继电器输出型。

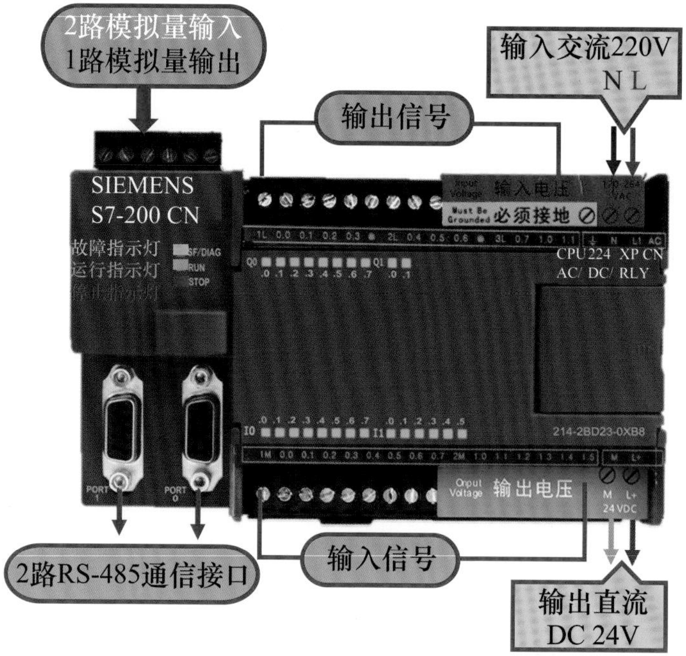

6. 西门子 PLC 常用编程元件

PLC内部有不同的存储单元，每个单元都有唯一的地址，在编写程序时需要对应好软元件的符号和地址。

为了编程需要，把PLC内部的存储单元分成输入寄存器I、输出寄存器Q、位存储区辅助继电器M、定时器T、计数器C、变量寄存器V、高速计数器HSC、顺序控制继电器S、模拟量输入寄存器AIW/模拟量输出寄存器AQW、特殊存储器SM等。

PLC位元件是指PLC中只处理ON/OFF状态的元件，并通过数字或模拟方式输入/输出，以控制各种类型的机械或生产过程。S7-200 PLC常用编程元件见下表。

表　西门子S7-200 PLC编程元件表(型号CPU224XP)

软元件名称	符号	编号范围	功能说明
输入寄存器	I	I0.0~I1.5	接收现场控制按钮等输入信号
输出寄存器	Q	Q0.0~Q1.1	输出程序执行的结果，通过输出端子驱动外部设备
位存储区辅助继电器	M	M0.0~M31.7	只在程序内部使用，其作用相当于中间继电器
定时器	T	T0~T255	相当于继电器电路中的时间继电器，用来计时，只在内部使用，不能在外部输出
计数器	C	C0~C255	接收输入脉冲个数，实现计数操作，触点在程序内部使用
变量寄存器	V	VB0.0~VB5119.7	模拟量控制、数据运算等数据处理结果的存储单元
顺序控制继电器	S	S0.0~S31.7	用来实现步进控制，提供逻辑分段
高速计数器	HSC	HSC0~HSC5	用来接收高频脉冲信号(如编码器)，实现高速计数
模拟量输入寄存器	AIW	AIW0~AIW2	用来将接收到的模拟量值(电压或电流信号)转换成PLC能处理的数字量，即实现A/D转换
模拟量输出寄存器	AQW	AQW0	将执行程序的数字量结果，转换成电压或电流信号，即实现D/A转换
特殊存储器	SM		SM0.0, PLC运行时，该位始终为1 SM0.1, PLC首次扫描时为1，保持一个扫描周期，可用于调用初始化程序 SM0.5, 提供一个周期为1s的时钟信号(高、低电平各为0.5s)

7. 常用的数据类型

扫一扫看视频

常用的数据类型如下：

1)二进制(位)，有开关量0或1。

2)十进制(字节)，一般为无符号整数。

3)十六进制(字)，包括无符号整数、有符号整数。

4)三十二进制(双字)，包括无符号整数双字、有符号整数双字、精度浮点数实数。

位/字节：二进制位为数据中最小单位。

0表示断开，1表示接通。要表示多个信息需多个“位”的组合，1个字节由8个二进制位组合而成。

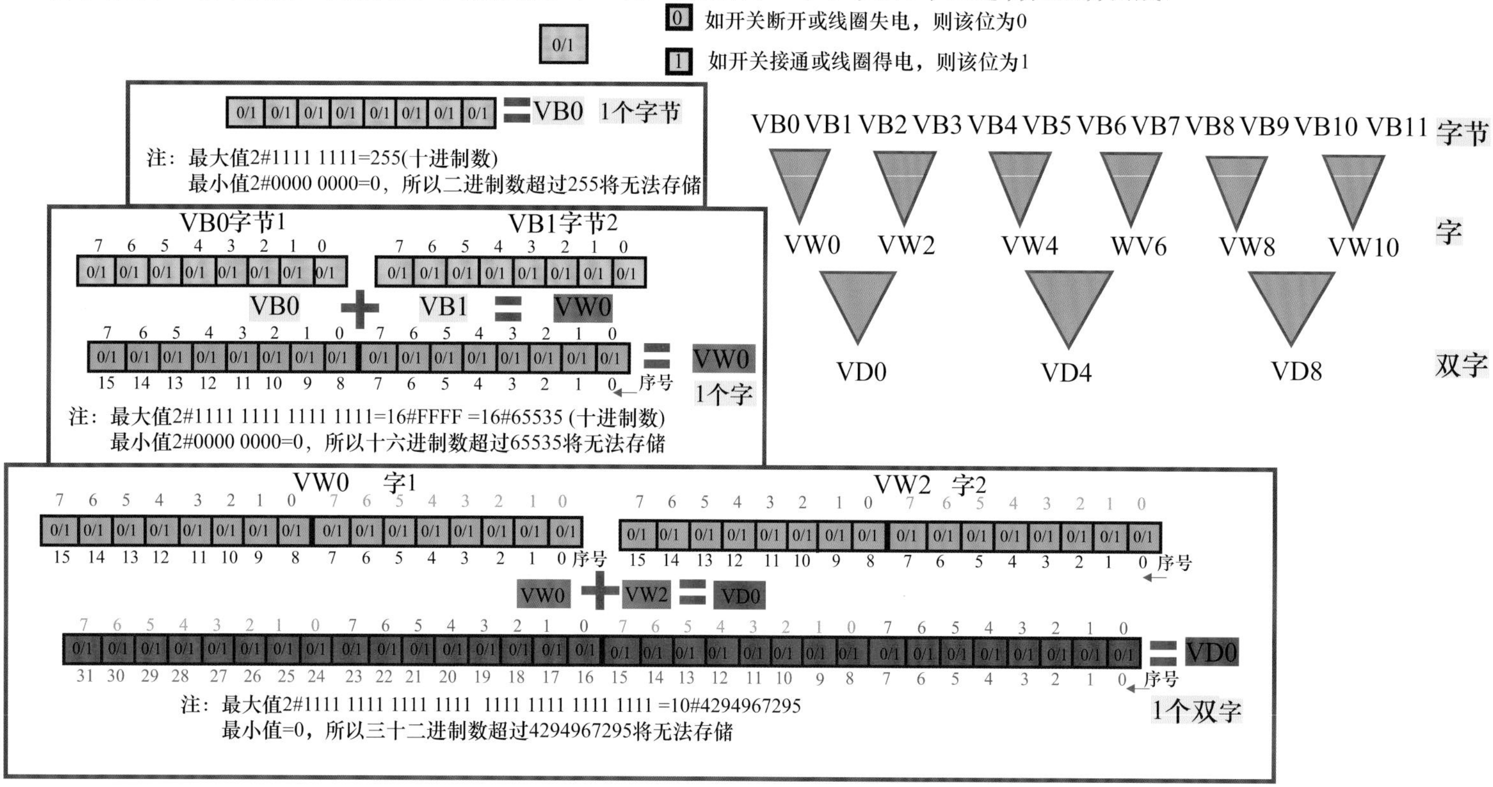

0 如开关断开或线圈失电，则该位为0
1 如开关接通或线圈得电，则该位为1
0/1
=VB0 1个字节
注：最大值2#1111 1111=255(十进制数)
最小值2#0000 0000=0，所以二进制数超过255将无法存储
VB0字节1
VB1字节2
VB0 + VB1 = VW0
= VW0 1个字
序号
注：最大值2#1111 1111 1111 1111=16#FFFF =16#65535 (十进制数)
最小值2#0000 0000=0，所以十六进制数超过65535将无法存储
VW0 字1
VW2 字2
VW0 + VW2 = VD0
= VD0 1个双字
注：最大值2#1111 1111 1111 1111 1111 1111 1111 1111 =10#4294967295
最小值=0，所以三十二进制数超过4294967295将无法存储
VB0 VB1 VB2 VB3 VB4 VB5 VB6 VB7 VB8 VB9 VB10 VB11 字节
VW0 VW2 VW4 WV6 VW8 VW10 字
VD0 VD4 VD8 双字

8. 数据类型详解

扫一扫看视频

	数据格式	含义	数据长度/位	数据类型	取值范围	
V0.0	BOOL	位	1	布尔	0(断)或1(通)	
VB0	BYTE	字节	8	无符号整数	0~ 255	16#00~16#FF
VW0	WORD	字	16	无符号整数	0~65535	16#0000~16#FFFF
VD0	DWORD	双字	32	无符号整数	0~4294967295(约+42亿)	16#0000 0000~16#FFFF FFFF
VW0	INT	整数	16	有符号整数	−32768~32767	
VD0	DINT	双整数	32	有符号整数	−2147483648(约−21亿) ~2147483647(约+21亿)	
	REAL	实数	32	精度浮点数	$\pm1.175495\times10^{-38}$ ~$\pm$ 3.402823×10^{38}	
	ASCII	字符	8(1字节)	字符列表	ASCII字符(可忽略)	
	STRING	字符串	8(*N*+1)	字符串	1~254个 ASCII字符(可忽略)	

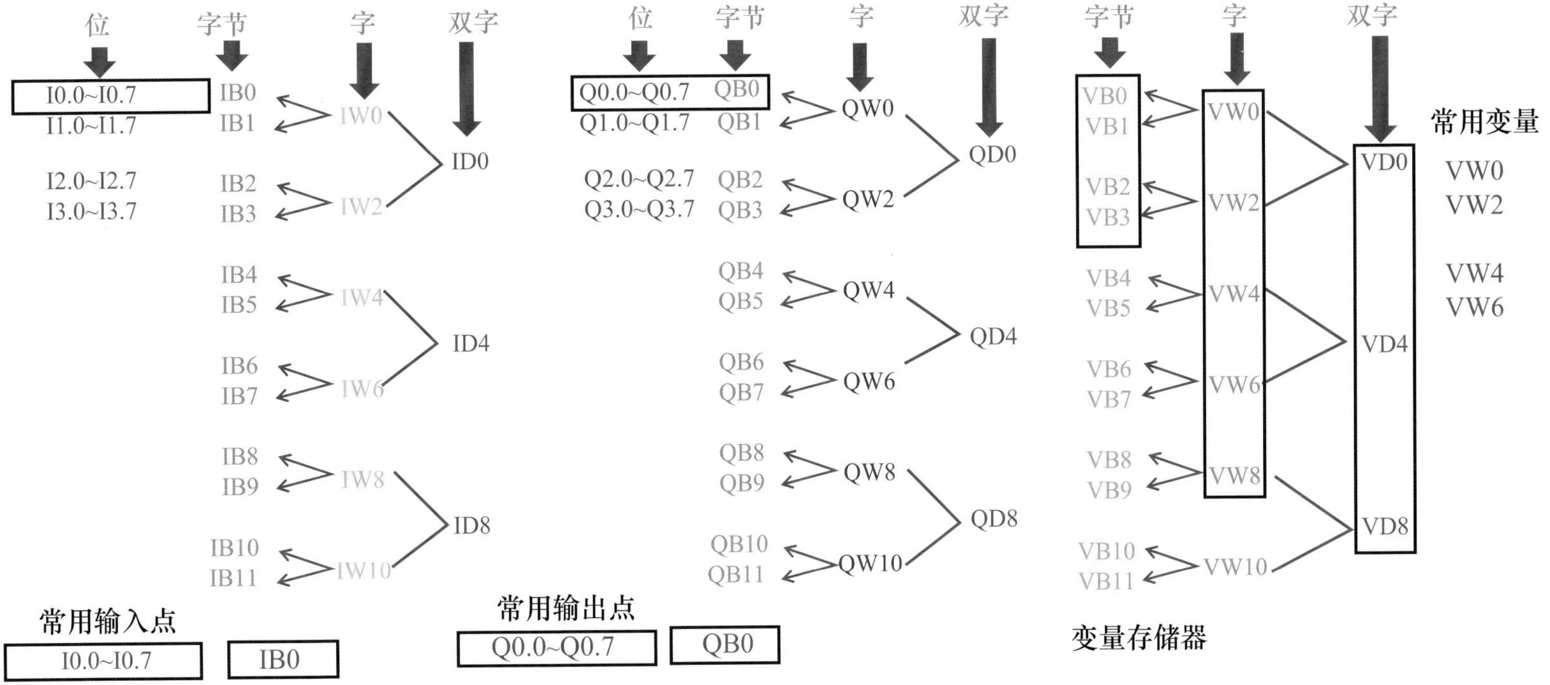

9. 常用数据类型的转换

扫一扫看视频

数据类型中的二进制数、十进制数、十六进制数可以相互转换，且转换后表示的数值大小不变。

二进制转十进制数

① 1 0 0 1 1 0

③ 32 16 8 4 2 1　在二进制位上面从右往左写上对应的倍数

② 1 0 0 1 1 0

⇧ ⇧ ⇧ 把二进制1上面的数字调出

④ 32 0 0 4 2　把调出的数字相加得结果

⑤ 32+4+2 ＝38　转换结果完成

⑥ 2# 1 0 0 1 1 0 ＝38

二进制转十六进制数

二进制：0 和 1

在PLC程序中(10、11、12、13、14、15)用英文字母代替

十六进制:0、1、2、3、4、5、6、7、8、9、A、B、C、D、E、F

先把要转换的二进制数每四个划分一组从右往左用8 4 2 1码对应标注，最左侧位不够补0

① 2# 1 0 0 1 0 0 0 1 1 0 0 1 0 0 1

③ 8 4 2 1/ 8 4 2 1/ 8 4 2 1/ 8 4 2 1

② 0 1 0 0/ 1 0 0 0/ 1 1 0 0/ 1 0 0 1　把二进制1上面的数字调出

补 ⇧ ⇧ ⇧⇧ ⇧ ⇧ 对应相加(全0则为0)

④ 0 4 0 0 | 8 0 0 0 | 8+4 0 0 | 8 0 0 1 ＝48C9

⑤ 4 8 C 9　转换结果完成

⑥ 2# 1 0 0 1 0 0 0 1 1 0 0 1 0 0 1 ＝48C9

二进制转八进制数

先把要转换的二进制数每三个一组从右往左用4 2 1码对应标注，最左侧位不够补0

① 2# 1 0 0 0 0 0 1 1 0 0 0 0 0 0 0 1 0 1 1 0 0 1

③ 4 2 1/ 4 2 1/ 4 2 1/ 4 2 1/ 4 2 1/ 4 2 1/ 4 2 1/ 4 2 1

② 0 0 1/ 0 0 0/ 0 0 1/ 1 0 0/ 0 0 0/ 0 0 1/ 0 1 1/ 0 0 1　把二进制1上面的数字调出

补补 ⇧ ⇧ ⇧ ⇧ ⇧ ⇧ ⇧　对应相加(全0则为0)

④ 0 0 1 | 0 0 0 | 0 0 1 | 4 0 0 | 0 0 0 | 0 0 1 | 0 2+1 | 0 0 1 ＝10140131

⑤ 1 0 1 4 0 1 3 1　转换结果完成

⑥ 2# 1 0 0 0 0 0 1 1 0 0 0 0 0 0 0 1 0 1 1 0 0 1 ＝10140131

10. 二进制数与十六进制数的转换

十六进制数:
从小数点位置开始，整数部分向左小数点部分向右每4位二进制数为一组

十六进制数:0、1、2、3、4、5、6、7、8、9、A、B、C、D、E、F
在PLC程序中，10、11、12、13、14、15用英文字母代替

扫一扫看视频

用一个十六进制数字来表示，不足4位的用零来补足，每个十六进制数，用4位二进制数来表示。转换后最左侧或最右侧的零，在书写时可以省去。

十六进制数	0	1	2	3	4	5	6	7
二进制数	0 0 0 0	0 0 0 1	0 0 1 0	0 0 1 1	0 1 0 0	0 1 0 1	0 1 1 0	0 1 1 1
十六进制数	8	9	A	B	C	D	E	F
二进制数	1 0 0 0	1 0 0 1	1 0 1 0	1 0 1 1	1 1 0 0	1 1 0 1	1 1 1 0	1 1 1 1

(2#)表示二进制
十进制数为整数(例如：123)
(16#)表示十六进制
(32#)表示三十二进制

二进制转换为十六进制数

例:2#10 0110.0001 01
整数部分向左补0，小数点部分向右补0
2#0010 0110.0001 0100＝16#26.14

二进制转换为十六进制数

例:2#1000 1001＝16#89

十六进转换为二进制数 16#407AE

计算方法

4 0 7 A E
1)直接把字母变换成数字 4 0 7 10 14
2)用8 4 2 1组合相加
8 + 4 + 2 + 1
3)直接计算(全0则0)，用哪个，哪个为1，不用则为0

4	0	7	10	14
8+4+2+1	8+4+2+1	8+4+2+1	8+4+2+1	8+4+2+1
0 1 0 0	0 0 0 0	0 1 1 1	1 0 1 0	1 1 1 0

16#407AE＝2# 0100 0000 0111 1010 1110

十六进制转换为二进制数

例:16#3C09＝2#0011 1100 0000 1001

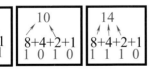

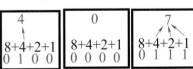

11. PLC的基本操作指令

位逻辑和线圈

简单来说，PLC的基本位操作指令就是触点以及线圈，这与继电器-接触器控制电路中的触点和线圈是非常相似的。

(1)控制电路触点以及线圈符号与梯形图中触点及线圈符号的对应

电路图中的命名	梯形图的命名
按钮 SB	I
接触器 KM	Q
中间继电器 KA	M 内部辅助继电器没有实际输出点

扫一扫看视频

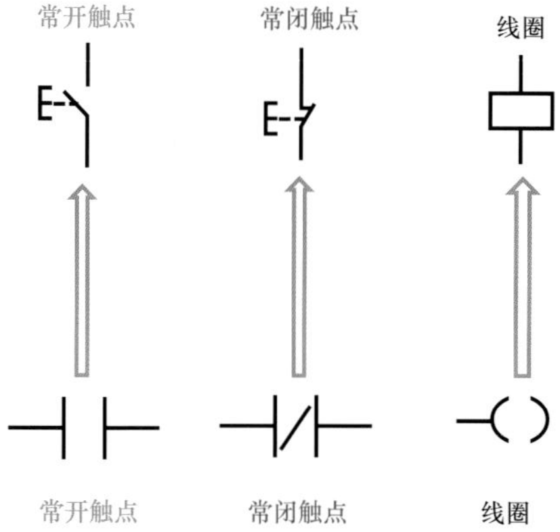

电路图中按钮命名顺序	梯形图命名顺序	电路图中文字号	梯形图中文字号	电路图中文字号	梯形图中文字号
按钮		中间继电器		接触器	
SB	I0.0	KA	M0.0	KM	Q0.0
SB1	I0.1	KA1	M0.1	KM1	Q0.1
SB2	I0.2	KA2	M0.2	KM2	Q0.2
SB3	I0.3	KA3	M0.3	KM3	Q0.3
SB4	I0.4	KA4	M0.4	KM4	Q0.4
SB5	I0.5	KA5	M0.5	KM5	Q0.5
SB6	I0.6			KM6	Q0.6
SB7	I0.7			KM7	Q0.7

(2)标识信息

通过以上对比可以发现，两者之间非常相似，电路图中所用的触点以及线圈需要加上标识，例如一套控制电路的第一个按钮的常开触点，需要在常开触点上加上SB1；梯形图中也是一个道理，触点和线圈上面必须得加标识，这里面叫作地址，因为PLC是以寻址的方式来处理程序的，所以必须得找到相应的地址，例如当常开触点上面标注I0.0，那么就是外部输入点I0.0控制的程序中对应I0.0中所有触点。

PLC输入接线外部接什么触点？这是一个困扰很多初学者的一个问题，以一个按钮为例，无论接什么触点都能实现控制目的，因为程序内部的触点可以颠倒，至于接什么完全取决于程序中要实现的控制功能。

在编写梯形图程序时要注意：程序里所用的触点什么时候动作取决于对应的输入端子什么时候给进来DC 24V信号，这里所说的触点动作包含常开触点和常闭触点。例如，程序中使用了I0.0的常开触点，如果外接按钮的常开触点，那么当按钮动作时DC 24V会给到输入端子，这时程序中的I0.0就会动作，I0.0常开触点就会闭合；如果外接按钮的常闭触点，那么DC 24V会一直给到输入端子，内部I0.0触点也会一直接通，当按下按钮时将DC 24V断开后，这时程序里的I0.0常开触点才会复位。

12. 查找 PLC 的型号并定义符号表

①

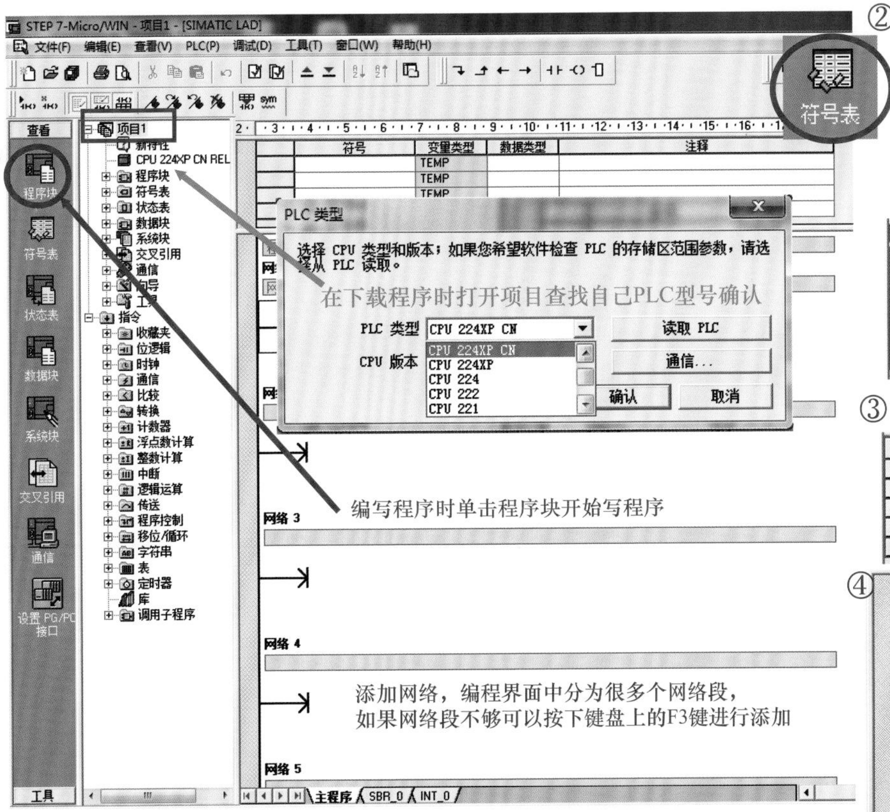
STEP 7-Micro/WIN - 项目1 - [SIMATIC LAD]
符号表
PLC 类型
选择 CPU 类型和版本；如果您希望软件检查 PLC 的存储区范围参数，请选择从 PLC 读取。
在下载程序时打开项目查找自己PLC型号确认
PLC 类型　CPU 224XP CN
读取 PLC
CPU 版本
通信...
确认
取消
编写程序时单击程序块开始写程序
添加网络，编程界面中分为很多个网络段，
如果网络段不够可以按下键盘上的F3键进行添加

② 符号表用来定义地址或常数的符号。在程序中使用符号地址，可使程序更容易阅读和理解。**定义符号可以在创建程序之前，也可创建程序之后。**也就是说，可以在编程时，使用没有在符号表中定义的符号。**但当程序比较多时可能不易记清是什么功能，所以利用符号表做标注，**无论是在编程时还是在调试时都是很方便的。

打开符号表，里面空白的内容，等待填写。

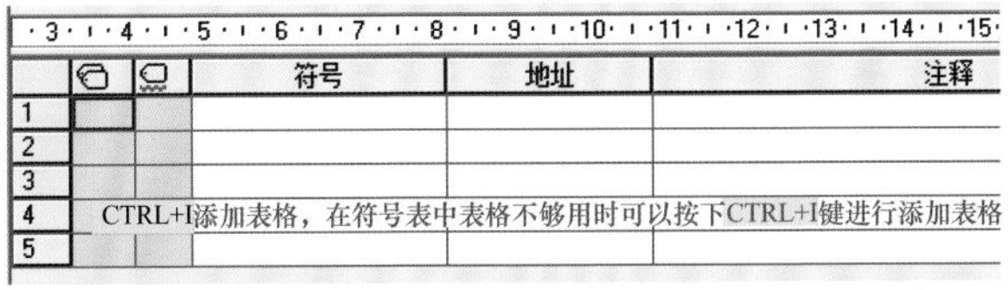
符号
地址
注释
CTRL+I添加表格，在符号表中表格不够用时可以按下CTRL+I键进行添加表格

③ 下图已把标注好的符号、地址、注释填入。

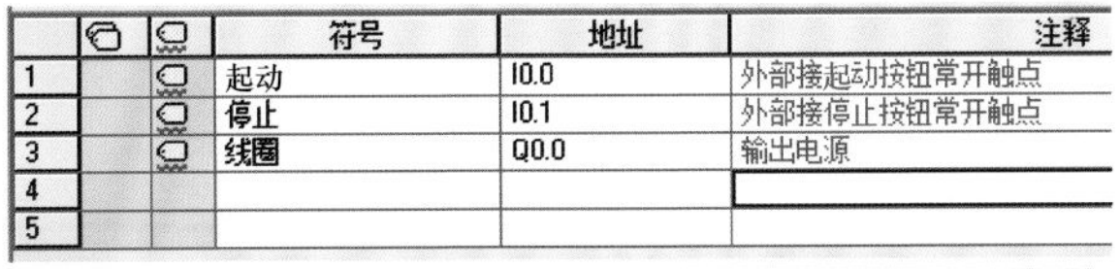

	符号	地址	注释
1	起动	I0.0	外部接起动按钮常开触点
2	停止	I0.1	外部接停止按钮常开触点
3	线圈	Q0.0	输出电源
4			
5			

④

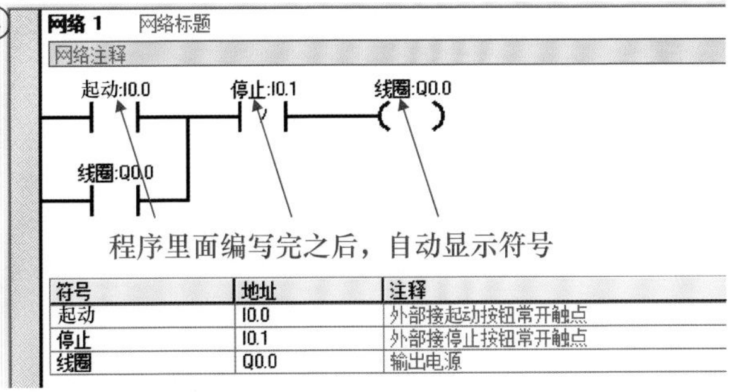
网络 1　网络标题
网络注释
起动:I0.0
停止:I0.1
线圈:Q0.0
线圈:Q0.0
程序里面编写完之后，自动显示符号

符号	地址	注释
起动	I0.0	外部接起动按钮常开触点
停止	I0.1	外部接停止按钮常开触点
线圈	Q0.0	输出电源

13. 西门子 PLC 程序段编辑器常用快捷键

F4 触点，如果程序里需要一个常开触点，可以按下键盘上的 F4 键，然后在弹出的选项里找到常开触点，单击即可完成添加。

F6 线圈，如果程序里需要一个线圈，可以按下键盘上的 F6 键，然后在弹出的选项里找到线圈，单击即可完成添加。

F3 添加网络，编程界面中分为很多个网络段，如果网络段不够，可以按下键盘上的F3键进行添加。

F9 功能指令，例如需要一个定时器指令，可以按下键盘上的F9键，然后在弹出的选项里找到定时器，单击即可完成添加。

Ctrl+方向键 连线，当程序中需要串联或者并联时可以按住键盘上的Ctrl键，然后与什么连接就按哪个方向的按键，即可实现连线。

Ctrl+Z 撤销，例如当前这一步指令选错了，可以按住键盘上的 Ctrl 键，然后再按Z键，每按一次Z键都会往回退一步。

Ctrl+C 复制，例如现在程序里需要一个相同的指令，可以将光标选中指令，按下键盘上的Ctrl+C键进行复制。

Ctrl+V 粘贴，通常都是利用键盘上的Ctrl+C键复制完之后，将光标移到需要位置按下键盘上的Ctrl键，再按下V键进行粘贴。

Ctrl+X 剪切，例如现在程序里的指令需要转移位置，可以将光标选中指令按下键盘上的 Ctrl+X 键进行剪切。

Ctrl+I 添加表格，例如在符号表中表格不够时可以按下键盘上的Ctrl+I 键进行添加表格。

Delete 删除，光标选中要删除的选项，按下键盘上的 Delete 键进行删除。

Back 退格，在程序编写中，如果需要同一行连续删除，可以连续按下Back键进行删除。

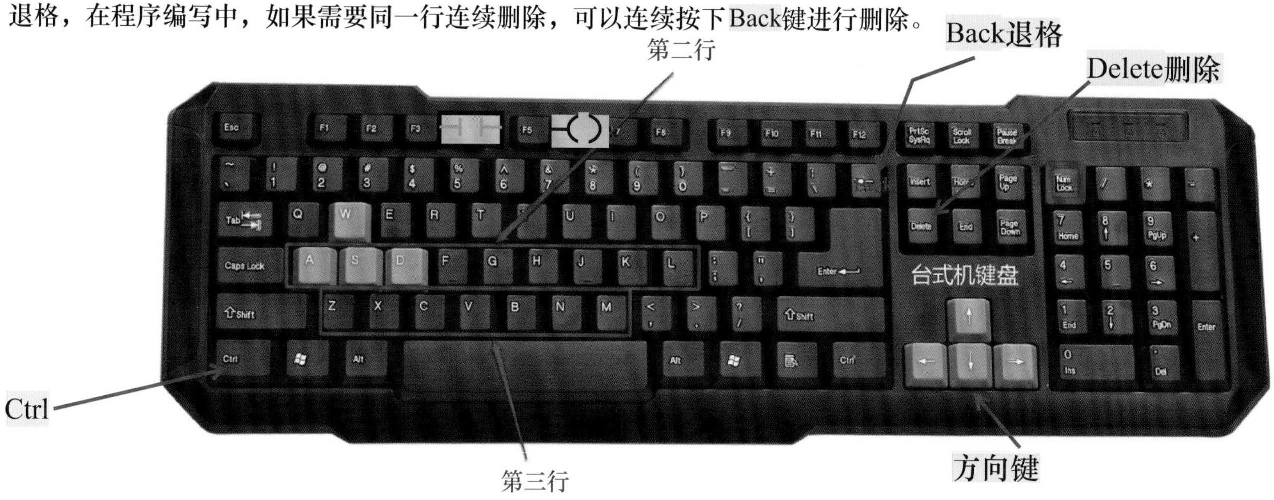

14. 常用快捷键应用举例

在编辑梯形图程序时，要快速写入位逻辑，知道快捷键的使用可大大提高效率。

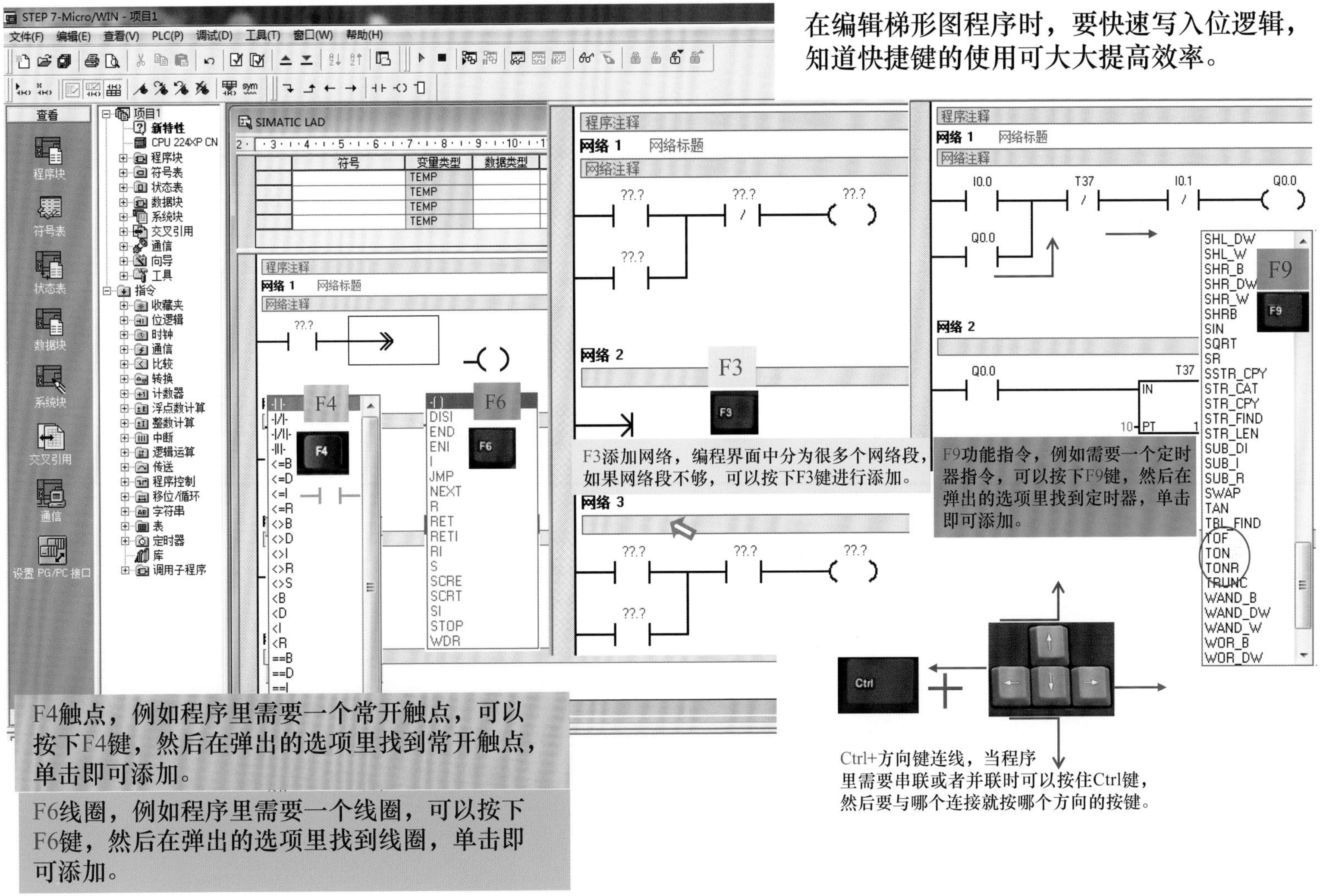

F4触点，例如程序里需要一个常开触点，可以按下F4键，然后在弹出的选项里找到常开触点，单击即可添加。

F6线圈，例如程序里需要一个线圈，可以按下F6键，然后在弹出的选项里找到线圈，单击即可添加。

F3添加网络，编程界面中分为很多个网络段，如果网络段不够，可以按下F3键进行添加。

F9功能指令，例如需要一个定时器指令，可以按下F9键，然后在弹出的选项里找到定时器，单击即可添加。

Ctrl+方向键连线，当程序里需要串联或者并联时可以按住Ctrl键，然后要与哪个连接就按哪个方向的按键。

15. S7-200 SMART PLC与计算机的通信——计算机端的设置

扫一扫看视频

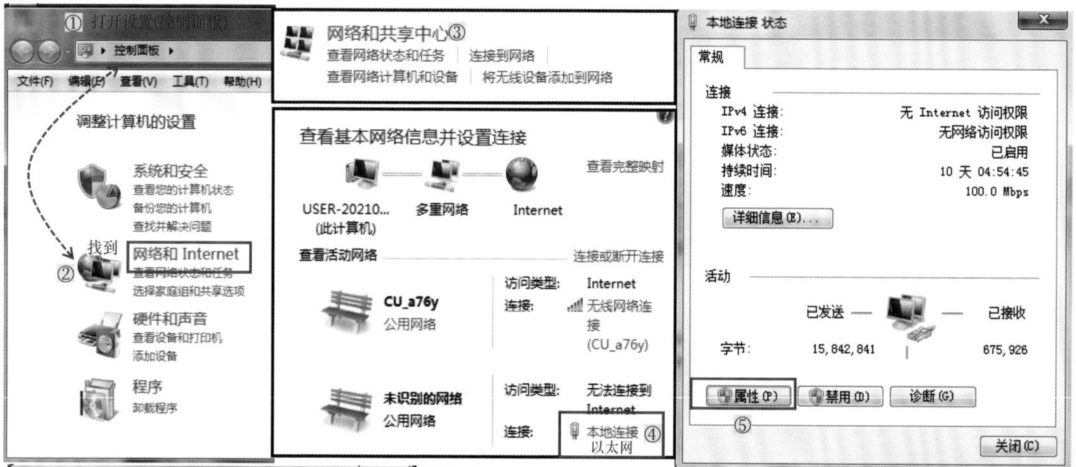

计算机端的设置步骤如下：

① 先把网线的一端插到PLC网口端，另一端插到计算机，打开S7-200 SMART PLC的编程软件并单击“通信”。单击计算机左下角“开始”菜单找到控制面板。

② 找到“网络和Internet”，单击打开。

③ 打开“网络和共享中心”。

④ 单击“本地连接”。

⑤ 单击“属性”。

⑥ 找到“Internet协议版本4(TCP/IPv4)”并双击。

⑦ 将计算机IP地址修改为对应的地址，如PLC的IP地址为192.168.2.1，计算机的IP地址可修改为192.168.2.2。

⑧ 单击“确定”。

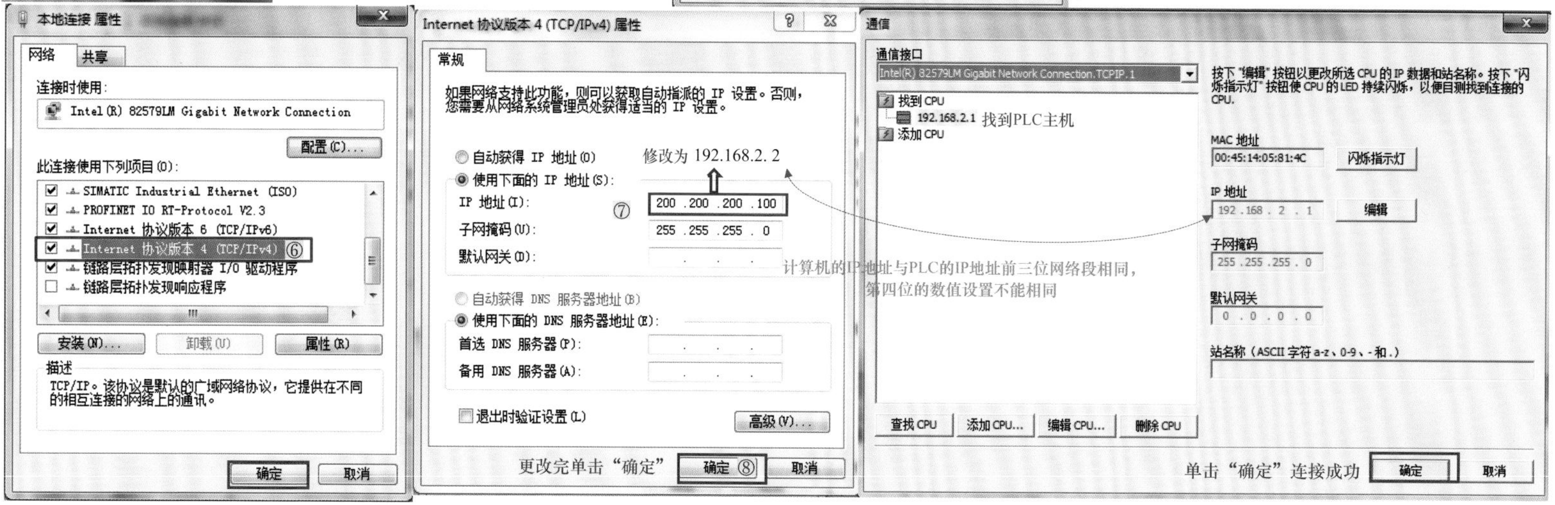

16. S7-200 SMART PLC 与计算机的通信——编程软件端的设置

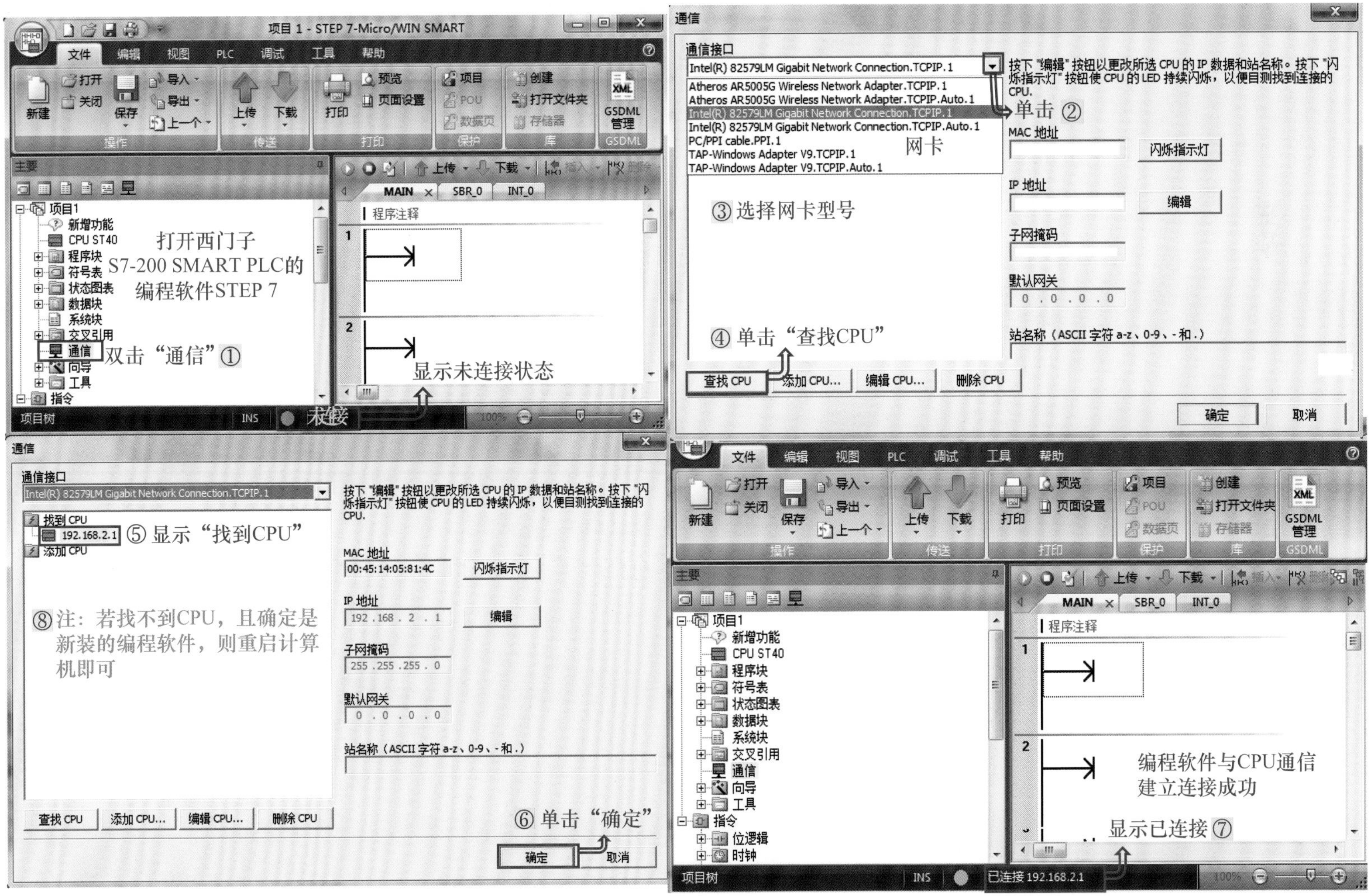

17. S7-200 PLC与计算机的通信——参数设置

扫一扫看视频

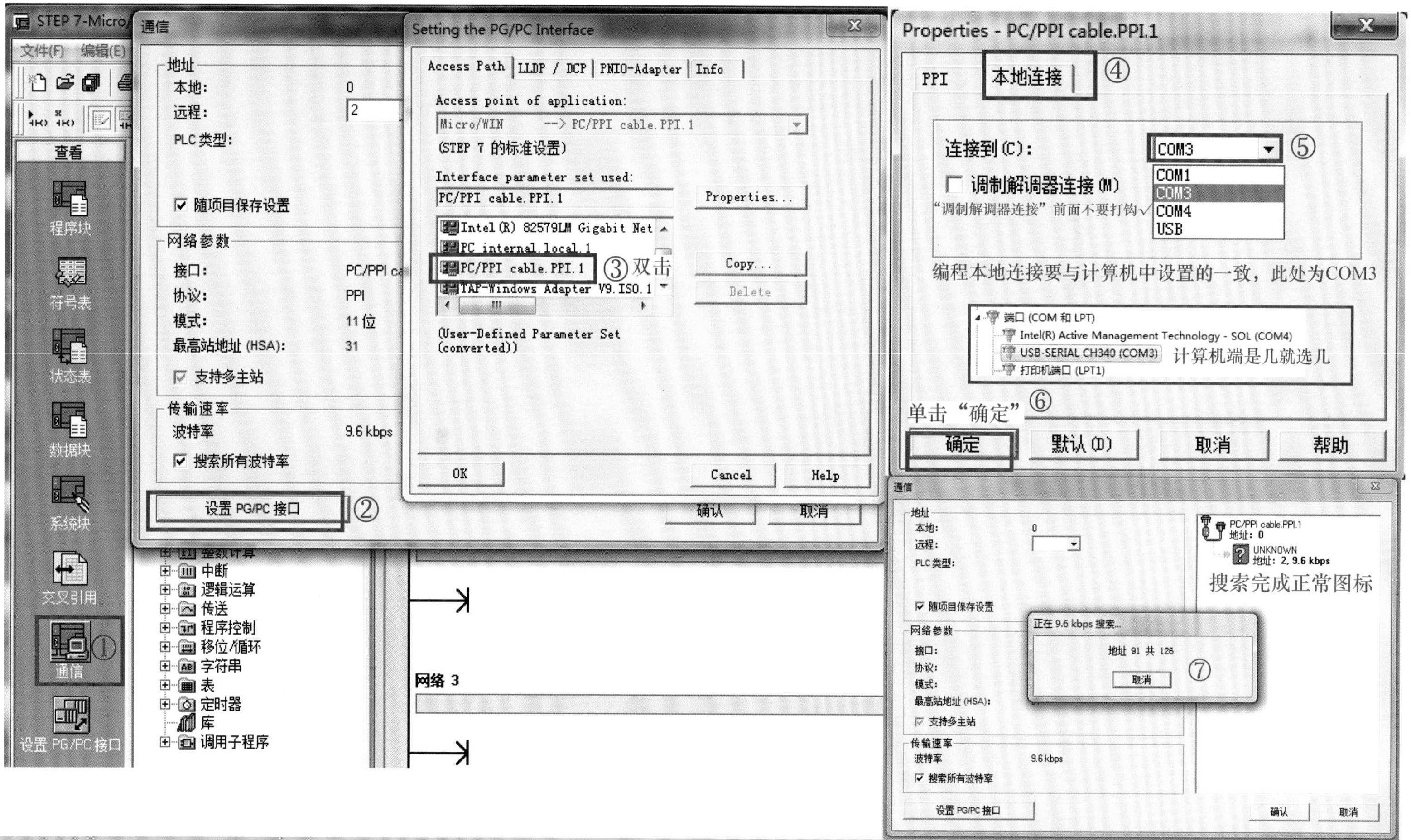

具体操作步骤为：打开通信软件→打开"设置PG/PC接口"界面，特别注意在"高级PPI"多主站网络"调制调解器连接"前面不要打√。如果软件设置里面没有PC/PPI的选项，说明软件没有安装成功。这种情况是计算机里缺少插件，只有安装西门子公司提供的补丁。如果不能实现通信，可能通信线有问题。

第 2 章

开关量应用

1. 点动控制电路与梯形图的转换

1.继电器-接触器控制电路

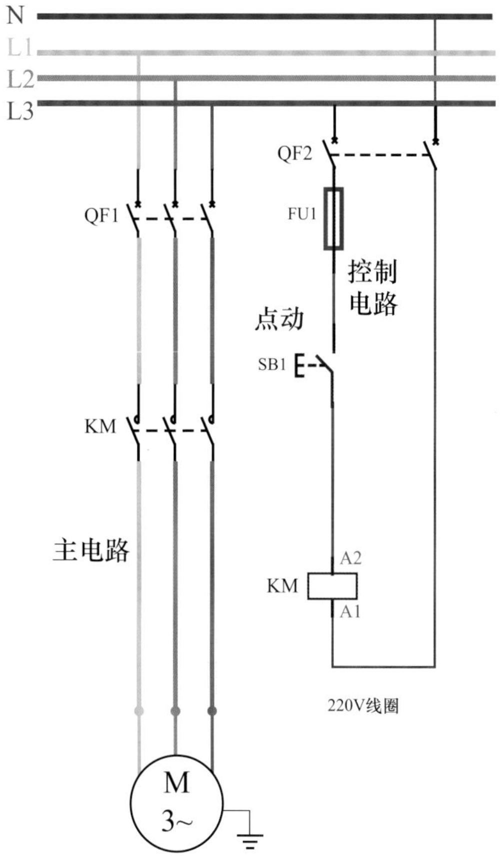

继电器控制电路转换为PLC控制梯形图程序的步骤如下：

第一步：画出继电器电路图。
第二步：列出输入/输出(I/O)分配表。
第三步：画出硬件实物接线图。
第四步：在计算机中用编程软件编写梯形图程序。
第五步：通过编程电缆把程序下载到PLC进行运行调试。

2.I/O分配表

输入量		输出量	
I0.0	起动按钮	Q0.0	电动机运行
I0.1	起动按钮	Q0.1	继电器吸合
I0.2	起动按钮	Q0.4	继电器吸合

4.梯形图程序

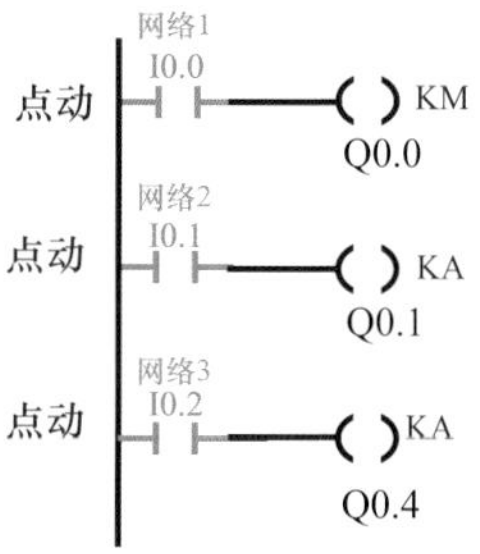

3.硬件接线图

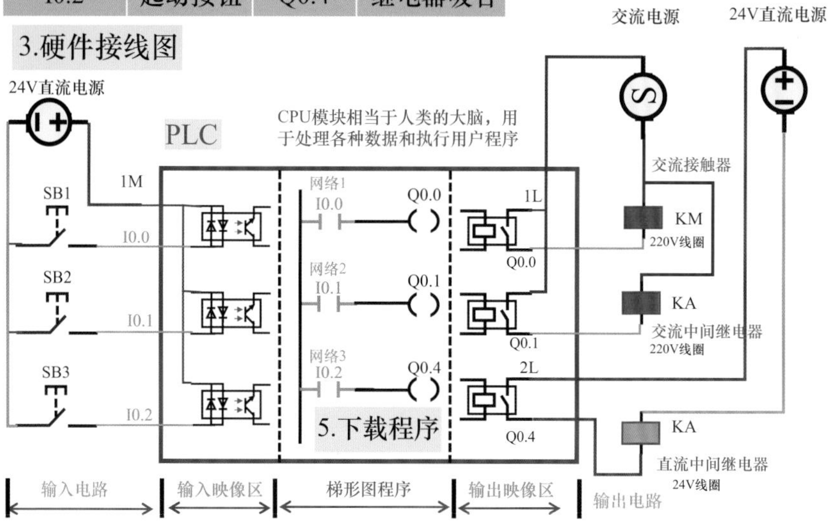

注：在实际应用中，做一个点动控制不可能购买一个PLC，这样非常浪费资源，一般来说更复杂的电路才会使用PLC，此处仅作为入门了解进行介绍。

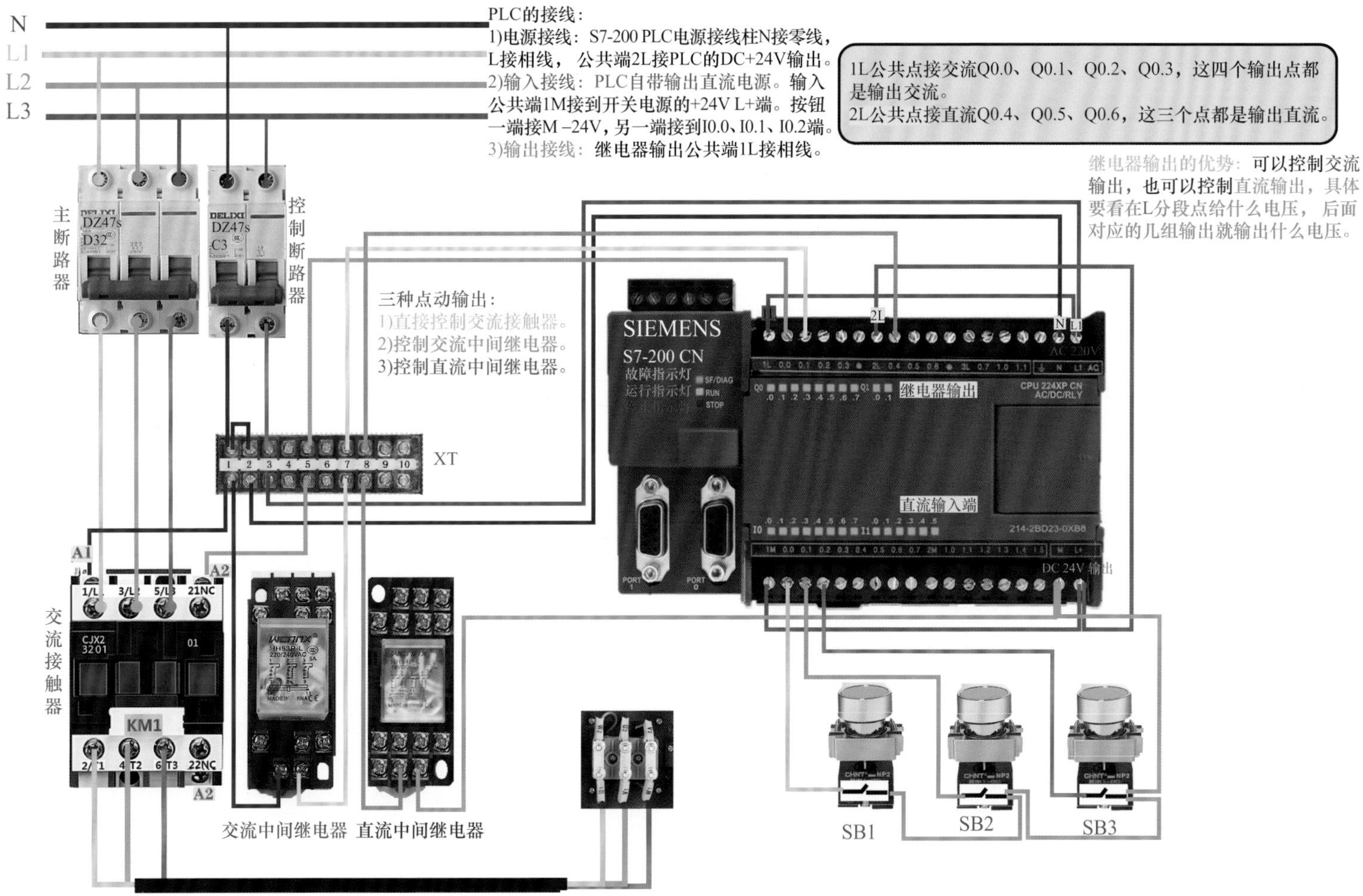
N
L1
L2
L3
PLC的接线：
1)电源接线：S7-200 PLC电源接线柱N接零线，L接相线，公共端2L接PLC的DC+24V输出。
2)输入接线：PLC自带输出直流电源。输入公共端1M接到开关电源的+24V L+端。按钮一端接M -24V，另一端接到I0.0、I0.1、I0.2端。
3)输出接线：继电器输出公共端1L接相线。
1L公共点接交流Q0.0、Q0.1、Q0.2、Q0.3，这四个输出点都是输出交流。
2L公共点接直流Q0.4、Q0.5、Q0.6，这三个点都是输出直流。
继电器输出的优势：可以控制交流输出，也可以控制直流输出，具体要看在L分段点给什么电压，后面对应的几组输出就输出什么电压。
主断路器
DZ47s
D32
控制断路器
DZ47s
C3
三种点动输出：
1)直接控制交流接触器。
2)控制交流中间继电器。
3)控制直流中间继电器。
SIEMENS
S7-200 CN
故障指示灯
运行指示灯
继电器输出
CPU 224XP CN
AC/DC/RLY
AC 220V
2L
N
L1
直流输入端
214-2BD23-0XB8
DC 24V 输出
XT
1 2 3 4 5 6 7 8 9 10
A1
A2
1/L1 3/L2 5/L3 21NC
交流接触器
CJX2
3201
KM1
2/T1 4/T2 6/T3 22NC
交流中间继电器
直流中间继电器
SB1
SB2
SB3

PLC 控制的电动机点动运行实物接线图

扫一扫看视频

2. 简单的自锁控制电路与梯形图的转换

1.继电器-接触器控制电路

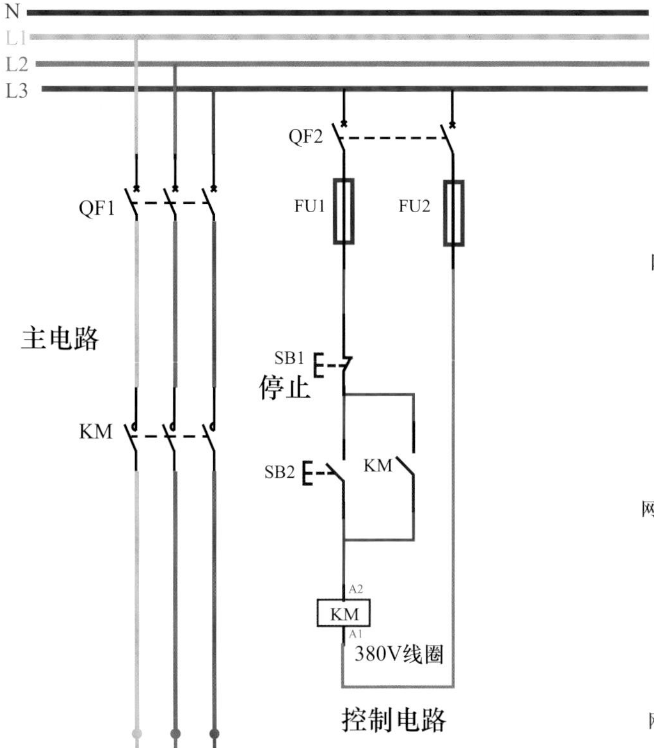

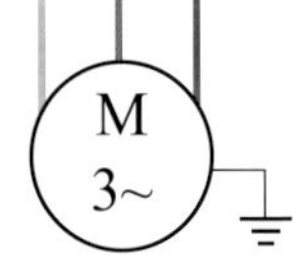

控制要求:
按下起动按钮，接触器吸合，松开按钮后能够持续吸合，按下停止按钮，接触器线圈失电，主触点断开，电动机停止工作。

2.I/O分配表

输入量		输出量	
I0.0	起动按钮	Q0.0	电动机运行
I0.1	停止按钮		

3.梯形图程序

梯形图案例1

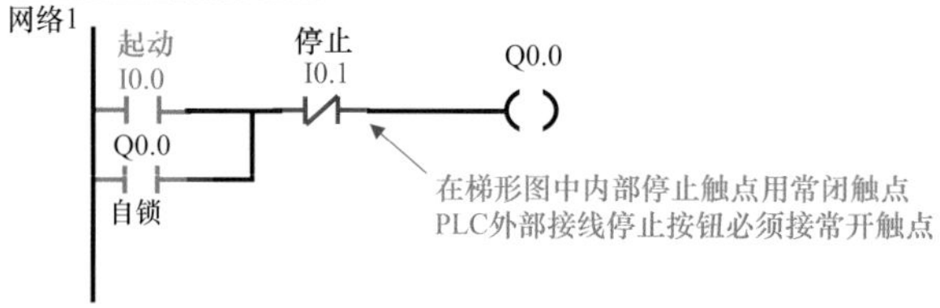

梯形图案例2

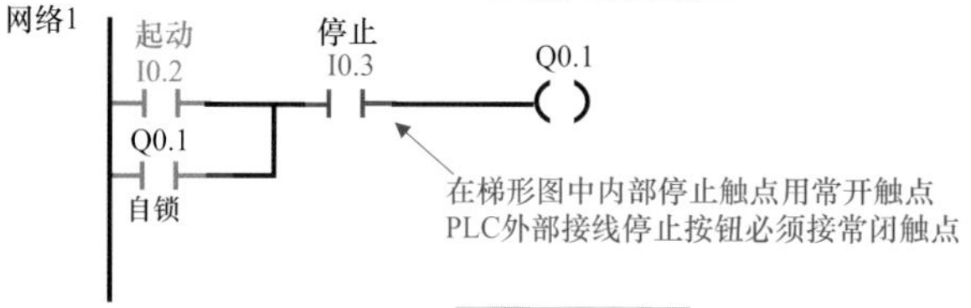

梯形图案例3

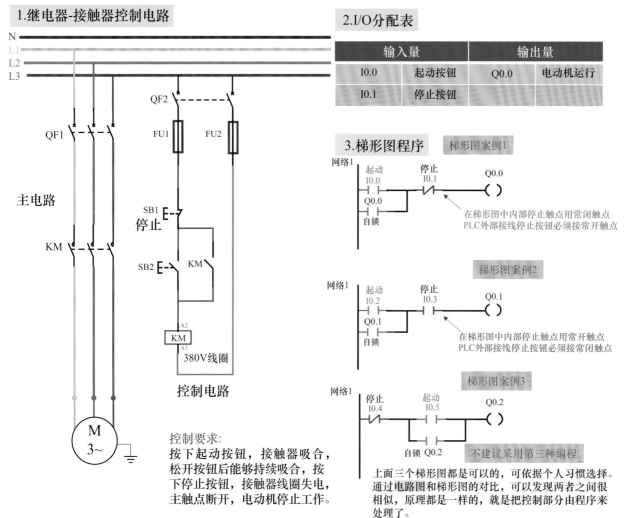

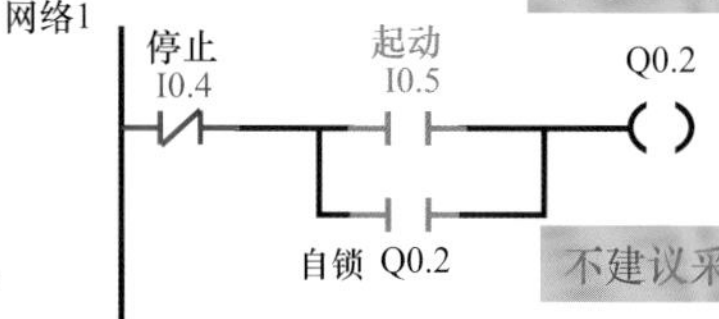

不建议采用第三种编程

上面三个梯形图都是可以的，可依据个人习惯选择。通过电路图和梯形图的对比，可以发现两者之间很相似，原理都是一样的，就是把控制部分由程序来处理了。

4.PLC控制电路工作原理

通电后，按下按钮SB2→梯形图程序中的触点I0.0闭合→线圈Q0.0得电→Q0.0自锁触点闭合，Q0.0端子与1L端子间的内部硬触点闭合→Q0.0自锁触点闭合，使线圈Q0.0在I0.0触点断开后仍可得电；Q0.0端子与1L端子间的内部硬触点闭合，接触器KM线圈得电，主电路中的KM主触点闭合，电动机得电工作。

停止时按下SB1，梯形图中的I0.1常闭触点断开，Q0.0线圈断电停止。

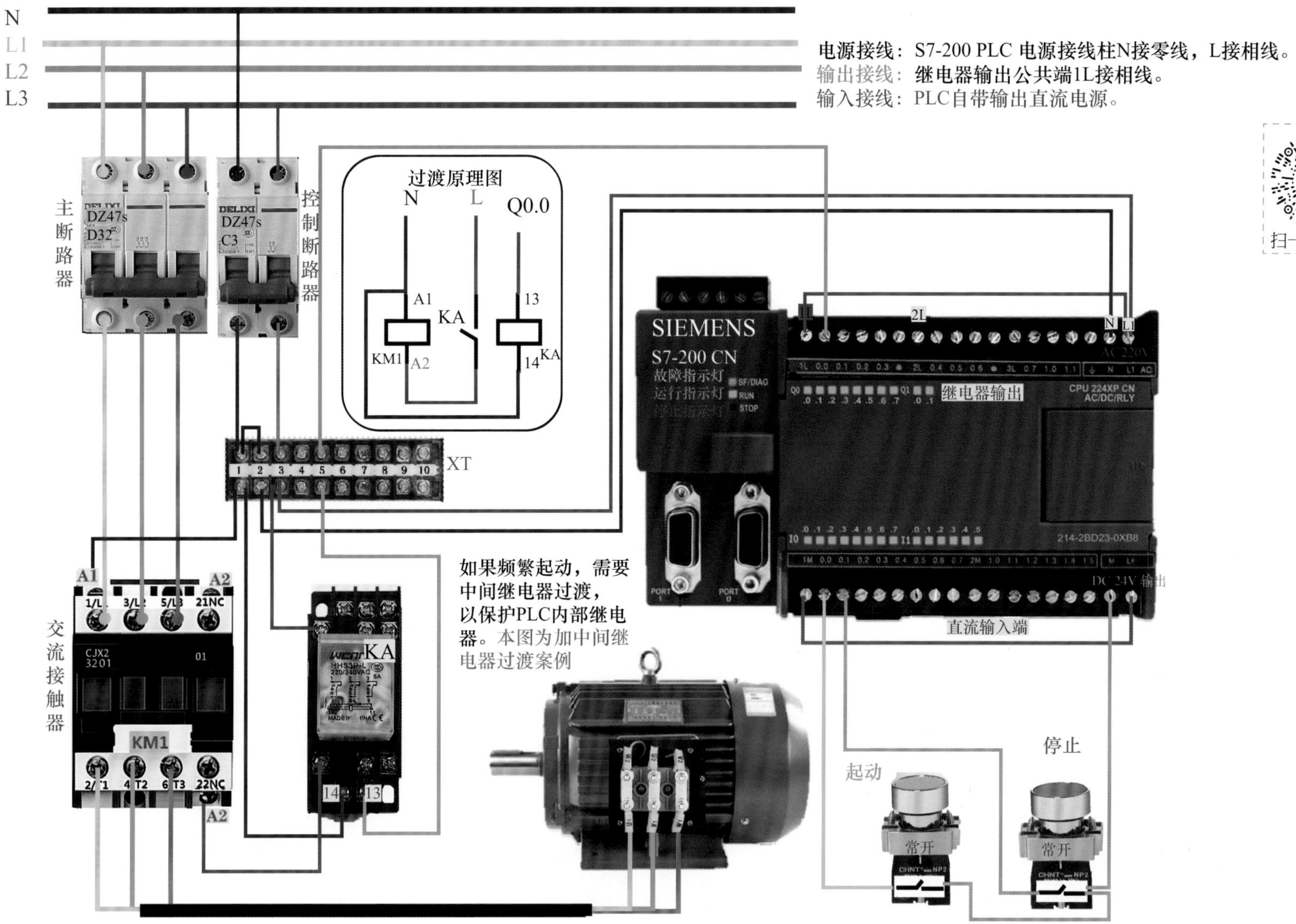
N
L1
L2
L3
电源接线：S7-200 PLC 电源接线柱N接零线，L接相线。
输出接线：继电器输出公共端1L接相线。
输入接线：PLC自带输出直流电源。
主断路器
DZ47s
D32
控制断路器
DZ47s
C3
过渡原理图
N
L
Q0.0
A1
KA
13
KM1
A2
14
KA
XT
1 2 3 4 5 6 7 8 9 10
SIEMENS
S7-200 CN
故障指示灯
运行指示灯
停止指示灯
SF/DIAG
RUN
STOP
继电器输出
CPU 224XP CN
AC/DC/RLY
AC 220V
214-2BD23-0XB8
DC 24V 输出
直流输入端
如果频繁起动，需要
中间继电器过渡，
以保护PLC内部继电
器。本图为加中间继
电器过渡案例
A1
A2
1/L1
3/L2
5/L3
21NC
交流接触器
CJX2
3201
KM1
2/T1
4/T2
6/T3
22NC
A2
KA
14
13
起动
停止
常开
常开

扫一扫看视频

PLC 控制的简单的自锁控制电路实物接线图

3. 三地控制电路与梯形图的转换

1.继电器-接触器控制电路

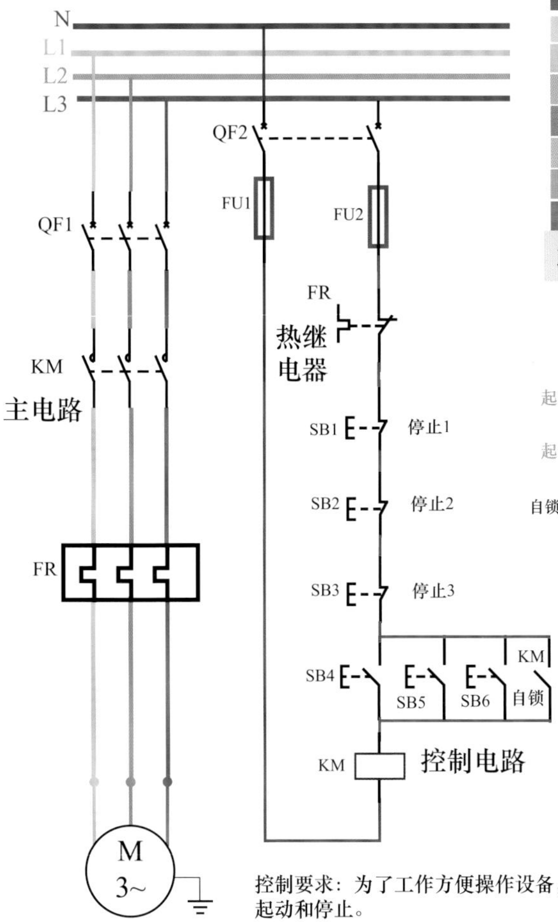

控制要求：为了工作方便操作设备，可在三个地方控制电动机，实现随意起动和停止。

2.I/O分配表

输入量		输出量	
I0.0	甲地起动	Q0.0	KM
I0.1	乙地起动		
I0.2	丙地起动		
I0.3	甲地停止		
I0.4	乙地停止		
I0.5	丙地停止		
I0.6	热继电器		

3.梯形图程序

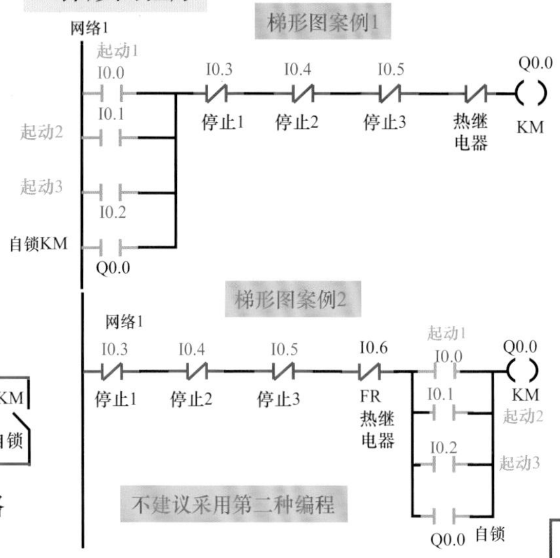

4.工作原理

通电后，在甲、乙、丙三地任意按下按钮SB4、SB5、SB6→线圈Q0.0得电→Q0.0常开自锁触点闭合，接触器线圈KM得电→主电路中的KM主触点闭合，电动机得电运转。在甲、乙、丙三地按下SB1、SB2、SB3中的某个停止按钮时→线圈Q0.0失电→Q0.0常开自锁触点断开，内部硬触点断开使接触器线圈KM失电→主电路中的KM主触点断开，电动机失电停转。

（注：在实际使用中PLC 输入触点资源是有限的，可通外部并联按钮实现电路功能。）

5.PLC接线原理图

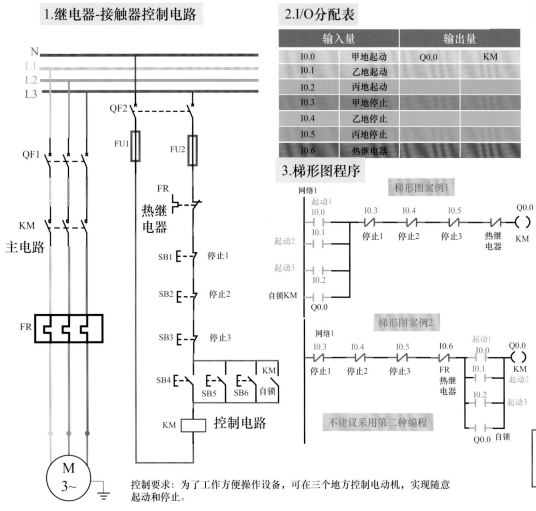

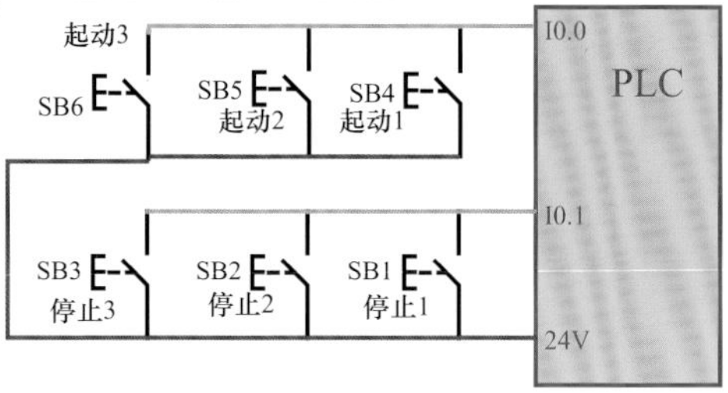

电源接线：S7-200 PLC 电源接线柱N接零线，L接相线。
输出接线：继电器输出公共端1L接相线。
输入接线：PLC自带输出直流电源。

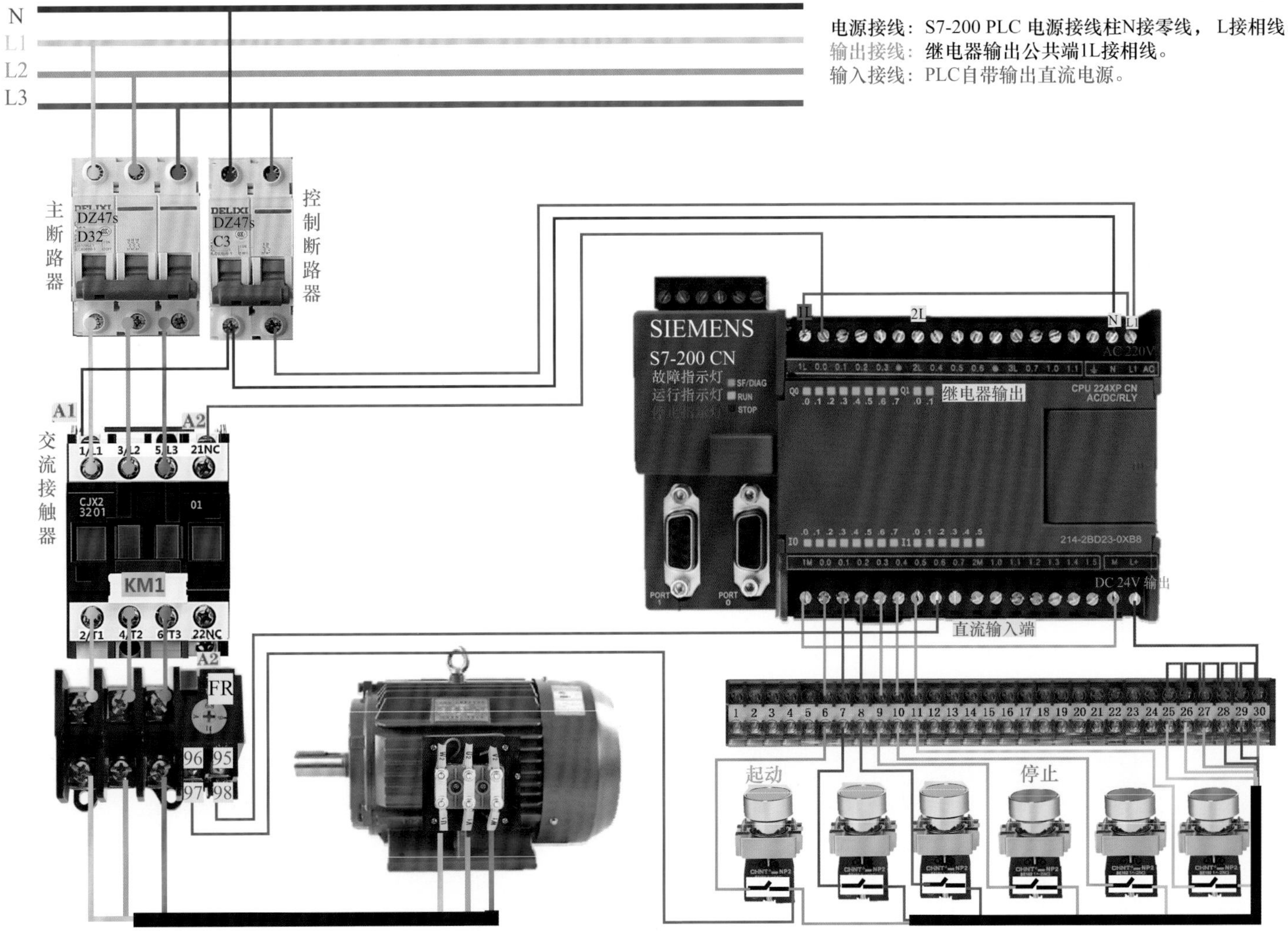

PLC 控制的三地控制电路实物接线图

扫一扫看视频

4. 长动和点动控制电路与梯形图的转换

1.继电器-接触器控制电路

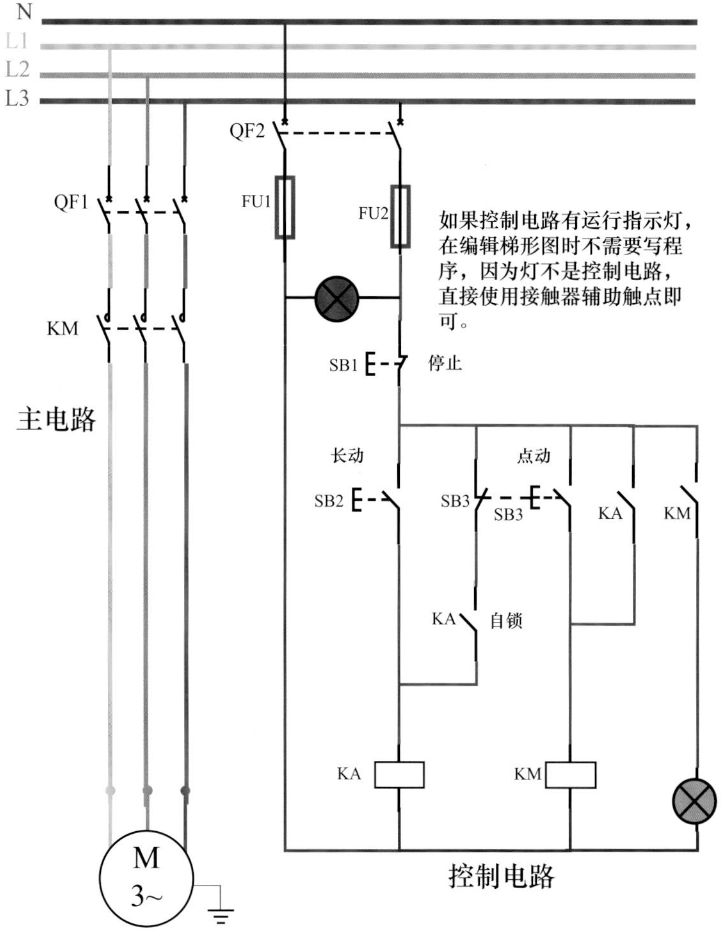

2.I/O分配表

输入量		输出量	
I0.0	SB1	Q0.0	KM
I0.1	SB2		
I0.2	SB3		

3.梯形图程序

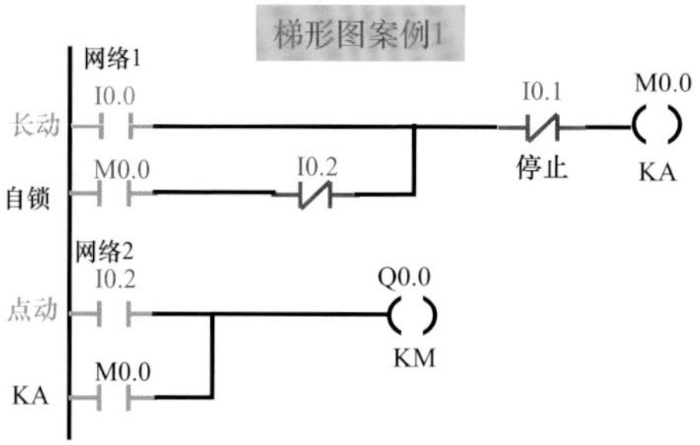

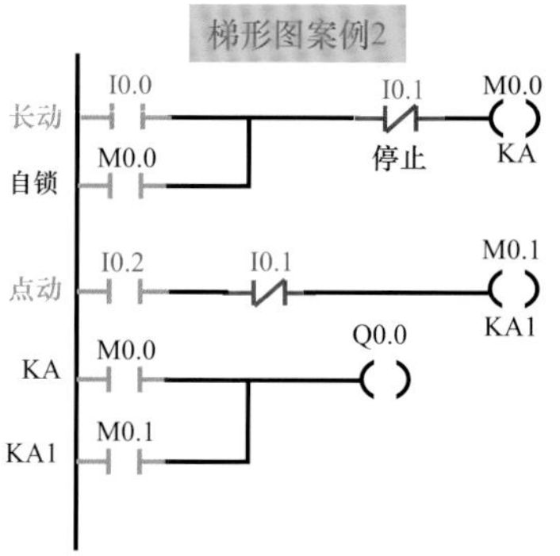

4.工作原理

通电后，按下按钮SB2→梯形图程序中的触点I0.0闭合→线圈M0.0得电→M0.0自锁触点闭合自锁，M0.0另一组常开触点闭合直接给Q0.0供电，Q0.0给接触器KM线圈供电，主电路中的KM主触点闭合，电动机得电工作。

停止时按下SB1，梯形图中的I0.1常闭触点断开，M0.0线圈失电，Q0.0线圈也断电停止。

点动时，直接按下SB3，常开触点I0.2闭合，Q0.0(KM)线圈得电，主触点闭合，电动机运转，松开SB3，内部I0.2断开，Q0.0线圈失电，电动机停止。

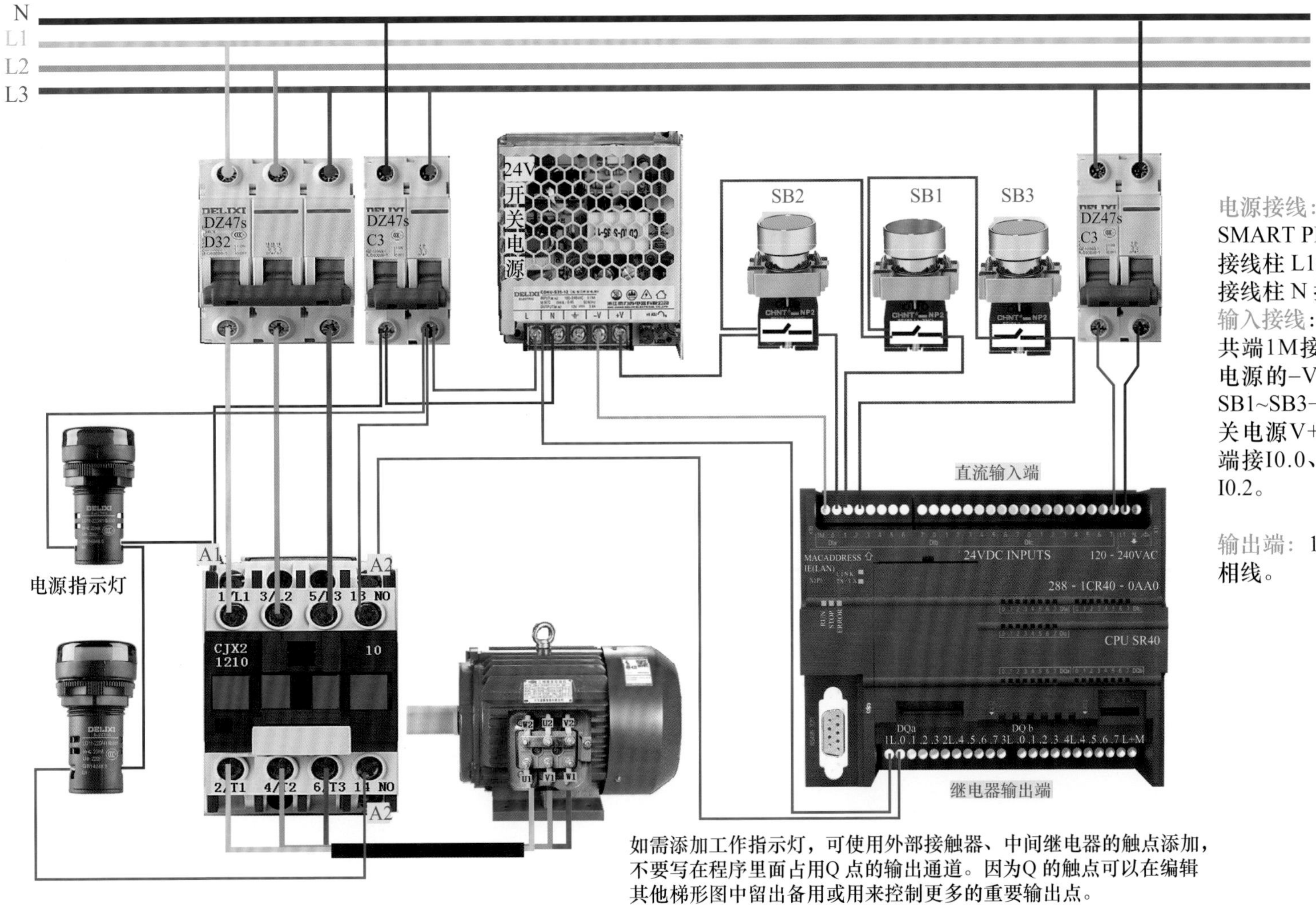

扫一扫看视频

电源接线：S7-200 SMART PLC 电源接线柱 L1接相线，接线柱 N 接零线。

输入接线：输入公共端1M接到开关电源的−V 。按钮SB1~SB3一端接开关电源V+，另一端接I0.0、I0.1、I0.2。

输出端：1L公共端接相线。

PLC 控制的长动和点动电路实物接线图

5. 电动机正反转起动控制电路与梯形图的转换

1.继电器-接触器控制电路

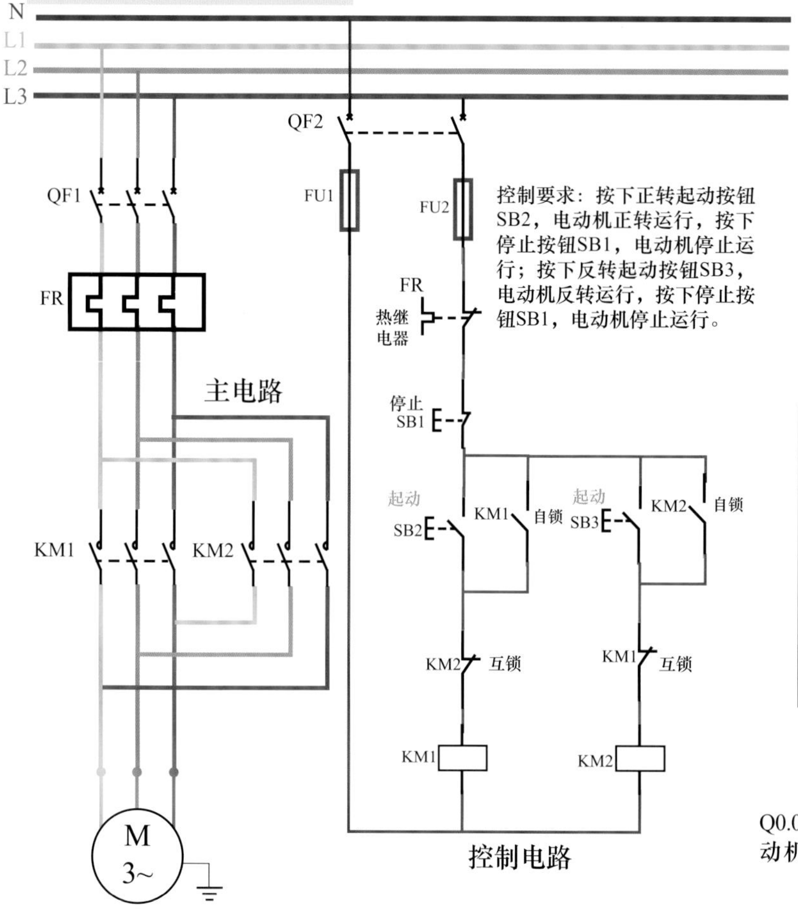

2.I/O分配表

输入量		输出量	
I0.0	正转起动	Q0.0	KM1
I0.1	反转起动	Q0.1	KM2
I0.2	热继电器		
I0.3	停止按钮		

3.梯形图程序

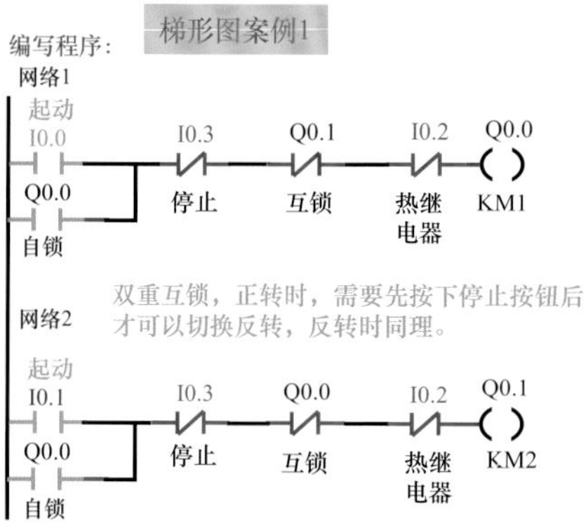

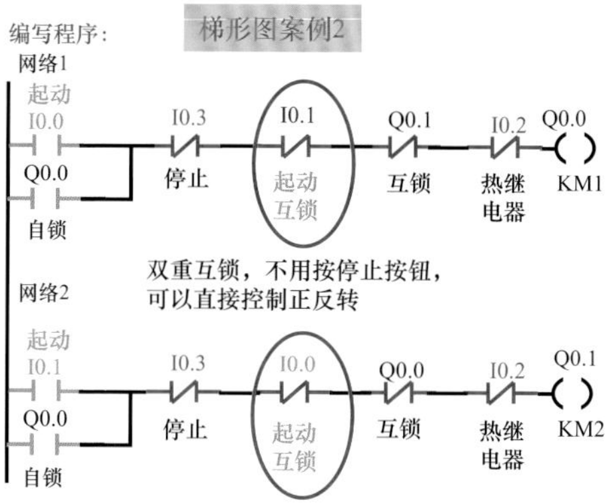

4.工作原理

通电后，正转时，按下按钮SB2→梯形图程序中的触点I0.0闭合，通过I0.3→ Q0.1→I0.2→Q0.0线圈得电，同时Q0.0自锁触点闭合自锁，Q0.0线圈得电，主电路中的KM1主触点闭合，电动机得电正转工作。

停止时，按下SB1，I0.1常闭触点断开，Q0.0线圈断电停止。

反转时与正转同理。

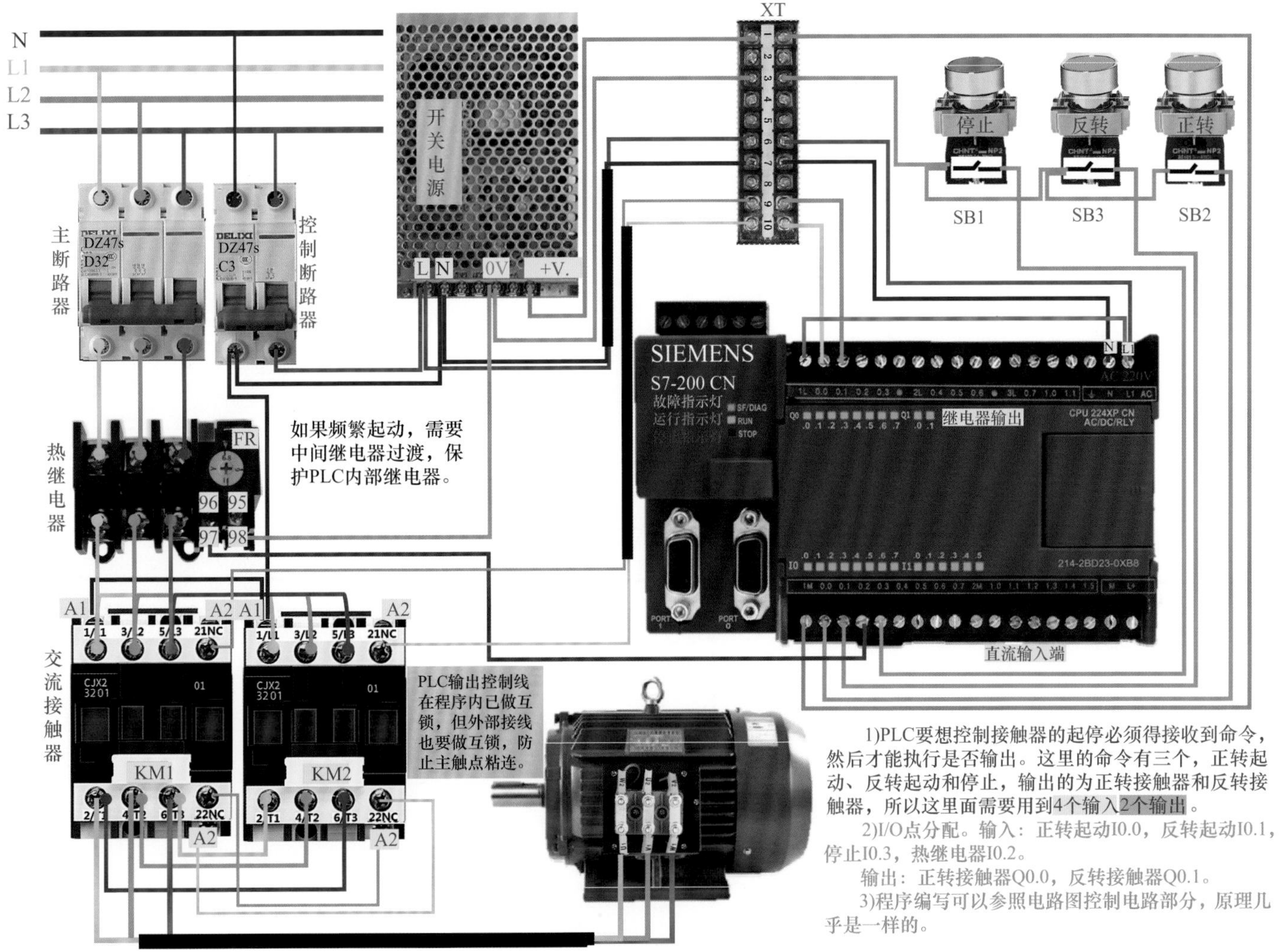

1)PLC要想控制接触器的起停必须得接收到命令，然后才能执行是否输出。这里的命令有三个，正转起动、反转起动和停止，输出的为正转接触器和反转接触器，所以这里面需要用到4个输入2个输出。

2)I/O点分配。输入：正转起动I0.0，反转起动I0.1，停止I0.3，热继电器I0.2。

输出：正转接触器Q0.0，反转接触器Q0.1。

3)程序编写可以参照电路图控制电路部分，原理几乎是一样的。

PLC 控制的电动机正反转起动运行电路实物接线图

扫一扫看视频

6. 货物升降机上升、下降的自动停止控制电路与梯形图的转换

1.继电器-接触器控制电路

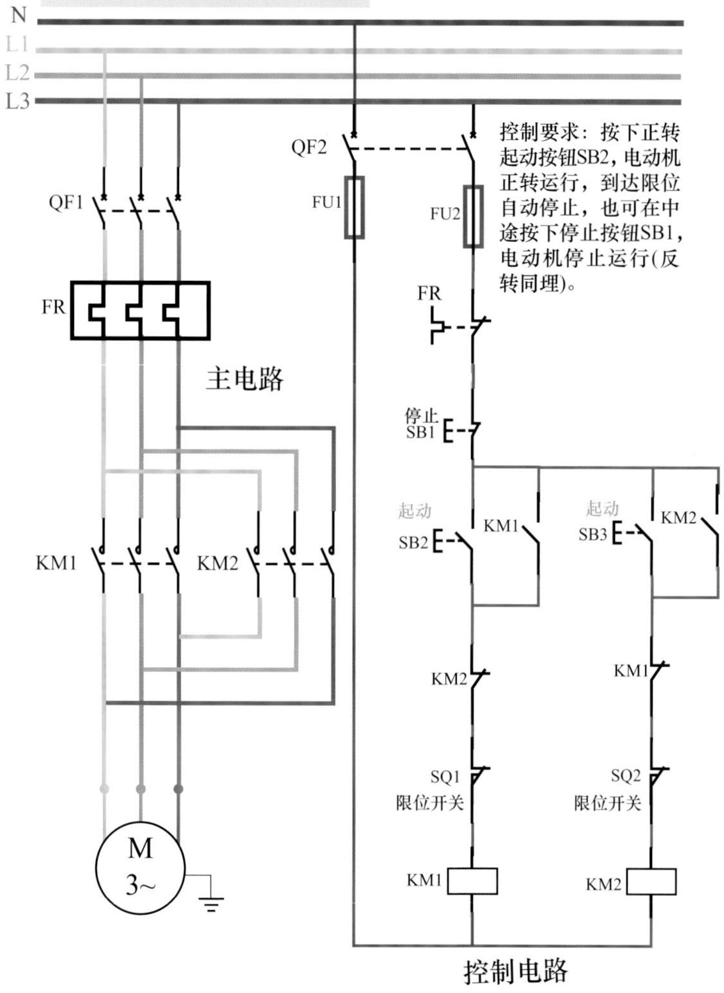

控制要求：按下正转起动按钮SB2，电动机正转运行，到达限位自动停止，也可在中途按下停止按钮SB1，电动机停止运行(反转同理)。

2.I/O分配表

输入量		输出量	
I0.0	上升按钮(起动)	Q0.0	KM1
I0.1	下降按钮(起动)	Q0.1	KM2
I0.2	停止按钮		
I0.3	上限位SQ1		
I0.4	下限位SQ2		
I0.5	热继电器		

3.梯形图程序

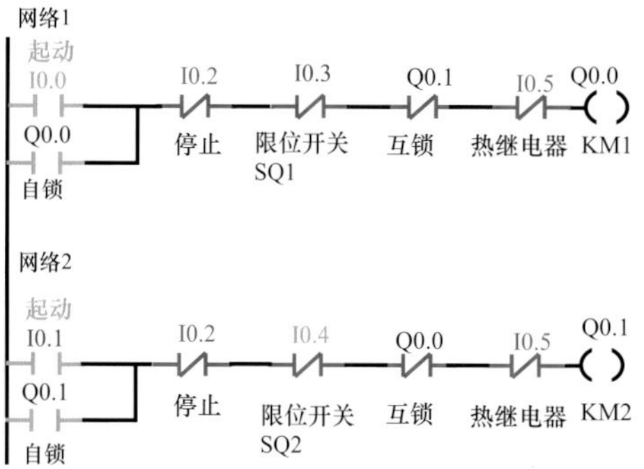

行程开关(限位开关)SQ：其是利用生产机械运动部件的碰撞使其触点动作来实现分断控制的。

4.工作原理

通电后，上升时，按下按钮SB2→梯形图程序中的触点I0.0闭合，通过I0.2→I0.3→Q0.1→I0.5，使Q0.0线圈得电，同时Q0.0自锁触点闭合自锁，Q0.0给接触器KM1线圈供电，主电路中的KM1主触点闭合，电动机得电上升。当其工作到达上限位碰到SQ1常开触点，其断开内部I0.3常闭触点，Q0.0线圈断电自动停止。

下降时与上升同理。

注意，在实际使用时，限位开关应再并联一个，以使得一个限位开关损坏，还有一个备用，保证正常运行。

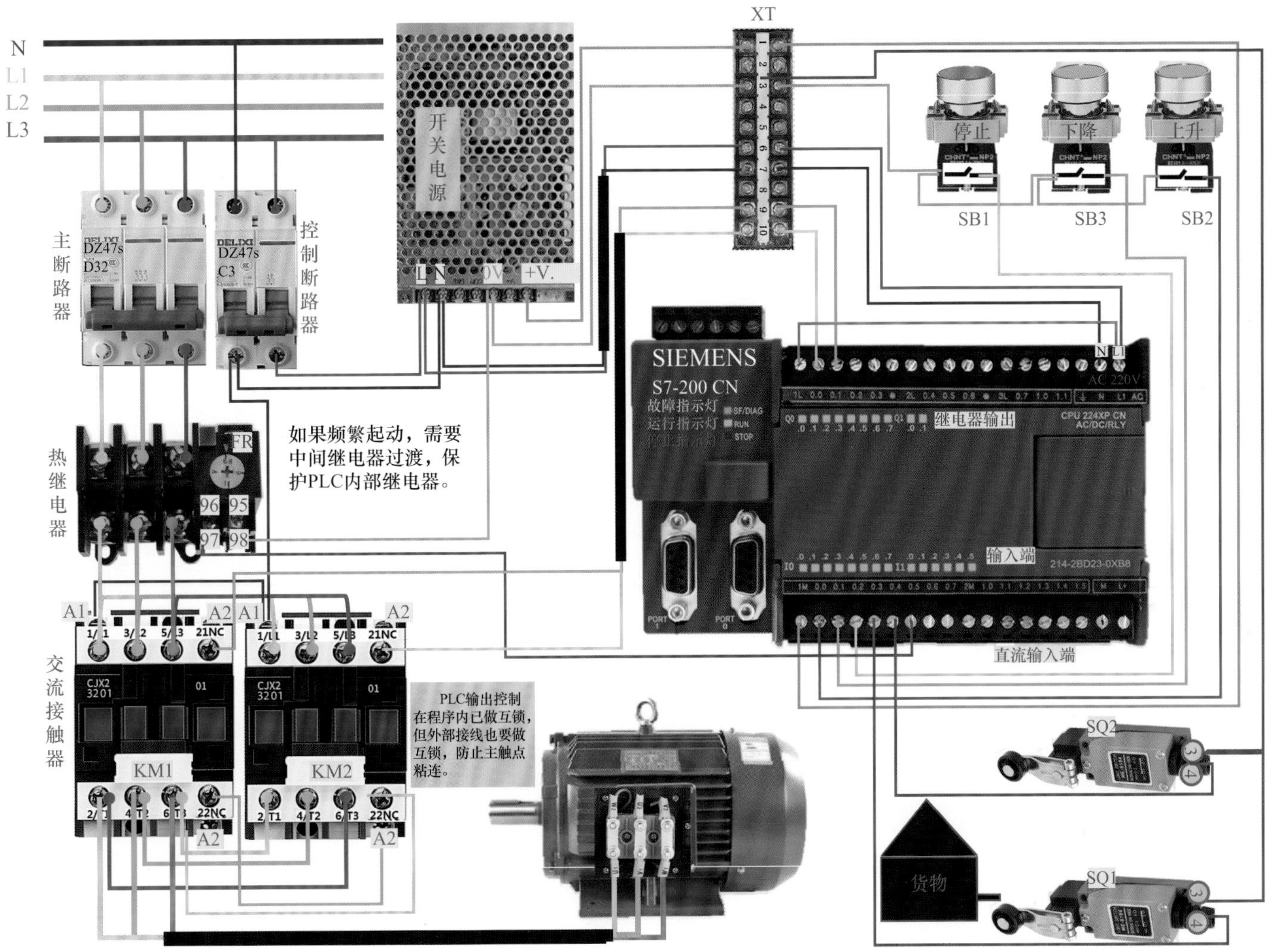

PLC 控制的货物升降机上升、下降自动停止电路实物接线图

扫一扫看视频

7. 小车自动重复往返运动控制电路与梯形图的转换

1.继电器-接触器控制电路

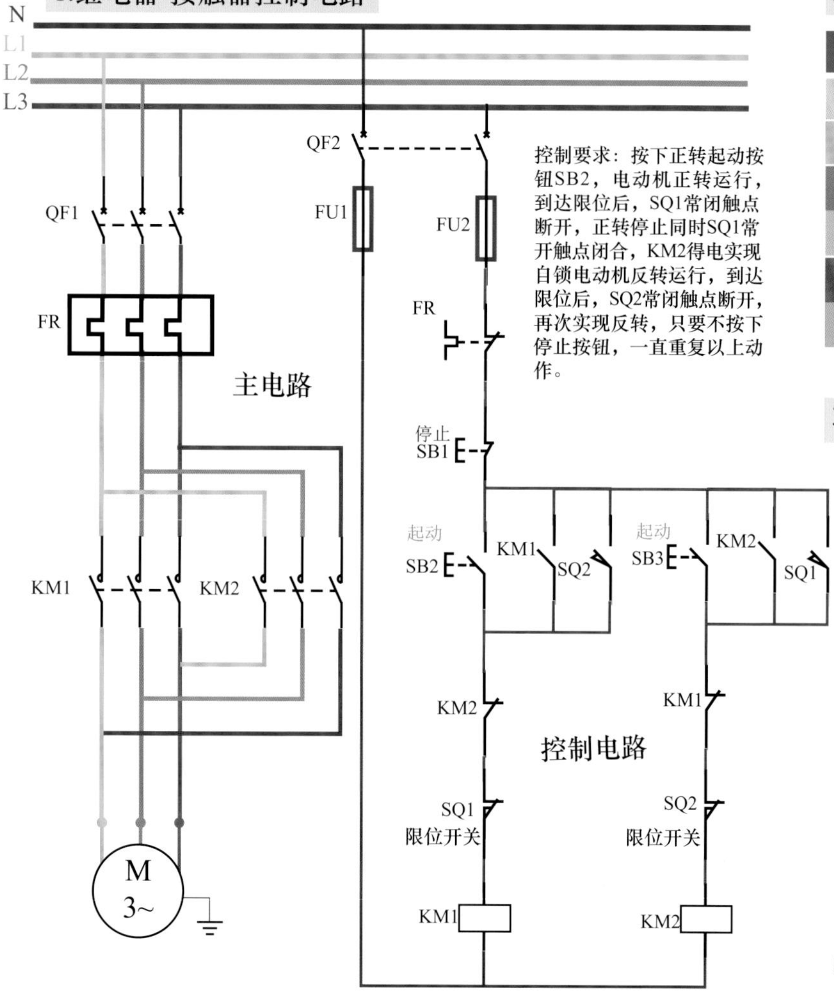

控制要求：按下正转起动按钮SB2，电动机正转运行，到达限位后，SQ1常闭触点断开，正转停止同时SQ1常开触点闭合，KM2得电实现自锁电动机反转运行，到达限位后，SQ2常闭触点断开，再次实现反转，只要不按下停止按钮，一直重复以上动作。

2.I/O分配表

输入量		输出量	
I0.0	上升	Q0.0	KM1
I0.1	下降	Q0.1	KM2
I0.2	停止		
I0.3	上限位SQ1		
I0.4	下限位SQ2		
I0.5	热继电器		

3.梯形图程序

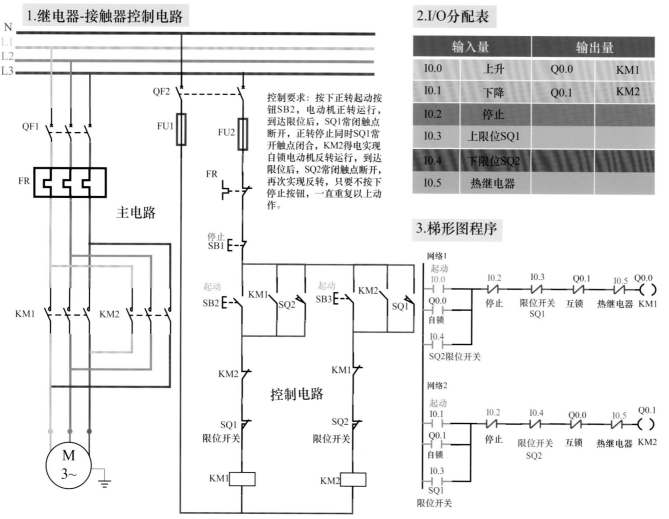

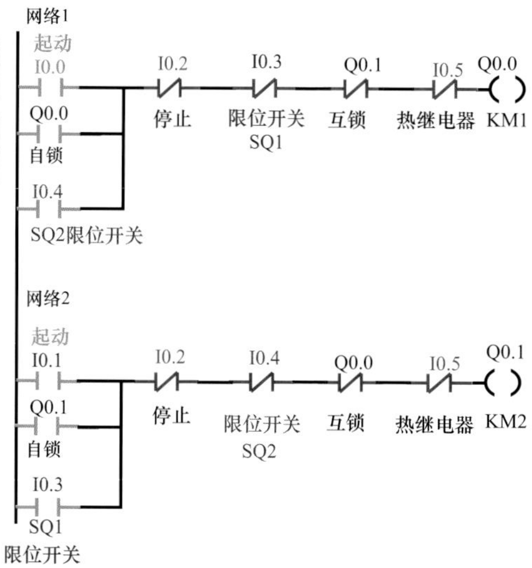

4.工作原理

通电后，正转时，按下按钮SB2→梯形图程序中的触点I0.0闭合，通过I0.2→I0.3→Q0.1→I0.5，使Q0.0线圈得电，同时Q0.0自锁触点闭合自锁，Q0.0使接触器KM1线圈得电，主电路中的KM1主触点闭合，电动机得电正转。当到达限位位置时，SQ1常开触点闭合，PLC内部I0.3常闭触点断开，Q0.0线圈断电停止正转。同时SQ1常开触点闭合，内部I0.3常闭触点断开，常开点闭合起动了反转，电动机反转运行。注意，在实际使用时，限位开关应再并联一个，以使得一个限位开关损坏后，还有一个备用，保证正常运行。

行程开关(限位开关)SQ是利用生产机械运动部件的碰撞使其触点动作来实现接通或分断控制电路的。

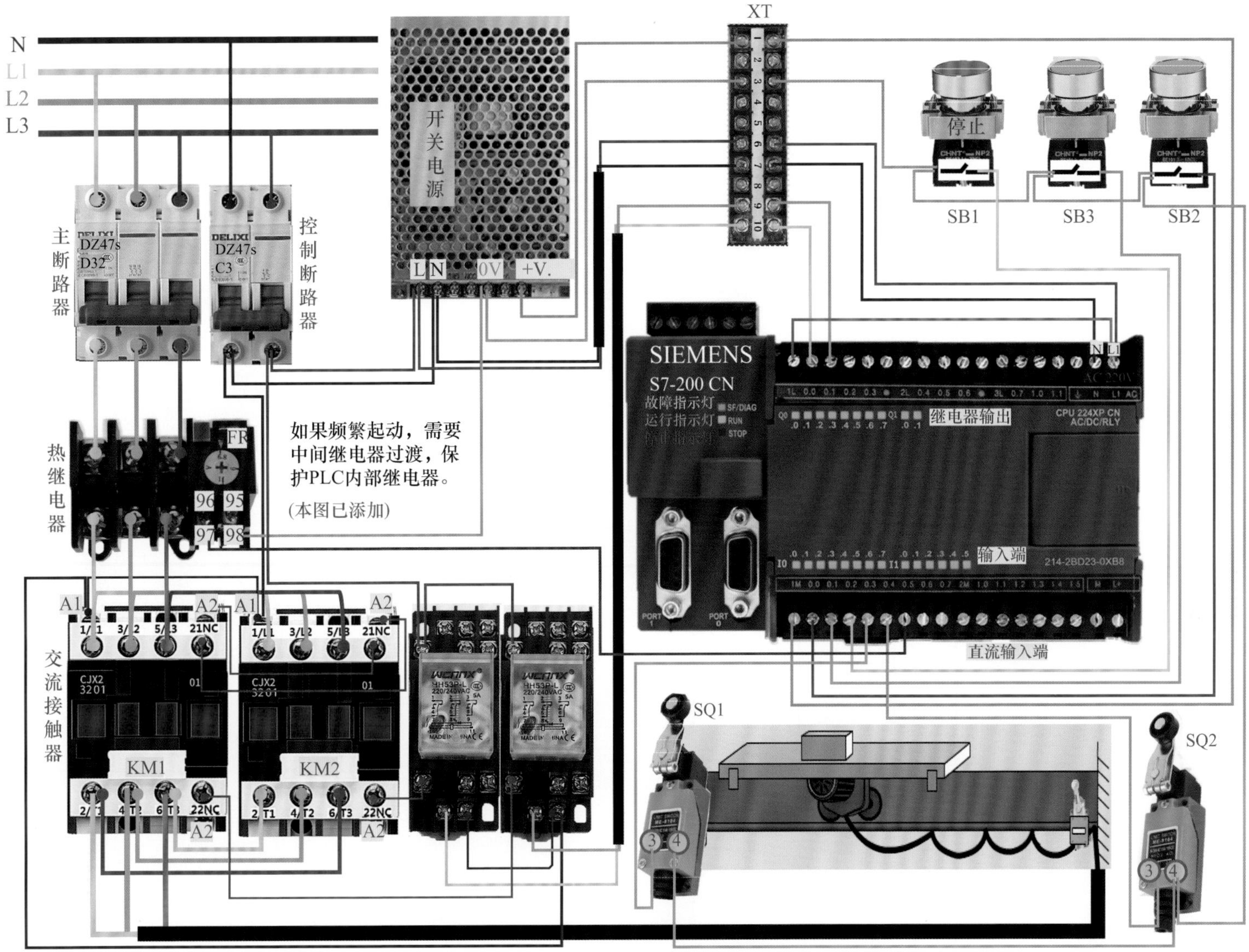

扫一扫看视频

PLC 控制的小车自动重复往返运动电路实物接线图

8. 两台电动机顺序起动逆序停止控制电路与梯形图的转换

1.继电器-接触器控制电路

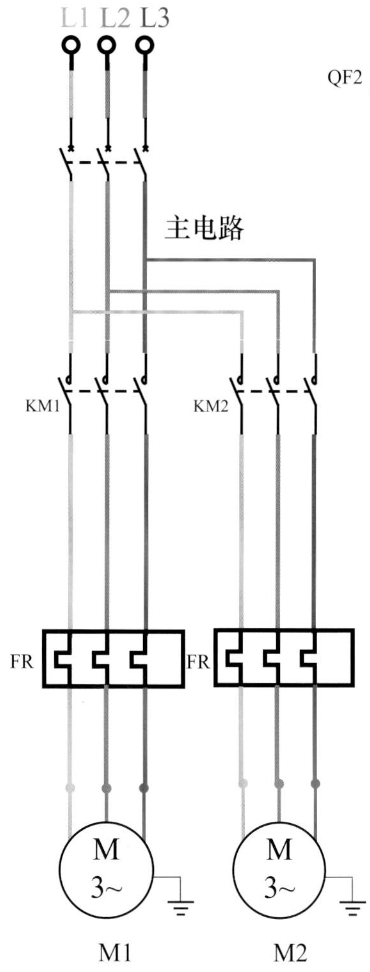

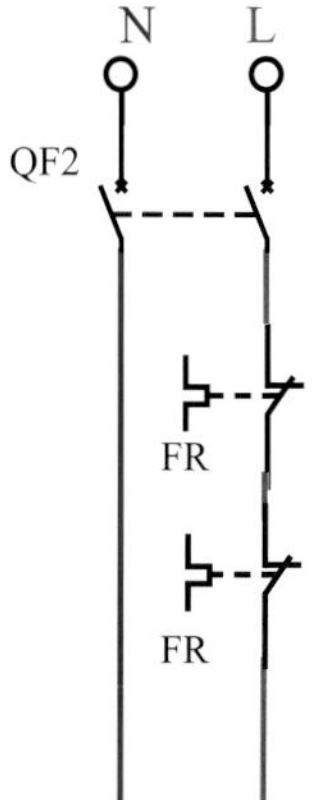

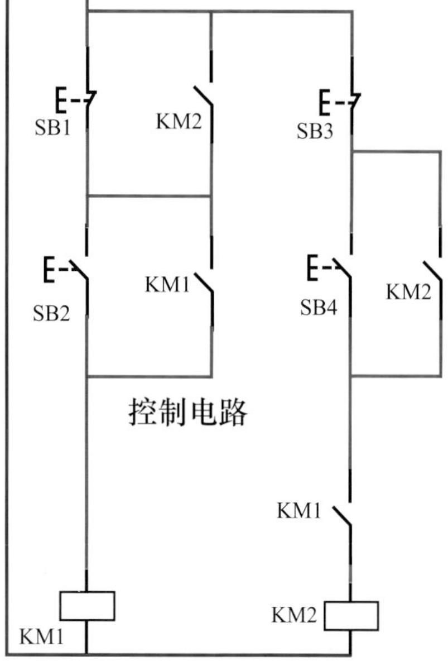

2.I/O分配表

输入量		输出量	
I0.0	1号电动机起动	Q0.0	1号电动机起动
I0.1	1号电动机停止	Q0.1	2号电动机起动
I0.2	2号电动机起动		
I0.3	2号电动机停止		
I0.4	热继电器		

控制要求：控制两台电动机，两台电动机都有各自的起动按钮和停止按钮，起动方式为：先起动1号电动机，然后2号电动机才能起动；停止方式为：先停止2号电动机，然后1号电动机才能停止。

3.梯形图程序

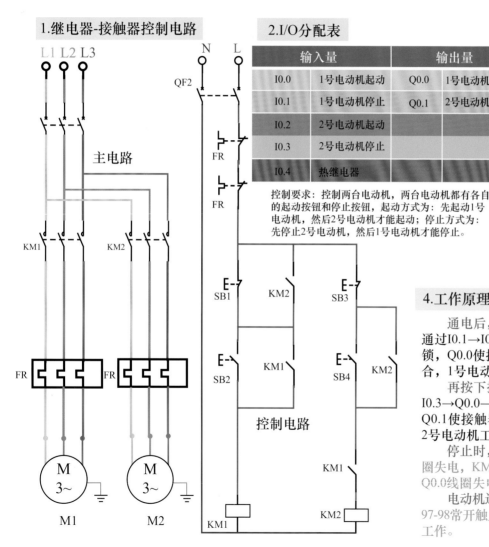

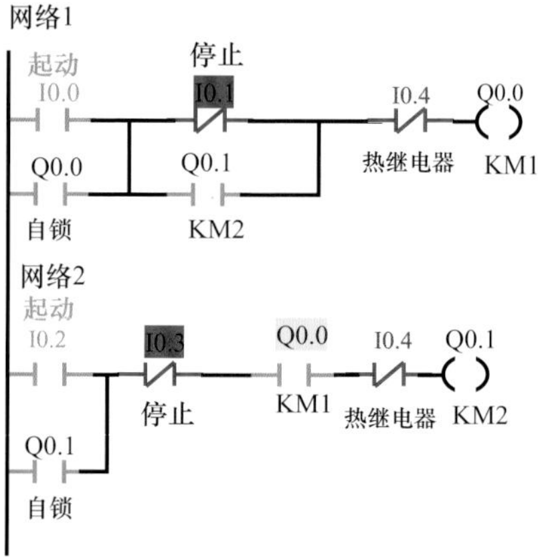

4.工作原理

通电后，按下按钮SB2，梯形图程序中的触点I0.0闭合，通过I0.1→I0.4，使Q0.0线圈得电，同时Q0.0自锁触点闭合自锁，Q0.0使接触器KM1线圈得电，主电路中的KM1主触点闭合，1号电动机工作。

再按下按钮SB4，梯形图程序中的触点I0.2闭合，通过I0.3→Q0.0→I0.4，使Q0.1得电，同时Q0.1常开触点闭合自锁，Q0.1使接触器KM2线圈得电，主电路中的KM2主触点闭合，2号电动机工作。

停止时，按下SB3，PLC内部常闭触点I0.3断开，Q0.1线圈失电，KM2停止。再按下SB1，PLC内部常闭触点I0.1断开，Q0.0线圈失电，KM1停止，两台电动机先后停止运行。

电动机运转工作时，任意一台发生过载故障时，热继电器97-98常开触点闭合，使PLC内部I0.4断开，从而使电动机停止工作。

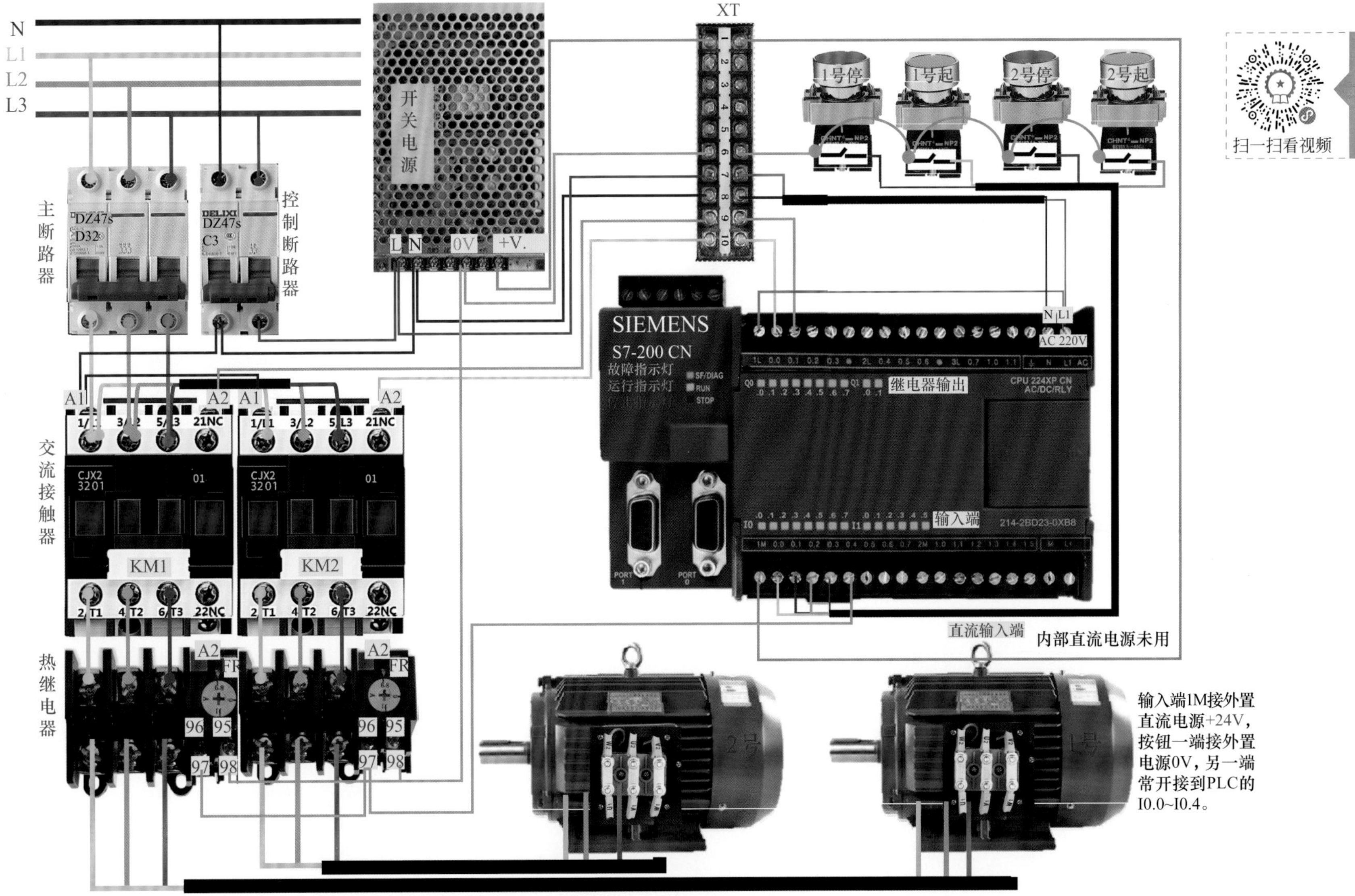

输入端1M接外置直流电源+24V，按钮一端接外置电源0V，另一端常开接到PLC的I0.0~I0.4。

PLC 控制的两台电动机顺序起动逆序停止电路实物接线图

9. 两台电动机顺序起动顺序停止控制电路与梯形图的转换

1.继电器-接触器控制电路

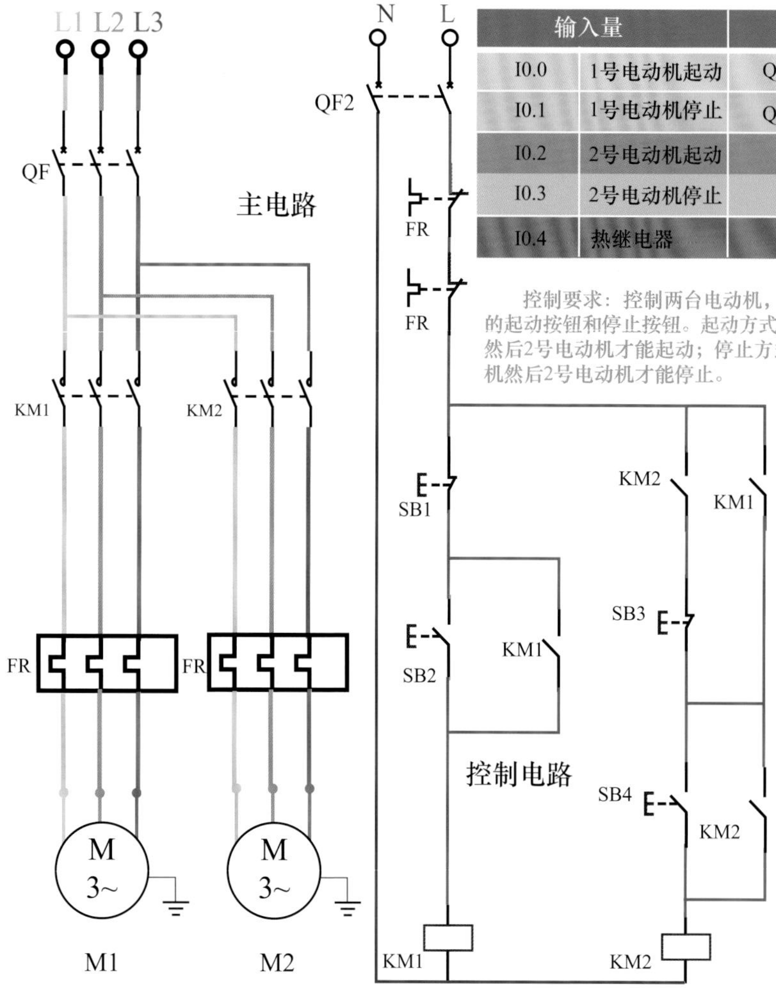

2.I/O分配表

输入量		输出量	
I0.0	1号电动机起动	Q0.0	1号电动机起动
I0.1	1号电动机停止	Q0.1	2号电动机起动
I0.2	2号电动机起动		
I0.3	2号电动机停止		
I0.4	热继电器		

控制要求：控制两台电动机，两台电动机都有各自的起动按钮和停止按钮。起动方式为：先起动1号电动机然后2号电动机才能起动；停止方式为：先停止1号电动机然后2号电动机才能停止。

3.梯形图程序

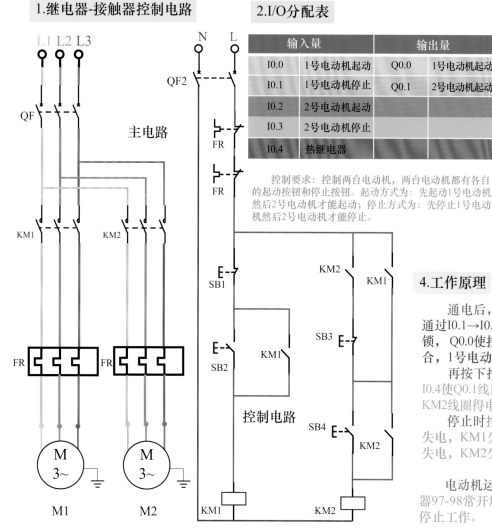

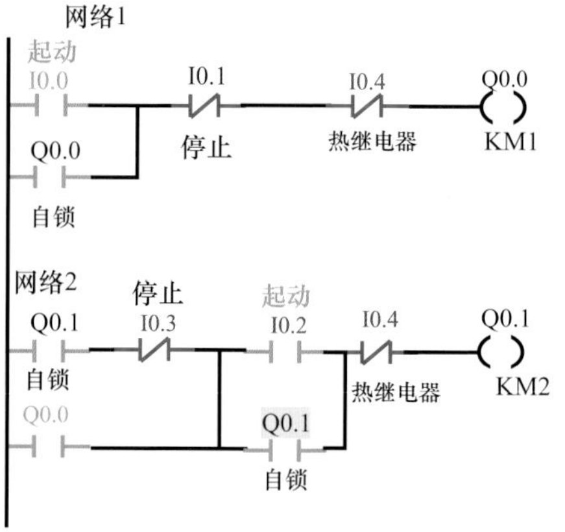

4.工作原理

通电后，按下按钮SB2，梯形图程序中的触点I0.0闭合，通过I0.1→I0.4，使Q0.0线圈得电，同时Q0.0常开触点闭合自锁，Q0.0使接触器KM1线圈得电，主电路中的KM1主触点闭合，1号电动机工作。

再按下按钮SB4，梯形图程序中的触点I0.2闭合，通过I0.4使Q0.1线圈得电，Q0.1常开触点闭合自锁，Q0.1使接触器KM2线圈得电，主电路中的KM2主触点闭合，2号电动机工作。

停止时按下SB1，PLC内部I0.1常闭触点断开，Q0.0线圈失电，KM1失电再按下SB3，I0.3常闭触点断开，Q0.1线圈失电，KM2失电，两台电动机停止工作。

电动机运转工作时，任意一台发生过载故障时，热继电器97-98常开触点闭合，使PLC内部I0.4断开，从而使电动机停止工作。

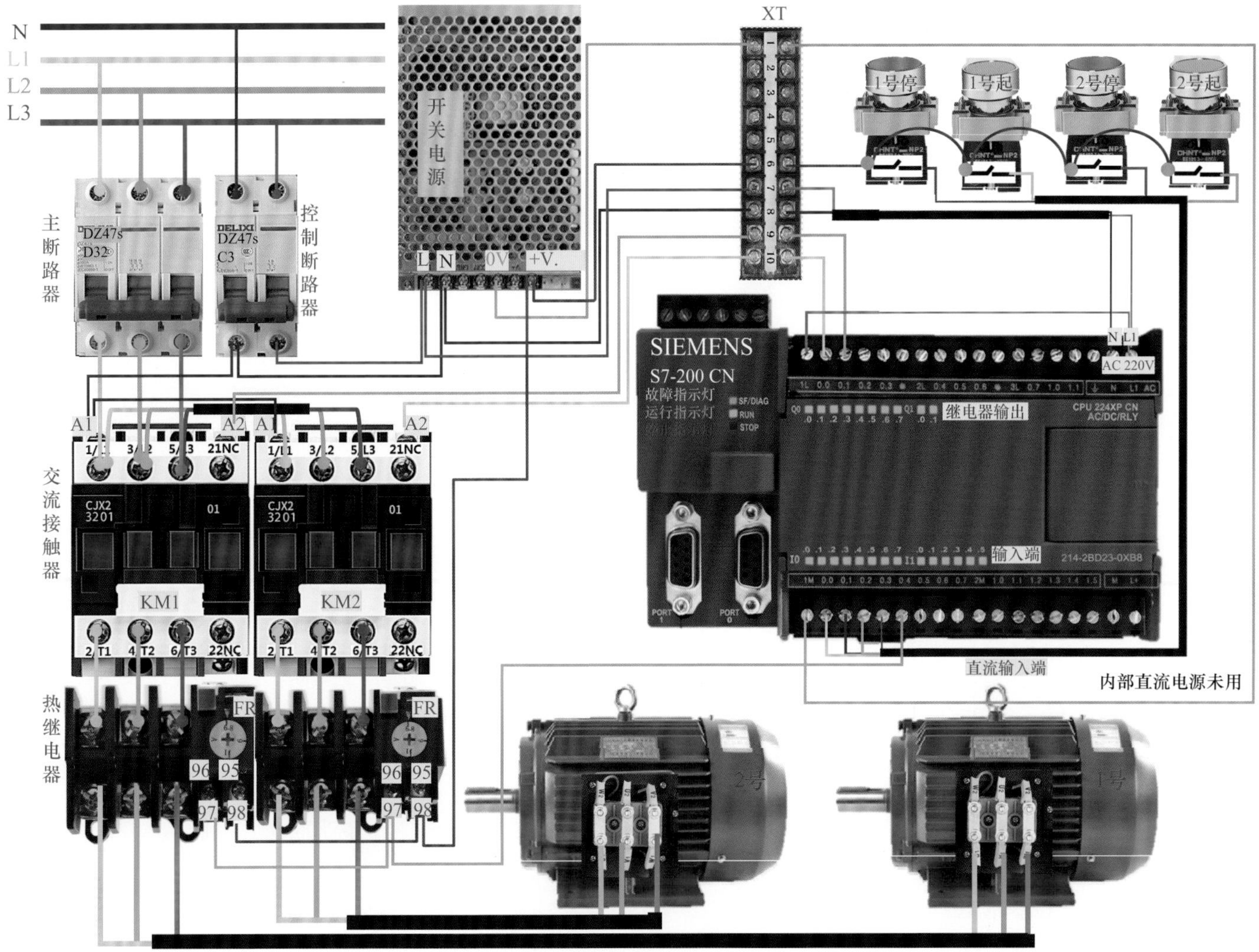

PLC 控制的两台电动机顺序起动顺序停止电路实物接线图

10. 钢筋弯箍机控制电路与梯形图的转换

1.继电器-接触器控制电路

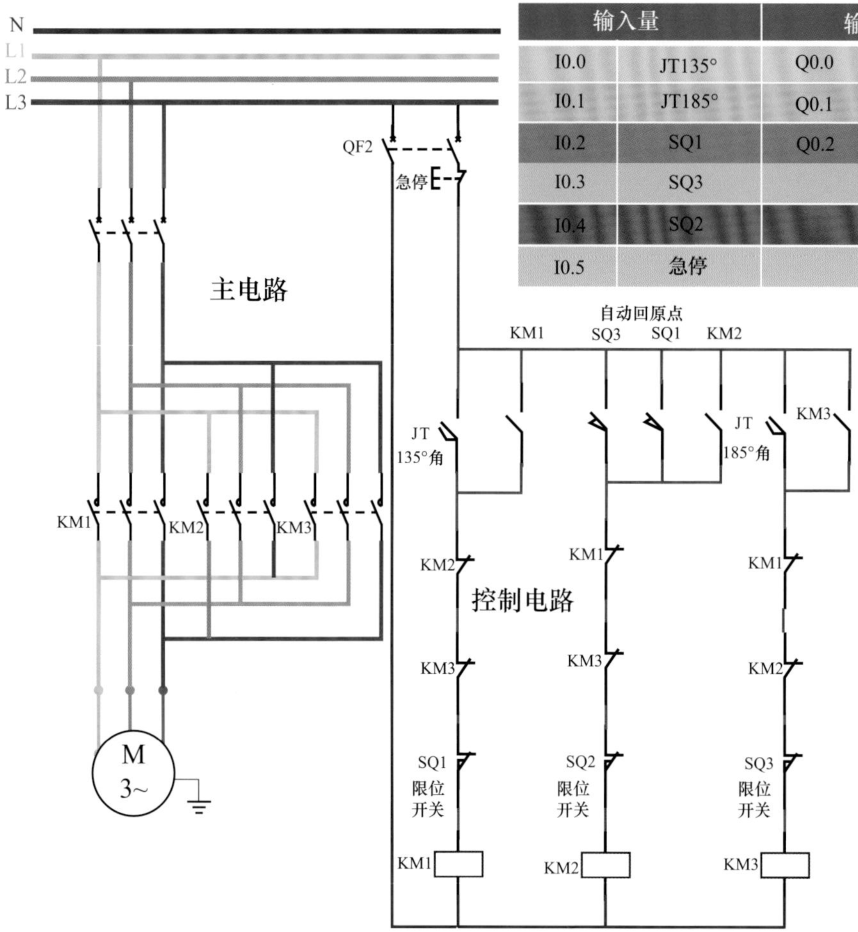

2.I/O分配表

输入量		输出量	
I0.0	JT135°	Q0.0	KM1
I0.1	JT185°	Q0.1	KM2
I0.2	SQ1	Q0.2	KM3
I0.3	SQ3		
I0.4	SQ2		
I0.5	急停		

3.梯形图程序

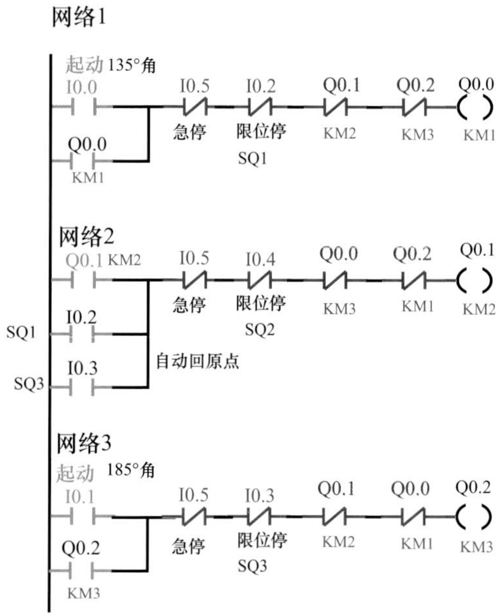

4.工作原理

通电后，踩下JT135°脚踏开关，梯形图程序中的触点I0.0闭合，通过I0.5→I0.2→Q0.1→Q0.2，使Q0.0线圈得电，同时Q0.0自锁触点闭合自锁，Q0.0使接触器KM1线圈得电，主电路中的KM1主触点闭合，电动机旋转135°触碰限位开关SQ1，使PLC内部常闭触点I0.2断开，电动机停止运行。同时常开触点I0.2闭合，经过PLC内部触点I0.5 → I0.4 → Q0.0 → Q0.2，使Q0.1线圈得电，同时Q0.1常开触点闭合自锁，Q0.1使接触器KM2线圈得电，主电路中的KM2主触点闭合，电机反转回原点。

踩下JT185°与JT135° 脚踏开关的运行原理相同，读者可自行分析。

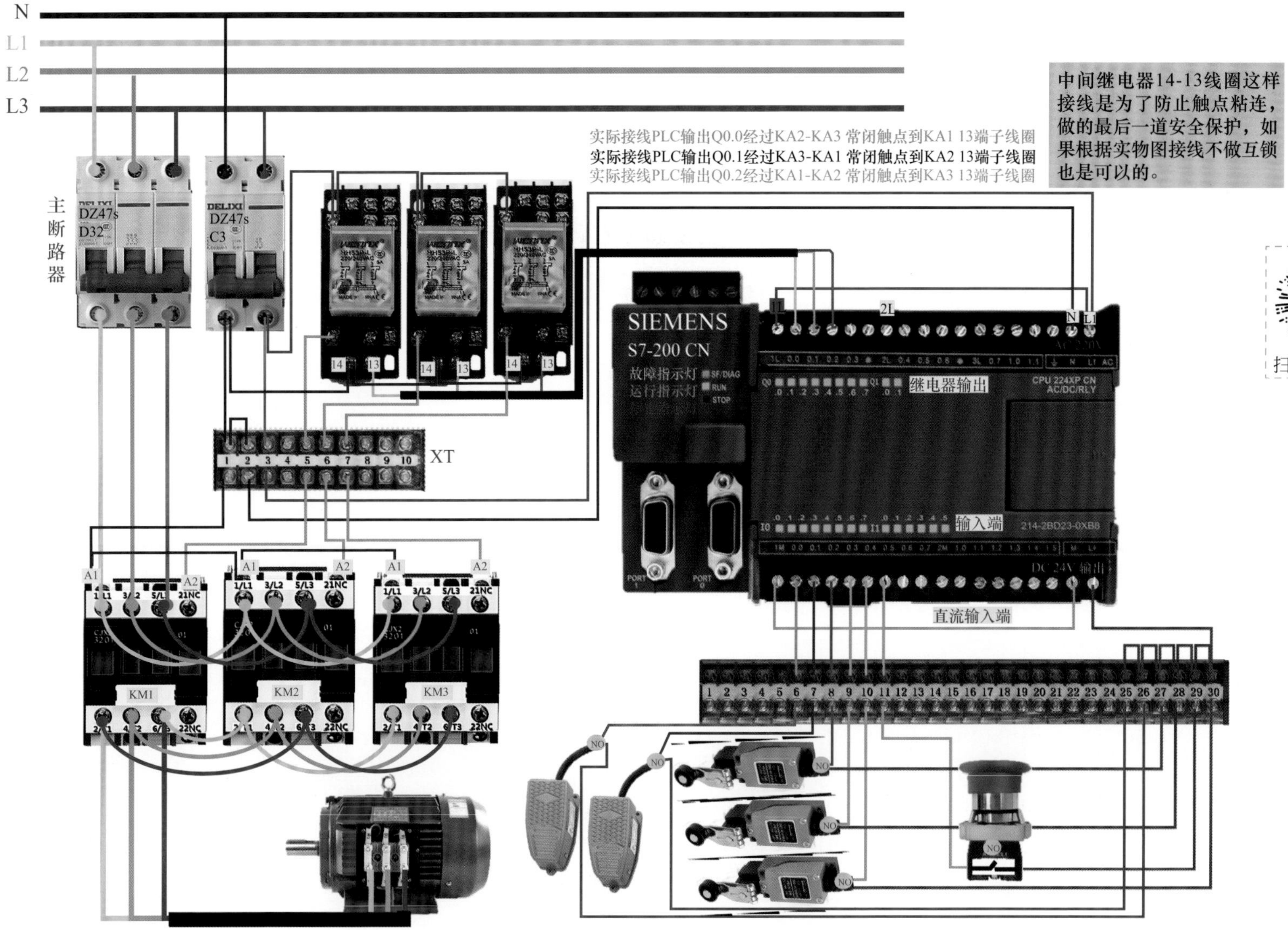
N
L1
L2
L3
主断路器
DZ47s
D32
DZ47s
C3
实际接线PLC输出Q0.0经过KA2-KA3 常闭触点到KA1 13端子线圈
实际接线PLC输出Q0.1经过KA3-KA1 常闭触点到KA2 13端子线圈
实际接线PLC输出Q0.2经过KA1-KA2 常闭触点到KA3 13端子线圈
中间继电器14-13线圈这样接线是为了防止触点粘连，做的最后一道安全保护，如果根据实物图接线不做互锁也是可以的。
14
13
XT
SIEMENS
S7-200 CN
故障指示灯
运行指示灯
继电器输出
CPU 224XP CN
AC/DC/RLY
输入端
214-2BD23-0XB8
直流输入端
A1
A2
KM1
KM2
KM3
NO

扫一扫看视频

PLC 控制的钢筋弯箍机电路实物接线图

11. 双速电动机控制电路与梯形图的转换

1.继电器-接触器控制电路

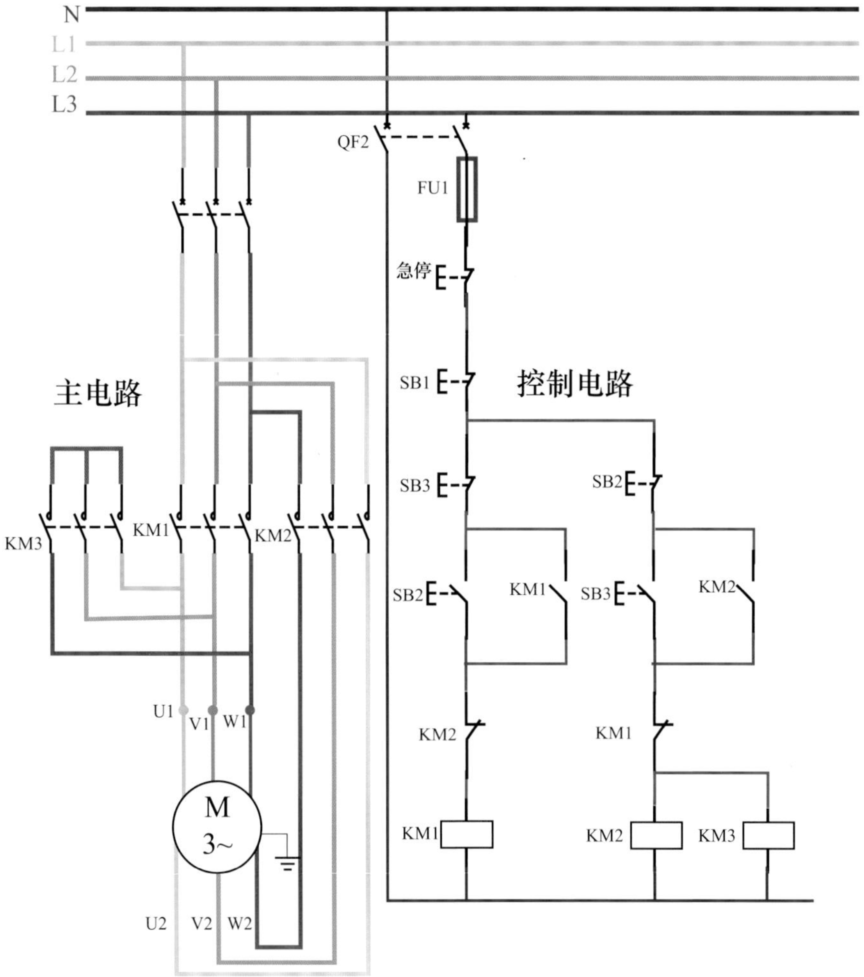

2.I/O分配表

输入量		输出量	
I0.0	起动低速	Q0.0	KM1
I0.1	起动高速	Q0.1	KM2
I0.2	停止	Q0.2	KM3

3.梯形图程序

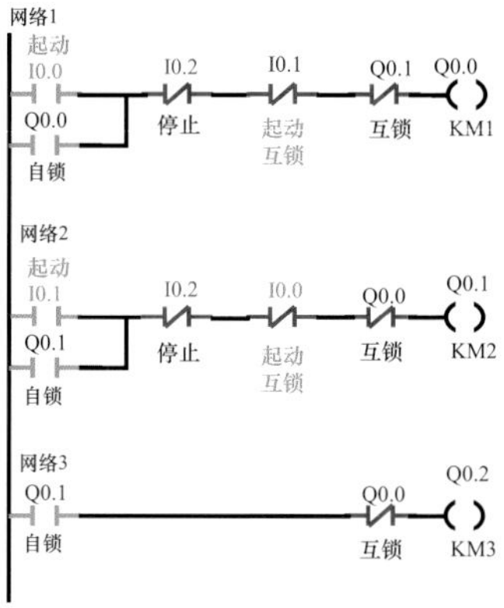

4.工作原理

通电后，按下按钮SB2，梯形图程序中的触点I0.0闭合，通过I0.2→I0.1→Q0.1使Q0.0线圈得电，同时Q0.0常开触点闭合自锁，Q0.0使接触器KM1线圈得电，主电路中的KM1主触点闭合，电动机低速运转。

需要高速运转时直接按下按钮SB3，梯形图程序中的I0.1常闭触点断开，低速控制电路也断开，同时I0.1常开触点闭合，经过I0.2→I0.0→Q0.0使Q0.1线圈得电，Q0.1常开触点闭合自锁，Q0.1使接触器KM2、KM3线圈得电，主电路中的KM2、KM3主触点闭合，电动机高速工作。

停止时按下SB1，PLC内部I0.2常闭触点断开，Q0.0、Q0.1、Q0.2线圈断电，KM1、KM2、KM3均会断电，电动机停转。

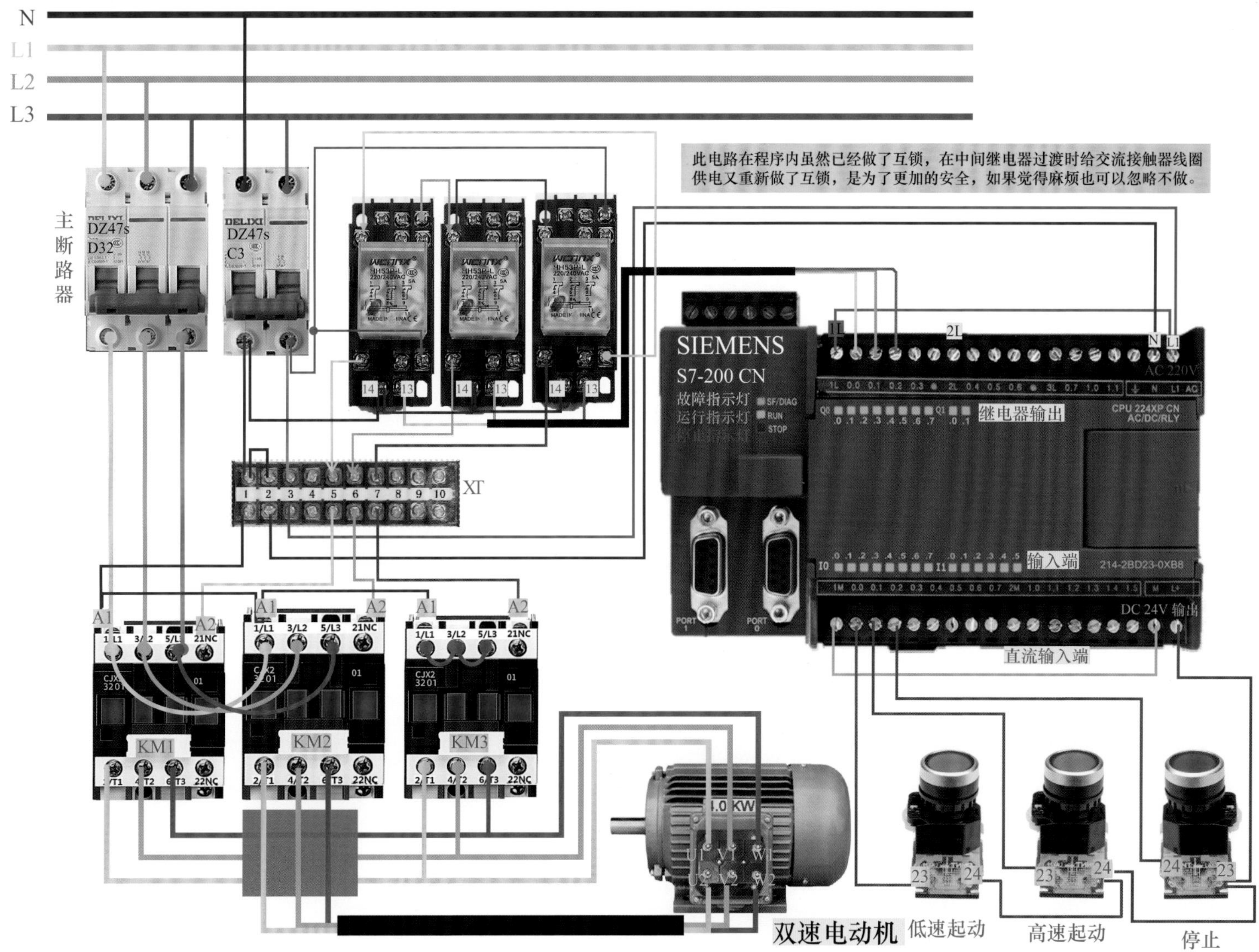
N
L1
L2
L3
主断路器
DZ47s
D32
DELIXI
DZ47s
C3
此电路在程序内虽然已经做了互锁，在中间继电器过渡时给交流接触器线圈供电又重新做了互锁，是为了更加的安全，如果觉得麻烦也可以忽略不做。
SIEMENS
S7-200 CN
故障指示灯
运行指示灯
停止指示灯
继电器输出
CPU 224XP CN
AC/DC/RLY
AC 220V
输入端
214-2BD23-0XB8
DC 24V 输出
直流输入端
XT
KM1
KM2
KM3
1.0 KW
U1 V1 W1
U2 V2 W2
双速电动机
低速起动
高速起动
停止

PLC 控制的双速电动机电路实物接线图

12. 排污泵球浮控制两泵交替循环工作电路与梯形图的转换

1.继电器-接触器控制电路

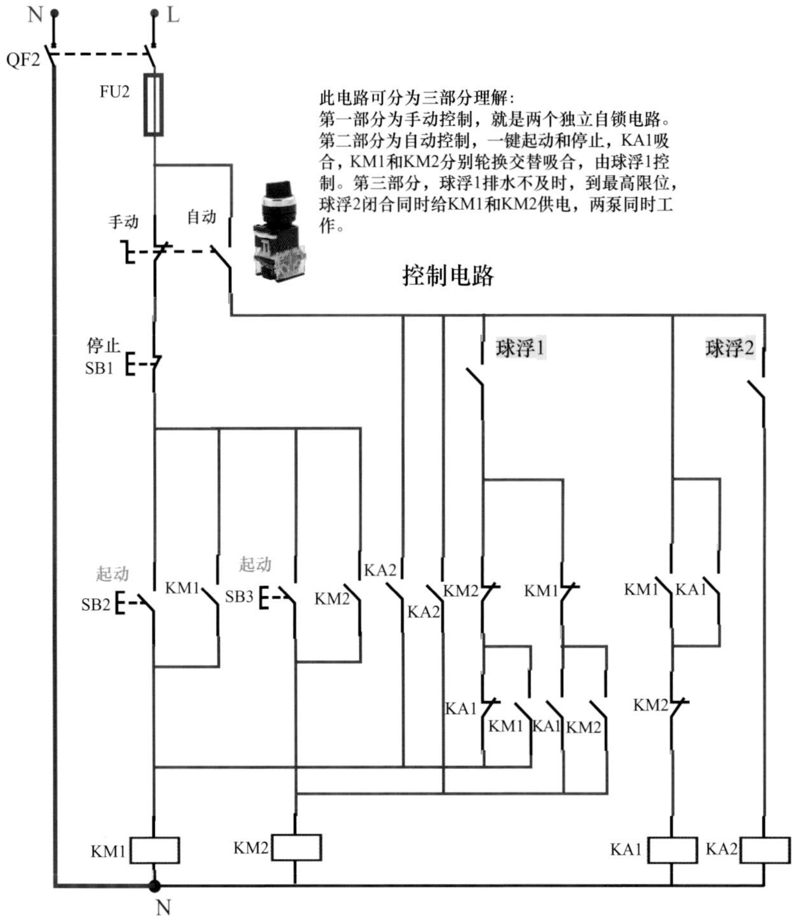

此电路可分为三部分理解：
第一部分为手动控制，就是两个独立自锁电路。
第二部分为自动控制，一键起动和停止，KA1吸合，KM1和KM2分别轮换交替吸合，由球浮1控制。第三部分，球浮1排水不及时，到最高限位，球浮2闭合同时给KM1和KM2供电，两泵同时工作。

2.梯形图程序

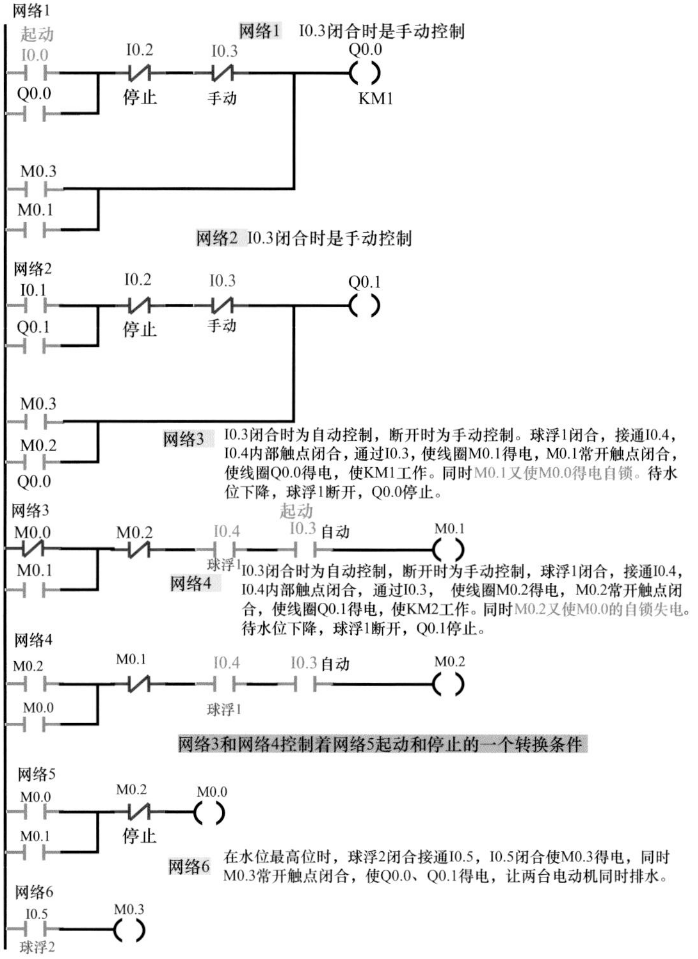

网络1 I0.3闭合时是手动控制

网络2 I0.3闭合时是手动控制

网络3 I0.3闭合时为自动控制，断开时为手动控制。球浮1闭合，接通I0.4，I0.4内部触点闭合，通过I0.3，使线圈M0.1得电，M0.1常开触点闭合，使线圈Q0.0得电，使KM1工作。同时M0.1又使M0.0得电自锁。待水位下降，球浮1断开，Q0.0停止。

网络4 I0.3闭合时为自动控制，断开时为手动控制，球浮1闭合，接通I0.4，I0.4内部触点闭合，通过I0.3， 使线圈M0.2得电，M0.2常开触点闭合，使线圈Q0.1得电，使KM2工作。同时M0.2又使M0.0的自锁失电。待水位下降，球浮1断开，Q0.1停止。

网络3和网络4控制着网络5起动和停止的一个转换条件

网络6 在水位最高位时，球浮2闭合接通I0.5，I0.5闭合使M0.3得电，同时M0.3常开触点闭合，使Q0.0、Q0.1得电，让两台电动机同时排水。

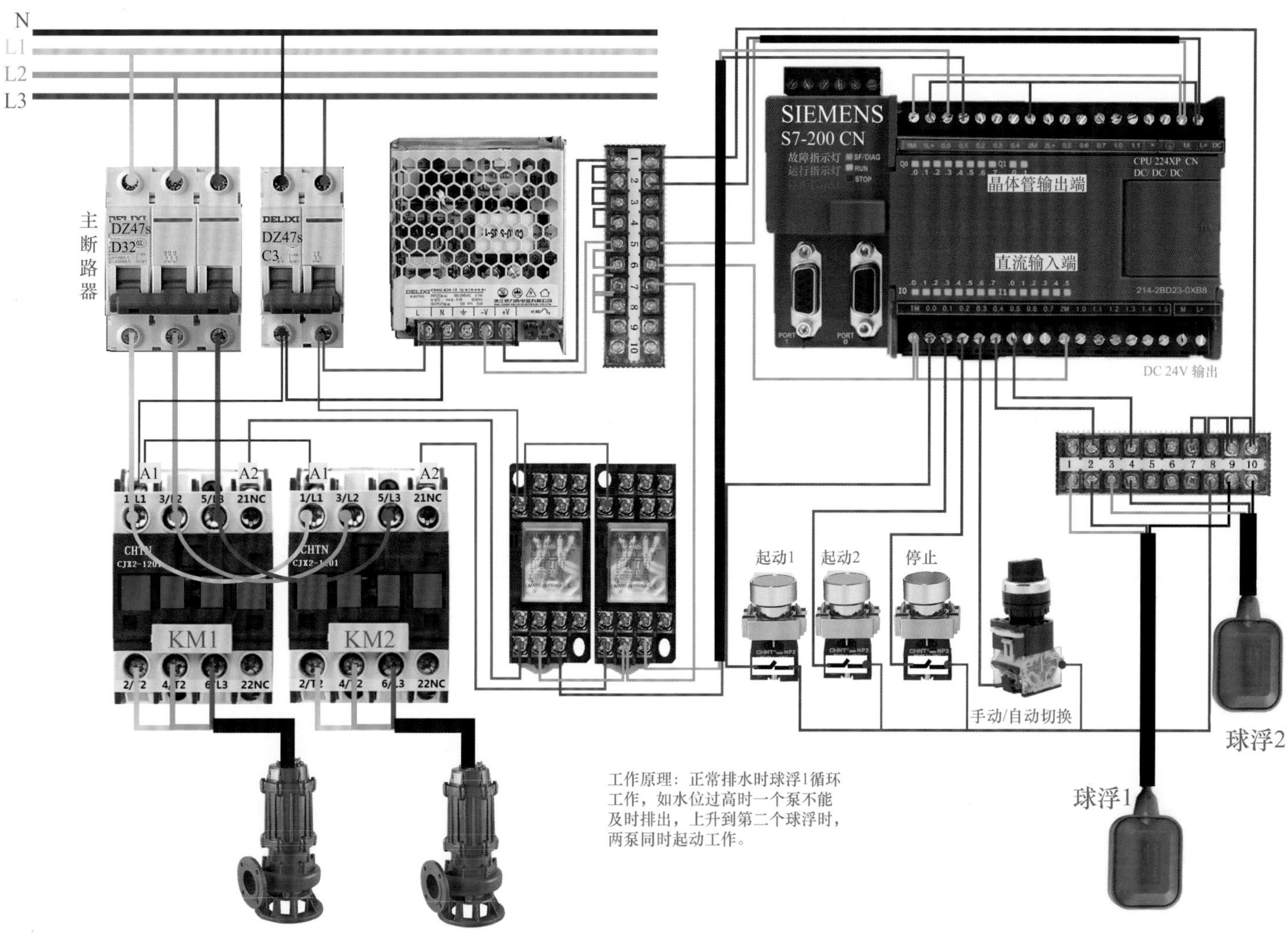

工作原理：正常排水时球浮1循环工作，如水位过高时一个泵不能及时排出，上升到第二个球浮时，两泵同时起动工作。

PLC 通过排污泵球浮控制两泵交替循环工作电路实物接线图

13. 三层货梯控制电路与梯形图的转换

1.继电器-接触器控制电路

SB1、SB2、SB3三个停止按钮串联，放置在各楼层，按下后都可以停止。
SQ1、SQ2、SQ3为各楼层安全门限位开关。

SB4下2楼起动
SQ4下2楼限位停止

SB5下1楼起动
SQ5下1楼限位停止

SB6上2楼起动
SQ6上2楼限位停止

SB7上3楼起动
SQ7上3楼限位停止

如果想要每个楼层都可以控制起动，把起动按钮并联即可，原理图未显示。
在梯形图程序中，外部接线起动按钮也是直接并联。

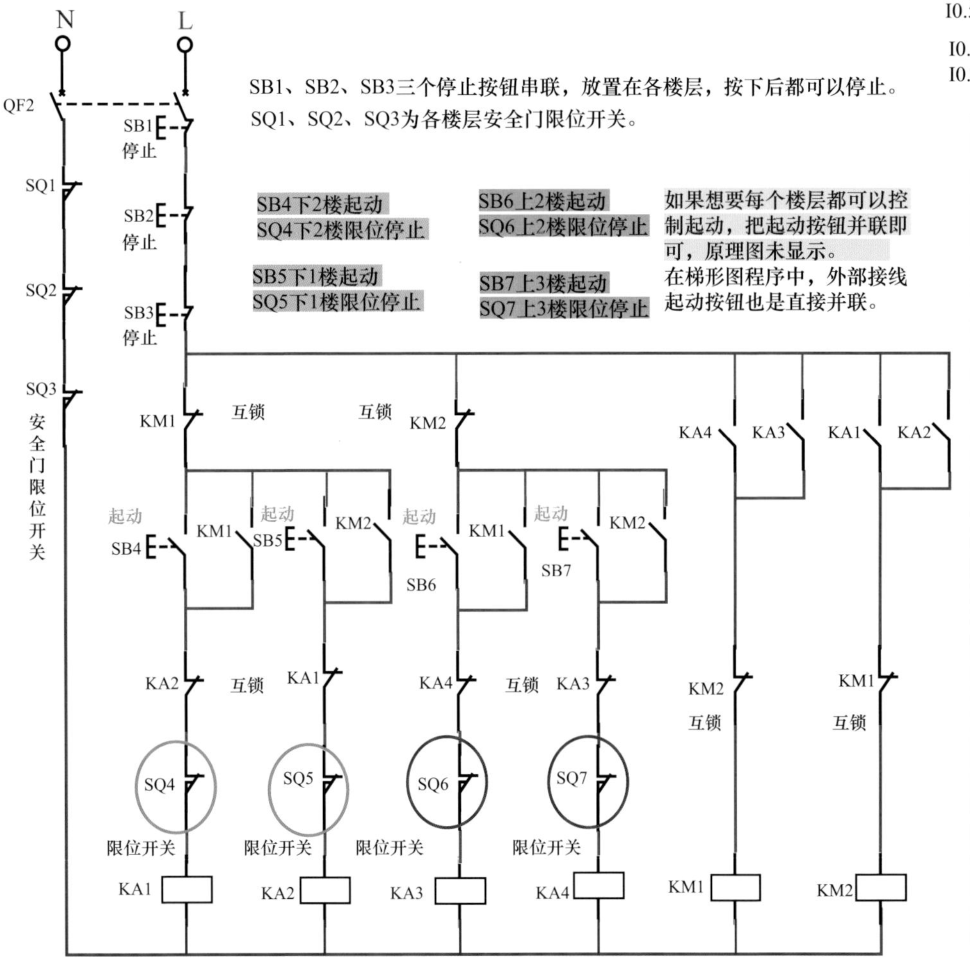

2.梯形图程序

I0.0下2楼起动
I0.5下2楼限位停止

I0.1下1楼起动
I0.6下2楼限位停止

I0.2上2楼起动
I1.0上2楼限位停止

I0.3上3楼起动
I1.1上3楼限位停止

I0.4并联三个停止按钮
各楼层都可以停止

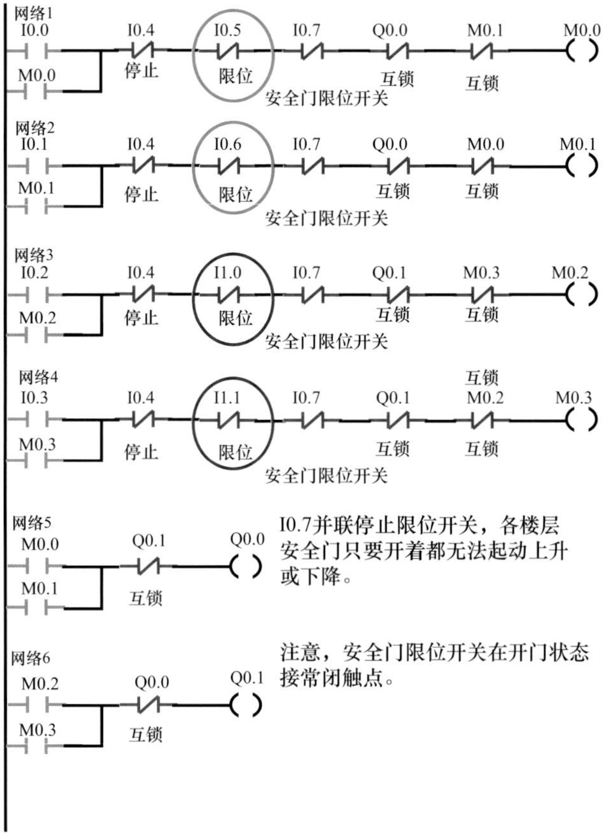

I0.7并联停止限位开关，各楼层安全门只要开着都无法起动上升或下降。

注意，安全门限位开关在开门状态接常闭触点。

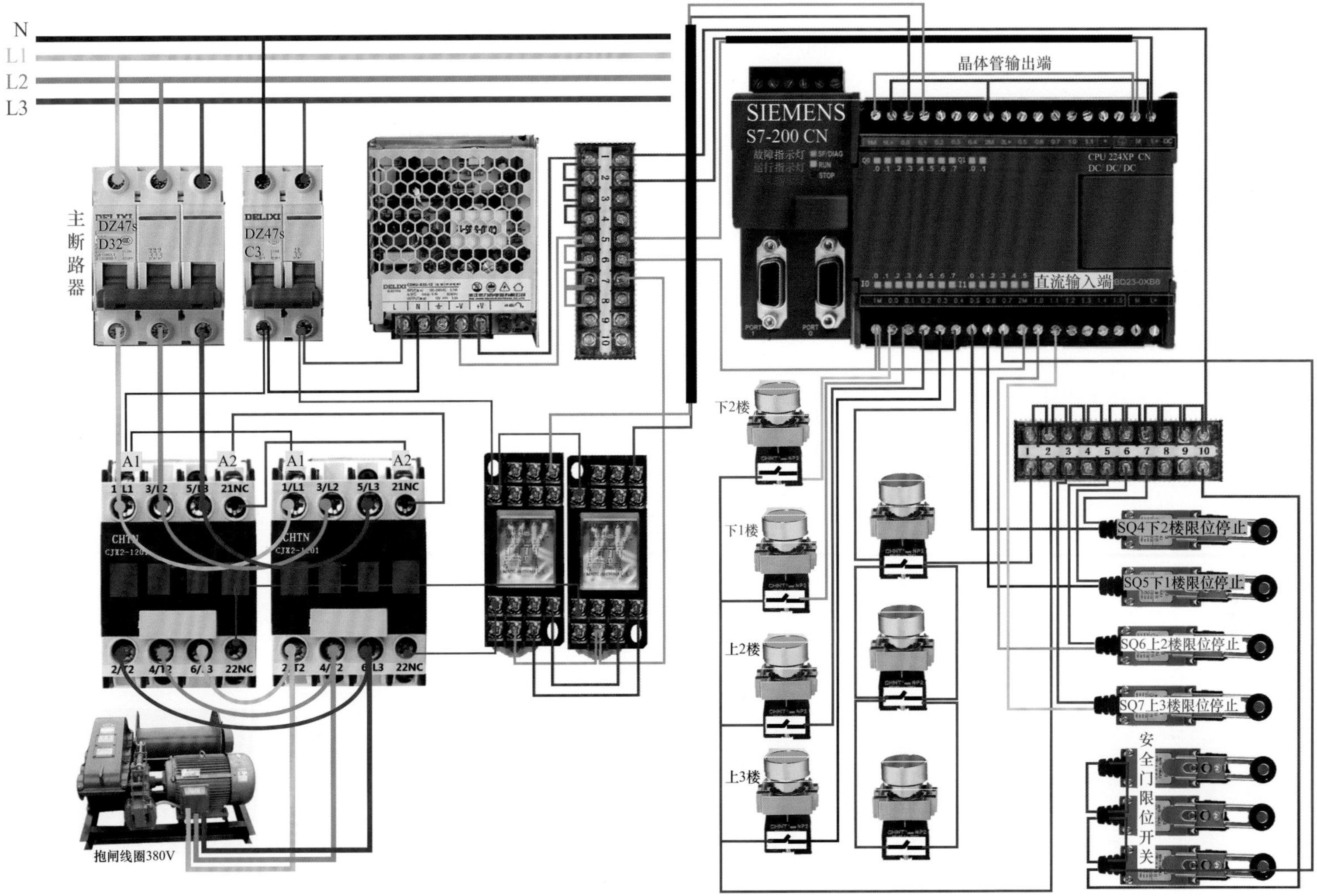

PLC 控制的三层货梯运行电路实物接线图

第 3 章

西门子 PLC 常用指令解析

1. 西门子 PLC 中的定时器 TON

1.定时器TON简介

定时器TON为接通延时定时器，用于单间隔定时。

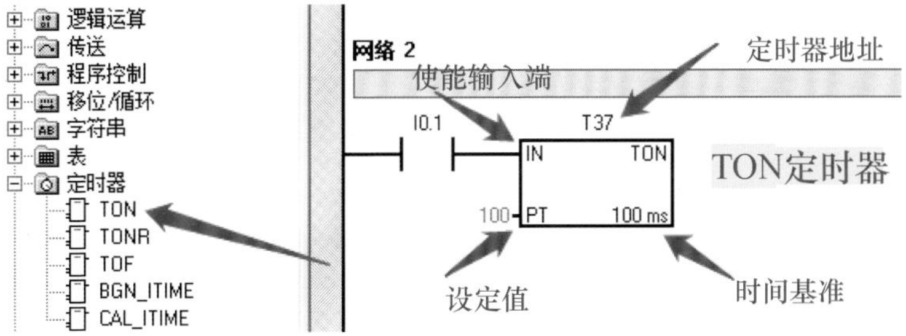

IN:使能输入端，前面要连接触点。
PT：设定值(INT型数据)，范围为-32768~+32767。
T37：定时器地址，可以根据不同的时间基准选择定时器地址，具体如下：

1ms :T32, T96。
10ms :T33~T36,T97~T100。
100ms :T37~T63,T101~T255。

100ms：时间基准，简称时基，这就是定时器的时间单位，也可以理解成时间精度，分为1ms、10ms和100ms，由定时器地址决定。
例如，想用100ms的时间基准，那么就要使用T37这个地址。

2.定时器TON如何设定时间

设定值乘以时间基准即为实际的设定时间，这里要注意1s=1000ms。例如实际要设定10s，如果地址用T37，那么定时器的设定值就要写100。

扫一扫看视频

3. 定时器TON的功能

1)当IN端得到使能信号时，定时器开始计时。当前时间满足大于或等于设定值时定时器的状态位置为1，也就是定时器的触点要动作，包含常开触点和常闭触点。

2)当IN端失掉使能信号时，定时器的当前时间清零，状态复位。

定时器TON(T37)

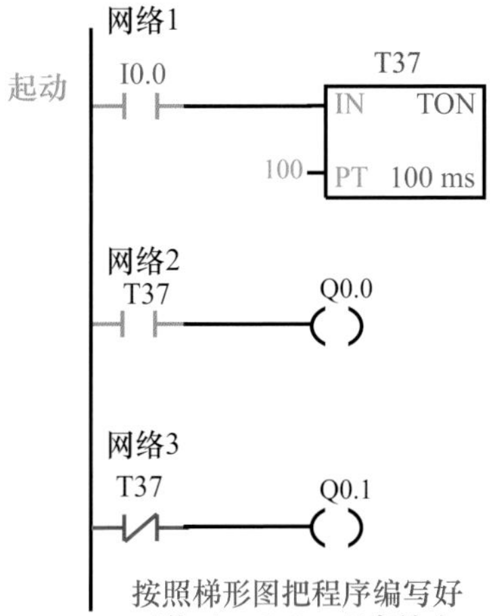

按照梯形图把程序编写好下载至PLC后，观察输出点动作情况

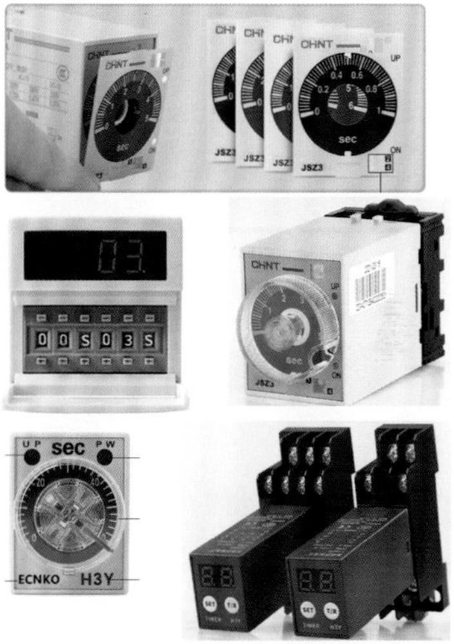

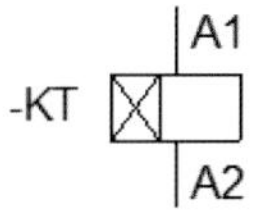

2. 西门子 PLC 中的定时器 TONR

1.定时器TONR简介

扫一扫看视频

定时器TONR是有记忆接通的延时定时器，也就是保持型。

保持型接通延时定时器 (TONR)用于累积一定数量的定时间隔。

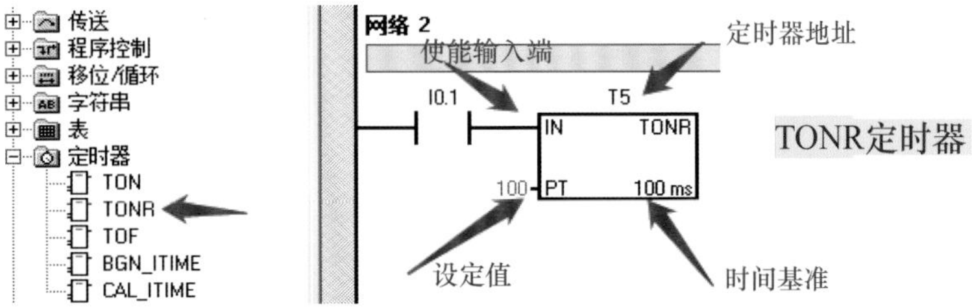

IN：使能输入端，前面要连接触点。
PT：设定值(INT型数据)，范围为-32768~+32767。
T5：定时器地址，可以根据不同的时间基准选择定时器地址，具体如下：

1ms　:T0, T64。
10ms　:T1~T4,T65~T68。
100ms :T5~T31,T69~T95。

100ms：时间基准，简称时基，这是定时器的时间单位，也可以理解成时间精度，分为1ms、10ms和100ms，由定时器地址决定。

例如，想用100ms的时间基准，那么就要使用T5这个地址。

2.定时器TONR如何设定时间

设定值乘以时间基准为实际的设定时间，这里要注意1s=1000ms。例如实际要设定10s，如果地址用T5，那么定时器的设定值就要写100。

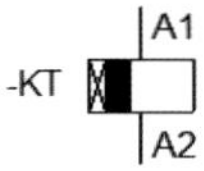

3. 定时器TONR的功能

1)当IN端得到使能信号时，定时器开始计时。当前时间满足大于或等于设定值时定时器的状态位置为1，也就是定时器的触点要动作，包含常开触点和常闭触点。

2)当IN端断电失去使能信号，定时器的当前时间可以保留。

3)如果想要清除当前时间，可以用复位指令给定时器复位。

按照梯形图把程序编写好，下载至PLC后，观察输出点动作情况

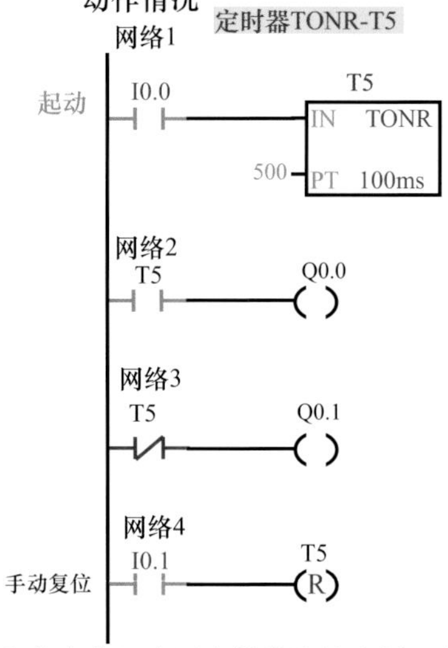

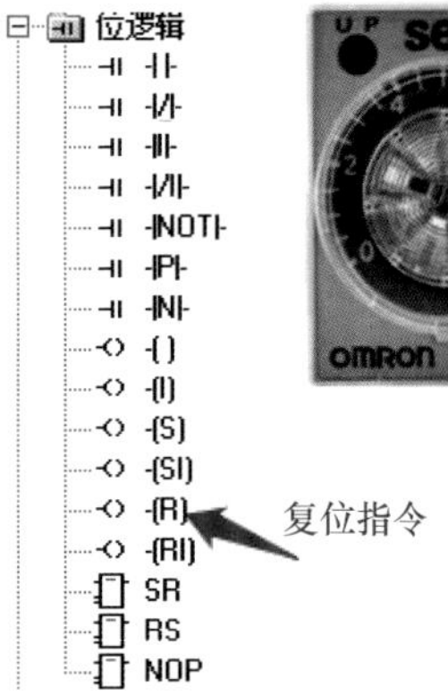

手动复位在实际应用中操作比较麻烦，在程序中一般需要实现停止自动复位。

3. 西门子 PLC 中定时器 TONR 的应用

1.控制要求

做一个定时停机的程序，按下起动按钮，设备开始运行，到达50s时要自动停机。如果中途停止，设备运行的时间要保留，再次起动后接着上次停止的时间继续计时，到达50s时要自动停机，自动停机后再次起动重新开始50s计时。

2.程序解析

此程序采用中间M区点编写的方式，自动停机不影响下次起动就需要给定时器复位，如果用定时器的触点给自己复位，由于扫描周期的原因会导致不能自动停机，而采用中间点就可以避免这些问题。中途停止只断开输出线圈，再次起动断开的是停止的程序，输出线圈继续接通，当到达50s时，T5先将运行程序M0.0断开， 利用M0.0的结束动作(M0.0常开触点加下降沿)进行复位T5，这时Q0.0就停止了，T5当前时间也清除了，所以就可以继续执行下一次50s自动停机了。

扫一扫看视频

3.梯形图程序

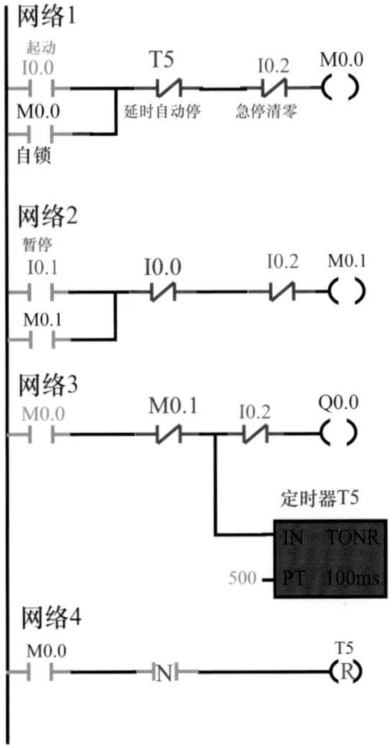

4.实物接线图

按照梯形图把程序编写好，下载至PLC后观察输出点动作情况记住要领，在编辑复杂的程序时，使用这个指令可减少编程步序。

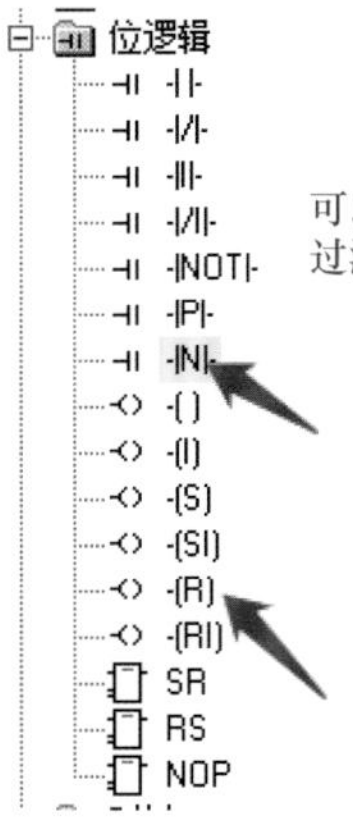

可以通过中间继电器常开触点过渡控制大功率设备

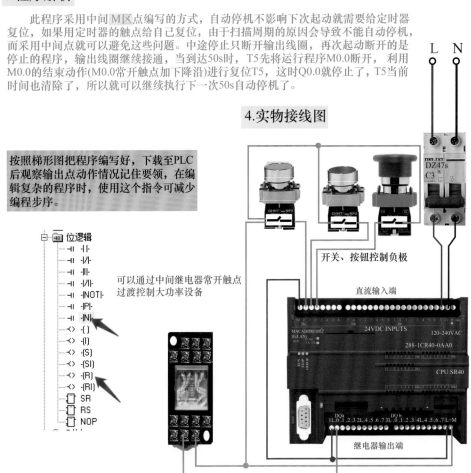

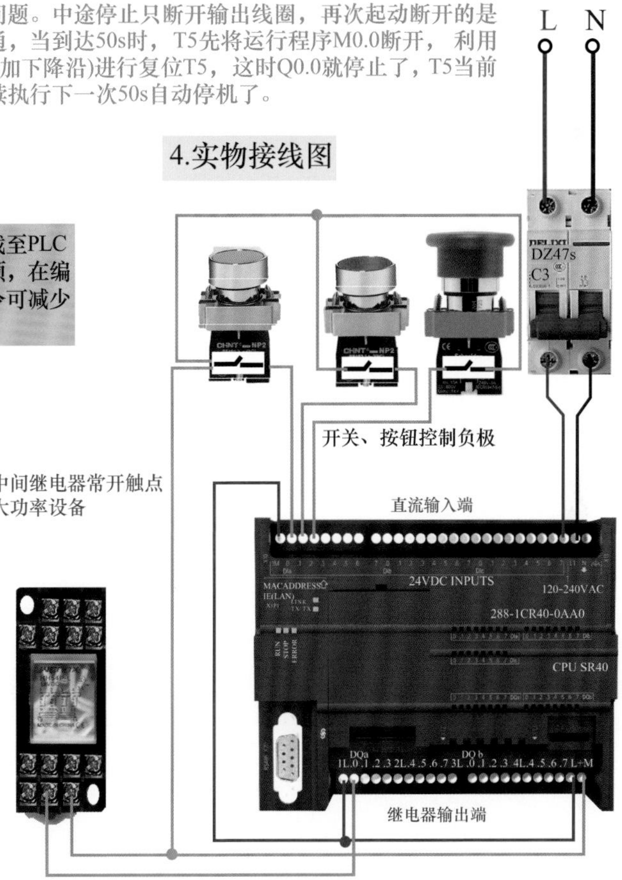

4. 西门子 PLC 中的定时器 TOF

扫一扫看视频

1.定时器TOF简介

定时器TOF为断电延时定时器，定时器指令是T区。

断电延时定时器(TOF)用于在断开条件达成之后延长一定时间执行。

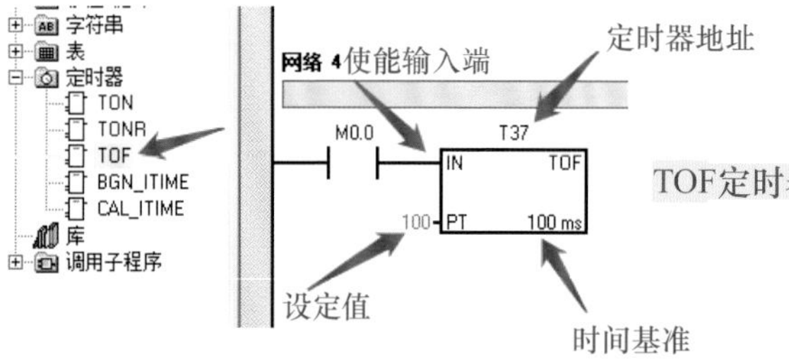

IN：使能输入端，前面要连接触点。

PT：设定值(INT型数据)，范围为-32768~+32767。

T37：定时器地址，可以根据不同的时间基准选择定时器地址，具体如下：

1ms :T32, T96。

10ms :T33~T36,T97~T100。

100ms :T37~T63,T101~T255。

100ms：时间基准，简称时基，这就是定时器的时间单位，也可以理解成时间精度，分为1ms、10ms和100ms，由定时器地址决定。

例如，想用100ms的时间基准，那么就要使用T37这个地址。

2.定时器TOF如何设定时间

设定值乘以时间基准为实际的设定时间，这里要注意1s=1000ms。例如实际要设定10s， 如果地址用T37， 那么定时器的设定值就要写100。

3.定时器TOF的功能

1)当IN端得到使能信号，定时器当前时间清零状态为1，定时器的触点立刻动作，包含常开触点和常闭触点。

2)当IN端断电失去使能信号，定时器开始计时，包含常开触点和常闭触点延时动作， 到达设定时间后定时器状态复位。

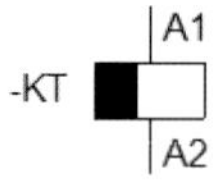

断电延时时间继电器

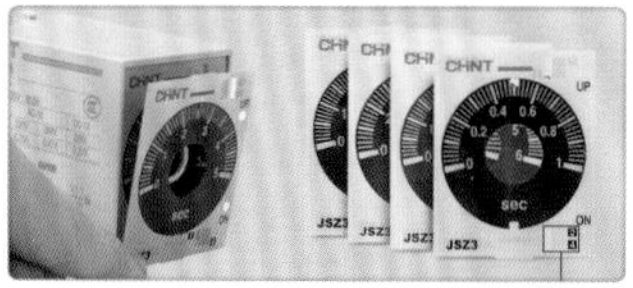

把梯形图程序编写好，下载至PLC后观察输出点动作情况

定时器TOF-T37

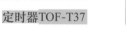

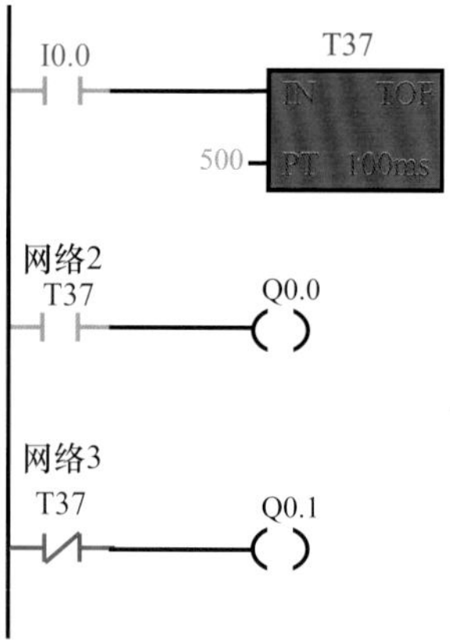

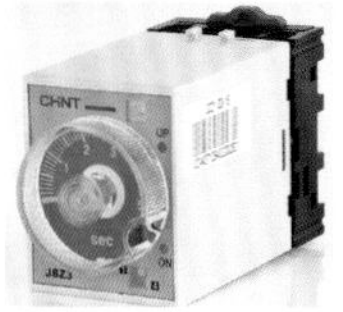

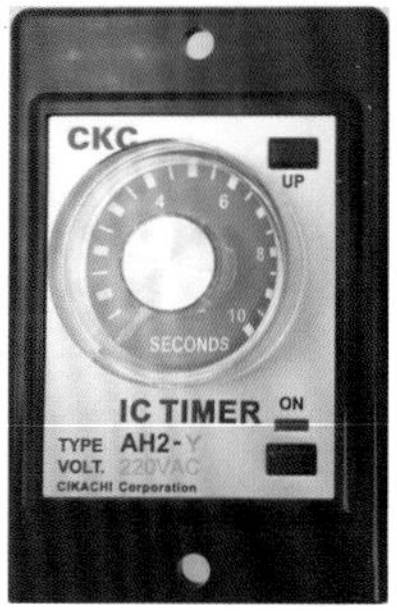

5. 西门子 PLC 中定时器 TOF 的应用

扫一扫看视频

1.控制要求

按下起动按钮，设备1和设备2同时起动运行，按下停止按钮后设备1先停止，延时50s后，设备2停止。

2.程序解析

按下起动按钮，设备1运行，T37得到使能信号，T37触点动作，所以设备2同时运行；按下停止按钮，设备1停止，T37失去使能信号开始计时，当到达设定时间50s后T37触点复位，设备2停止运行。

3.梯形图程序

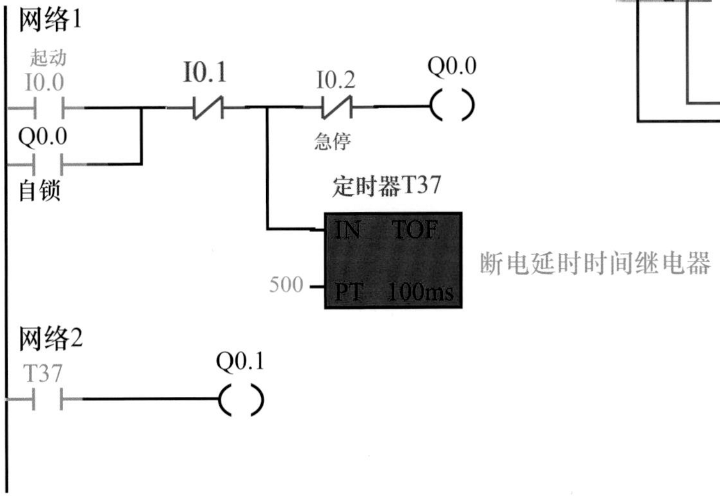

此程序这里应用的就是定时器TOF的功能，当IN端得到使能信号，定时器当前时间清零，状态位置为1。

4.实物接线图

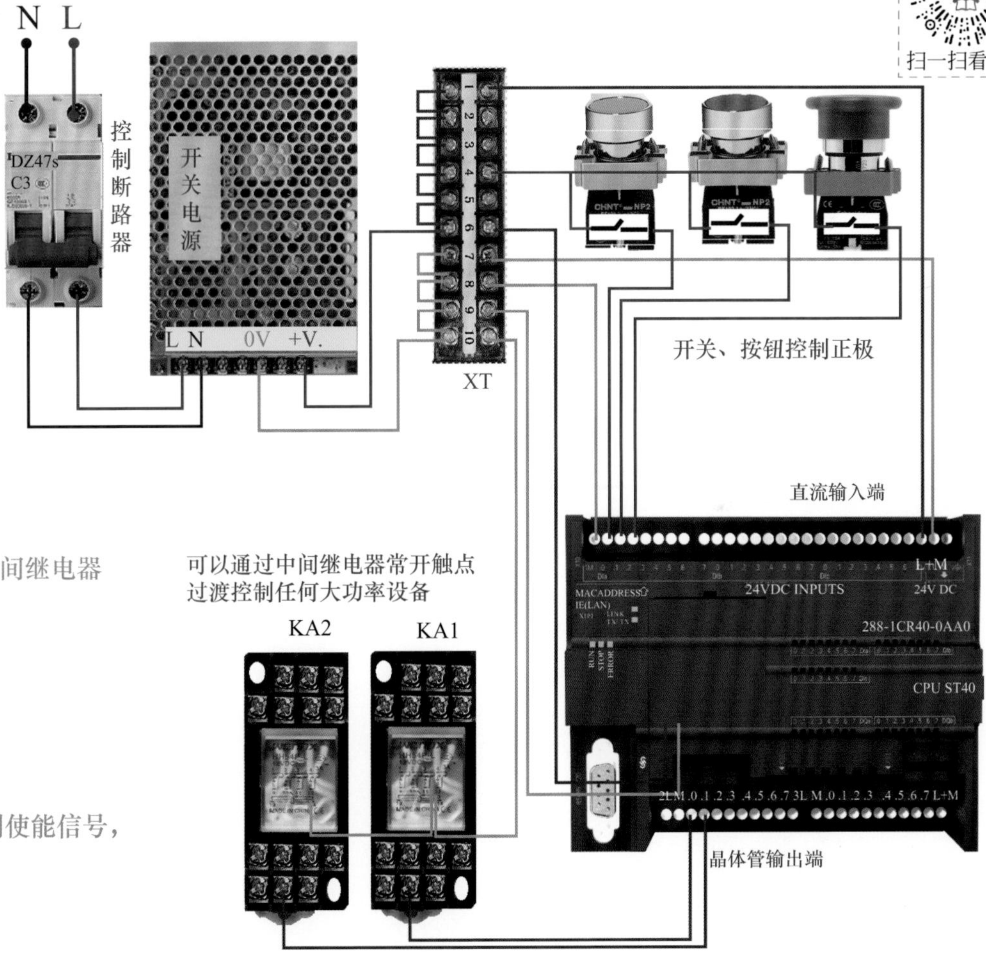

6. 西门子 PLC 中的比较指令

扫一扫看视频

1.比较指令简介

两个数值比较，IN1与IN2进行比较，也就是将比较指令输入的上面的数值与下面的数值进行比较，当满足比较条件时，比较指令会接通。在S7-200 PLC中有6种比较方式，大于、小于、大于等于、小于等于、等于和不等于。

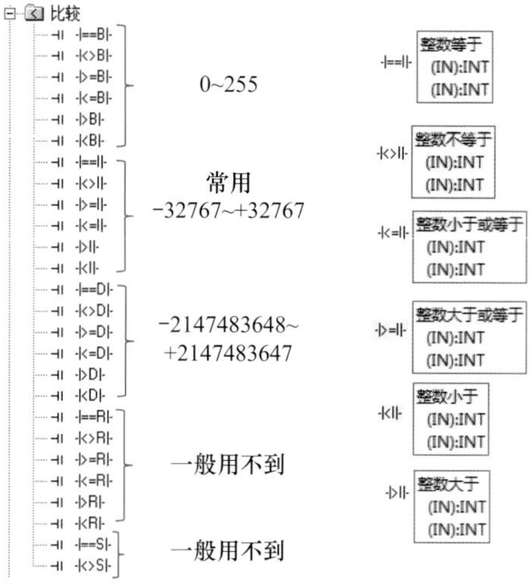

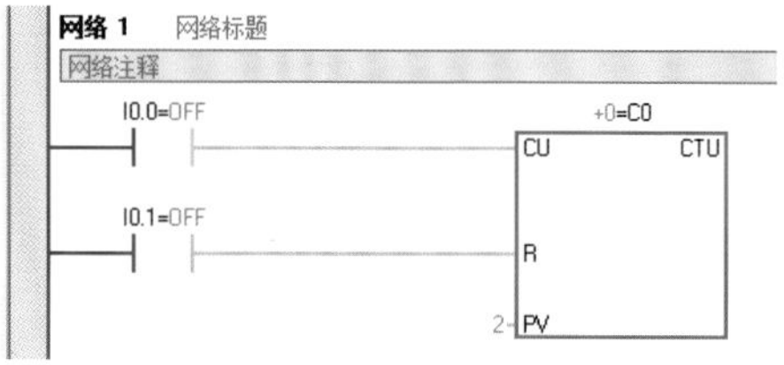

上图列举了几种不同数据类型的比较指令，比较指令可以是两个变量进行比较、一个变量和一个数值进行比较，也可以是两个数值进行比较，实际应用时一般不用两个固定数值进行比较。

2.比较指令应用运行状态说明

不处于监视状态时比较指令上端只看到C0

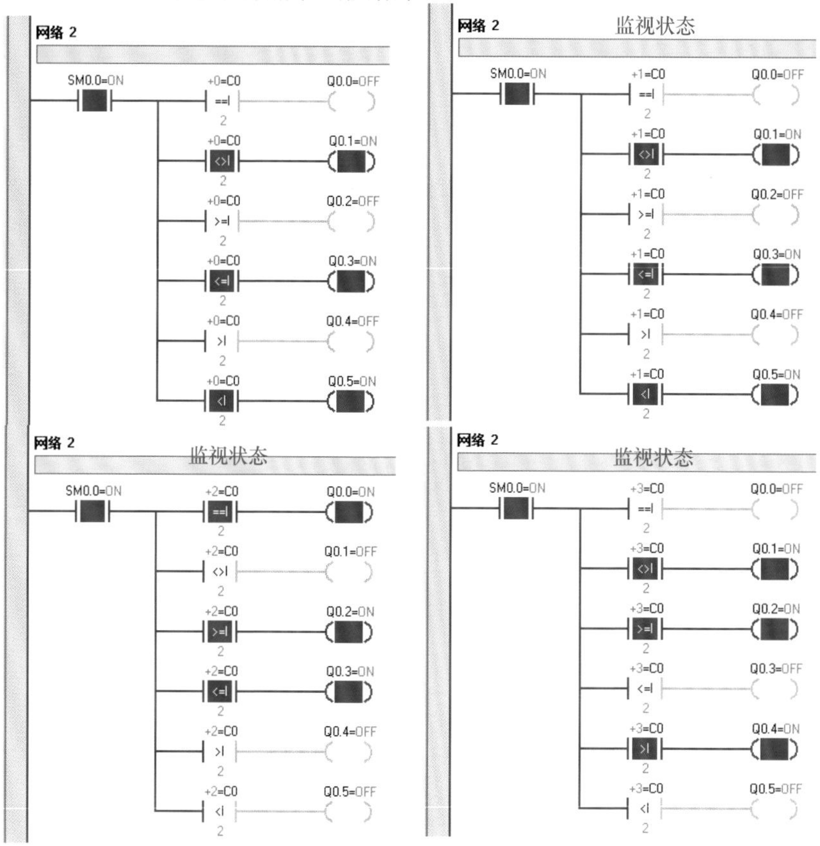

7. 西门子 PLC 中的转换指令

1.转换指令简介

转换指令可以将数据转换数据类型，例如想要将一个字的数据（16位）和一个双整数里面的数据(32位)相加，采用直接相加是无法实现的，计算指令里没有这种运算，所以可以利用转换指令将数据类型进行转换，这样就可以实现不同数据类型之间的程序处理。

VB0字节8 (位)符号整数：0~255。

VW0字16 (位) 无符号整数：0~65535。

VD0双字32(位)无符号整数：0~4294967295。

扫一扫看视频

EN：使能信号输入端，前面要连接触点。

IN：输入要转换的数据。

OUT：输出转换后的数据：当EN端得到使能信号会将IN端的数据类型转换成OUT端的数据类型，内部的数值不变，变的是数据类型。

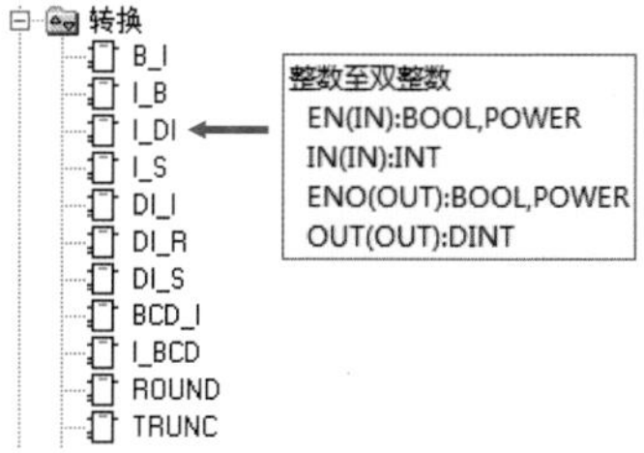

2.控制案例

需要计算出C0加上VD4的结果。

当前需要字和双字进行相加，所以将16位转换成32位，然后利用VD0加VD4等于的VD8即可得出最后的结果。梯形图程序如下所示。

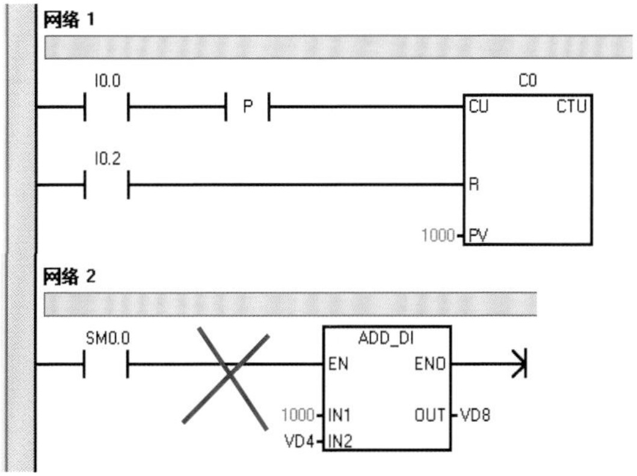

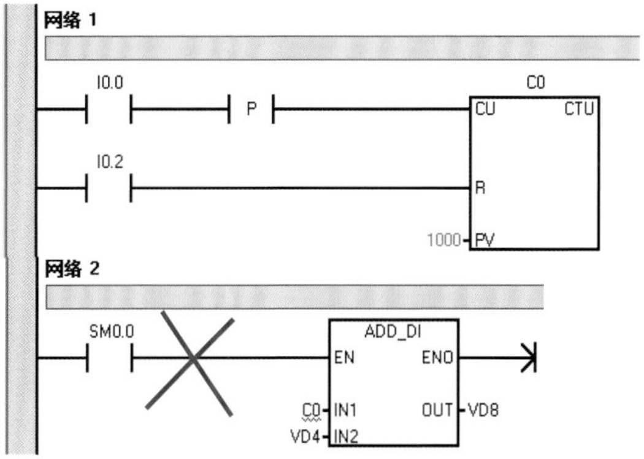

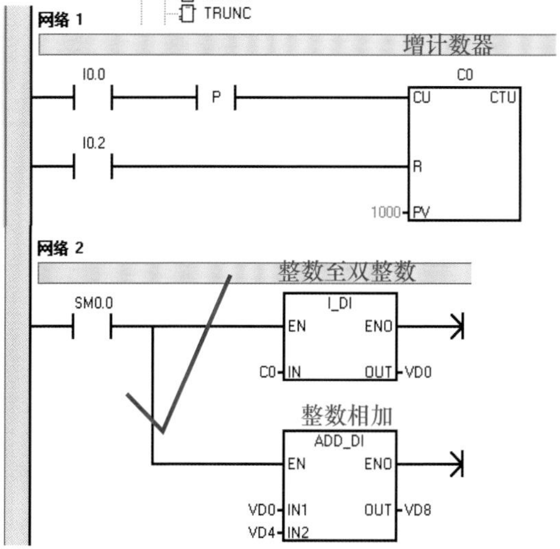

将C0 转换VD0　　VD0 + VD4 = VD8

8. 西门子 PLC 中的递增指令

1.递增指令简介

递增指令分为INC-B(字节递增)、INC-W(字递增)、INC-DW(双字递增)三种类型。

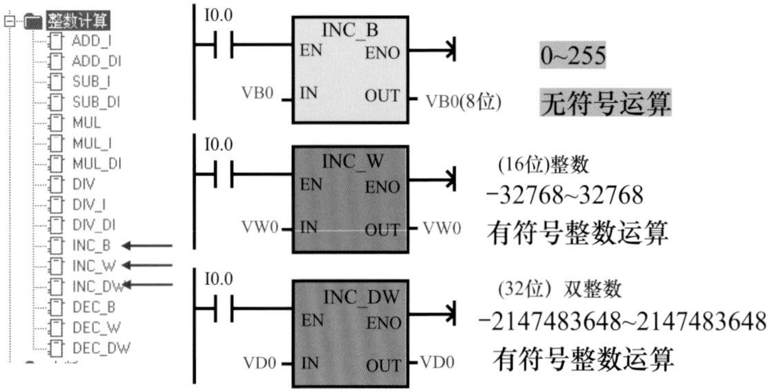

EN：使能输入端，前面要连接触点。
ENO：使能输出端，和EN端状态相同。
IN：将要递增1的数(INT型数据)。
OUT：递增1后的结果。

2.指令功能

当EN端得到使能信号后，会将IN端的数值加1传送到OUT端中，每一个扫描周期都要进行一次传送。上图中的I0.0接通会将IN端的1加1传到OUT中，所以VW0中的数值为2。通常使用递增指令与计数器的功能差不多，想要实现这样的功能那么递增指令的IN端就需要变化，所以通常IN端和OUT端都为同一个地址。这里要注意，要想实现这个功能那么EN端的使能信号要在一个扫描周期内有效，不然所看到的数值就不是呈加1递增了。

3.控制案例

利用递增指令编写一键起停控制程序。

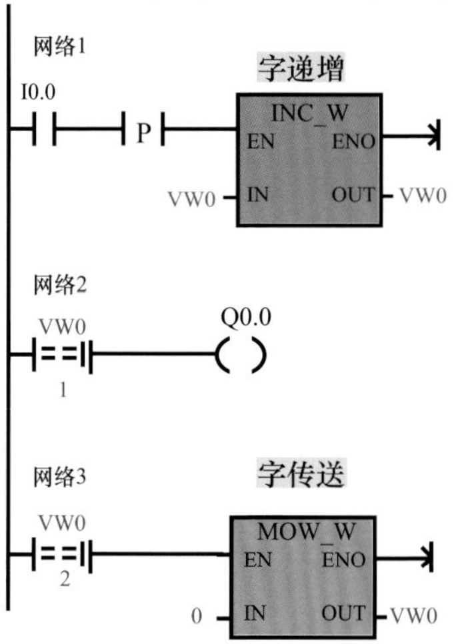

解析：I0.0为外部按钮，所以后面要加边沿触发指令。
当I0.0第一次按下时，VW0为1，Q0.0接通；
当I0.0第二次按下时，VW0为2，同时将VW0清0，Q0.0断开。

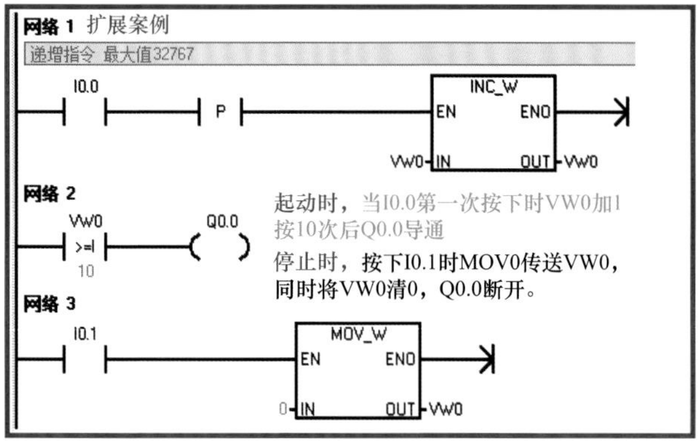

9. 西门子 PLC 中的递减指令

1.递减指令简介

递减指令分为DEC-B(字节递减)、DEC-W(字递减)、DEC-DW(双字递减)三种类型。

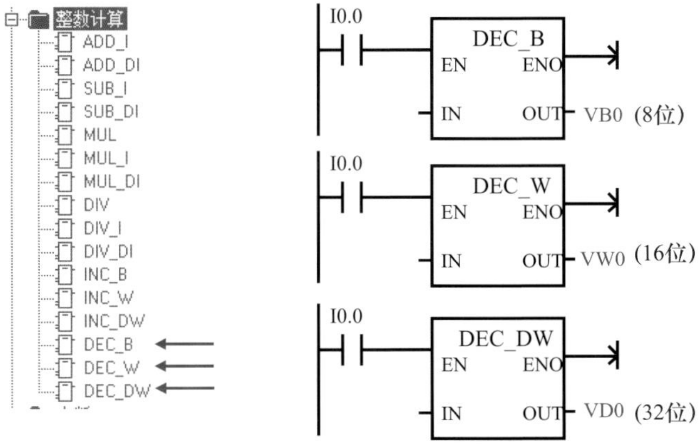

EN：使能信号输入端，前面要连接触点。

ENO：使能信号输出端，和EN端状态相同。

IN：将要递减1的数。

OUT：递减1后的结果。

2.指令功能

当EN端得到使能信号后会将IN端的数值减1传送到OUT端中，每一个扫描周期都要进行一次传送。图中的I0.0接通会将IN端的VB0减1传到OUT中，所以VB0中的数值为0。通常使用递减指令与计数器的功能差不多，想要实现这样的功能那么递增指令的IN端就需要变化，所以通常IN端和OUT端都为同一个地址。这里要注意，要想实现这个功能那么EN端的使能信号要在一个扫描周期内有效，不然所看到的数值就不是呈减1递减了。

3.控制案例

扫一扫看视频

利用递减指令编写起保停控制程序。

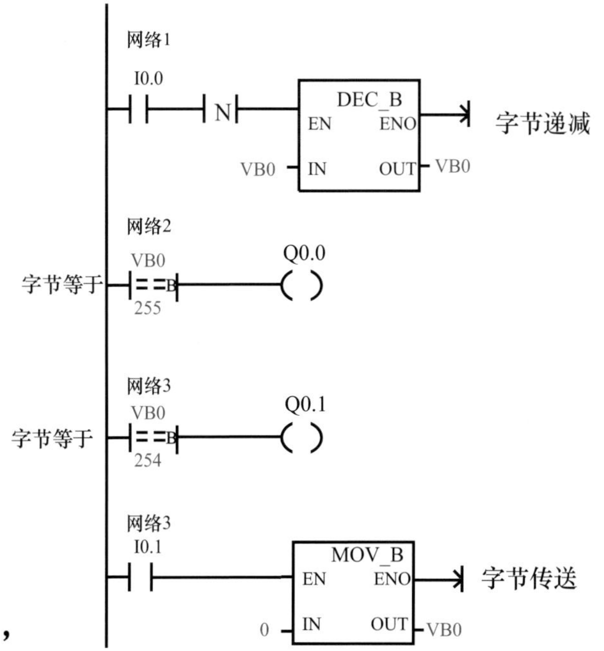

解析：I0.0为外部按钮，所以后面要加边沿触发指令，当I0.0第一次按下时VB0为255，Q0.0接通第二次按下时VB0为254，Q0.1接通，Q0.0停止。重新起动时，需要按下I0.1把0传送VB0，同时将VB0清0。

10. 西门子 PLC 中的传送指令

1.传送指令简介

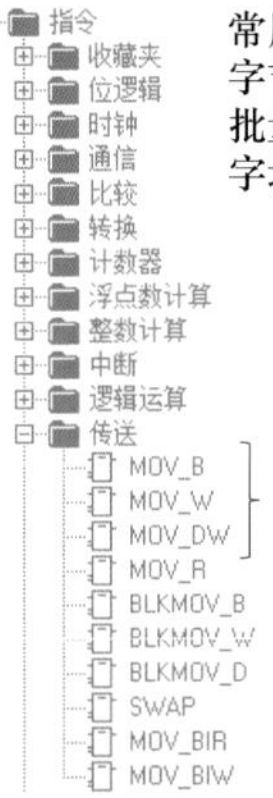

常用的传送指令有单个存储区，传送包含字节传送，字传送，双字传送，实数传送，批量传送包含字节块传送，字块传送和双字块传送等。

EN：使能信号输入端，前面要连接触点。
ENO：使能信号输出端，与EN端状态相同。
IN：输入端，数据类型字节。
OUT：输出端，数据类型字节。

扫一扫看视频

2.指令功能

当EN端得到使能信号后会将IN端的数据传送到OUT端中的地址。传送是覆盖形式的OUT端地址，只要被传进来新值原有的数据就会被覆盖掉。

EN端得到使能信号后，每一个扫描周期都会将IN端的数据传送到OUT端中，IN端的数据不变。

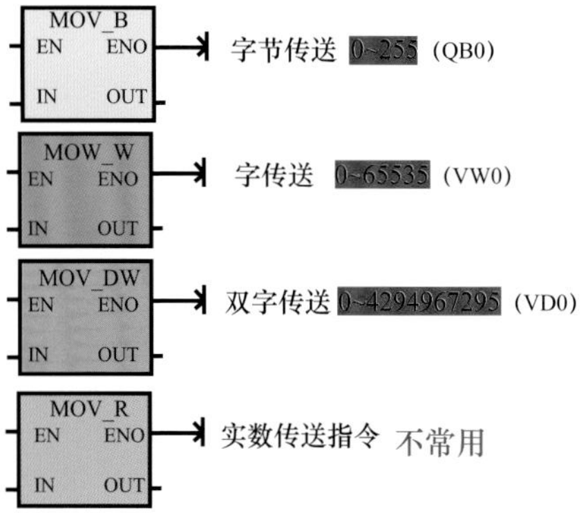

3.控制案例

(1)字节传送

下面这组数字是一个字节，8个位即Q0.7~Q0.0。图中对应的指示灯亮就在下面标注1，可得二进制数10101010，转换为八进制是252，转换为十进制是170。

把网络1的IN端填写252或170，按下面程序下载到PLC，闭合I0.0，QB0的对应点就会输出；停止时，就把网络2的IN端填写0，闭合I0.1，指示灯就停止输出。

Q0.7	0	0	0	0	0	0	Q0.0
1	0	1	0	1	0	1	0

二进制10101010 = 八进制252 = 十进制170

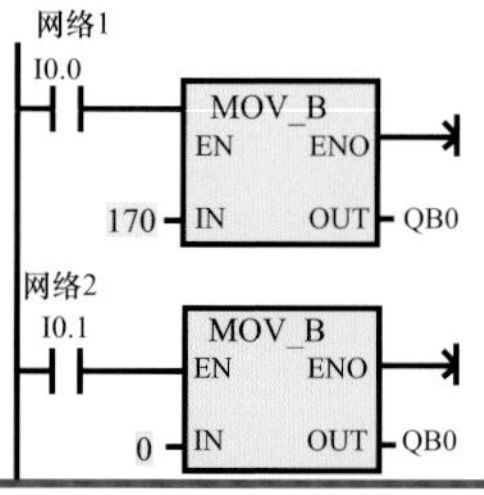

(2)字传送

下面是T37定时器，PT端没有直接填入数值，因为这个时间需要设定不同的时间，所以使用变量VW0。可以通过触摸屏变量连接填入需要的数，也可以通过PLC输入端填写多个时间段的传送指令输入切换时间。

按照所示梯形图编好程序，下载到PLC，按下I0.0，观察VW0的变化，再按下I0.1，观察T37的VW0的变化。

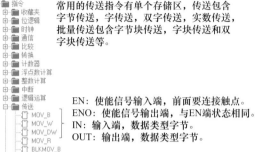

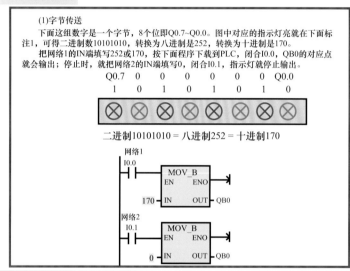

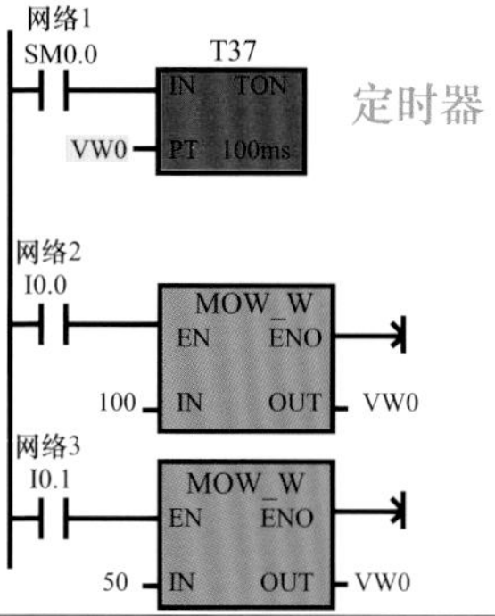

11. 西门子 PLC 中的移位指令

1.移位指令简介

移位指令可以将一个存储区里面位的状态向左或向右移动，移动的位数可以设置，移位指令在逻辑控制中使用非常方便，例如做类似于流水灯的控制。学习移位指令一定要知道一个存储区里面位的顺序，因为移位指令是有方向的。

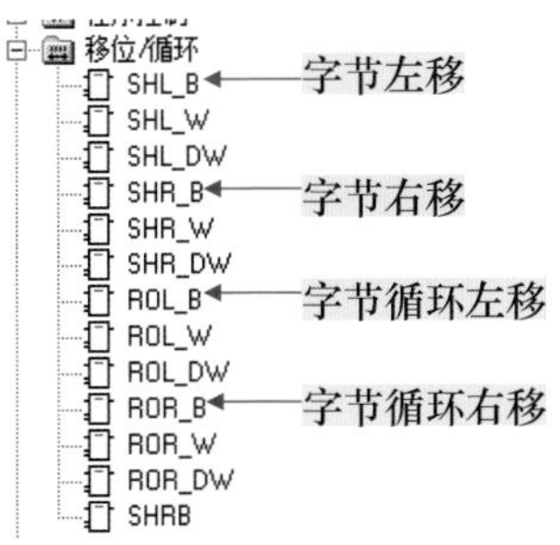

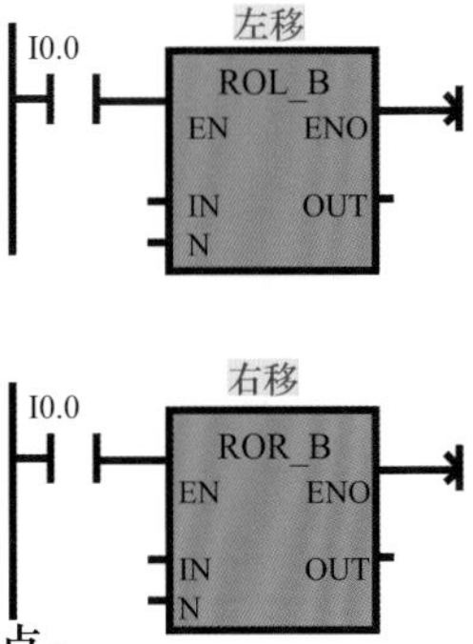

EN：使能信号输入端，前面要加触点。
IN:移位对象。
N:移位的位数。
OUT：移动操作后的结果。

2.指令功能

当EN端得到使能信号后会将IN中存储区的位整体向左移动*N*位，移动完的状态传送到OUT存储区中，IN端的数值不变，只要EN端有使能信号那么每一个扫描周期都要移动。移位的个数如果大于IN中地址的位数会产生溢出，移位完的空位处补零。

3.控制案例

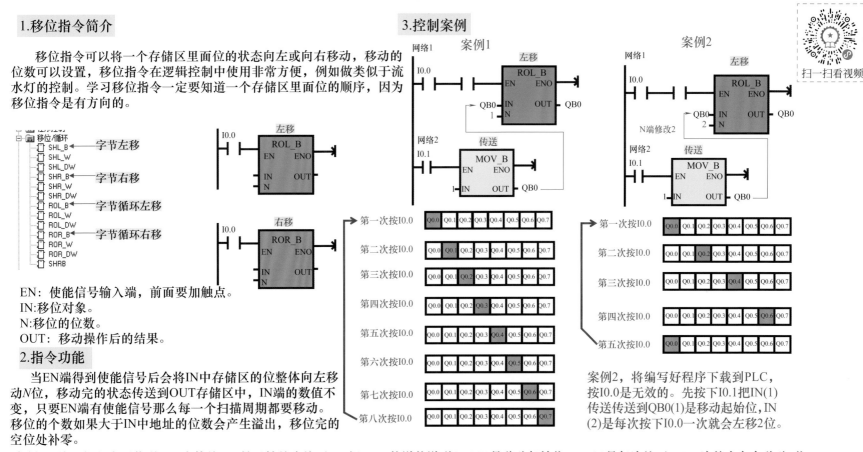

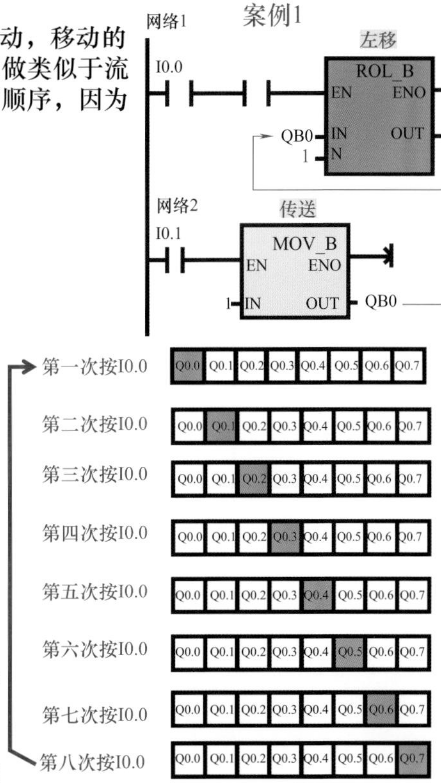

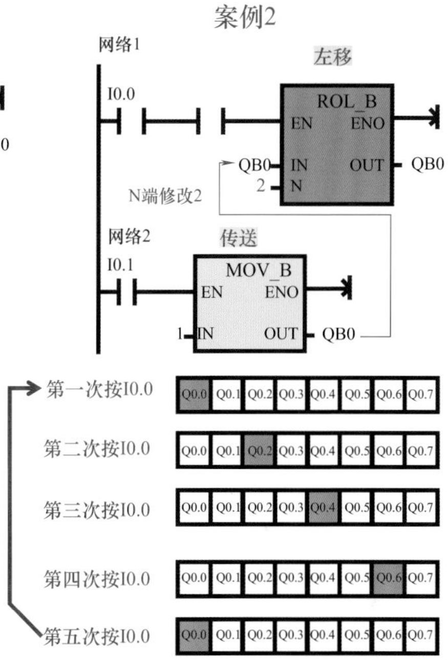

案例2，将编写好程序下载到PLC，按I0.0是无效的。先按下I0.1把IN(1)传送传送到QB0(1)是移动起始位，IN(2)是每次按下I0.0一次就会左移2位。

扫一扫看视频

案例1，编写好程序下载到PLC直接按I0.0是无效的先按下I0.1把IN(1)传送传送到QB0(1)是移动起始位，IN(1)是每次按下I0.0一次就会向左移动1位。
移位指令将输入值IN 的位值右移或左移，位置移位计数*N*，然后将结果装载到分配给OUT 的存储单元中。对于每一位移出后留下的空位，移位指令会自动补零。

12. 西门子 PLC 中的移位寄存器

1.移位寄存器简介

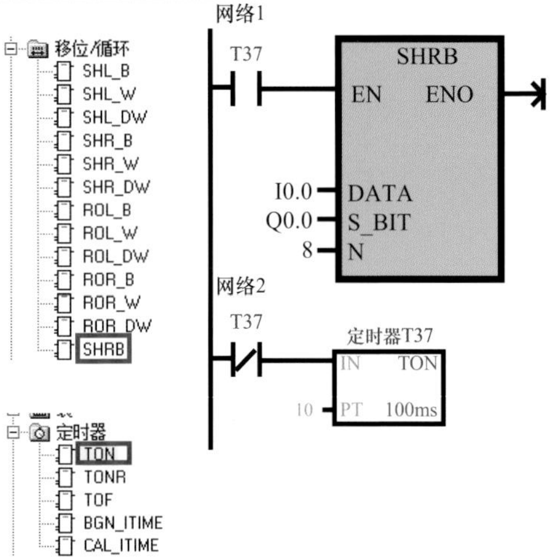

扫一扫看视频

2.I/O分配表

输入量		输出量	
I0.0	开始按钮	Q0.0	灯1
I0.1	停止按钮	Q0.1	灯2
		Q0.2	灯3
		Q0.3	灯4
		Q0.4	灯5
		Q0.5	灯6
		Q0.6	灯7
		Q0.7	灯8

3.硬件接线图

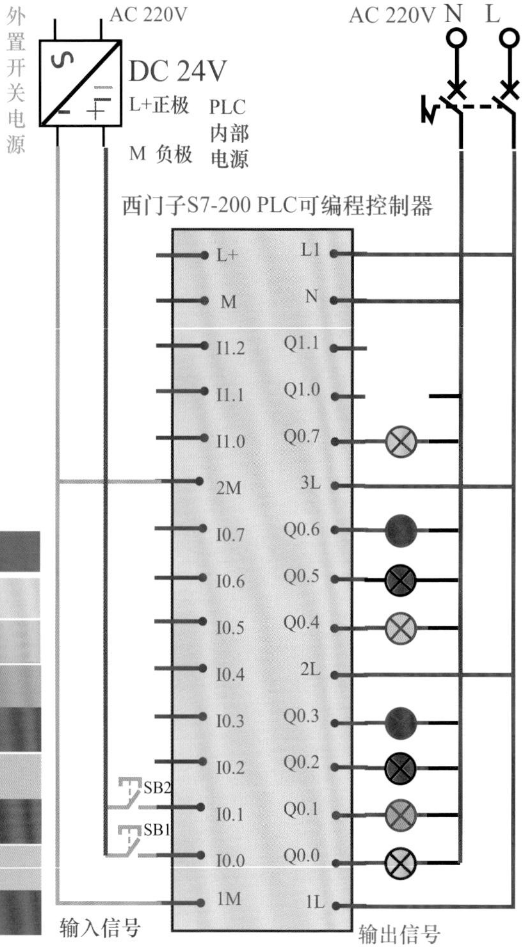

4.梯形图程序

此程序功能为按一下I0.0，灯是一个位一个位的重复移动，停止时移到Q0.0，按下I0.1即可停止。

先按I0.0，待Q0.0灯亮后再按一下I0.0，两个位的灯重复移动闪亮，停止时移到Q0.0，按下I0.1即可停止。

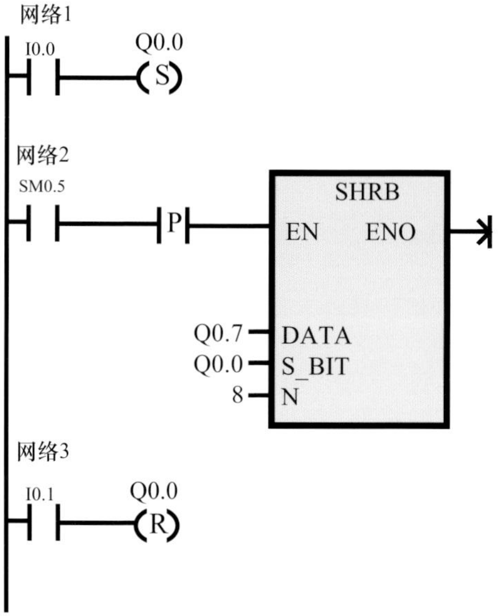

上图中Q0.7是数据补位；Q0.0是数据起始位，要从Q0.0向Q0.7移动；8是要补的位数。

13. 西门子 PLC 中的置位和复位指令

1.指令简介

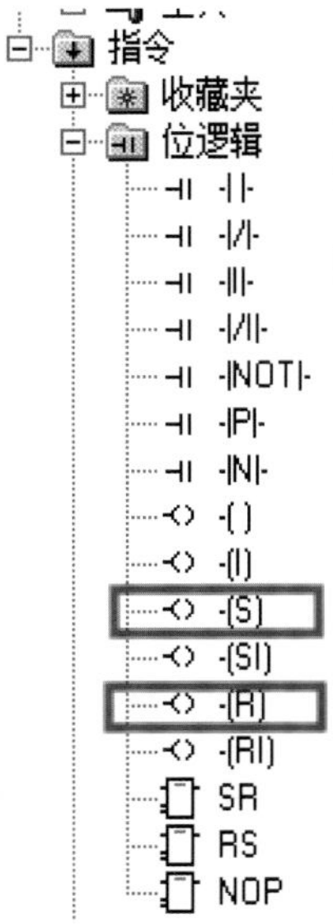

置位(S)是什么意思呢？就是相当于咱们电路当中的一个自锁按钮，按一下它电路就一直输出。

复位(R)就是这个按钮想要弹回来，需要复位指令给出一个信号才可以断开。

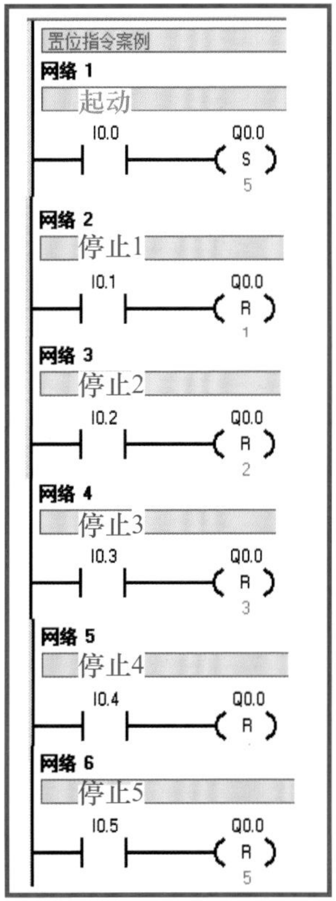

置位和复位

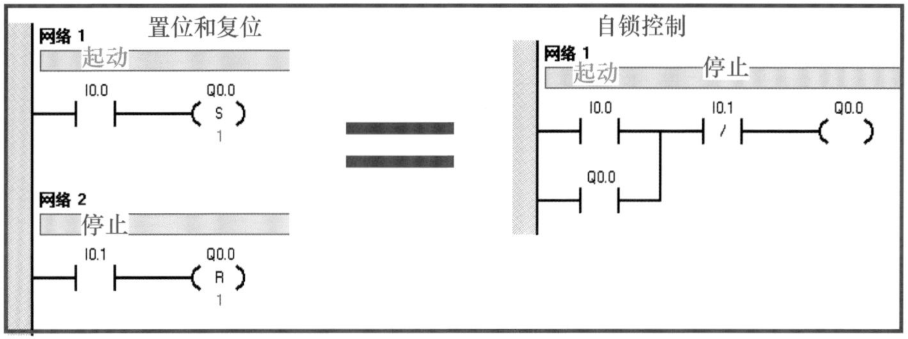

扫一扫看视频

2.指令功能

具体指令功能可通过将右侧三个方框中的案例都编写好下载到PLC进行实操就会理解原理。那么置位和复位是不是只能用在Q区呢？不是的，也可以用在M区。

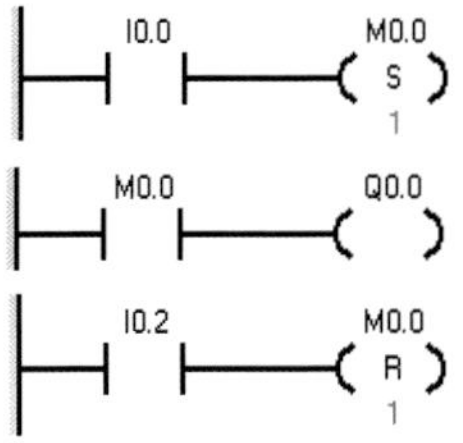

批量处理　置位和复位控制多个输出点

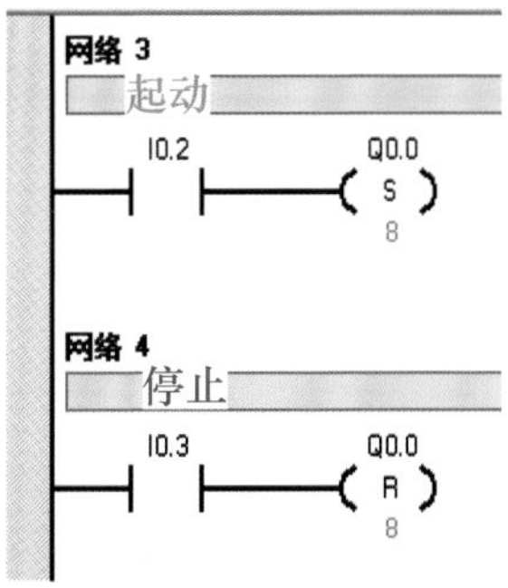

置位Q0.0下面填写几，就会输出几个Q区

复位Q0.0下面填写几，就会复位几个Q区

普通线圈控制多个输出点

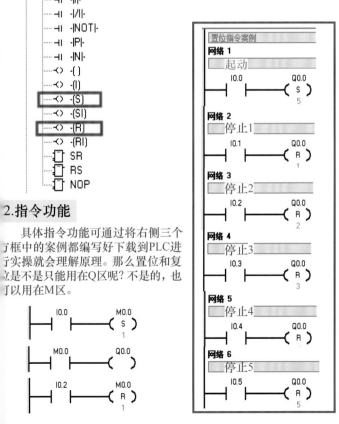

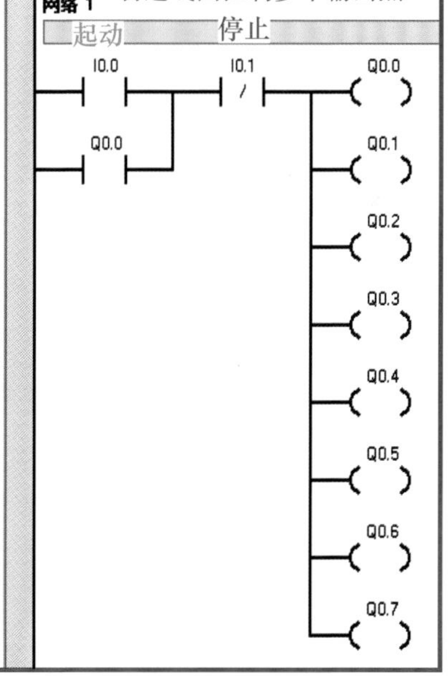

扫一扫看视频

14. 西门子 PLC 中的置位和复位优先指令

1.指令简介

置位优先和复位优先指令与前面所讲的置位和复位指令有相似之处，置位优先或复位优先属于将置位和复位集成到一起了，但是不能批量处理。

扫一扫看视频

2.指令功能

1)SR（置位优先双稳态触发器）是一种置位优先锁存器。如果置位(S1)和复位(R) 信号均为1，则输出(OUT) 为1。

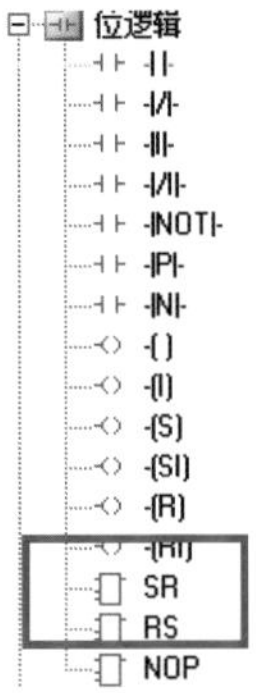

指令功能：置位端和复位端单独按下时和正常的置位和复位没有区别，如果置位端和复位端同时有使能输入，那么就是置位状态，也就是起动优先控制。

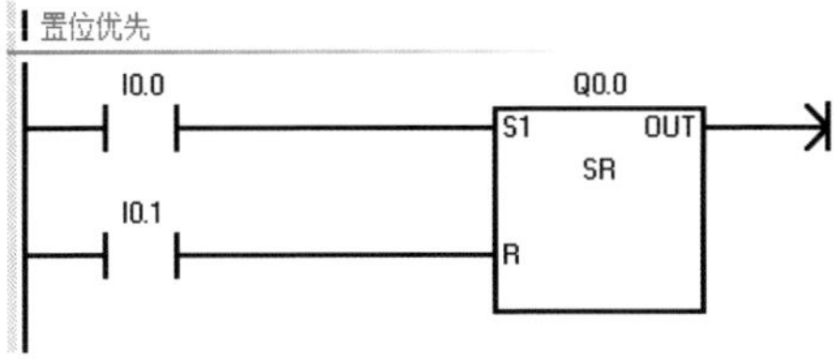

等于

2)RS（复位优先双稳态触发器）是一种复位优先锁存器。如果置位(S) 和复位(R1) 信号均为1，则输出(OUT)为0。

指令功能：置位端和复位端单独按下时和正常的置位和复位没有区别，如果置位端和复位端同时有使能输入，那么就是复位状态，也就是停止优先控制。

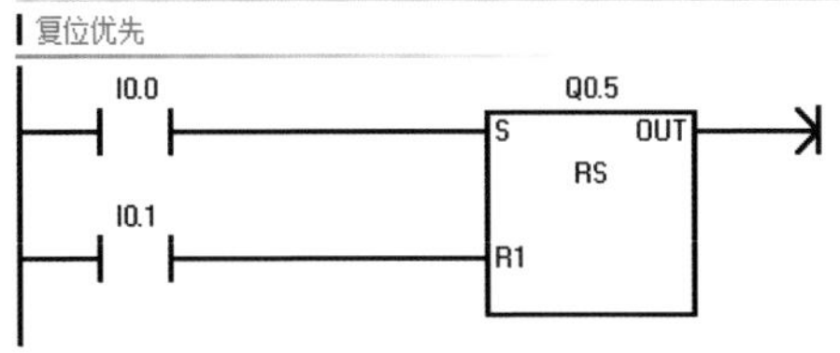

等于

起动优先控制

程序注释：对于消防设备的控制，一般采用起动优先控制程序。正常情况下按下起动按钮，输出设备得电，并自锁。

紧急情况下，无论停止按钮按下与否，只要按下起动按钮，则输出得电。

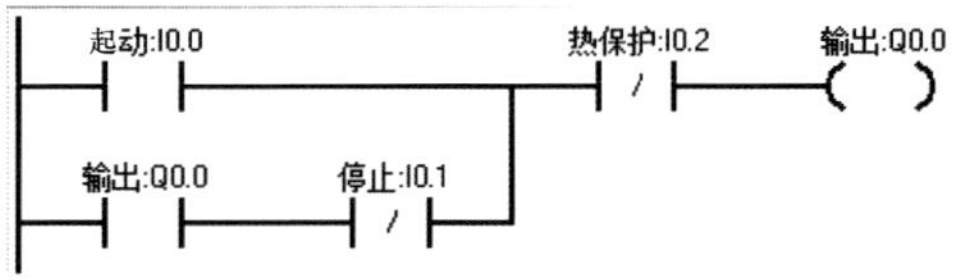

停止优先控制

程序注释:通常电动机的起动与停止控制都是采用停止优先控制程序。在正常情况下，按下起动按钮后设备得电，同时设备输出自锁（Q0.0），起动按钮不再起作用。

当按下停止按钮或设备故障情况下，设备立即失电，适用于需要紧急停车的场合。

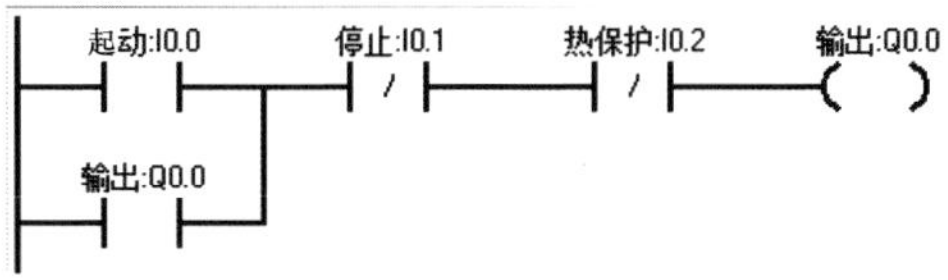

15. 西门子 PLC 置位和复位优先指令的应用

1.控制要求

在控制电路中一键起停就是利用一个按钮控制一个接触器或者继电器，线路比较烦琐，连线也比较多；利用PLC控制相对来说就简单了很多，首先外部接线很简单，只需要一个输入和一个输出就可以了，把控制部分都放到了程序里，一键起停的程序编写方法很多，此处利用之前学习的置位优先和复位优先指令实现。

2.梯形图程序

置位优先一键起停

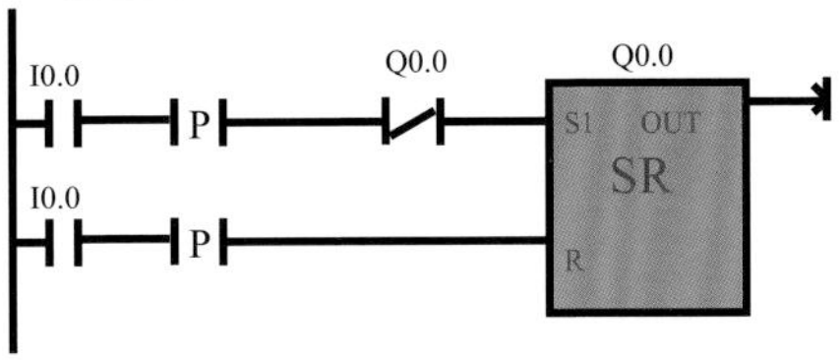

复位优先一键起停

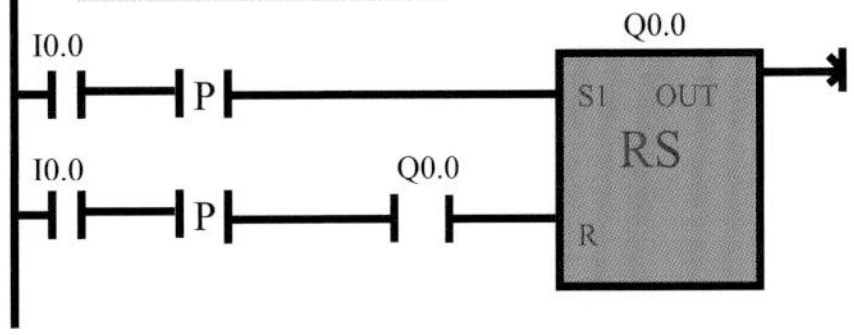

3.程序原理解析

利用置位优先做一键起停，起动和停止肯定是同一个输入，所以置位端和复位端都用I0.0，这里要注意限制条件Q0.0是常闭触点，因为置位优先指令置位端和复位端同时得到使能是置位状态，所以第一次按下I0.0时Q0.0能置位，置位后常闭触点就要断开，当再次按下I0.0时只有复位端能得到使能信号，所以可以复位Q0.0，I0.0后面加上升沿的作用就是为了限制使能信号流出的周期，每次按下按钮只有在一个周期内的使能信号才能实现此程序的控制。

4.实物接线图

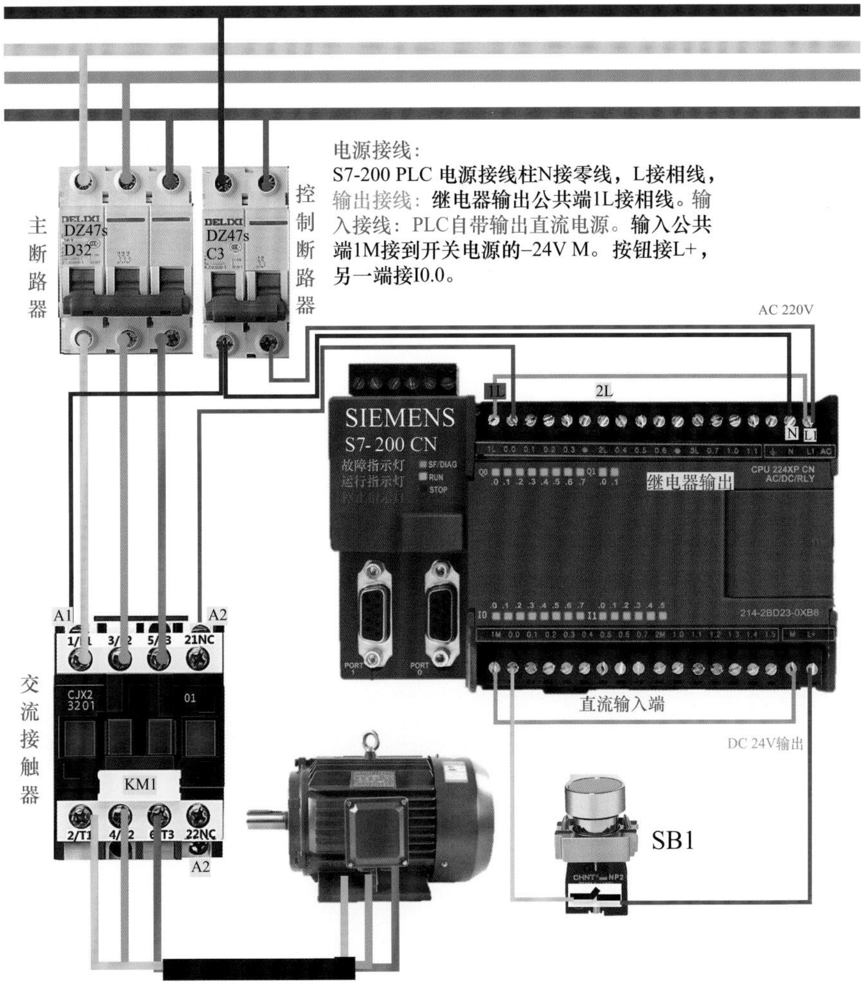

扫一扫看视频

16. 西门子PLC利用递增指令、递减指令、传送指令和比较指令实现一键起停控制电路

扫一扫看视频

1.梯形图程序

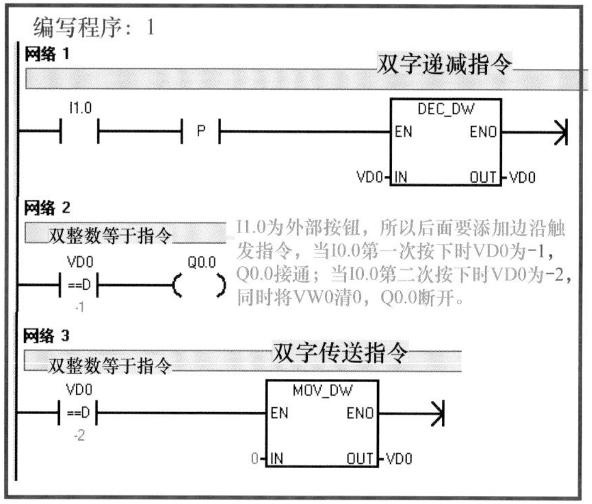

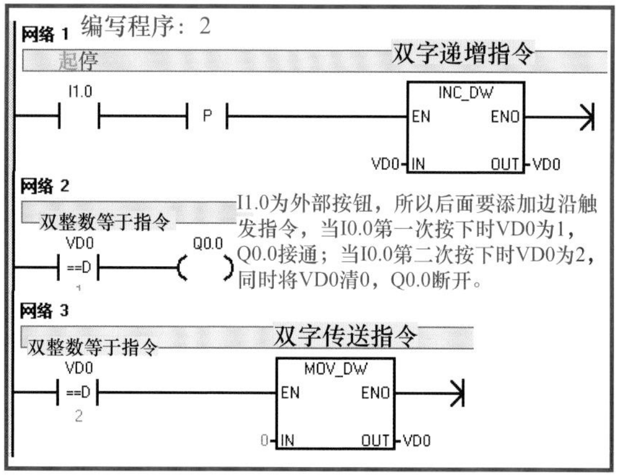

2.实物接线图

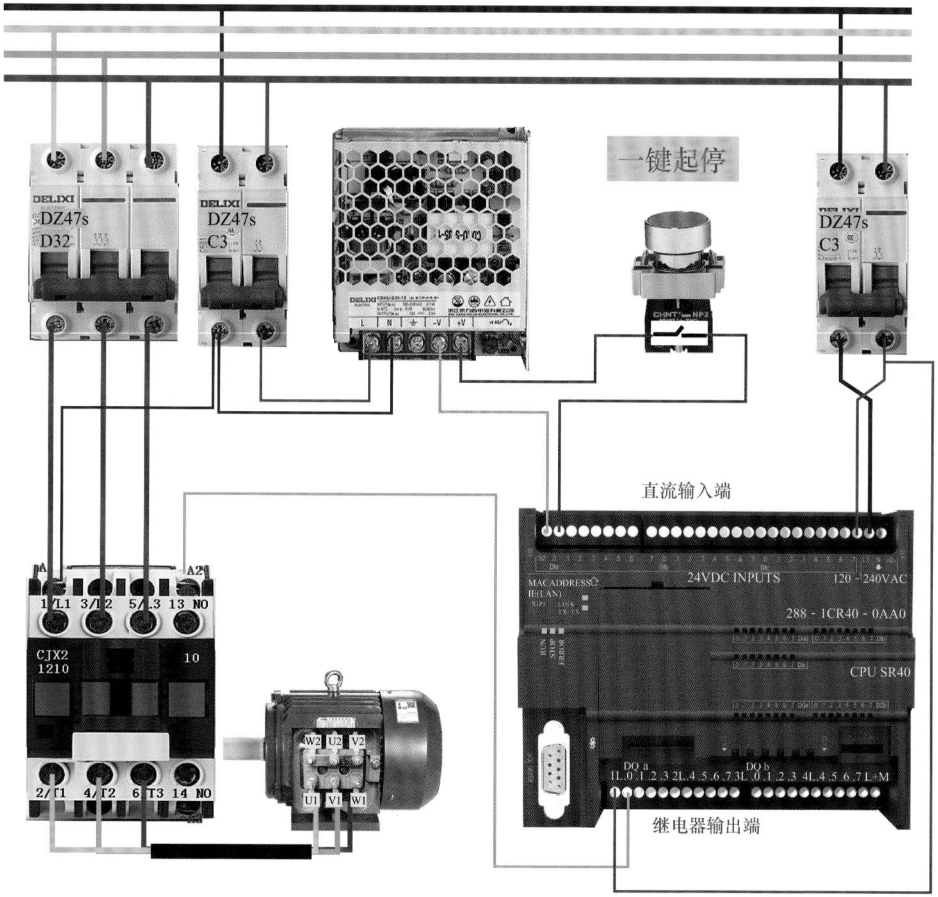

17. 西门子 PLC 中的整数计算加法和减法指令

1.整数加法(ADD)

(1)指令简介

整数加法指令分为整数相加(ADD_I)和双整数相加(ADD_DI)指令。

EN：使能输入端，前面要加触点。
ENO：使能输出端，与EN端状态相同。
IN1：相加的第一个值，数据类型为整数。
IN2：相加的第二个值，数据类型为整数。
OUT：输出端为相加的结果，数据类型整数。

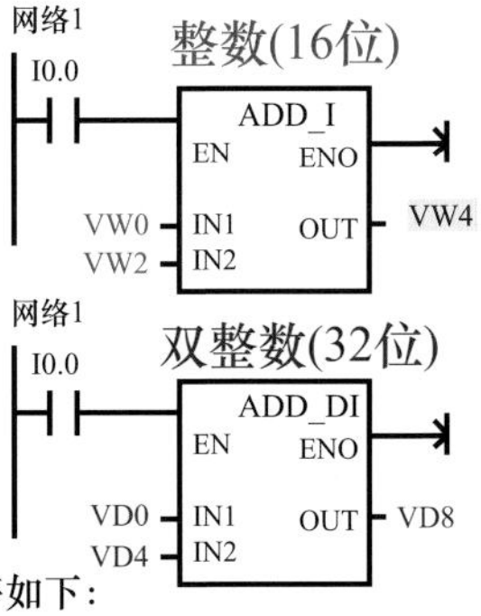

(2)指令功能

当EN端得到使能信号会将IN1+IN2的结果传送到OUT端的地址中。是覆盖形式的，OUT端地址只要被传进来新值原有的数据就会被覆盖掉，EN端得到使能信号每一个扫描周期都会将IN1+IN2的结果传送到OUT端中。

(3)控制案例

通过两个增计数器直接得到两台设备的总产量梯形图程序如下：

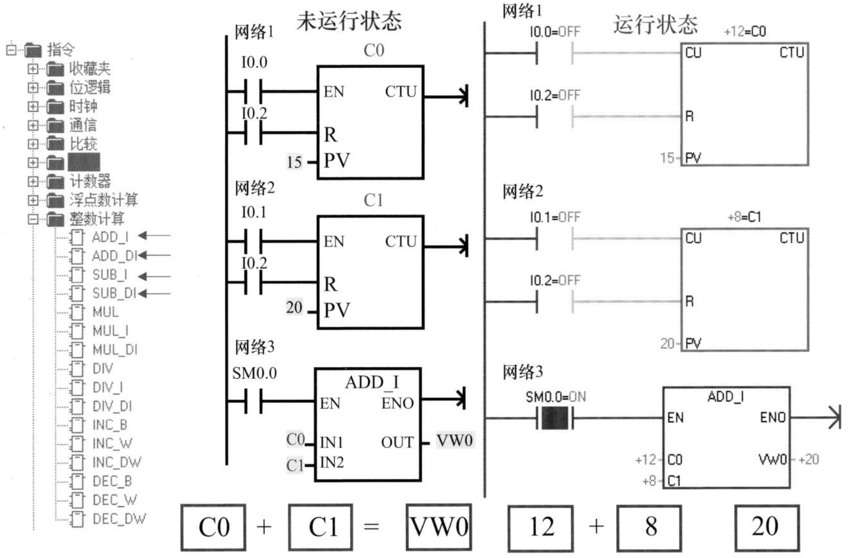

2.整数减法指令(SUB)

(1)指令简介

整数加法分为整数相加(SUB_I)和双整数相加(SUB_DI)。
EN：使能输入端，前面要加触点。
ENO：使能输出端，与EN端状态相同。
IN1：被减数，数据类型为整数。
IN2：减数，数据类型为整数。
OUT：输出端为相减的结果，数据类型整数。

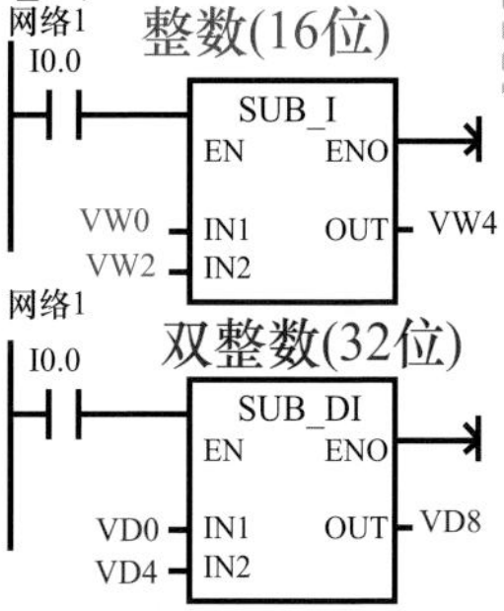

(2)指令功能

当EN端得到使能信号会将IN1-IN2的结果传送到OUT端的地址中。

OUT端地址只要被传进来新值，原有的数据就会被覆盖掉，EN端得到使能信号后每一个扫描周期都会将IN1-IN2的结果传送到OUT端中。

(3)控制案例

一台设备有两个计数都是加计数器C2是生产的总件数含有不良品，C3是计数的不良品，想要直接得到结果总正品，就是如下的梯形图程序。

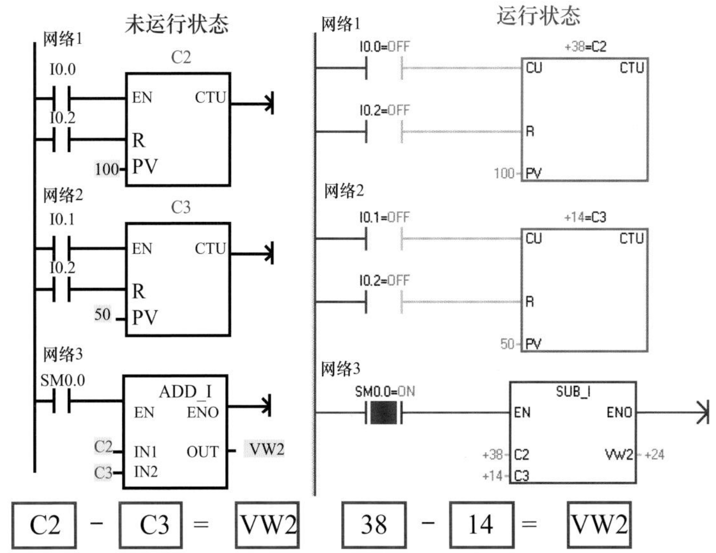

扫一扫看视频

18. 西门子 PLC 中的整数计算乘法指令

扫一扫看视频

1.指令说明

整数乘法分为整数相乘(MUL_I)、双整数相乘(MUL_DI)、整数相乘得双整数(MUL)。

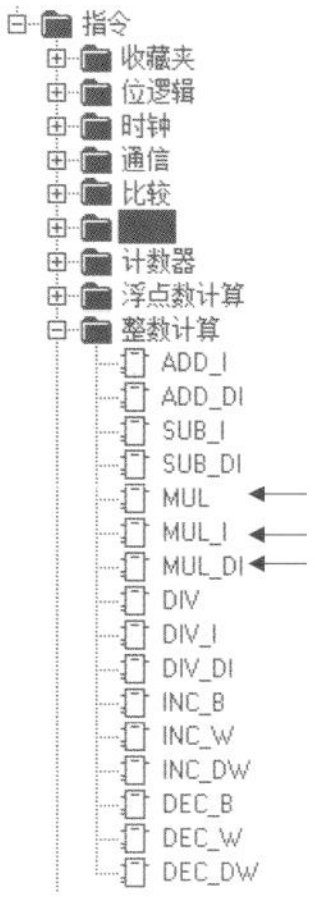

整数相乘得双整数

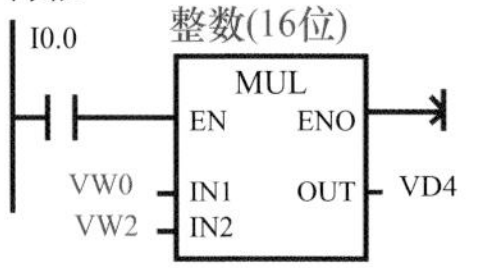

整数相乘

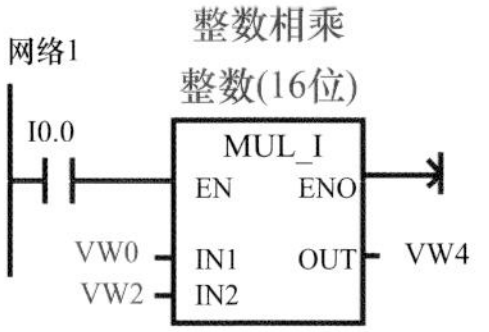

双整数相乘

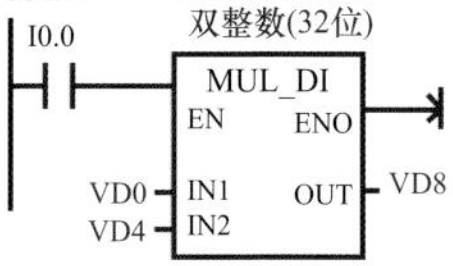

EN：使能输入端，前面要加触点。
ENO：使能输出端，与EN端状态相同。
IN1：相乘的第一个值，数据类型为整数。
IN2：相乘的第二个值，数据类型为整数。
OUT：输出端为相乘的结果，数据类型为双整数。

2.指令功能

当EN端得到使能信号，会将IN1×IN2的结果传送到OUT端的地址中。指令是覆盖形式的，OUT端地址只要被传进来新值原有的数据就会被覆盖。EN端得到使能信号后，每一个扫描周期都会将IN1×IN2的结果传送到OUT端中。

未运行状态

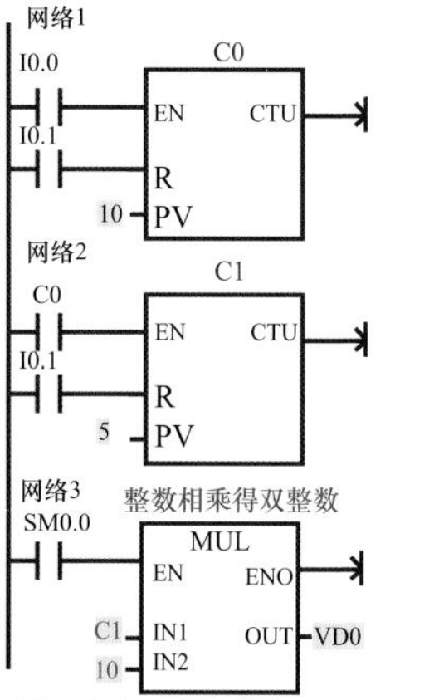

C1 × 10 = VD0

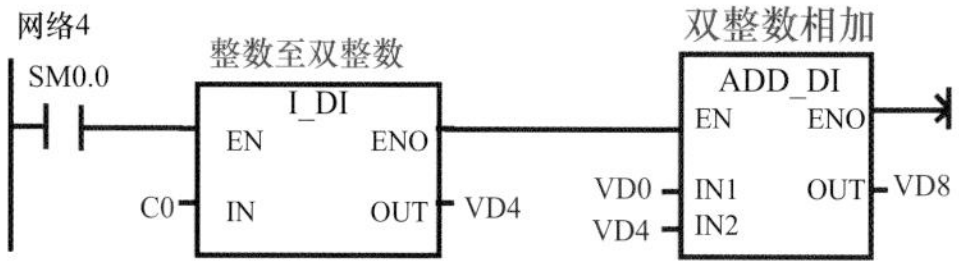

VD0 + VD4 = VD8

3.控制案例

下面举例说明整数相乘得双整数。

因为一个计数器最大计数为32767，如果需要更大的数，只有进行计数累加。如C1得到的数是C0的10倍，那么就需要乘法计算实际的数值即，C1×10=VD0，然后再把C0余数相加。这是因为字不能和整数直接相加。

运行状态

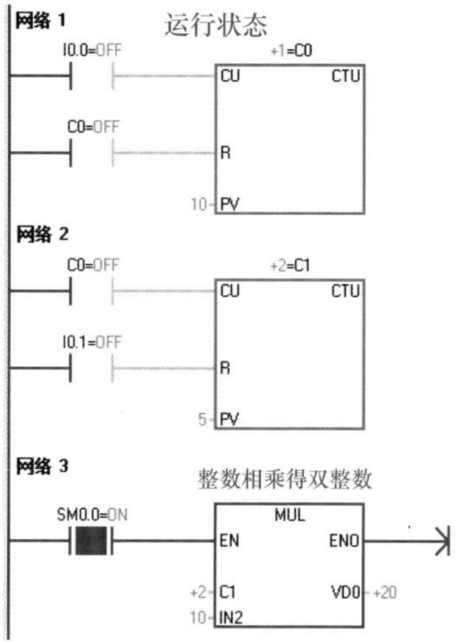

2 × 10 = 20

C1 × 10 = VD0

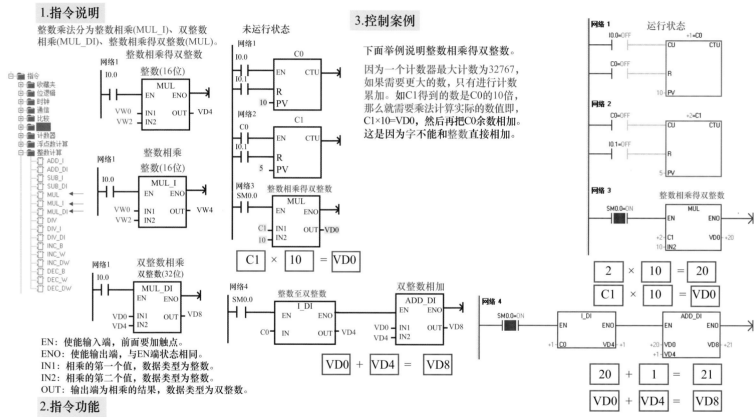

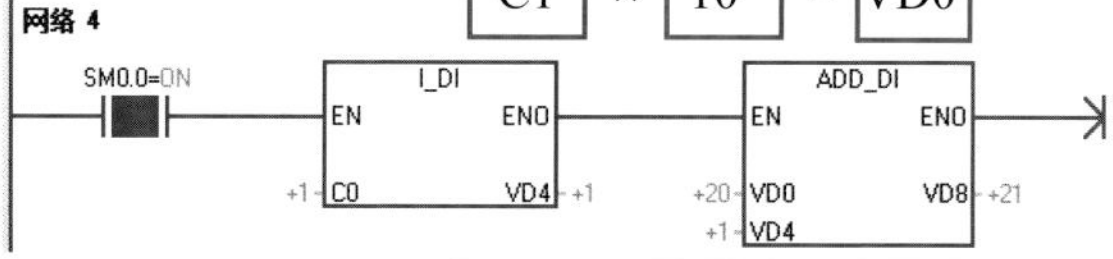

20 + 1 = 21

VD0 + VD4 = VD8

19. 西门子 PLC 中的整数计算除法指令

1.指令简介

除法指令(DIV)分为整数相除(DIV_I)、双整数相除(DIV_DI)整数相除得商/余数(DIV)。除法指令和加减乘有一些区别，整数加减乘的运算结果一定是整数，但是除法不一定，可能不被整除。整数相除(DIV_I)和双整数相除(DIV_DI)的运算结果为整数，余数舍掉；整数相除得商/余数(DIV)的运算结果有商和余数。

EN：使能输入端，前面要加触点。

ENO：使能输出端，与EN端状态相同。

IN1：被除数，数据类型为整数。

IN2：除数，数据类型为整数。

OUT：输出端为相除的结果，数据类型整数。

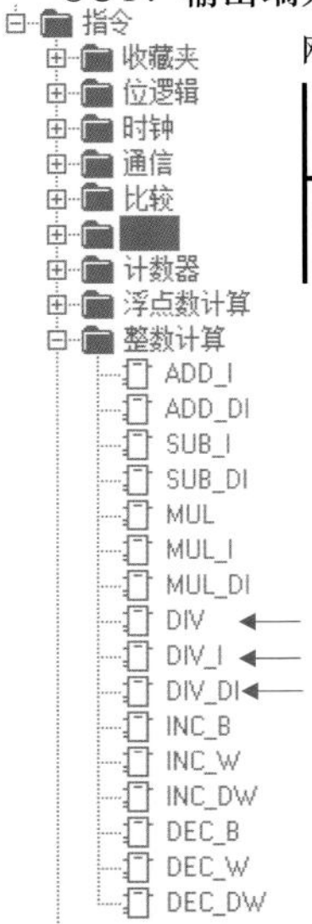

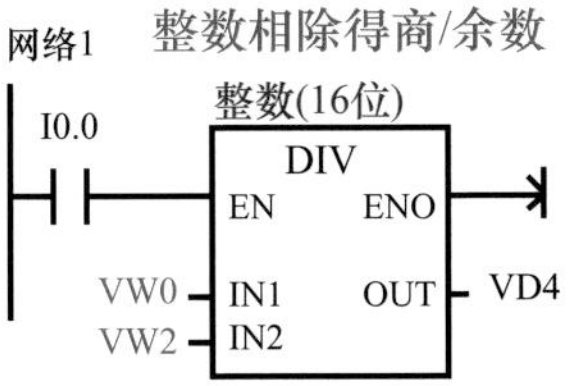

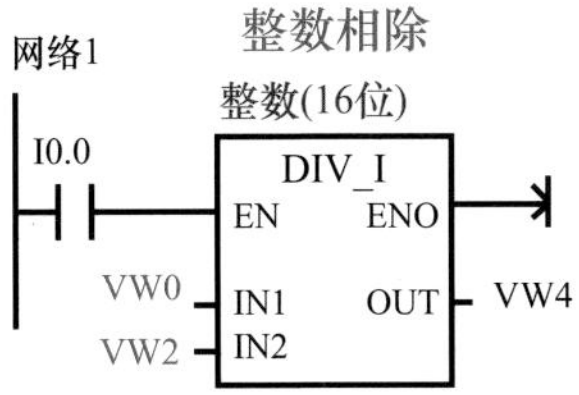

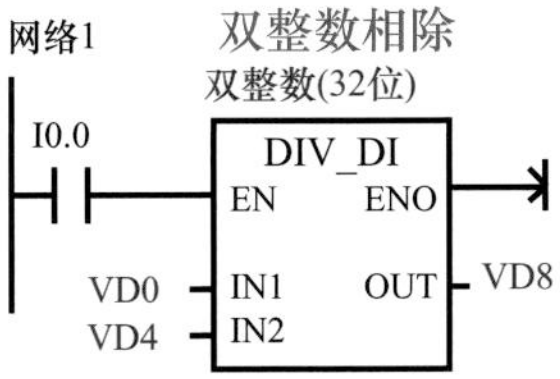

2.指令功能

当EN端得到使能信号后，会将IN1÷IN2的结果传送到OUT端的地址中。指令是覆盖形式的，OUT端地址只要被传进来新值原有的数据就会被覆盖掉，EN端得到使能信号后，每一个扫描周期都会将IN1÷IN2的结果传送到OUT端中。

3.控制案例

定时器T37单位为100ms，如设定10s需要写入100。如果实际需要显示4s，输出的单位必须缩小10倍，这时就要用整数相除指令。梯形图程序如下：

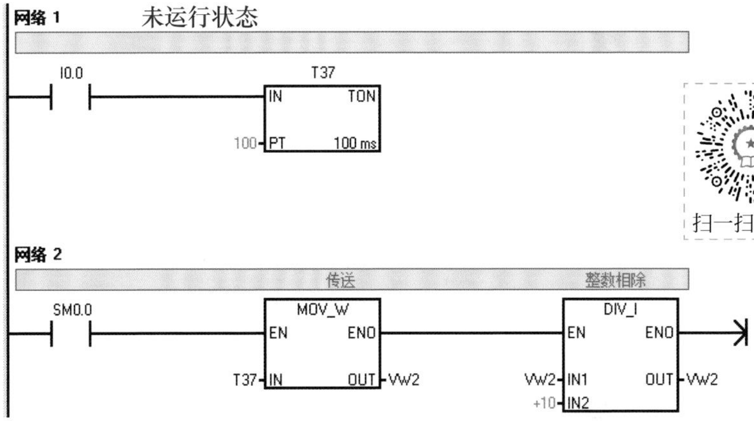

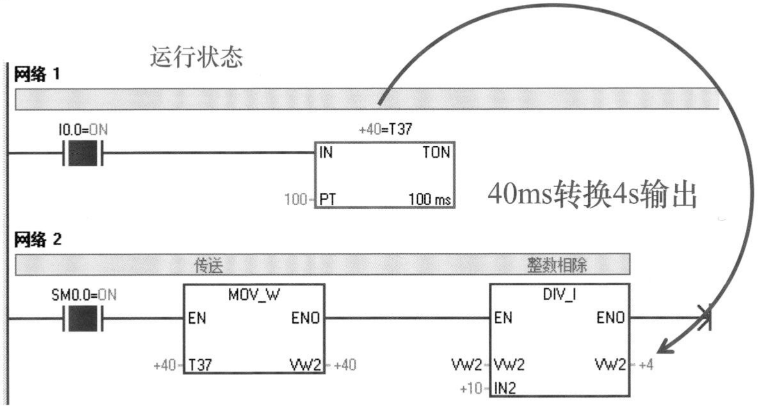

扫一扫看视频

20. 西门子 PLC 中的浮点数计算指令

1.浮点数计算指令简介

浮点数计算指令主要用来计算压力、温度等变化的模拟量。通俗理解为浮点数就是小数，带有小数点的数值。前面所讲解的计算指令都为整数计算，例如，12+8可以用前面的加法指令来运算，如果12.5+8.3那么前面所学习的指令就处理不了。浮点数的加减乘除和整数的功能都一样，运算方式也相同，但是数据类型不一样。

如果用V区来存储数据，那么浮点数计算所用的存储区都得用VD。

扫一扫看视频

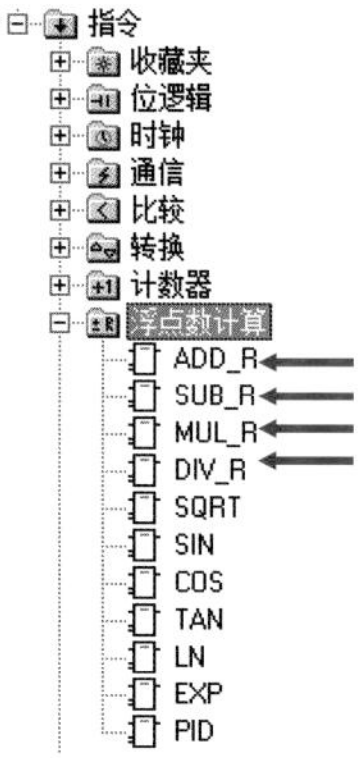

数据格式　　字 VW0　12+8

INT　整数　16 (位)　有符号整数

−32768　−　32767

数据格式　　实数 VD0　12.5+8.3

REAL 实数　32 (位)　精度浮点数

$\pm1.175495\times10^{-38}$　−　$\pm3.402823\times10^{38}$

2.控制案例(梯形图程序如下)

未运行状态

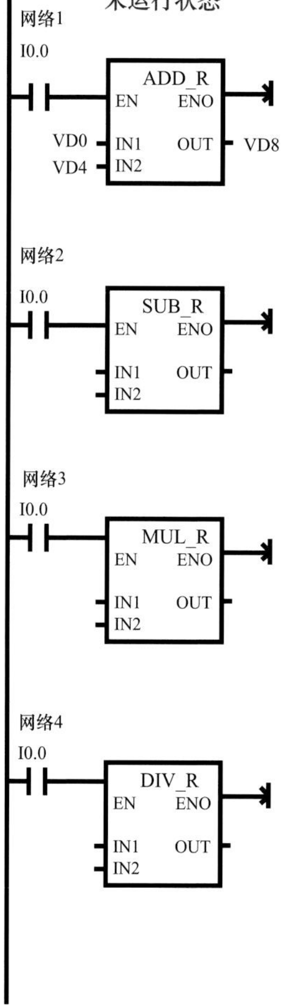

运行状态

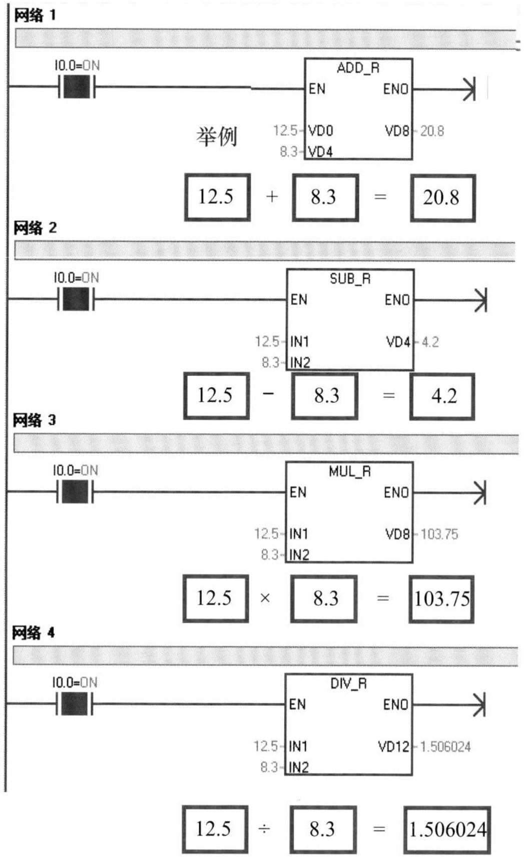

21. 西门子 PLC 中的增计数器指令

1.CTU型计数器(增计数器)

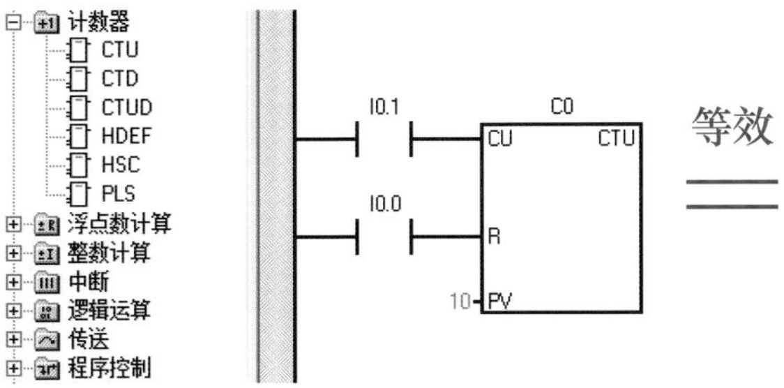

电路中使用的计数器

CU：增计数使能输入端，前面要加触点。
R：计数器复位端，前面要加触点，计数到达值后可以清零。
PV：设定值(INT型数据)，范围为-32768~+32767。
C0：计数器地址，范围为C0~C255。

2.CTU型计数器功能

1)计数器指令利用输入脉冲上升沿累计脉冲个数，简单点理解就是CU端前面的触点由断开到接通计数器当前值就会加1，如CU端一直接通或一直断开计数器当前值不变，如果图中I0.1为按钮，那么就是每按一次按钮计数器当前值都会加1，当计数器当前值到达32767，即使CU端再次得到使能信号当前值也不会发生改变；当前值如果大于或等于设定值时计数器的状态位置为1，也就是计数器的触点要动作，包含常开触点和常闭触点。

2)当R端得到使能信号后，计数器的当前值就会清零，计数器状态复位。

3.梯形图程序

编写程序：1

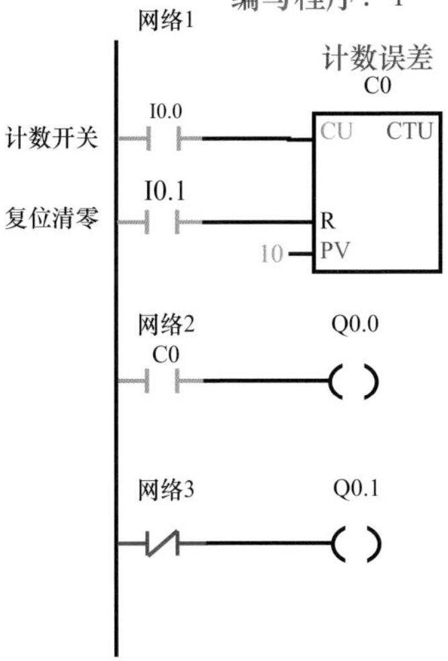

编写程序：2

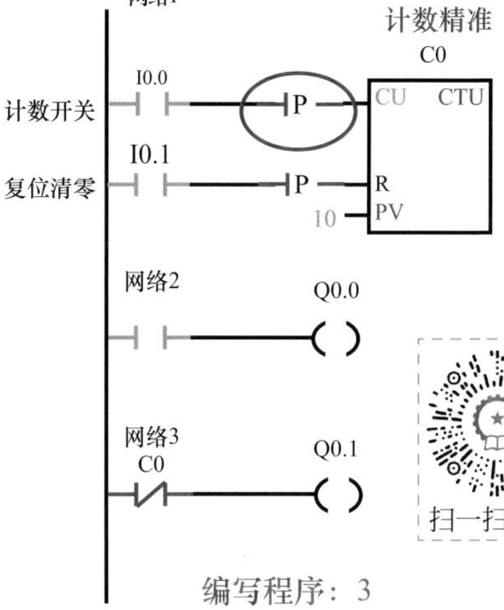

扫一扫看视频

编写程序：3

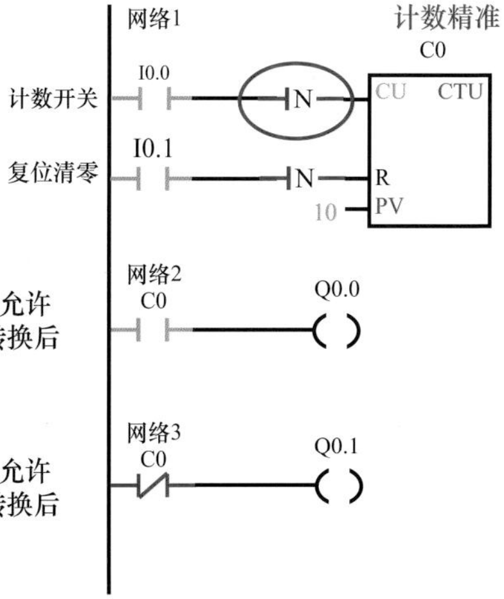

按照梯形图把程序写编好，下载到PLC，观察计数器的变化

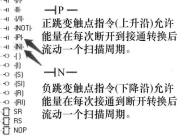

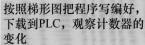

—|P—
正跳变触点指令(上升沿)允许能量在每次断开到接通转换后流动一个扫描周期。

—|N—
负跳变触点指令(下降沿)允许能量在每次接通到断开转换后流动一个扫描周期。

22. 西门子 PLC 中的减计数器指令

扫一扫看视频

1.CTD型计数器(减计数器)

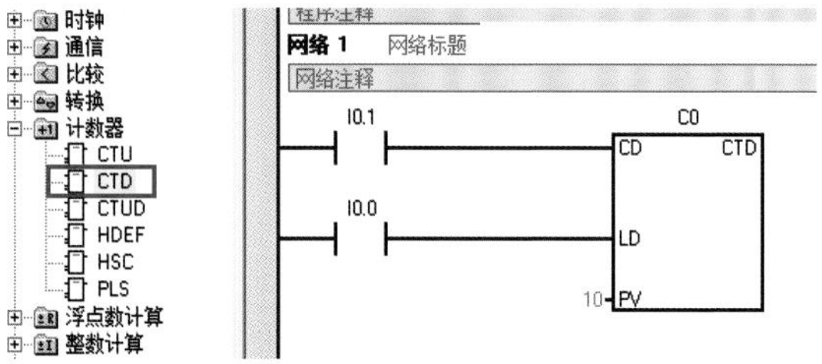

CD：减计数使能输入端，前面要加触点。
LD：计数器装载端，前面要加触点。
PV：设定值(INT型数据)，范围为-32768~+32767。
C0：计数器地址，范围为C0~C255。

2.CTD型计数器功能

1）当LD端得到使能信号时，计数器会把设定值装载到当前值里，计数器状态复位。

2）CD端每得到一个输入脉冲上升沿，也就是CD端前面的触点由断开到接通计数器当前值就会减1；如CD端一直接通或一直断开，计数器当前值不变；当前值减到0时，计数器的状态位置为1，也就是计数器的触点要动作，包含常开触点和常闭触点。

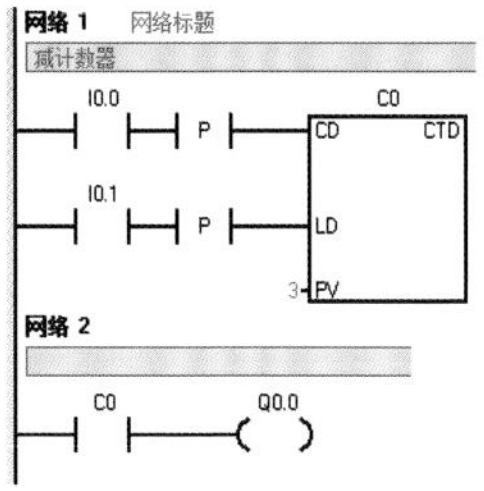

当I0.1闭合一下,会把PV设置数装载C0
当I0.1断开时，I0.0闭合一次会减少C0当前值
当前值从3计数至0，当计数器 C0当前值为0时，C0接通。

1.CTUD型计数器(增/减计数器)

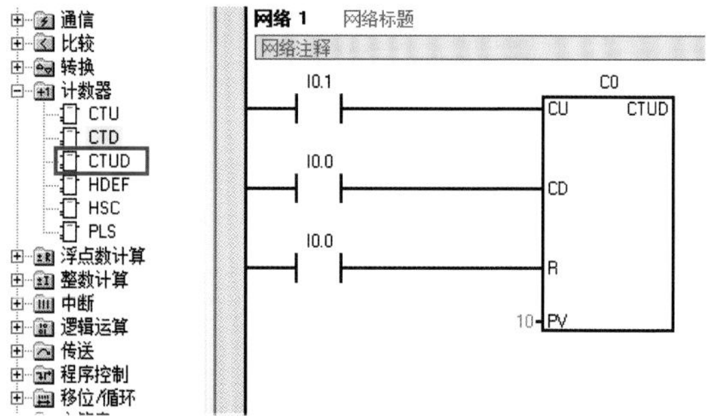

CU：增计数使能输入端，前面要加触点。
CD：减计数使能输入端，前面要加触点。
R：计数器复位端，前面要加触点。
PV：设定值(INT型数据)，范围为-32768~+32767。
C0：计数器地址，范围为C0~C255。

电路中使用的计数器

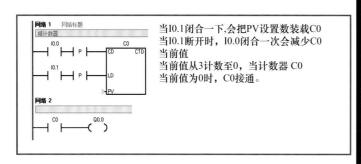

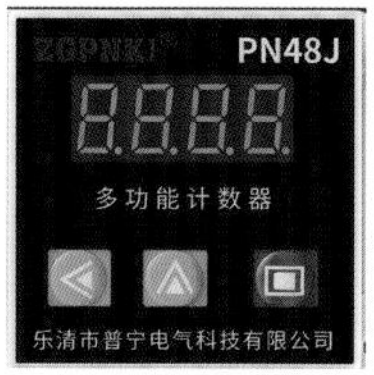

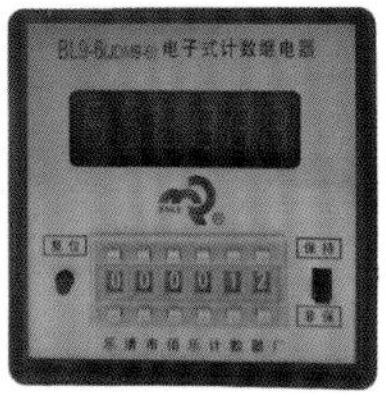

2.CTUD型计数器功能

1)CTUD是将CTU和CTD结合到一起了，功能与CTU基本一样。计数器利用输入脉冲上升沿累计脉冲个数，CU端得到信号当前值加1，CD端得到信号当前值减1，当前值大于或等于设定值时计数器的状态位置为1。当前值到达32767后，如果CU端继续得到信号，那么当前值会变成-32768；当前值到达-32768后，如果CD端继续得到信号，那么当前值会变成32767。

2)当R端得到使能信号后，计数器的当前值会清0，计数器状态复位。

第 4 章

指令应用案例详解

1. 电动机延时起动控制电路与梯形图的转换

1.继电器-接触器控制电路

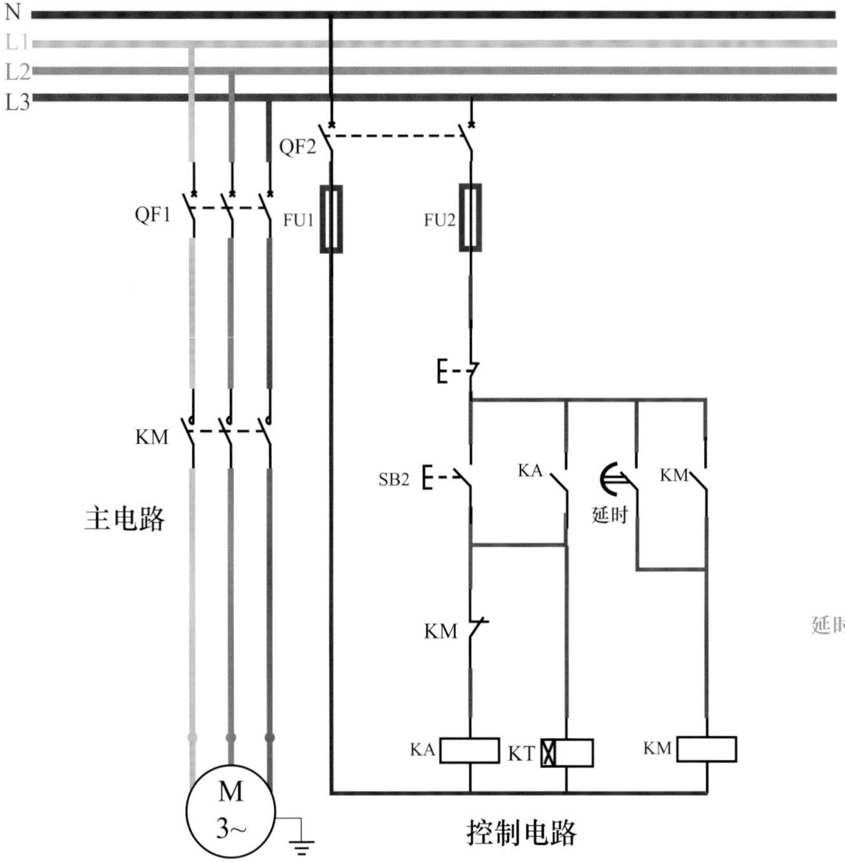

控制要求：按下起动按钮，根据设定的时间电动机自动延时起动，如按下停止按钮，电动机立刻停止。

2.I/O分配表

输入量		输出量	
I0.0	起动按钮	Q0.0	电动机运行
I0.1	停止		

3.梯形图程序

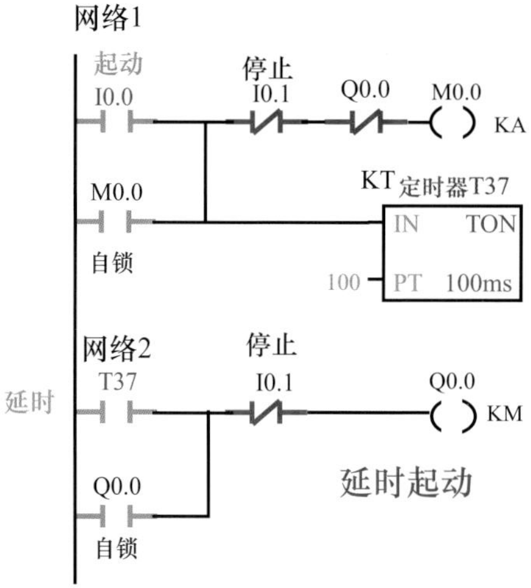

4.工作原理

通电后，按下按钮SB2→梯形图程序中的触点I0.0闭合，通过I0.1、Q0.0使M0.0线圈得电，M0.0常开触点闭合自锁，定时器T37线圈得电计时，时间到达后T37常开触点闭合，通过I0.1使Q0.0得电，Q0.0常开触点闭合自锁，Q0.0常闭触点断开使M0.0线圈失电，同时外部接触器主触点闭合，电动机运转工作。

停止时，按下SB1常闭触点I0.1断开，Q0.0线圈失电，电动机停止运行。

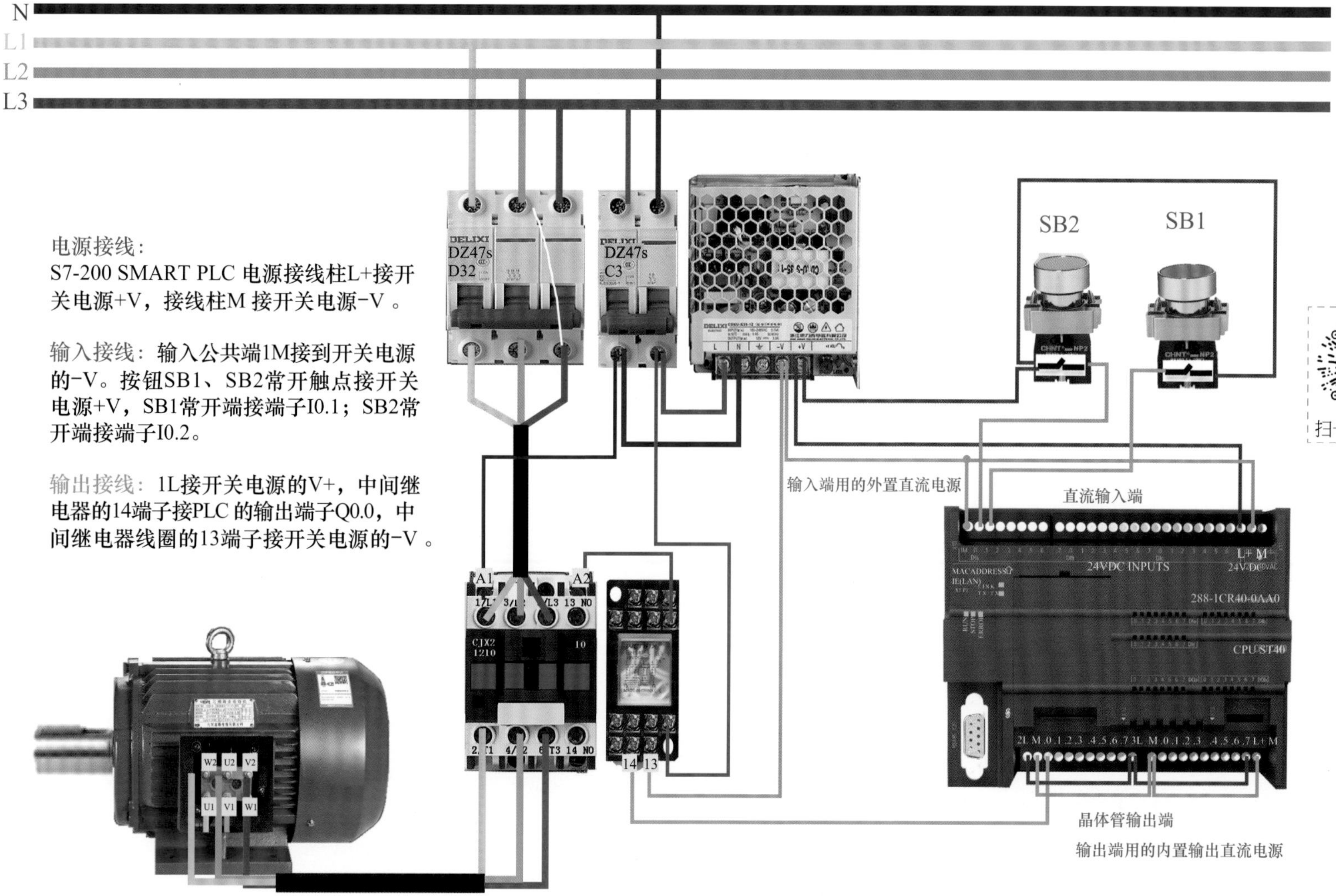
N
L1
L2
L3
电源接线：
S7-200 SMART PLC 电源接线柱L+接开关电源+V，接线柱M 接开关电源-V 。
输入接线：输入公共端1M接到开关电源的-V。按钮SB1、SB2常开触点接开关电源+V，SB1常开端接端子I0.1；SB2常开端接端子I0.2。
输出接线：1L接开关电源的V+，中间继电器的14端子接PLC 的输出端子Q0.0，中间继电器线圈的13端子接开关电源的-V 。
DELIXI
DZ47s
D32
DZ47s
C3
SB2
SB1
输入端用的外置直流电源
直流输入端
24VDC INPUTS
L+ M
288-1CR40-0AA0
CPU ST40
A1
A2
CJX2
1210
14
13
W2 U2 V2
U1 V1 W1
晶体管输出端
输出端用的内置输出直流电源

PLC 控制的电动机延时起动电路实物接线图

扫一扫看视频

2. 电动机起动后延时停止控制电路与梯形图的转换

1.继电器-接触器控制电路

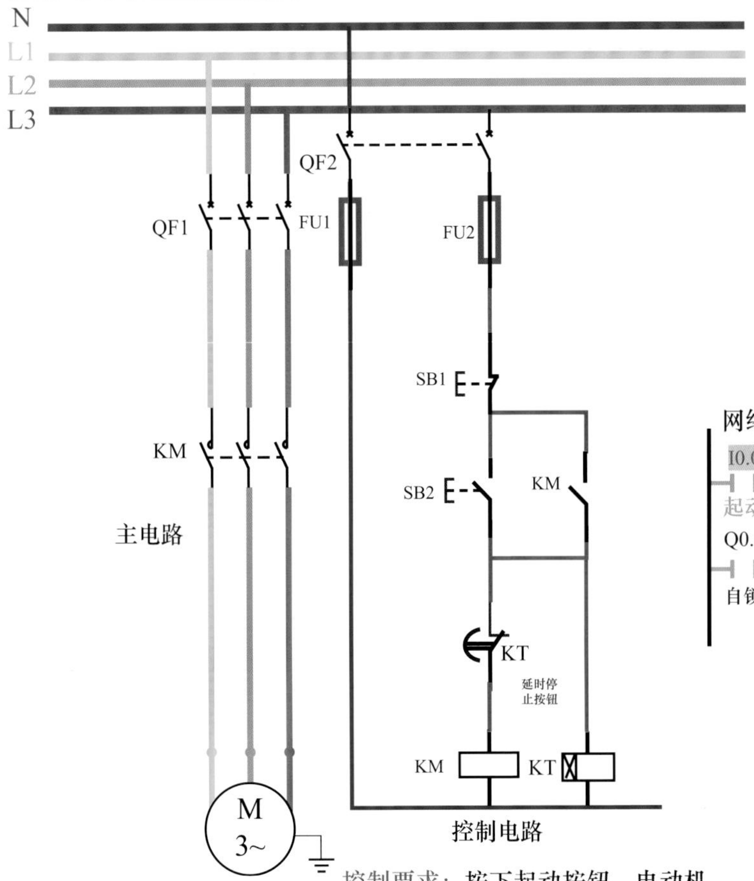

控制要求：按下起动按钮，电动机立即起动，松开按钮后能够持续运行，根据设定的时间自动延时停止，如按下停止按钮，则立刻停止。

2.I/O分配表

输入量		输出量	
I0.0	起动按钮	Q0.0	电动机运行
I0.1	停止		

3.梯形图程序

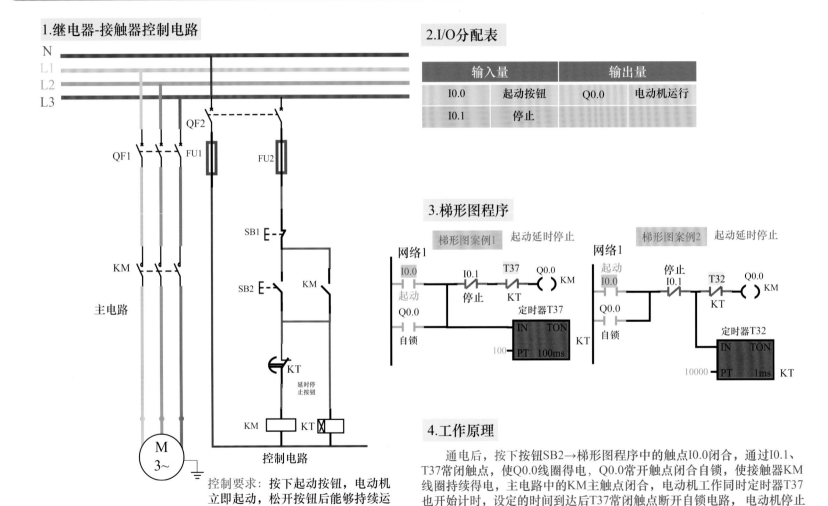

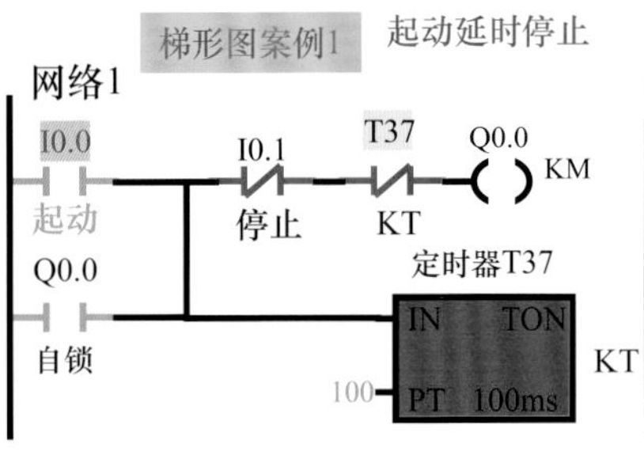

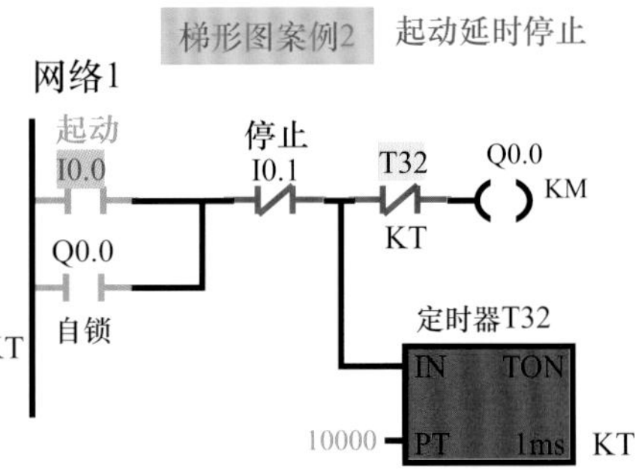

4.工作原理

通电后，按下按钮SB2→梯形图程序中的触点I0.0闭合，通过I0.1、T37常闭触点，使Q0.0线圈得电，Q0.0常开触点闭合自锁，使接触器KM线圈持续得电，主电路中的KM主触点闭合，电动机工作同时定时器T37也开始计时，设定的时间到达后T37常闭触点断开自锁电路，电动机停止运行。急停时，按下SB1，I0.1常闭触点断开，Q0.0线圈失电，电动机停止运行。

电源接线：
S7-200 SMART PLC 电源接线柱L1接电源相线，接线柱N接电源中性线。

输入接线： 输入公共端1M接到开关电源的-V。按钮开关SB1、SB2常开触点接开关电源的+V，SB1常开端接端子I0.0，SB2常开端接端子I0.1。

输出接线：PLC的1L接开关电源的V+，中间继电器的14端子接PLC 的输出端子Q0.0，中间继电器线圈的13端子接开关电源的-V。

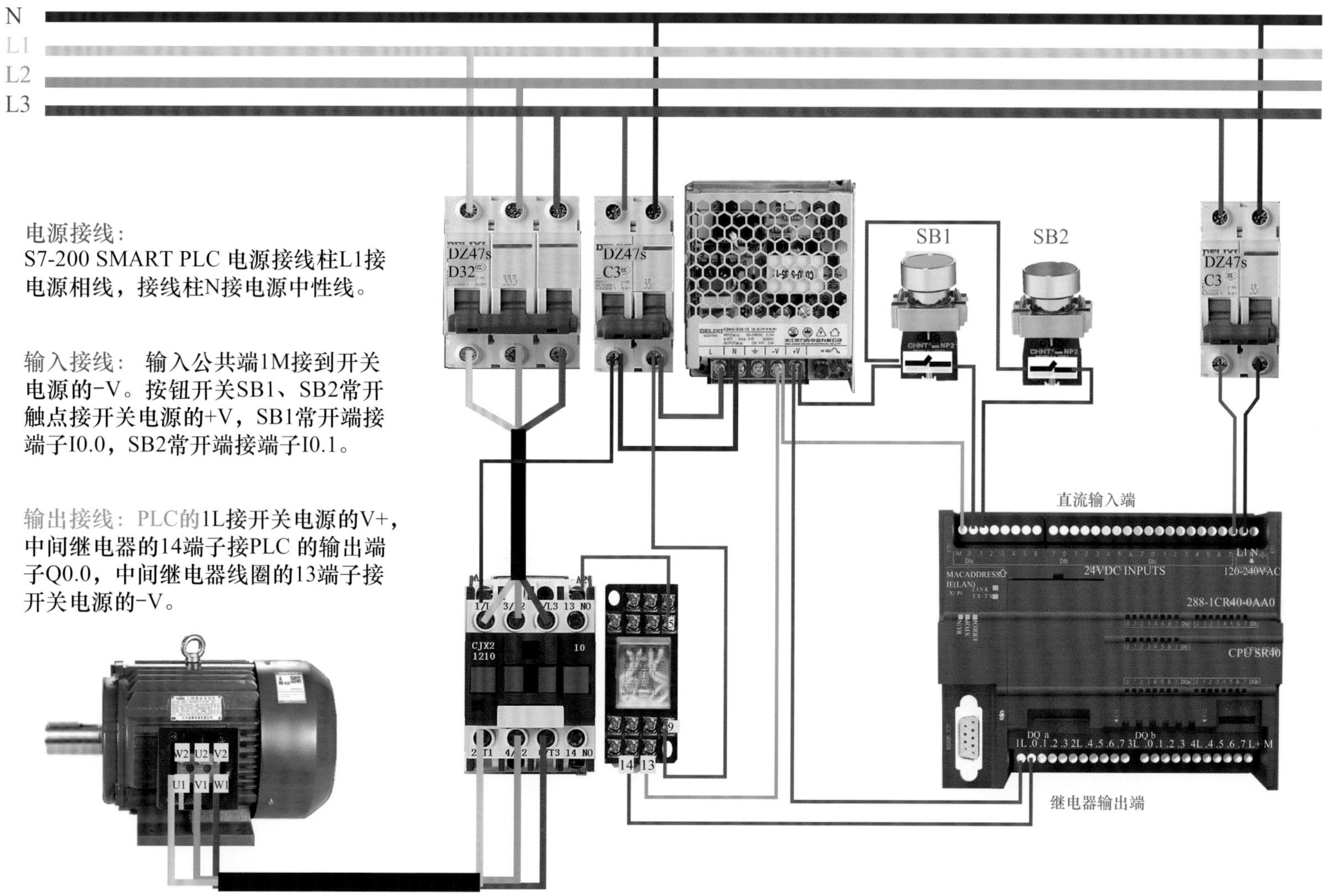

PLC 控制的电动机起动后延时停止电路实物接线图

扫一扫看视频

3. 按下停止按钮电动机延时停止控制电路与梯形图的转换

1.继电器-接触器控制电路

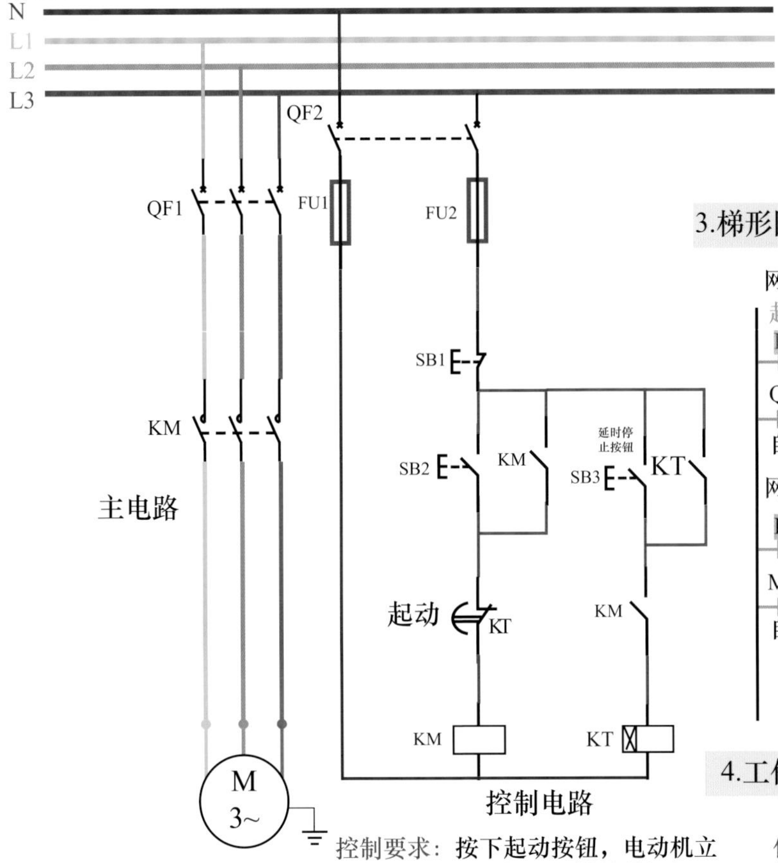

控制要求：按下起动按钮，电动机立即起动，松开按钮后能够持续运行，按下延时停止按钮，时间继电器自锁延时计时，到达设定时间，接触器线圈失电，主触点断开，电动机停止工作。

2.I/O分配表

输入量		输出量	
I0.0	起动按钮	Q0.0	电动机运行
I0.1	延时停止		
I0.2	立刻停止		

3.梯形图程序

梯形图案例1

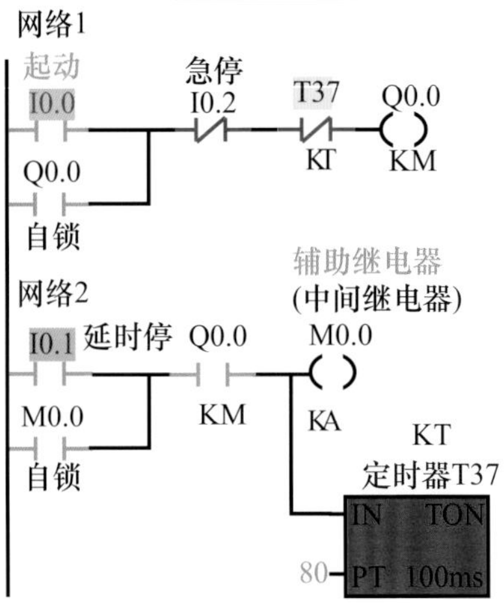

梯形图案例2

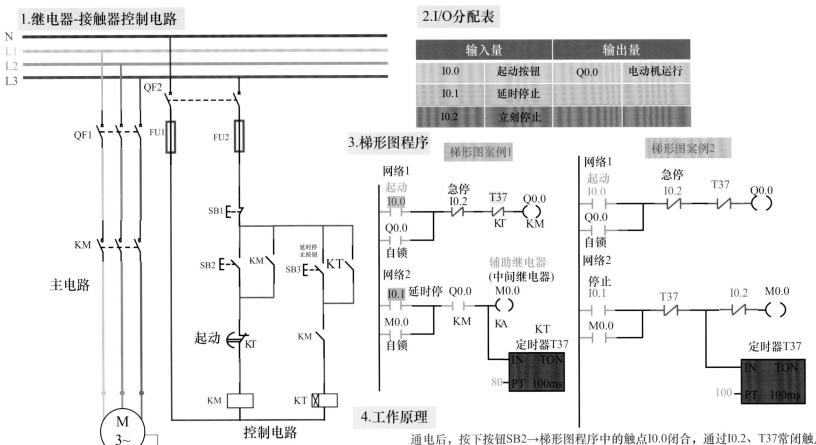

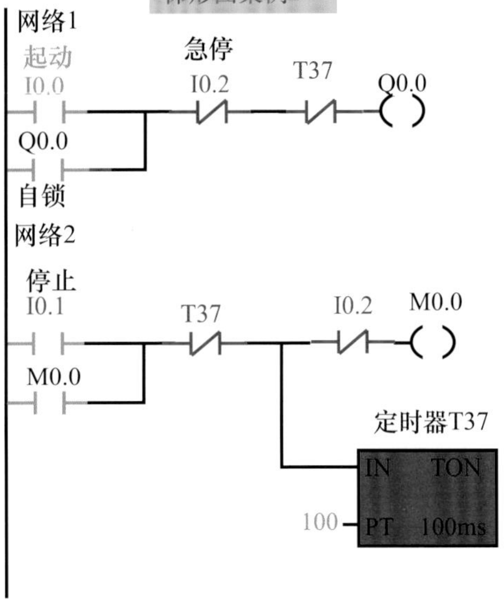

4.工作原理

通电后，按下按钮SB2→梯形图程序中的触点I0.0闭合，通过I0.2、T37常闭触点，使Q0.0线圈得电，Q0.0常开触点闭合自锁，使接触器KM线圈得电，主电路中的KM主触点闭合，电动机工作。停止时，按下外部按钮SB3，I0.1闭合，通过Q0.0常闭触点使M0.0得电，同时M0.0常开触点闭合自锁，T37也开始计时工作。设定的时间到达后T37常闭触点断开Q0.0控制电路，电动机停止运行。

急停时，按下SB1，I0.2常闭触点断开，Q0.0线圈失电，电动机停止运行。

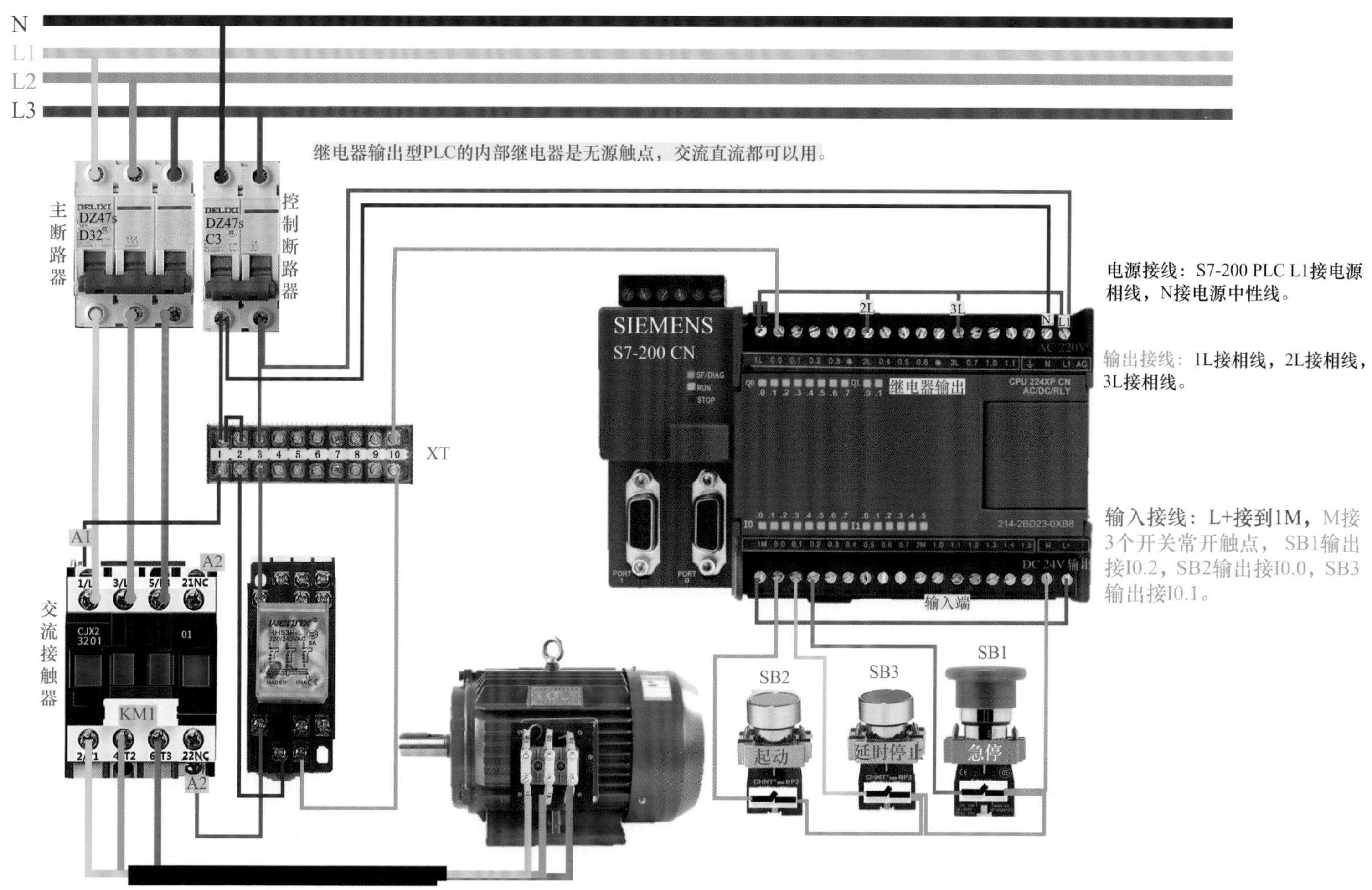
N
L1
L2
L3
继电器输出型PLC的内部继电器是无源触点，交流直流都可以用。
主断路器
控制断路器
XT
SIEMENS
S7-200 CN
继电器输出
输入端
交流接触器
KM1
A1
A2
SB1
SB2
SB3
起动
延时停止
急停
电源接线：S7-200 PLC L1接电源相线，N接电源中性线。
输出接线：1L接相线，2L接相线，3L接相线。
输入接线：L+接到1M，M接3个开关常开触点，SB1输出接I0.2，SB2输出接I0.0，SB3输出接I0.1。
扫一扫看视频

PLC 控制的按下停止按钮电动机延时停止控制电路实物接线图

4. 两台电动机自动顺序起动顺序停止控制电路与梯形图的转换

1.继电器-接触器控制电路

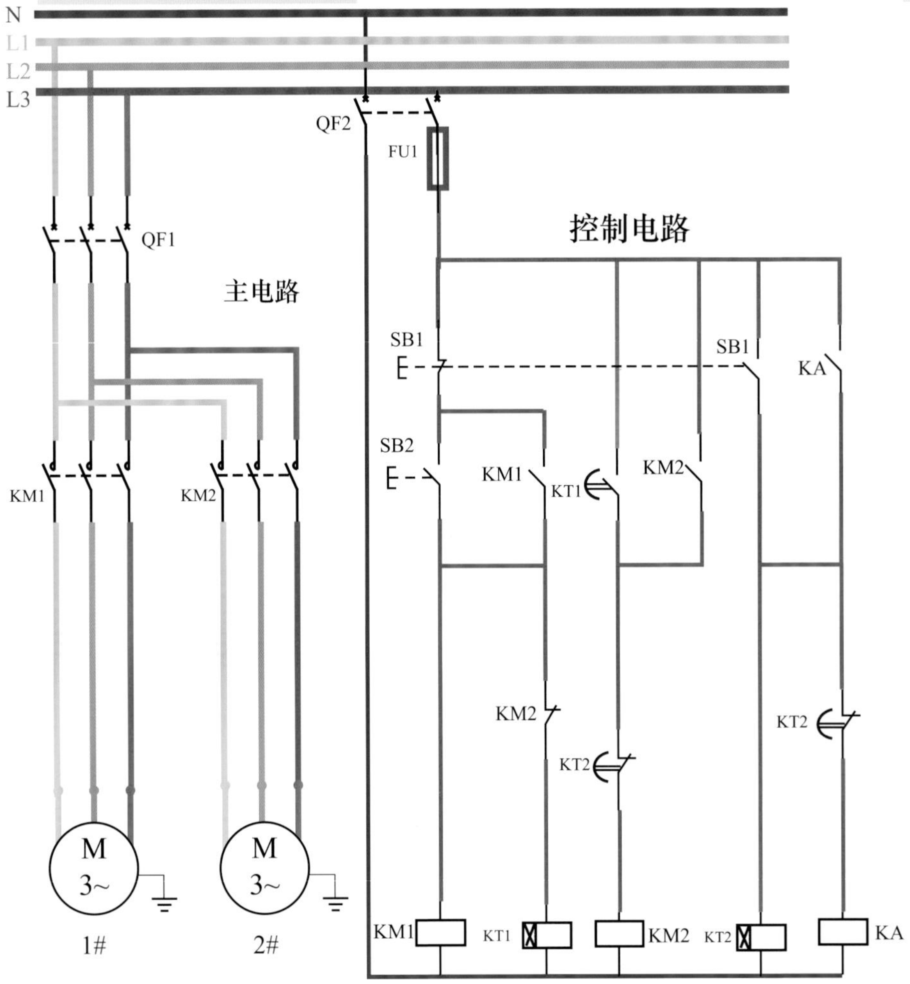

2.梯形图程序

网络1

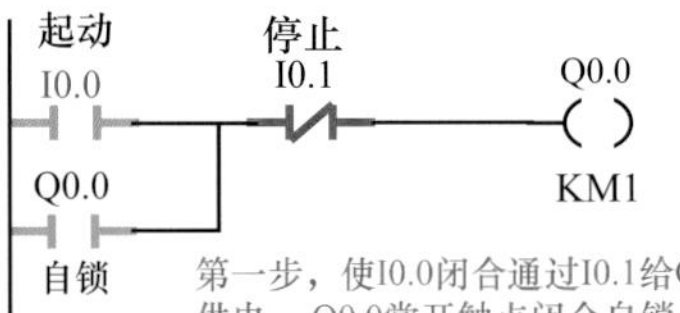

第一步，使I0.0闭合通过I0.1给Q0.0线圈供电，Q0.0常开触点闭合自锁，1#电动机起动。

网络2

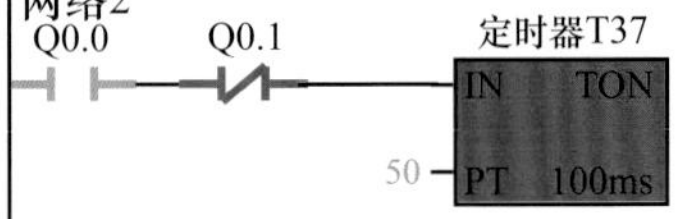

第二步，Q0.0常开触点闭合，通过Q0.1常闭触点，给T37供电，开始计时。

网络3

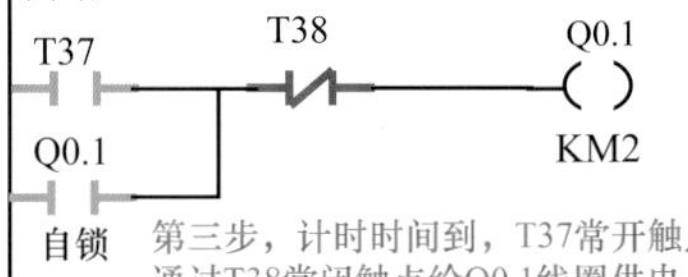

第三步，计时时间到，T37常开触点闭合，通过T38常闭触点给Q0.1线圈供电，Q0.1常开触点闭合自锁，2#电动机起动

网络4

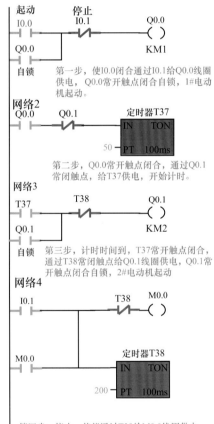

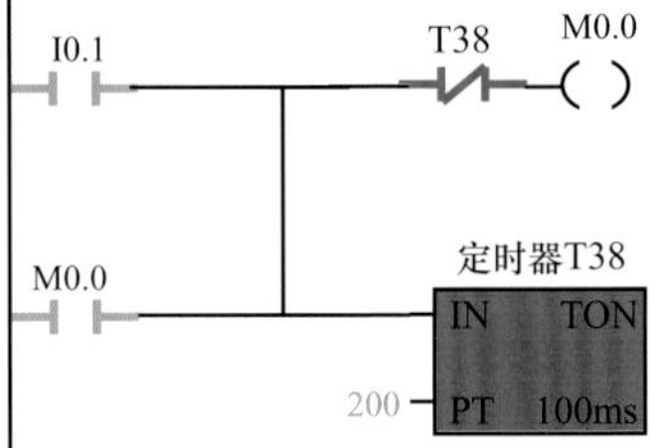

第四步，停止。使能通过T38给M0.0线圈供电，M0.0常开触点按I0.1先停止Q0.0闭合自锁。T38计时延时停止Q0.1。

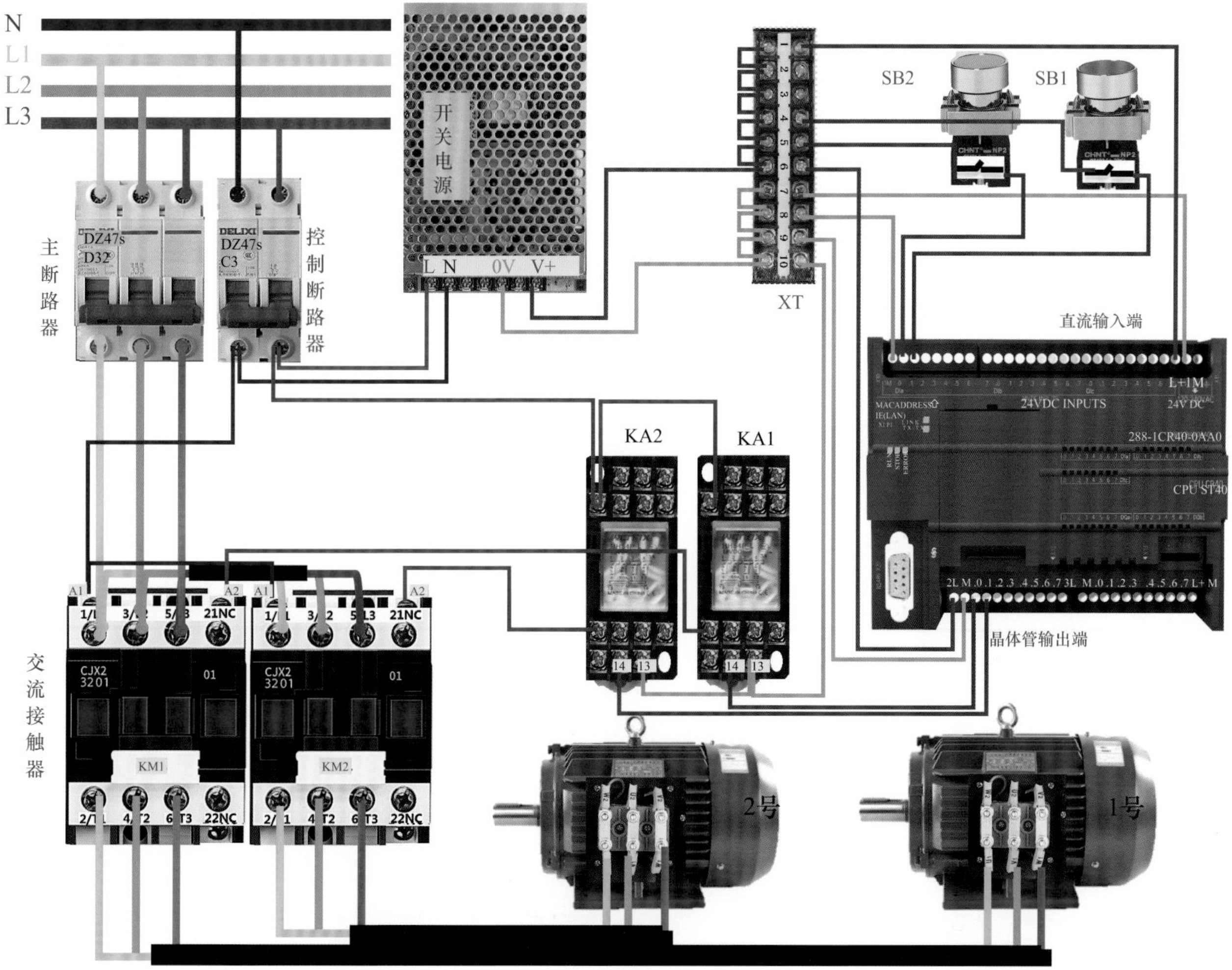

电源接线：S7-200 SMART PLC电源接线柱L+接开关电源V+，接线柱M接开关电源0V。

输入接线：输入公共端1M接到开关电源的0V。按钮开关SB1、SB2常开触点接V+，常开端分别接端子I0.0、I0.1。

扫一扫看视频

输出接线：2L接V+，M接0V，中间继电器KA1的14端子接PLC的输出端子Q0.0，中间继电器KA2的14端子接PLC的输出端子Q0.1，中间继电器线圈的13端子接M端(0V)。

PLC 控制的两台电动机自动顺序起动顺序停止电路实物接线图

5. 热风机控制电路与梯形图的转换

1.继电器-接触器控制电路

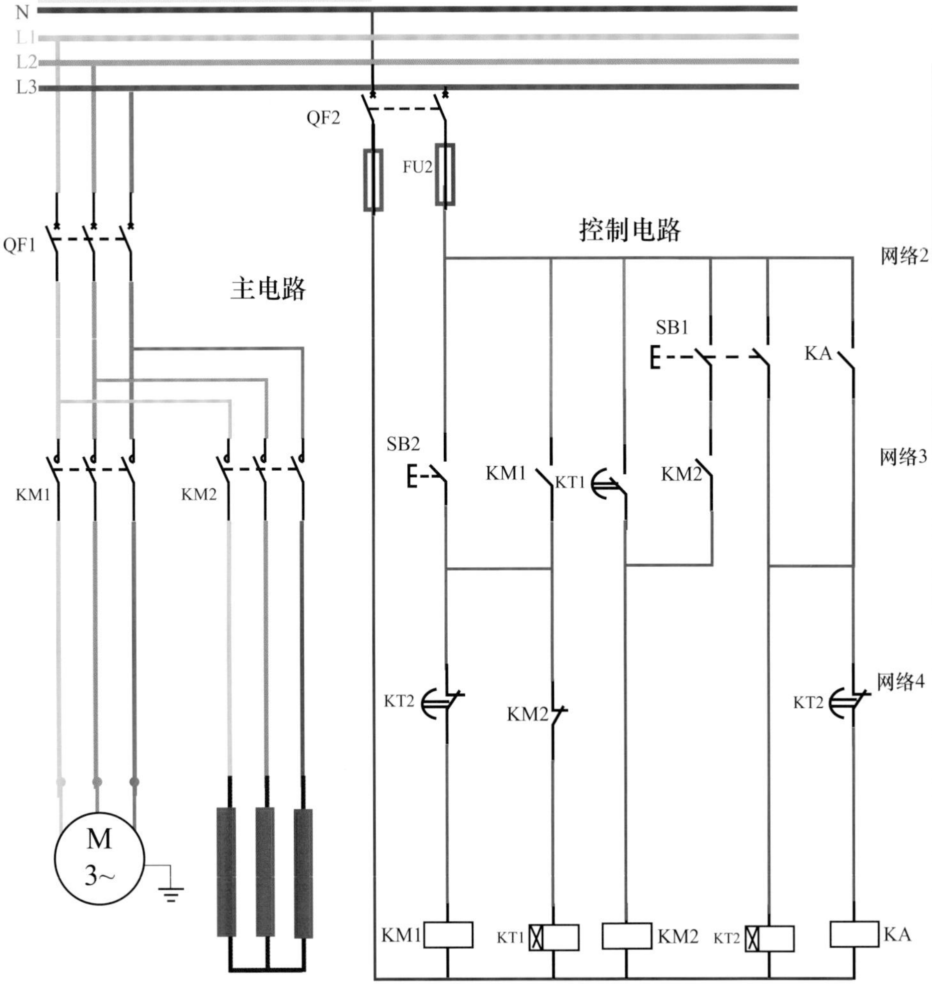
N
L1
L2
L3
QF2
FU2
QF1
控制电路
主电路
SB1
KA
SB2
KM1
KT1
KM2
KM1
KM2
M
3~
KT2
KM2
KT2
KM1
KT1
KM2
KT2
KA

2.梯形图程序

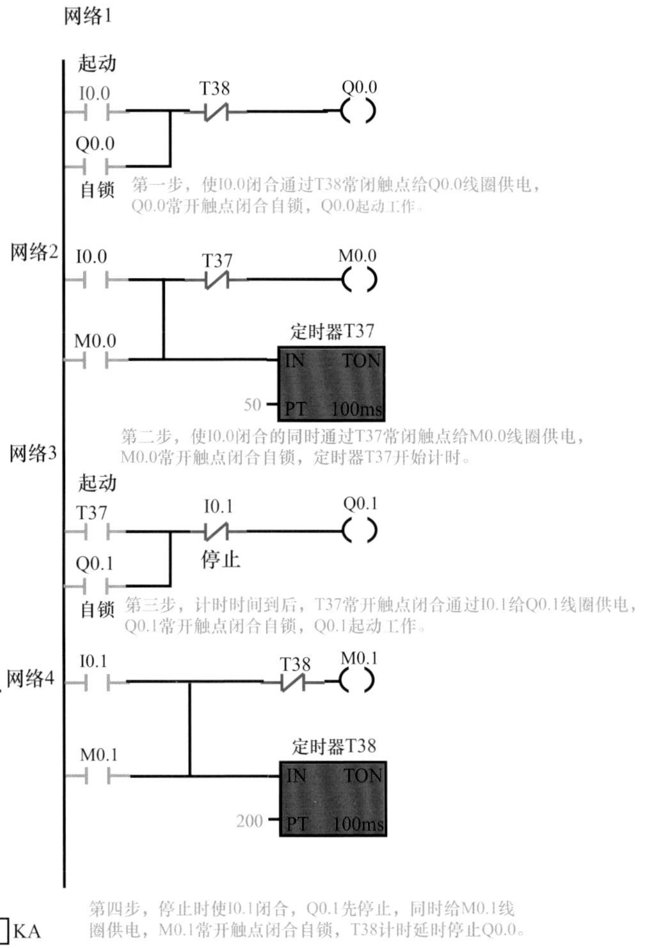
网络1
起动
I0.0
T38
Q0.0
Q0.0
自锁
第一步，使I0.0闭合通过T38常闭触点给Q0.0线圈供电，Q0.0常开触点闭合自锁，Q0.0起动工作。
网络2
I0.0
T37
M0.0
M0.0
定时器T37
IN TON
50 PT 100ms
第二步，使I0.0闭合的同时通过T37常闭触点给M0.0线圈供电，M0.0常开触点闭合自锁，定时器T37开始计时。
网络3
起动
T37
I0.1
Q0.1
停止
Q0.1
自锁
第三步，计时时间到后，T37常开触点闭合通过I0.1给Q0.1线圈供电，Q0.1常开触点闭合自锁，Q0.1起动工作。
网络4
I0.1
T38
M0.1
M0.1
定时器T38
IN TON
200 PT 100ms
第四步，停止时使I0.1闭合，Q0.1先停止，同时给M0.1线圈供电，M0.1常开触点闭合自锁，T38计时延时停止Q0.0。

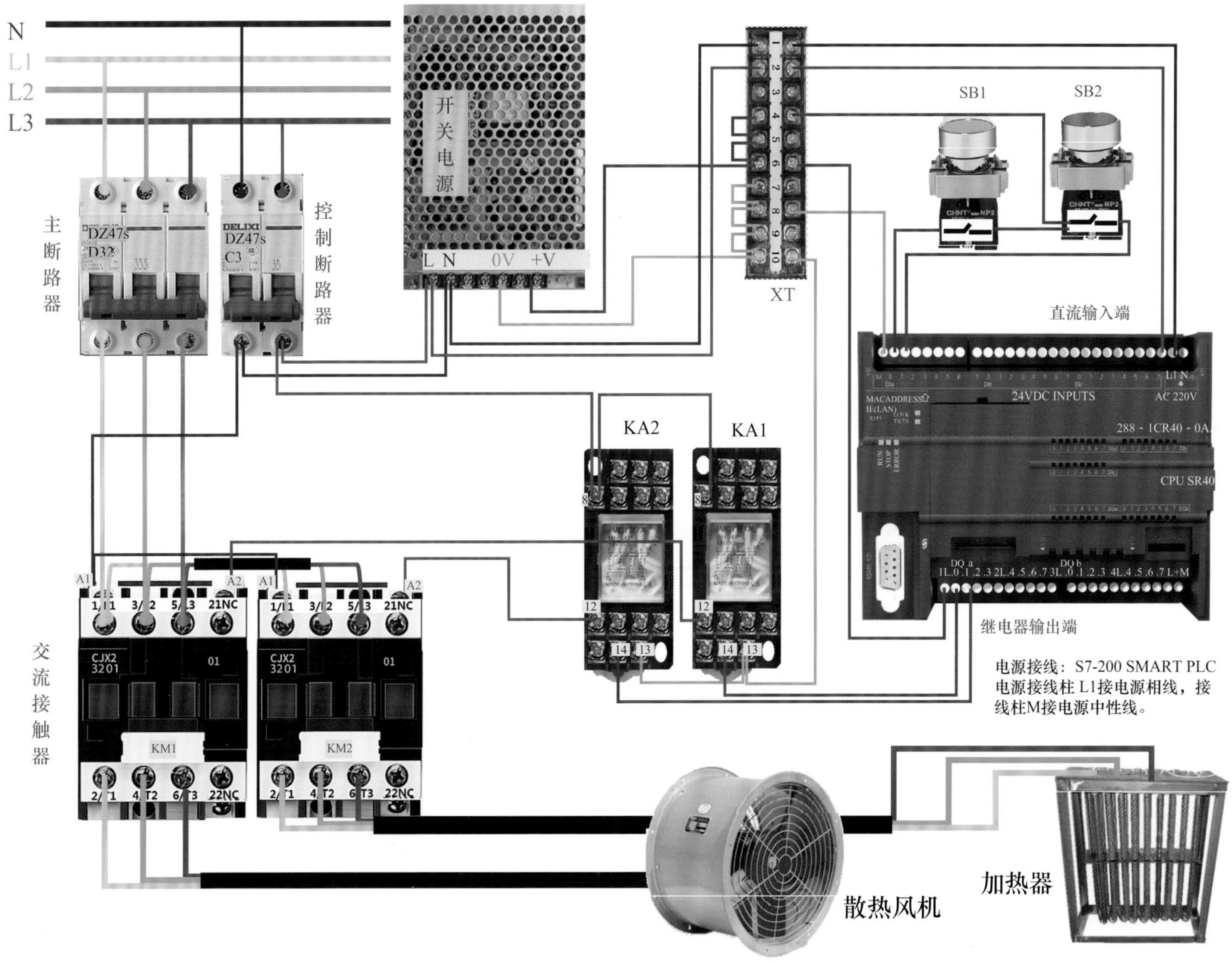
N
L1
L2
L3
主断路器
DZ47s
D32
控制断路器
DELIXI
DZ47s
C3
开关电源
L N 0V +V
XT
1
2
3
4
5
6
7
8
9
10
SB1
SB2
直流输入端
24VDC INPUTS
AC 220V
288 - 1CR40 - 0AA
CPU SR40
RUN
STOP
ERROR
DQ a
DQ b
1L .0 .1 .2 .3 2L .4 .5 .6 .7 3L .0 .1 .2 .3 4L .4 .5 .6 .7 L+ M
继电器输出端
KA2
KA1
8
12
14
13
A1
A2
1/L1
3/L2
5/L3
21NC
CJX2
3201
01
KM1
KM2
2/T1
4/T2
6/T3
22NC
交流接触器
电源接线：S7-200 SMART PLC电源接线柱 L1接电源相线，接线柱M接电源中性线。
散热风机
加热器

PLC 控制的热风机电路实物接线图

扫一扫看视频

6. 电动机星-三角减压起动控制电路与梯形图的转换（一）

1.继电器-接触器控制电路

控制要求:按下起动按钮SB1，KM1和KM3吸合同时KT得电计时，到达设定值KM失电，KM2得电起动自锁，同时KT线圈失电。停止时按下SB1全部失电停止。

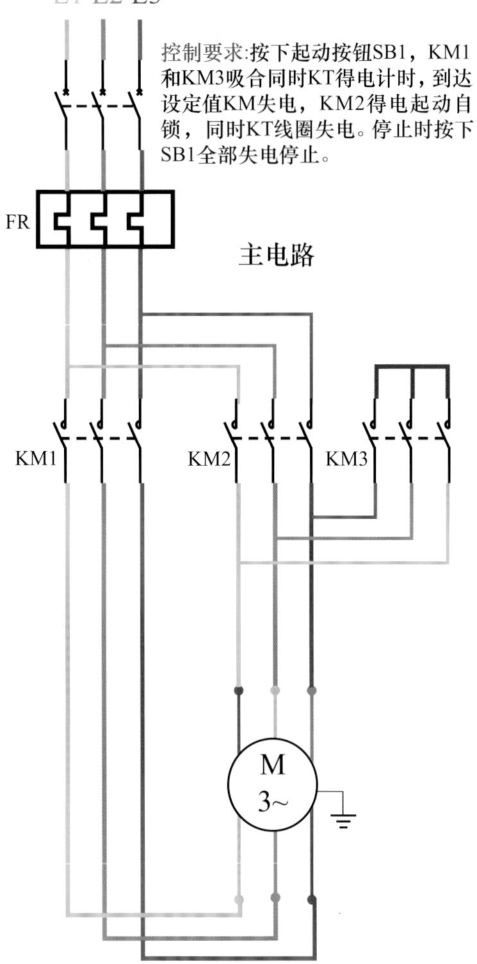

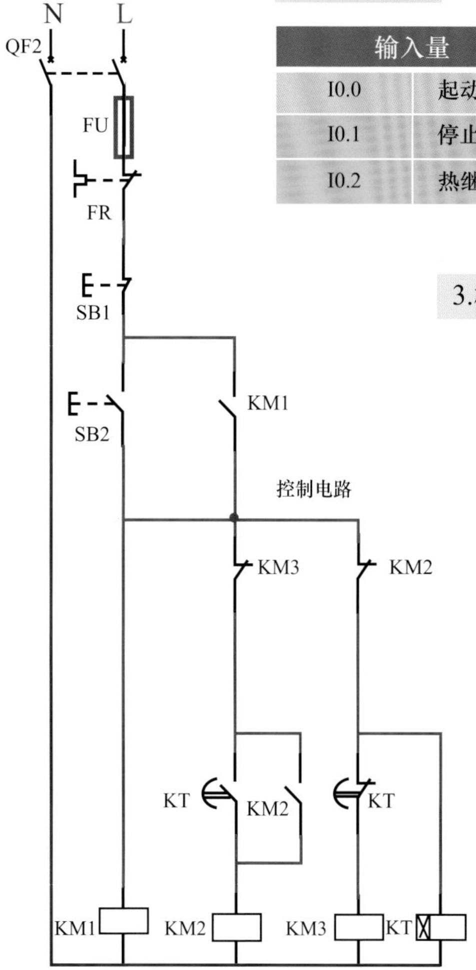

2.I/O分配表

输入量		输出量	
I0.0	起动按钮	KM1 Q0.0	电动机运行
I0.1	停止按钮	KM3 Q0.2	Y联结运行
I0.2	热继电器	KM2 Q0.1	△联结运行

3.梯形图程序

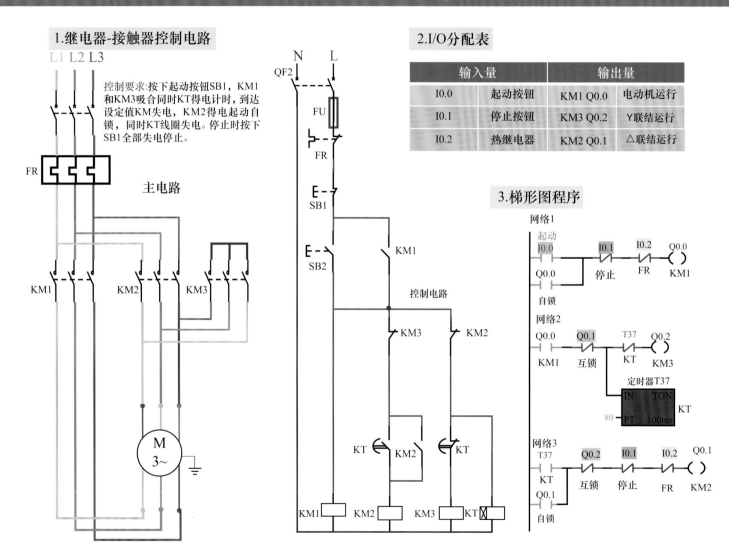

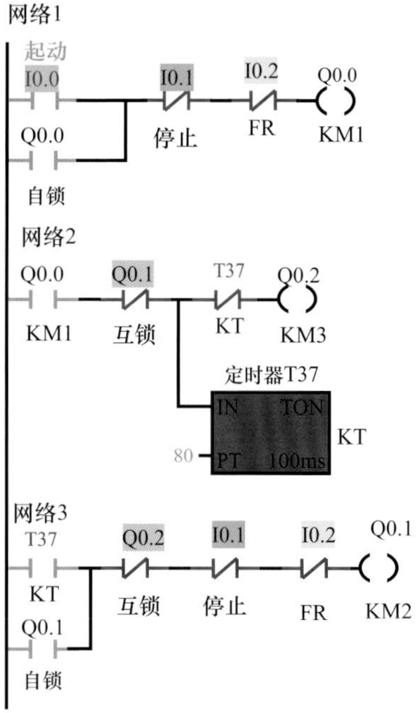

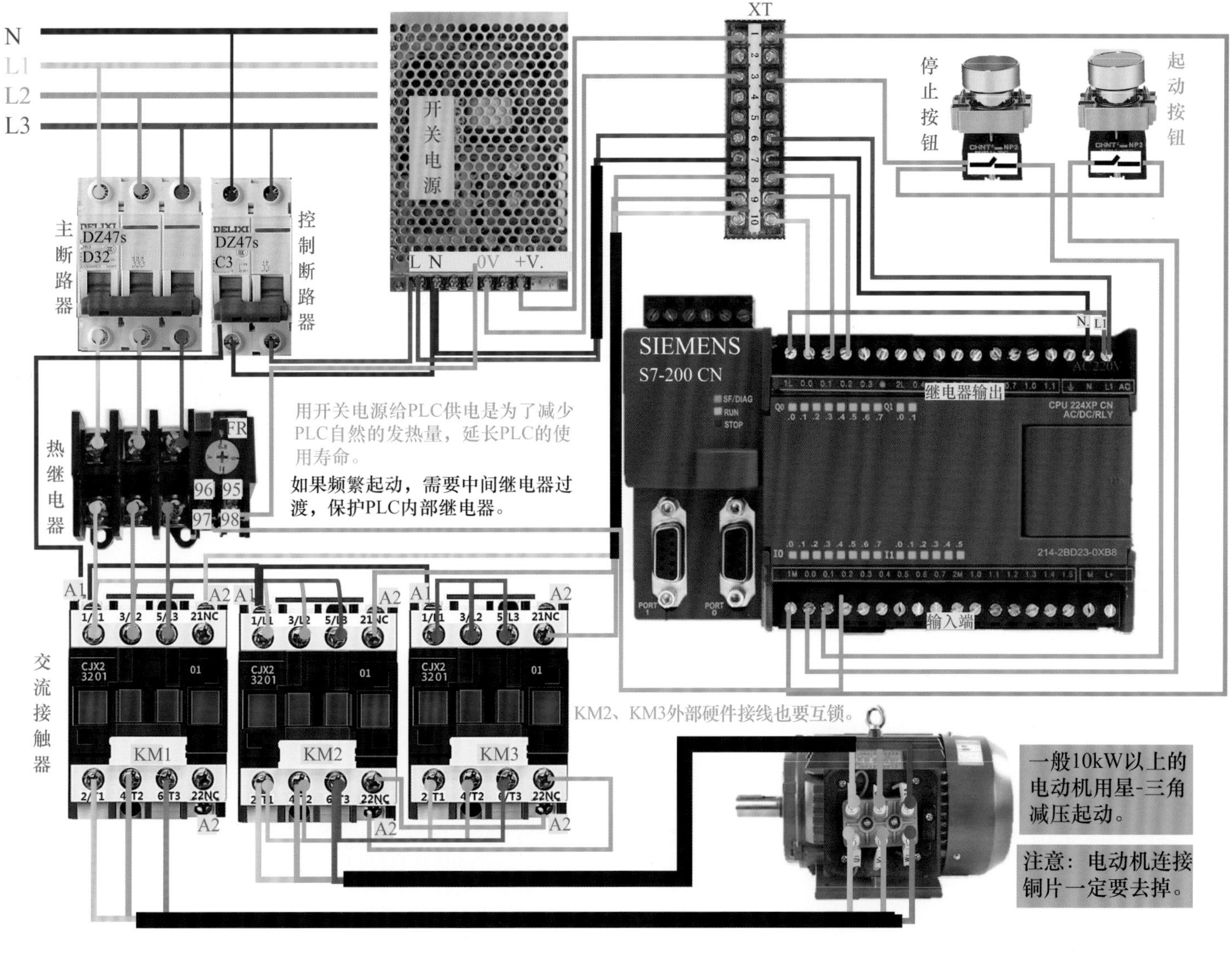

N
L1
L2
L3
主断路器
DZ47s D32
DZ47s C3
控制断路器
开关电源
L N 0V +V.
XT
停止按钮
起动按钮
热继电器
FR
96 95
97 98
用开关电源给PLC供电是为了减少PLC自然的发热量，延长PLC的使用寿命。
如果频繁起动，需要中间继电器过渡，保护PLC内部继电器。
SIEMENS
S7-200 CN
继电器输出
CPU 224XP CN AC/DC/RLY
输入端
214-2BD23-0XB8
交流接触器
KM1
KM2
KM3
A1
A2
KM2、KM3外部硬件接线也要互锁。
一般10kW以上的电动机用星-三角减压起动。
注意：电动机连接铜片一定要去掉。

PLC 控制的电动机星-三角减压起动电路实物接线图（一）

扫一扫看视频

7. 电动机星-三角减压起动控制电路与梯形图的转换（二）

1.硬件接线图

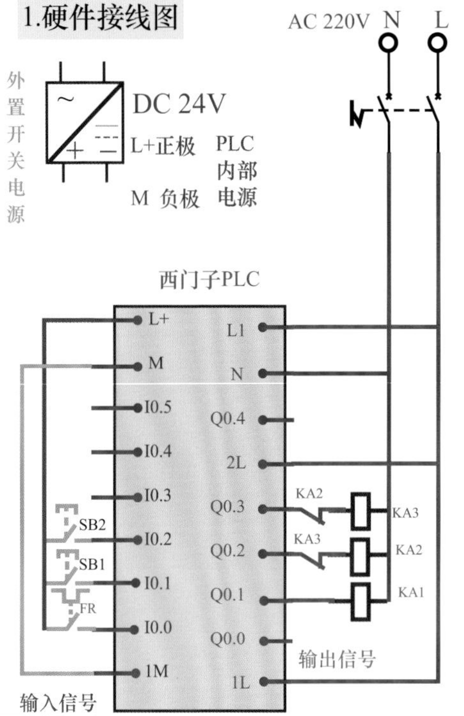

2.梯形图程序

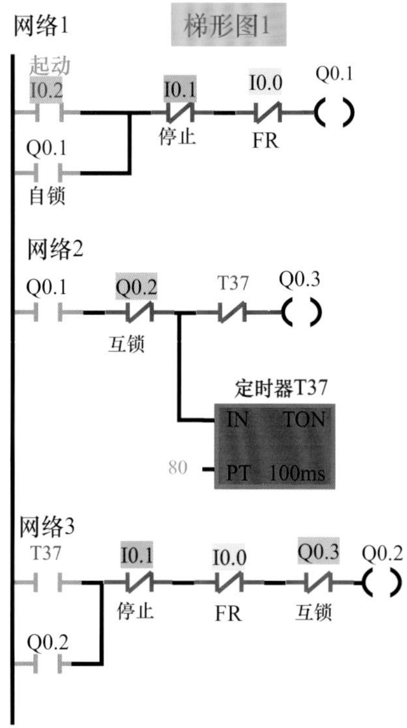

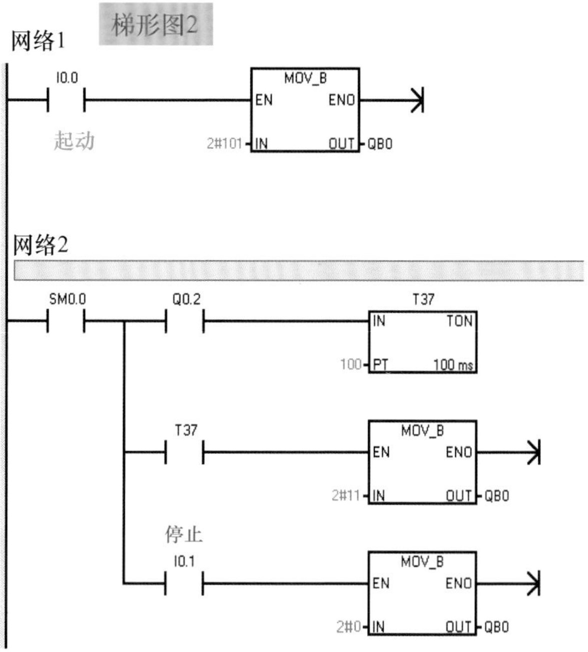

3.工作原理

(1)梯形图1

通电后，按钮SB2闭合→梯形图程序中的触点I0.2闭合，通过I0.1、I0.0，使Q0.1线圈得电，Q0.1常开触点闭合自锁，Q0.1给接触器KM1线圈得电。Q0.1另一组常开触点闭合通过Q0.2和T37常闭触点Q0.2得电接通KM3，同时T37开始计时，T37断开Q0.3退出，T37常开触点闭合给Q0.2供电，并自锁KM2主电路闭合。

停止时，按下SB1，I0.1常闭触点断开，Q0.0线圈断电KM1停止，Q0.1线圈断电KM2停止。

(2)梯形图2

通电后：按钮SB2闭合→梯形图程序中的触点I0.0闭合把二进制数101传送到QB0 ,外部Q0.0、Q0.2输出，同时Q0.2另一组常开触点也闭合，T37开始计时，时间到达后把2#11传送到QB0,Q0.2退出Q0.1导通完成转换。

停止时，按下SB2，I0.1常开触点闭合，把2#0传送到QB0，Q0.0和Q0.1输出清零，设备停止工作。

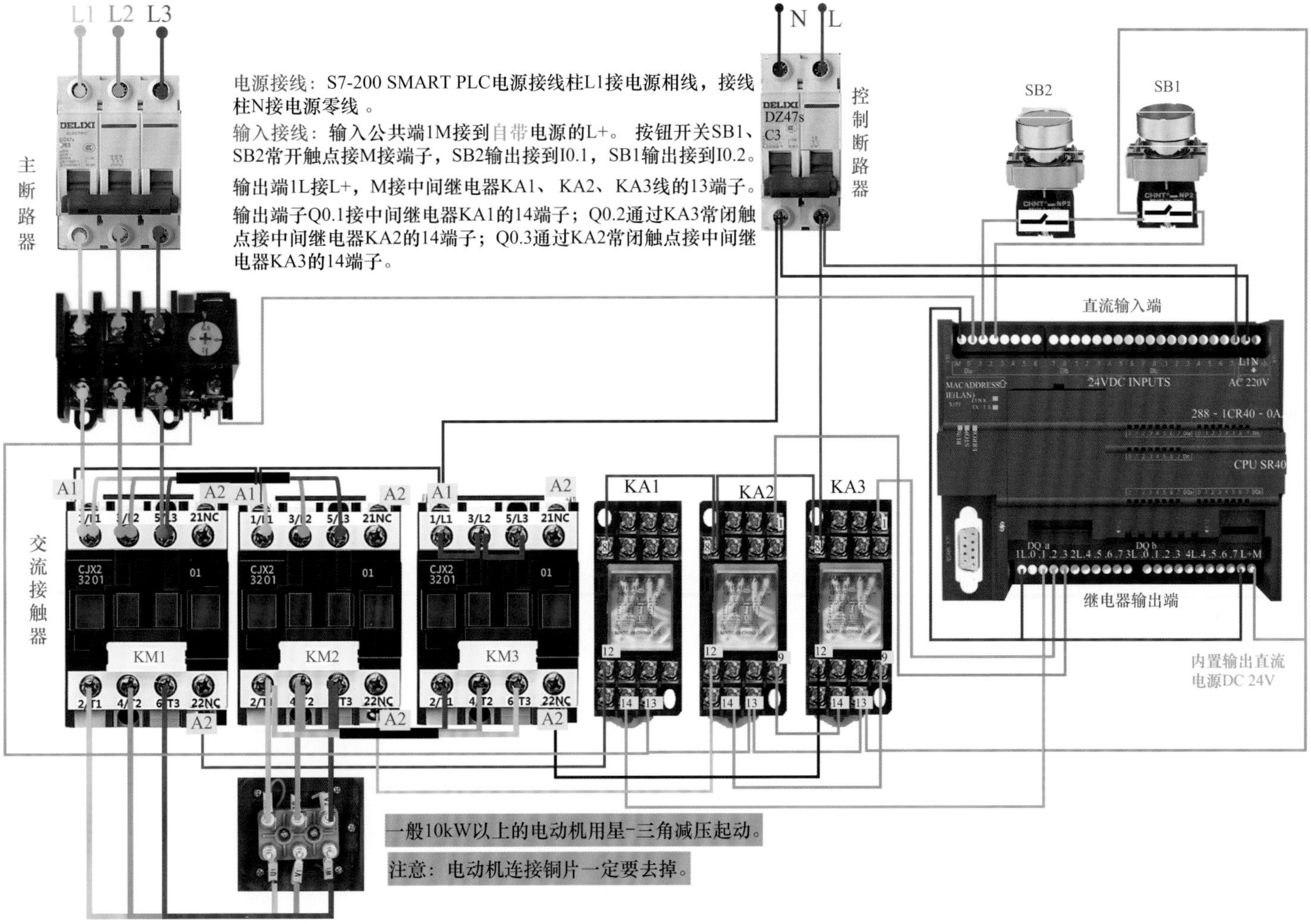
L1 L2 L3
主断路器
电源接线：S7-200 SMART PLC电源接线柱L1接电源相线，接线柱N接电源零线 。
输入接线：输入公共端1M接到自带电源的L+。 按钮开关SB1、SB2常开触点接M接端子，SB2输出接到I0.1，SB1输出接到I0.2。
输出端1L接L+，M接中间继电器KA1、 KA2、KA3线的13端子。
输出端子Q0.1接中间继电器KA1的14端子；Q0.2通过KA3常闭触点接中间继电器KA2的14端子；Q0.3通过KA2常闭触点接中间继电器KA3的14端子。
N L
控制断路器
DELIXI
DZ47s
C3
SB2
SB1
直流输入端
24VDC INPUTS
AC 220V
288 - 1CR40 - 0AA0
CPU SR40
继电器输出端
内置输出直流电源DC 24V
交流接触器
A1 A2
1/L1 3/L2 5/L3 21NC
CJX2 3201
KM1
KM2
KM3
2/T1 4/T2 6/T3 22NC
KA1
KA2
KA3
12 9 14 13
一般10kW以上的电动机用星-三角减压起动。
注意：电动机连接铜片一定要去掉。

扫一扫看视频

PLC 控制的电动机星-三角减压起动电路实物接线图（二）

8. 两台电动机交替循环工作控制电路与梯形图的转换

1.继电器-接触器控制电路

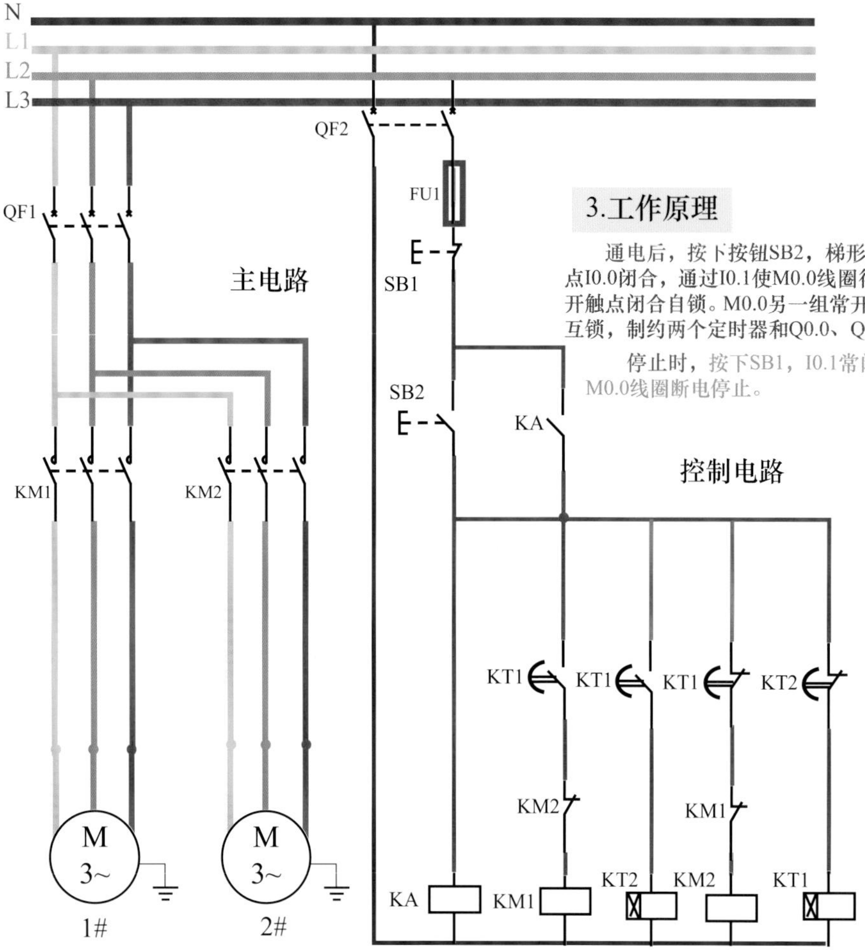

2.I/O分配表

输入量		输出量	
I0.0	起动	Q0.0	1号电动机起动
I0.1	停止	Q0.1	2号电动机起动

3.工作原理

通电后，按下按钮SB2，梯形图程序中的触点I0.0闭合，通过I0.1使M0.0线圈得电， M0.0常开触点闭合自锁。M0.0另一组常开触点闭合通过互锁，制约两个定时器和Q0.0、Q0.1的转换工作。

停止时，按下SB1，I0.1常闭触点断开，M0.0线圈断电停止。

4.梯形图程序

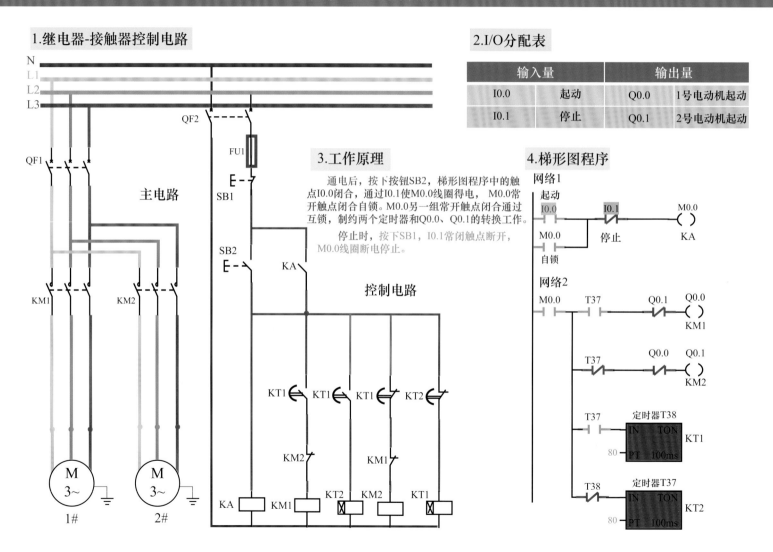

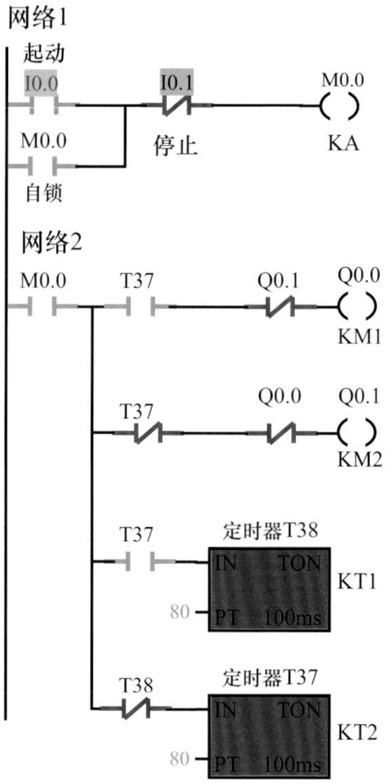

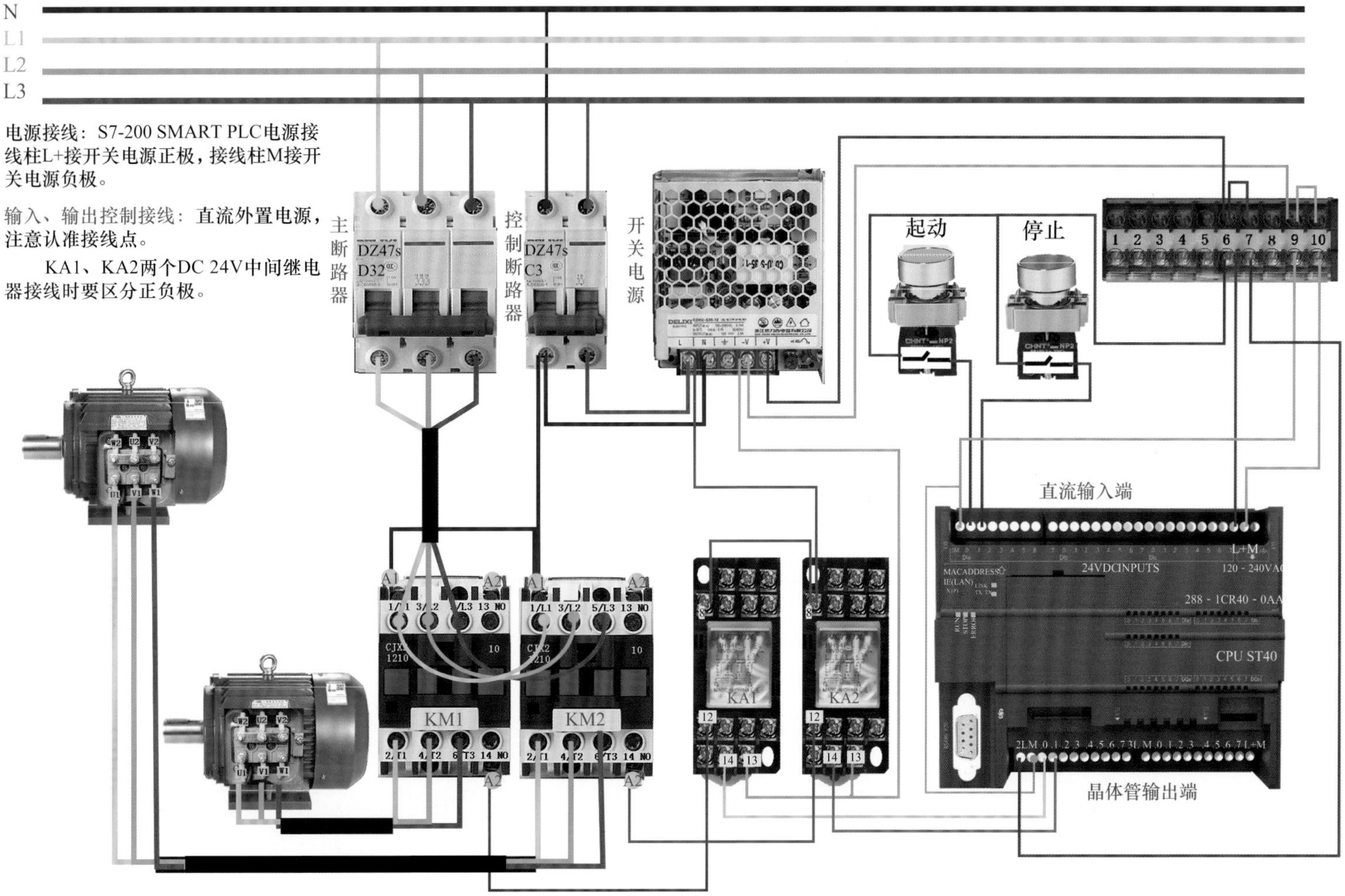
N
L1
L2
L3
电源接线：S7-200 SMART PLC电源接线柱L+接开关电源正极，接线柱M接开关电源负极。
输入、输出控制接线：直流外置电源，注意认准接线点。
KA1、KA2两个DC 24V中间继电器接线时要区分正负极。
主断路器
DZ47s
D32
控制断路器
DZ47s
C3
开关电源
起动
停止
直流输入端
24VDCINPUTS
CPU ST40
晶体管输出端
KM1
KM2
KA1
KA2

PLC 控制的两台电动机交替循环工作电路实物接线图

9. 带有起动预警功能的电动机延时起动控制电路与梯形图的转换

1.继电器-接触器控制电路

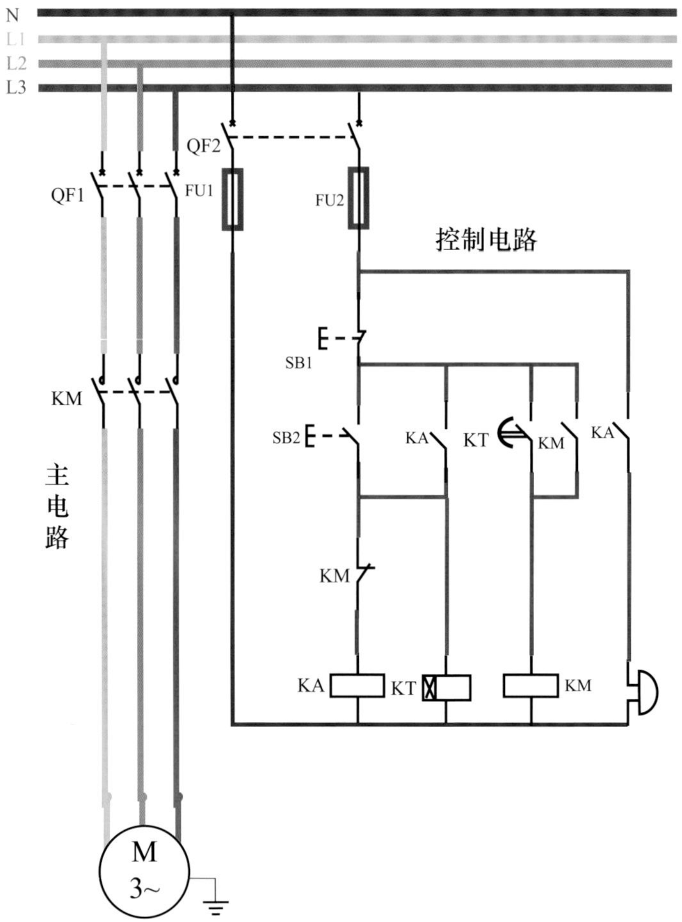

2.I/O分配表

输入量		输出量	
I0.0	起动按钮	Q0.0	电动机运行
I0.1	停止按钮		

3.梯形图程序

梯形图1

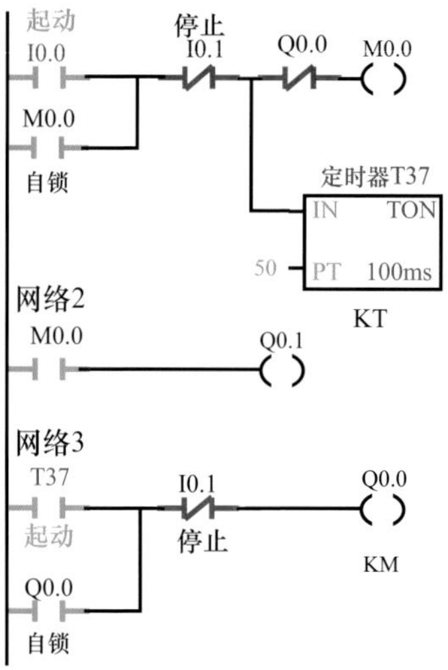

梯形图2

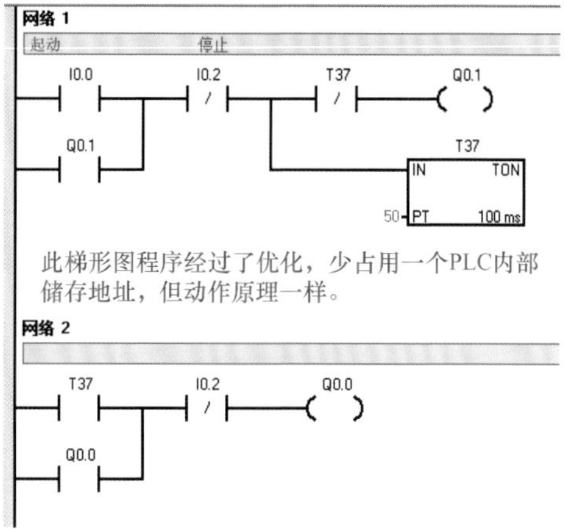

4.工作原理

按下起动按钮，预警扬声器报警，根据设定的时间自动延时起动电动机，待电动机起动后，报警自动停止。停止时，按下停止按钮电动机立刻停止。

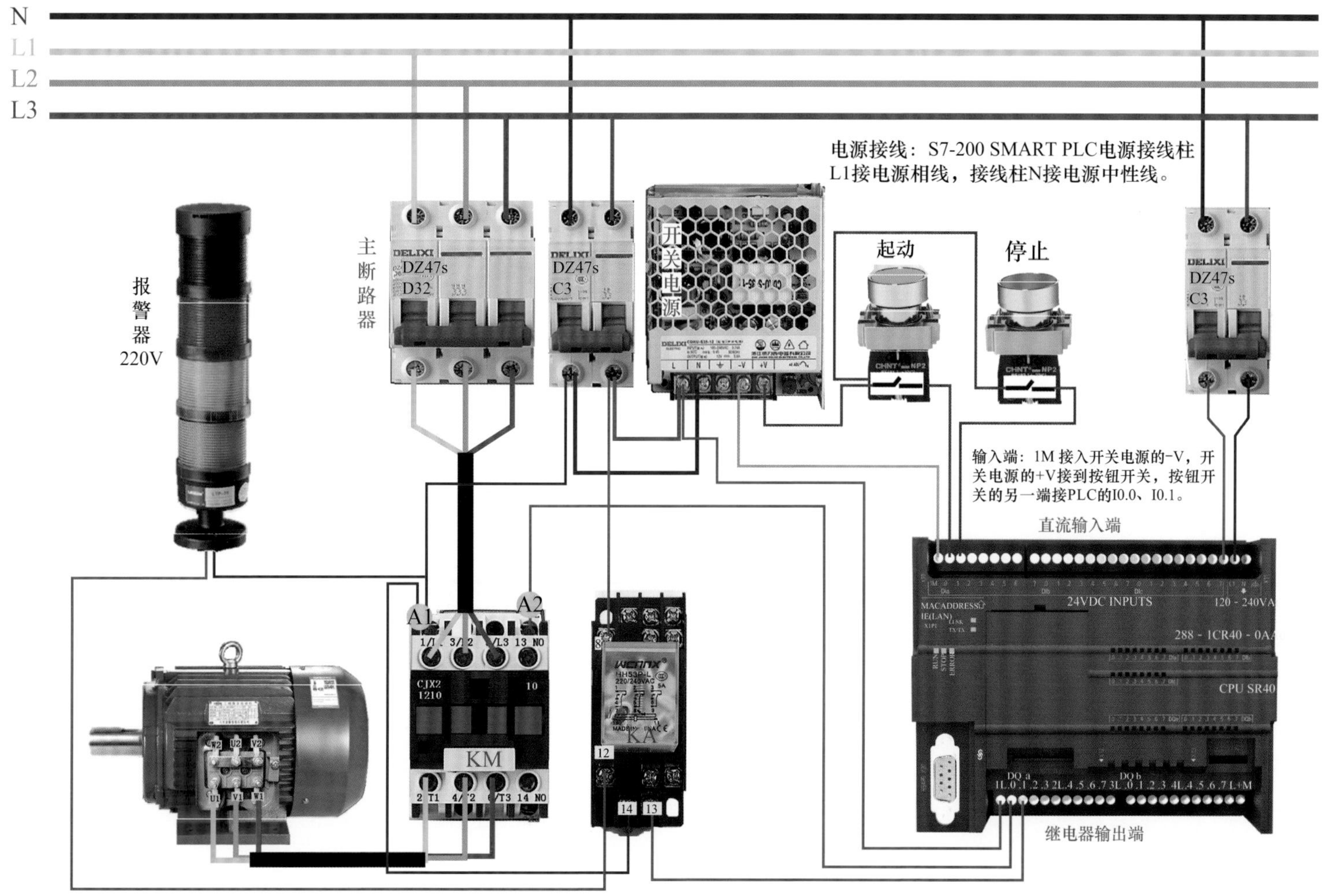

PLC 控制的带有起动预警功能的电动机延时起动电路实物接线图

10. 小车双向延时自动往返控制电路与梯形图的转换

1.继电器-接触器控制电路

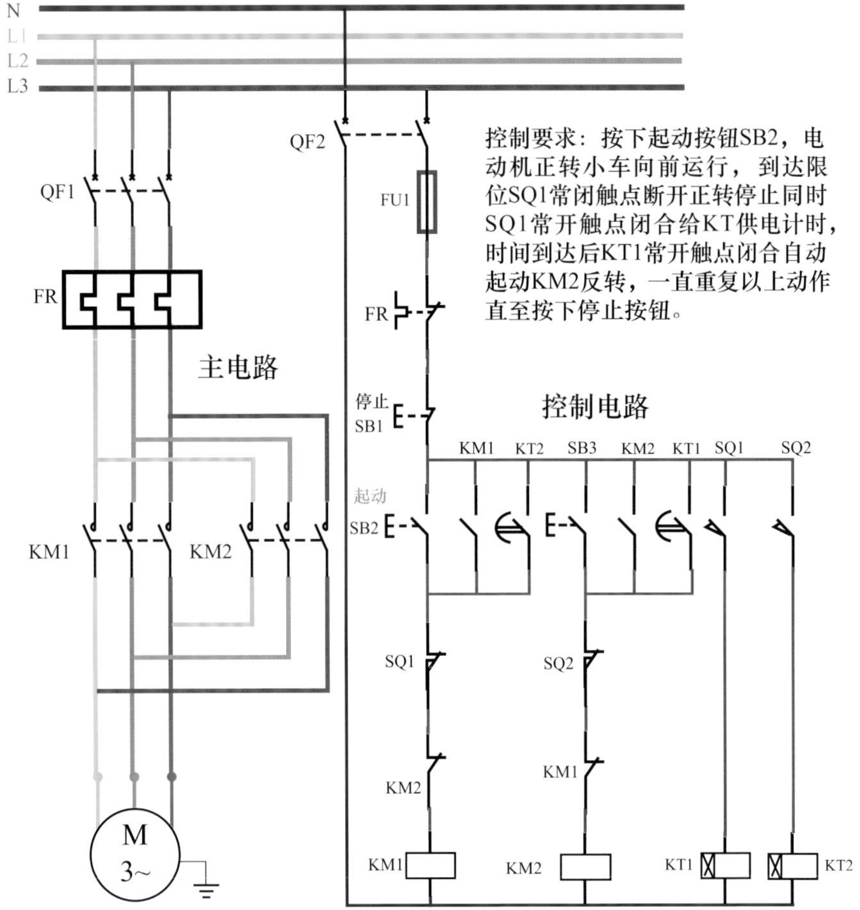

控制要求：按下起动按钮SB2，电动机正转小车向前运行，到达限位SQ1常闭触点断开正转停止同时SQ1常开触点闭合给KT供电计时，时间到达后KT1常开触点闭合自动起动KM2反转，一直重复以上动作直至按下停止按钮。

2.梯形图程序

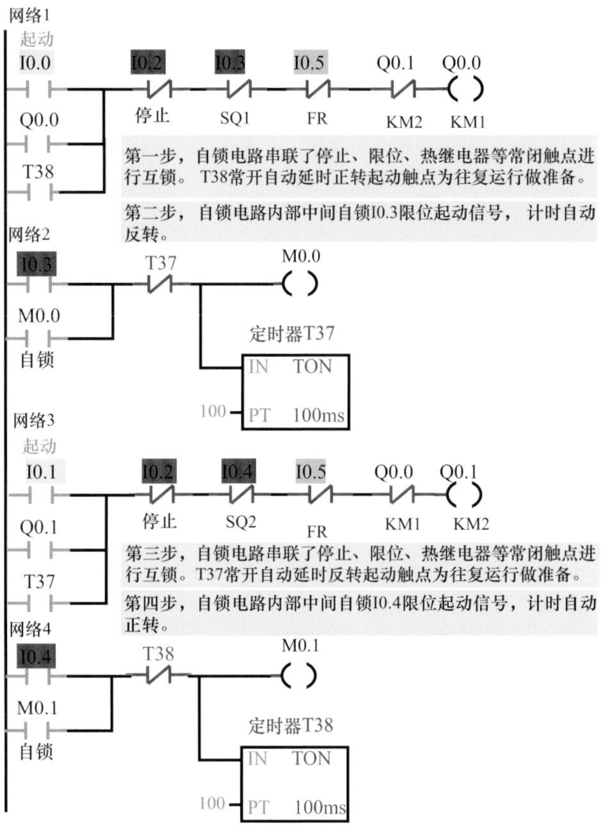

网络1 起动：I0.0 / Q0.0 / T38 — I0.2停止 I0.3 SQ1 I0.5 FR Q0.1 KM2 Q0.0 KM1

第一步，自锁电路串联了停止、限位、热继电器等常闭触点进行互锁。T38常开自动延时正转起动触点为往复运行做准备。

第二步，自锁电路内部中间自锁I0.3限位起动信号，计时自动反转。

网络2 I0.3 / M0.0自锁 — T37 M0.0；定时器T37 IN TON 100 PT 100ms

网络3 起动：I0.1 / Q0.1 / T37 — I0.2停止 I0.4 SQ2 I0.5 FR Q0.0 KM1 Q0.1 KM2

第三步，自锁电路串联了停止、限位、热继电器等常闭触点进行互锁。T37常开自动延时反转起动触点为往复运行做准备。

第四步，自锁电路内部中间自锁I0.4限位起动信号，计时自动正转。

网络4 I0.4 / M0.1自锁 — T38 M0.1；定时器T38 IN TON 100 PT 100ms

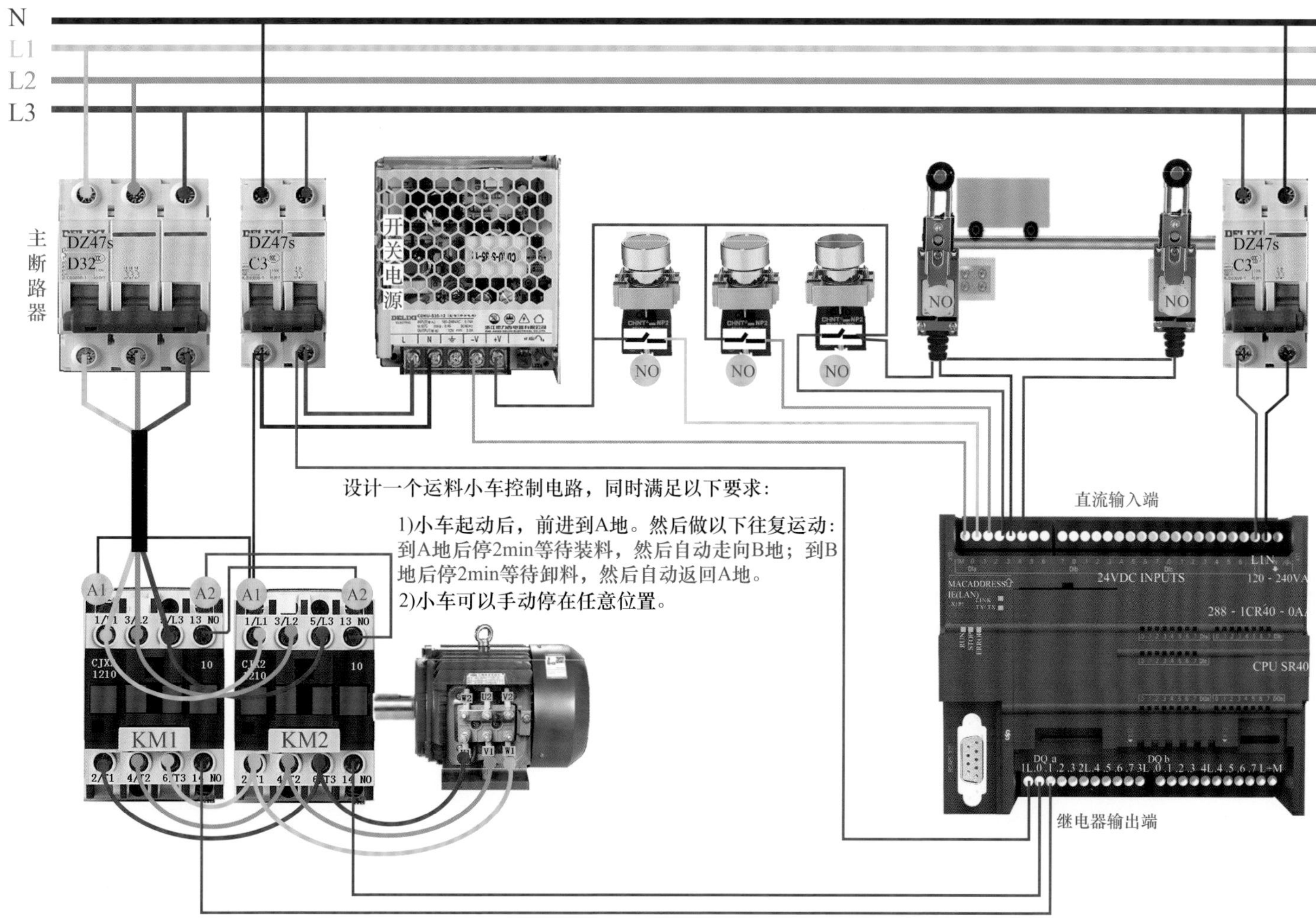
N
L1
L2
L3
主断路器
DZ47s
D32
DZ47s
C3
开关电源
NO
NO
NO
NO
NO
DZ47s
C3
设计一个运料小车控制电路，同时满足以下要求：
1)小车起动后，前进到A地。然后做以下往复运动：到A地后停2min等待装料，然后自动走向B地；到B地后停2min等待卸料，然后自动返回A地。
2)小车可以手动停在任意位置。
直流输入端
A1
A2
A1
A2
1/L1 3/L2 5/L3 13 NO
1/L1 3/L2 5/L3 13 NO
KM1
KM2
2/T1 4/T2 6/T3 14 NO
2/T1 4/T2 6/T3 14 NO
24VDC INPUTS
120 - 240VA
CPU SR40
继电器输出端

PLC 控制的小车双向延时自动往返电路实物接线图

11. 搅拌机运行控制电路与梯形图的转换

1.继电器-接触器控制电路

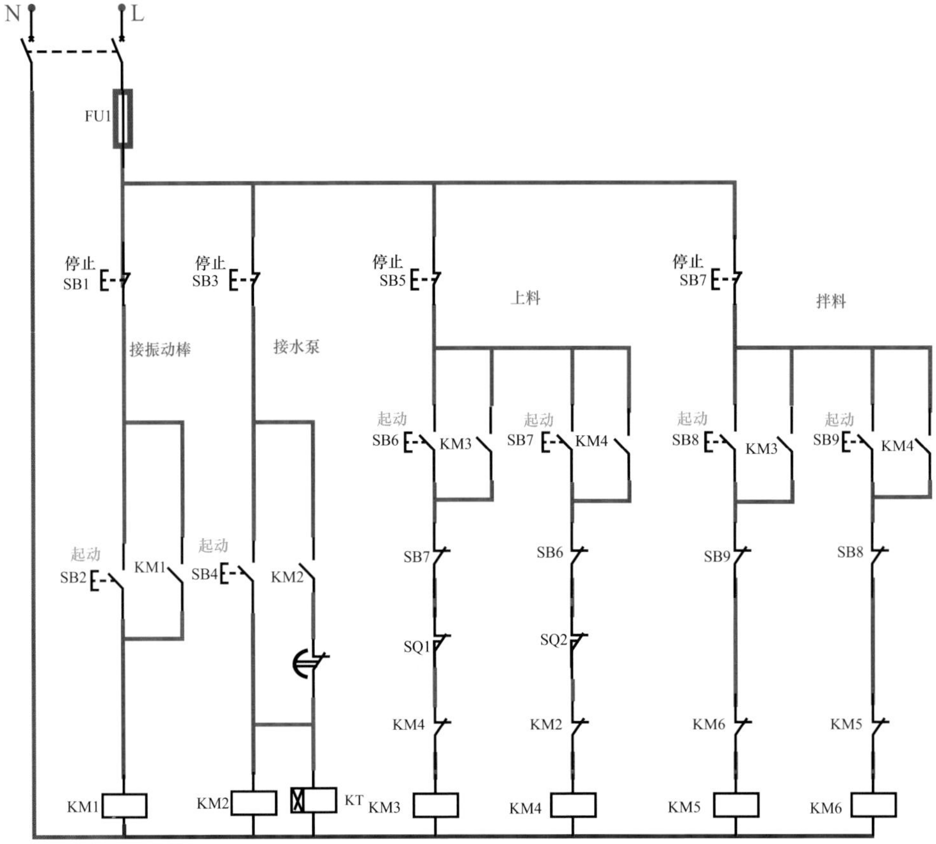

2.梯形图程序

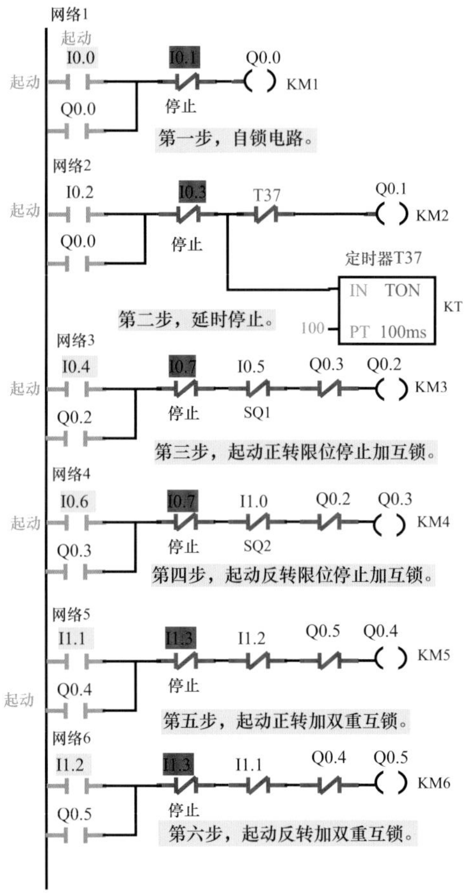

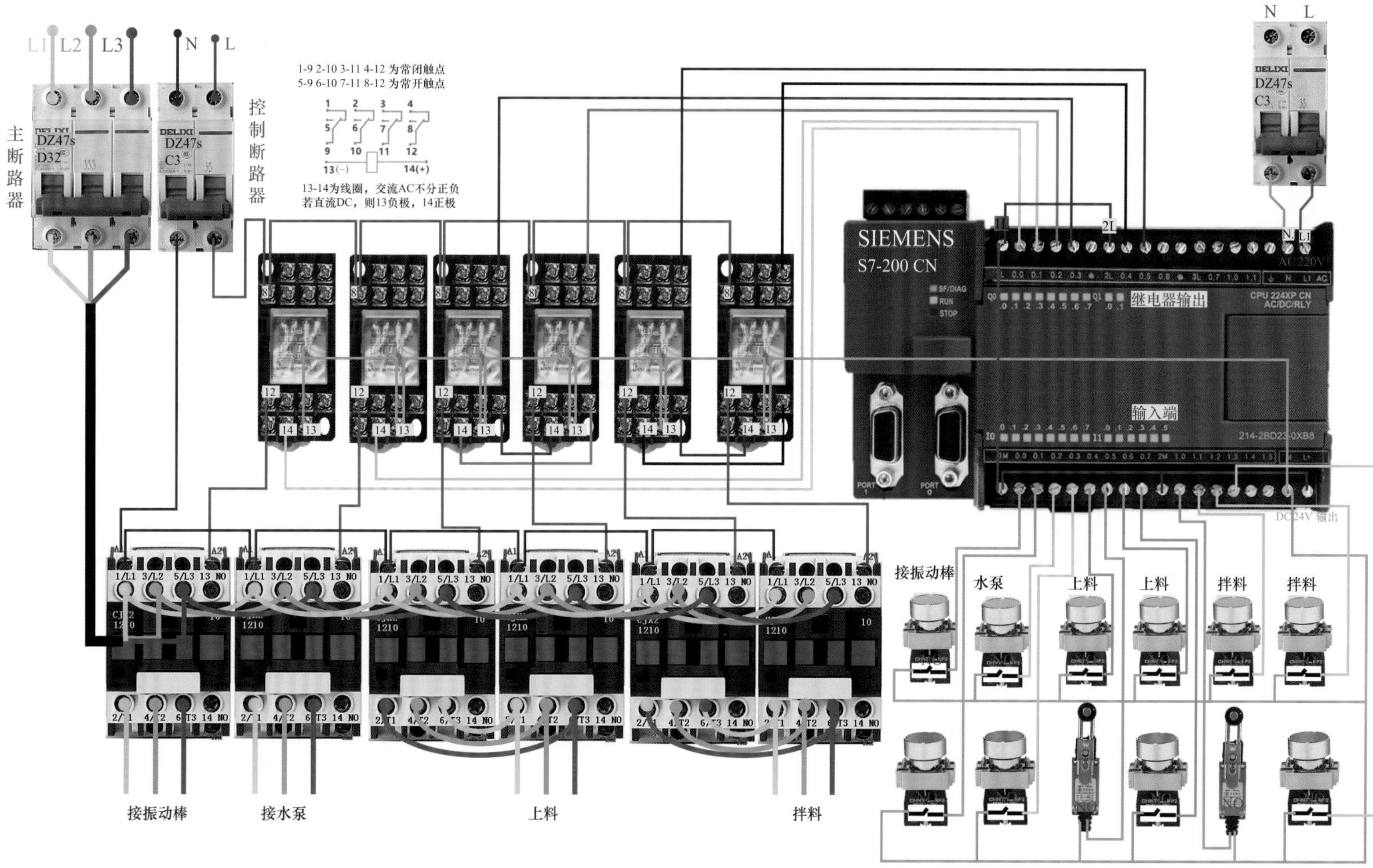

L1 L2 L3
N L
主断路器
DZ47s
D32
DZ47s
C3
控制断路器
1-9 2-10 3-11 4-12 为常闭触点
5-9 6-10 7-11 8-12 为常开触点
13-14为线圈，交流AC不分正负
若直流DC，则13负极，14正极
SIEMENS
S7-200 CN
继电器输出
输入端
CPU 224XP CN
AC/DC/RLY
214-2BD23-0XB8
AC220V
DC24V 输出
接振动棒
水泵
上料
上料
拌料
拌料
接振动棒
接水泵
上料
拌料

PLC 控制的搅拌机运行电路实物接线图

12. 两台电动机延时起动和延时停止控制电路与梯形图的转换

1.继电器-接触器控制电路

控制要求：按下起动按钮，延时10s起动电动机1，再等10s起动电动机2。按下停止按钮，电动机2立刻停止，延时10s电动机1停止。两台电动机可以随时急停。

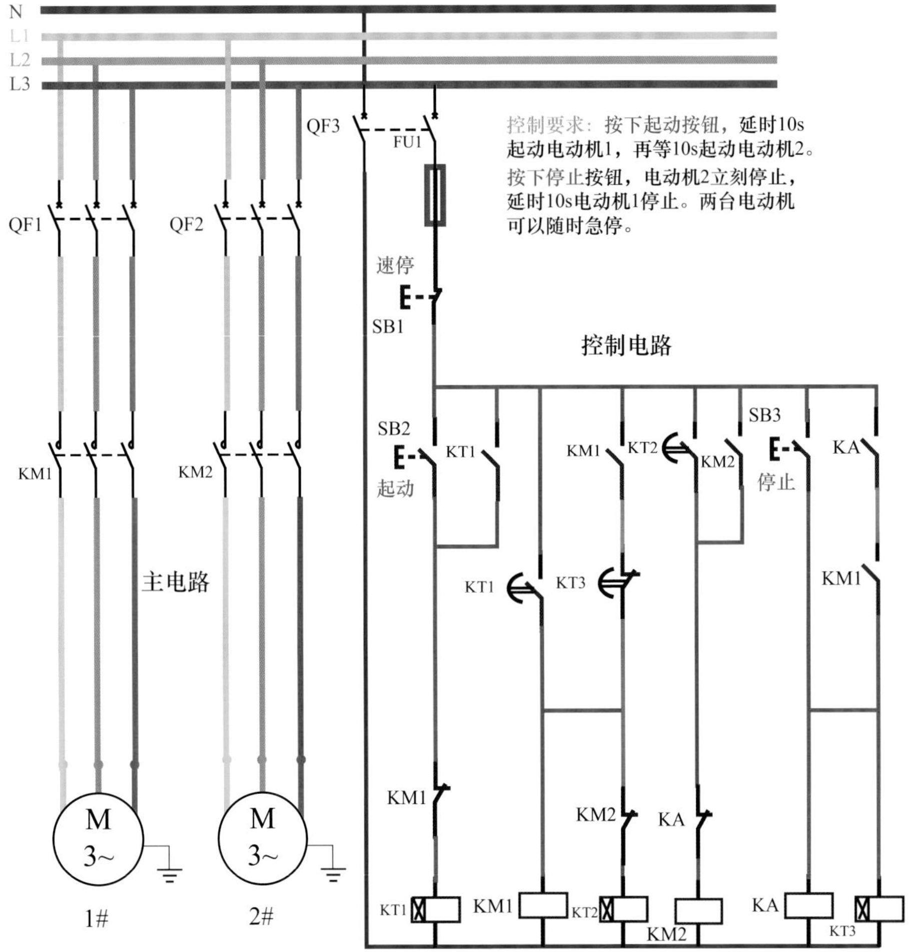

2.梯形图程序

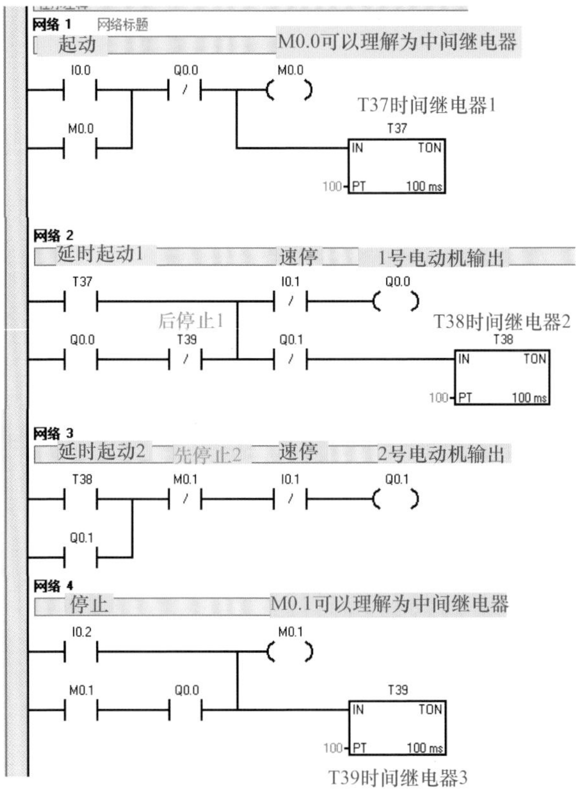

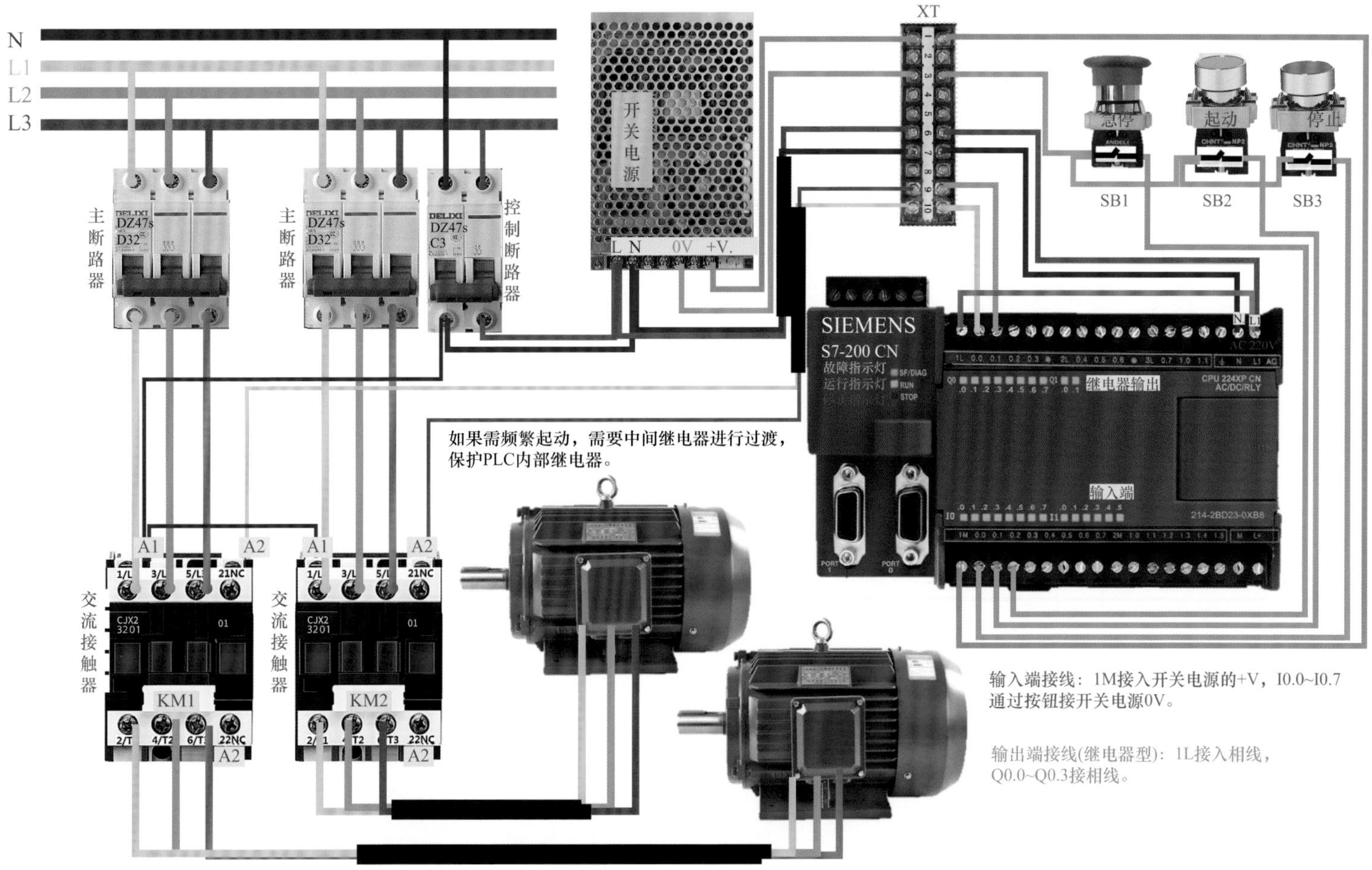

N
L1
L2
L3
主断路器
DZ47s
D32
主断路器
DZ47s
D32
控制断路器
DZ47s
C3
开关电源
L N 0V +V.
XT
1 2 3 4 5 6 7 8 9 10
急停
起动
停止
SB1
SB2
SB3
SIEMENS
S7-200 CN
故障指示灯
运行指示灯
继电器输出
CPU 224XP CN
AC/DC/RLY
输入端
214-2BD23-0XB8
N L1
AC 220V
如果需频繁起动，需要中间继电器进行过渡，保护PLC内部继电器。
A1
A2
A1
A2
交流接触器
交流接触器
CJX2
3201
KM1
KM2
A2
A2
输入端接线：1M接入开关电源的+V，I0.0~I0.7通过按钮接开关电源0V。
输出端接线(继电器型)：1L接入相线，Q0.0~Q0.3接相线。

PLC 控制的两台电动机延时起动和延时停止电路实物接线图

13. 三台电动机自动顺序起动延时逆序停止控制电路和自动顺序起动延时顺序停止控制电路与梯形图的转换

1.自动顺序起动延时逆序停止电路梯形图程序

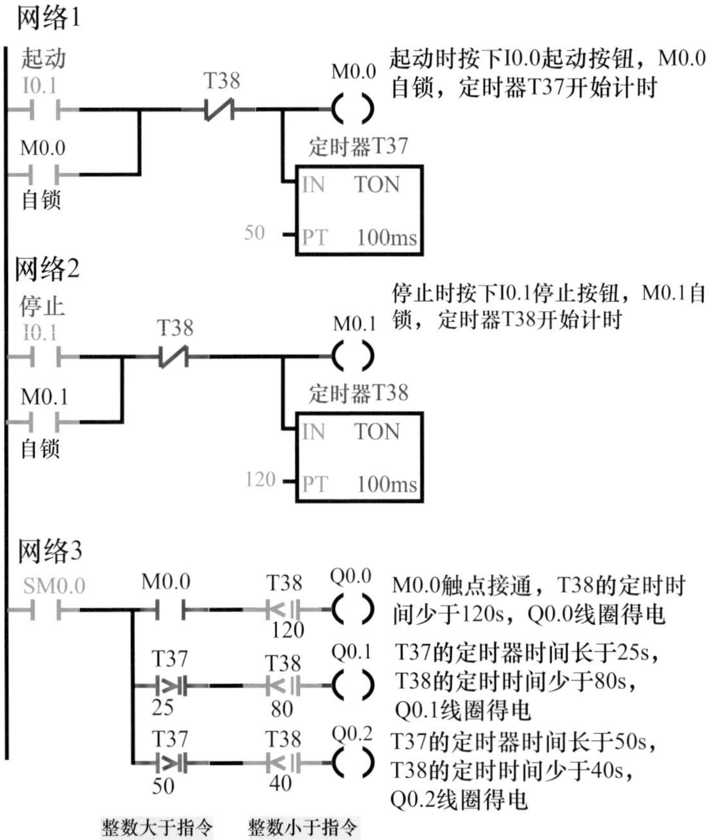

网络1

起动时按下I0.0起动按钮，M0.0自锁，定时器T37开始计时

停止时按下I0.1停止按钮，M0.1自锁，定时器T38开始计时

M0.0触点接通，T38的定时时间少于120s，Q0.0线圈得电

T37的定时器时间长于25s，T38的定时时间少于80s，Q0.1线圈得电

T37的定时器时间长于50s，T38的定时时间少于40s，Q0.2线圈得电

停止时按下I0.1，T38计时40s时把Q0.2停止，T38计时80s时把Q0.1停止，T38计时120s时把Q0.0停止。

2.自动顺序起动延时顺序停止电路梯形图程序

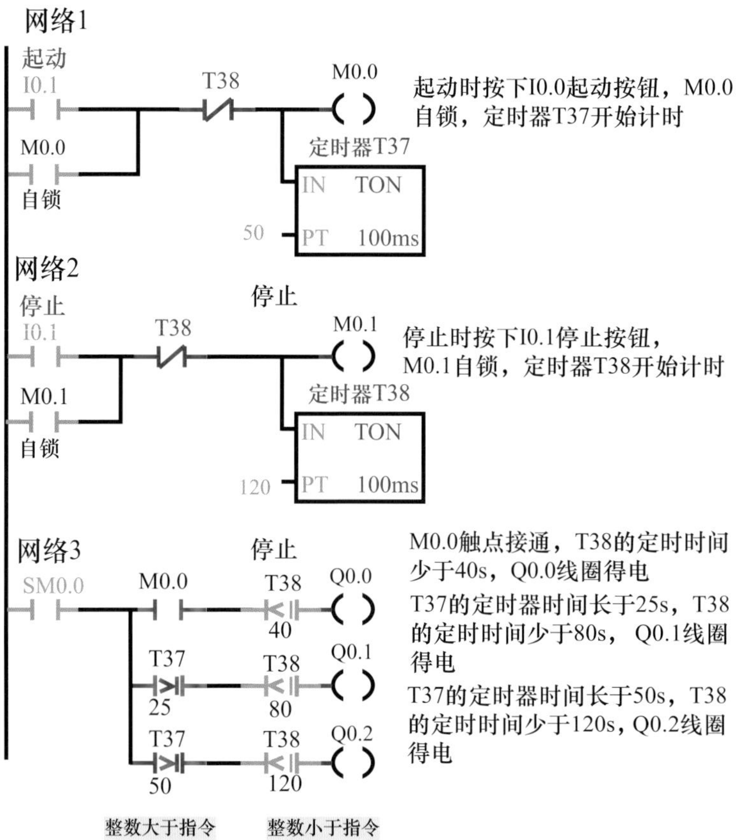

网络1

起动时按下I0.0起动按钮，M0.0自锁，定时器T37开始计时

停止时按下I0.1停止按钮，M0.1自锁，定时器T38开始计时

M0.0触点接通，T38的定时时间少于40s，Q0.0线圈得电

T37的定时器时间长于25s，T38的定时时间少于80s，Q0.1线圈得电

T37的定时器时间长于50s，T38的定时时间少于120s，Q0.2线圈得电

停止时按下I0.1，T38计时40s时把Q0.0停止，T38计时80s时把Q0.1停止，T38计时120s时把Q0.2停止。

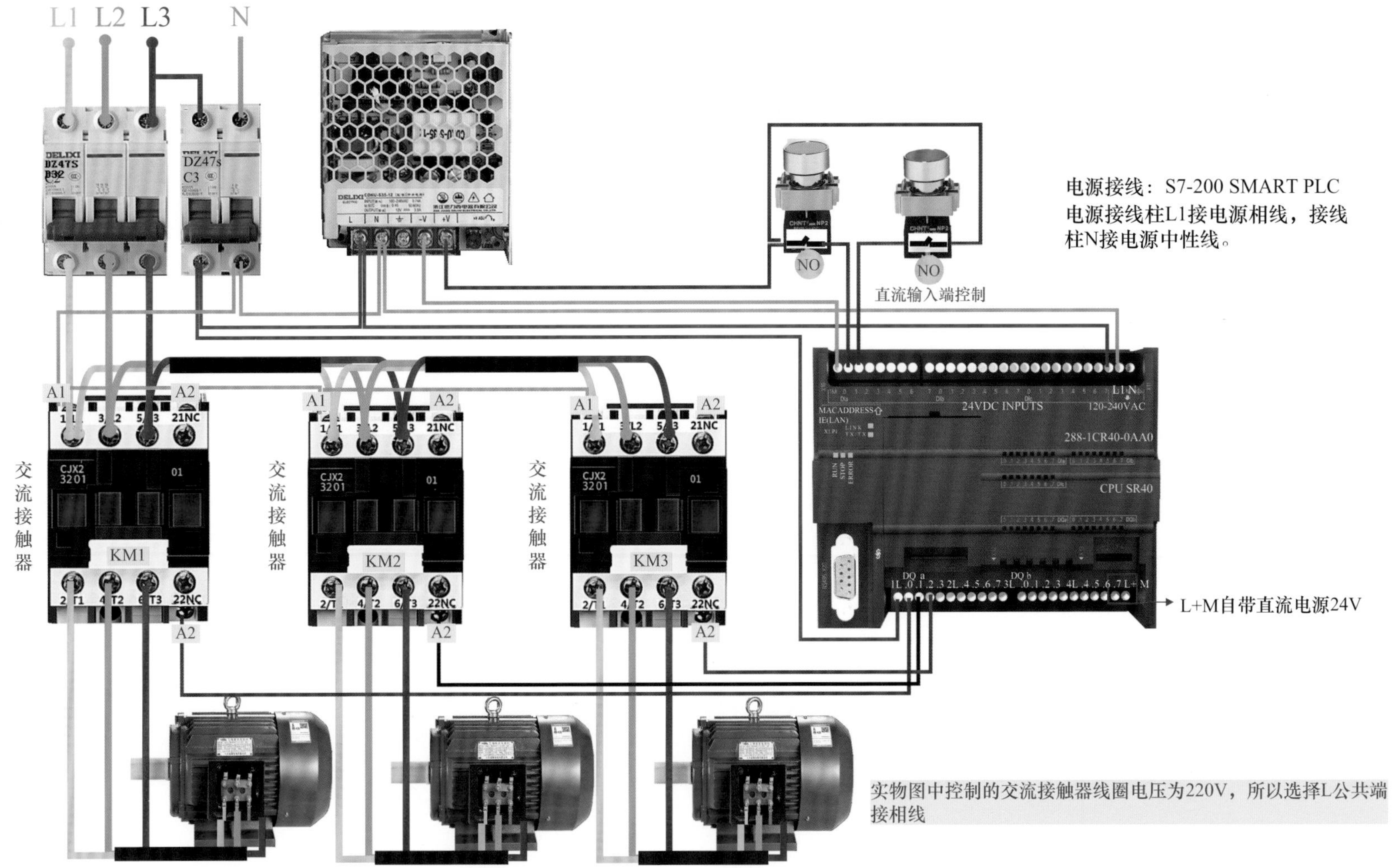

三台电动机自动顺序起动延时逆序停止和自动顺序起动延时顺序停止电路实物接线图

14. 电动机正转起动 5s 后自动停止 2s，反转起动 5s 后再自动停止控制电路与梯形图的转换

1.继电器-接触器控制电路

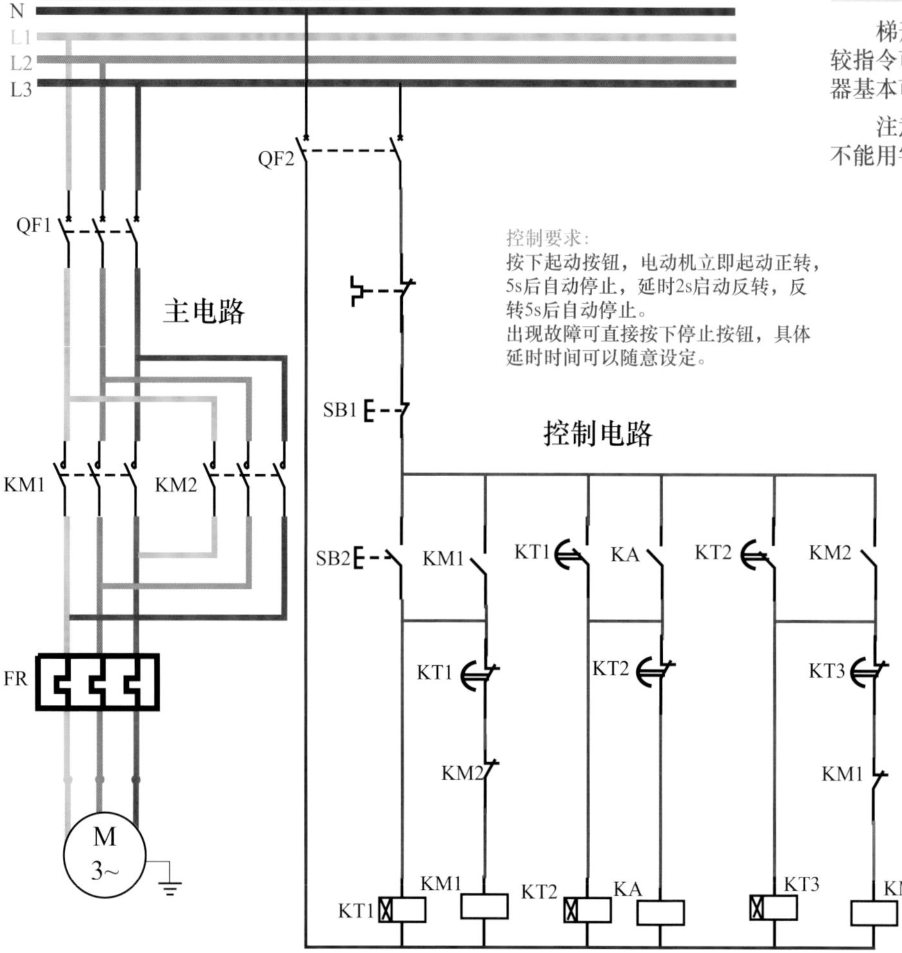

2.梯形图程序

梯形图对比电路图少了2个定时器，这里利用了PLC优势比较指令可以代替它的延时功能。需要不同的时间段，一个定时器基本可以完成。

注意，时间继电器的设定值是一个整数，只能用整数比较，不能用字节比较。

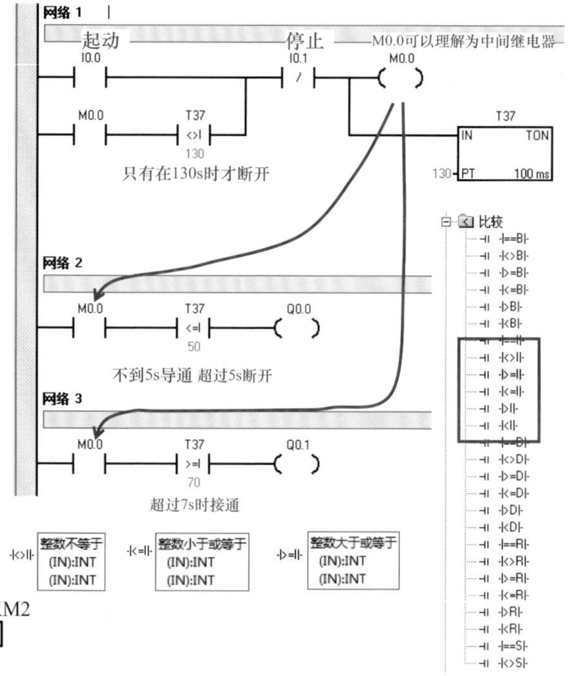

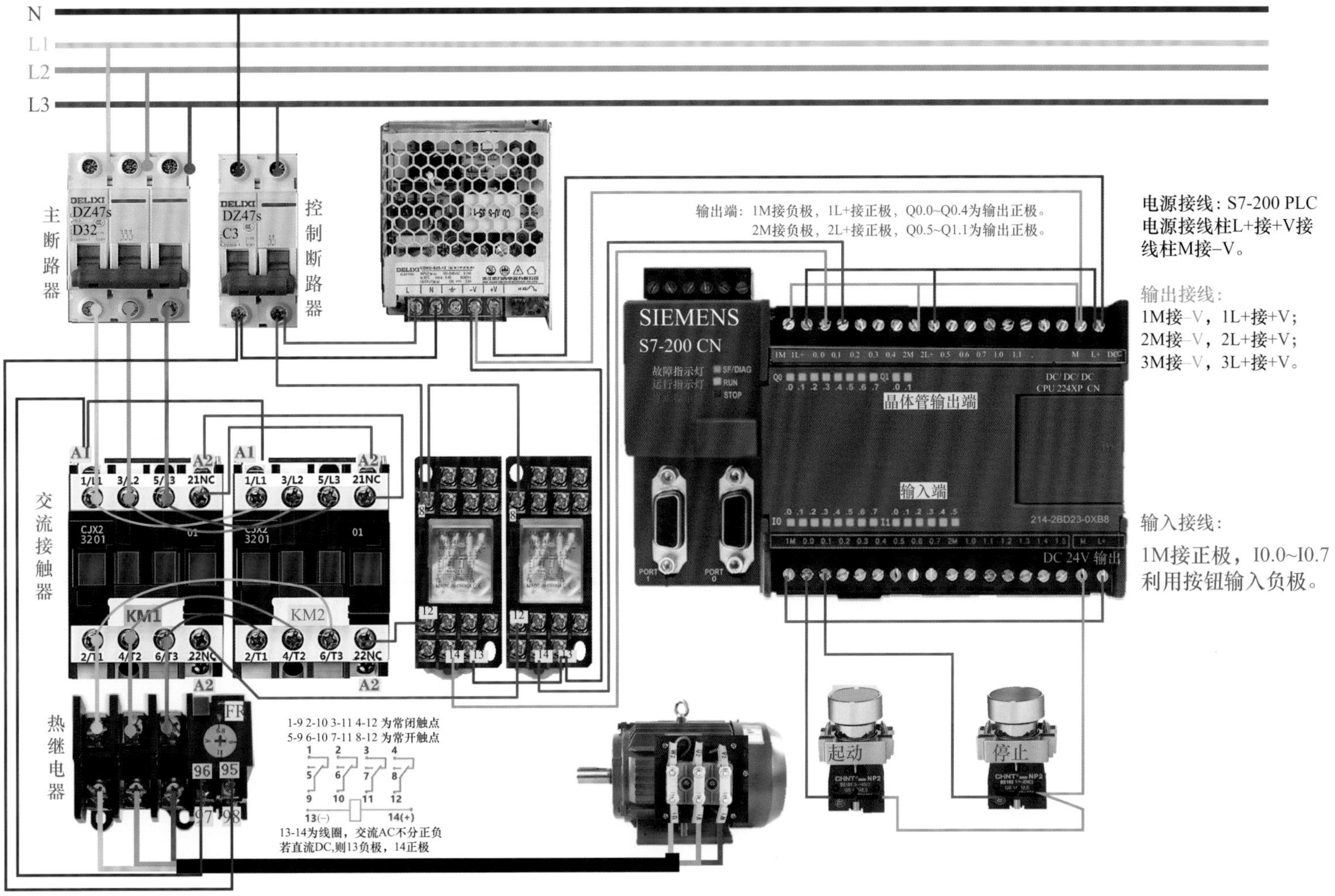
N
L1
L2
L3
主断路器
DELIXI DZ47s D32
DELIXI DZ47s C3
控制断路器
输出端：1M接负极，1L+接正极，Q0.0~Q0.4为输出正极。
2M接负极，2L+接正极，Q0.5~Q1.1为输出正极。
电源接线：S7-200 PLC 电源接线柱L+接+V接线柱M接–V。
输出接线：
1M接–V，1L+接+V；
2M接–V，2L+接+V；
3M接–V，3L+接+V。
SIEMENS
S7-200 CN
故障指示灯
运行指示灯
晶体管输出端
输入端
CPU 224XP CN
214-2BD23-0XB8
DC 24V 输出
输入接线：
1M接正极，I0.0~I0.7利用按钮输入负极。
交流接触器
A1
A2
1/L1 3/L2 5/L3 21NC
KM1
KM2
2/T1 4/T2 6/T3 22NC
热继电器
FR
96 95
97 98
1-9 2-10 3-11 4-12 为常闭触点
5-9 6-10 7-11 8-12 为常开触点
13(–) 14(+)
13-14为线圈，交流AC不分正负
若直流DC,则13负极，14正极
起动
停止

PLC 控制的利用电动机正转起动 5s 后自动停止 2s，反转起动 5s 后再自动停止电路实物接线图

15. 拌料机多时间段运行控制电路与梯形图的转换

1.继电器-接触器控制电路

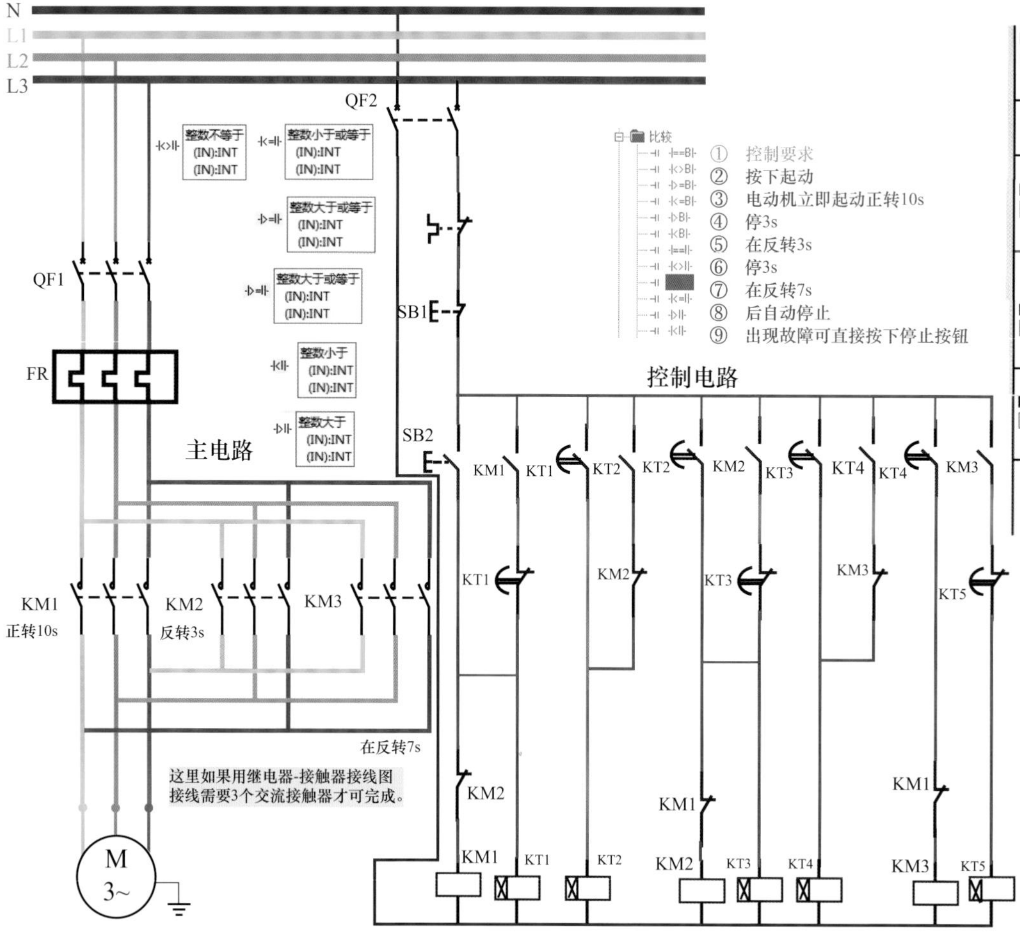

2.梯形图程序

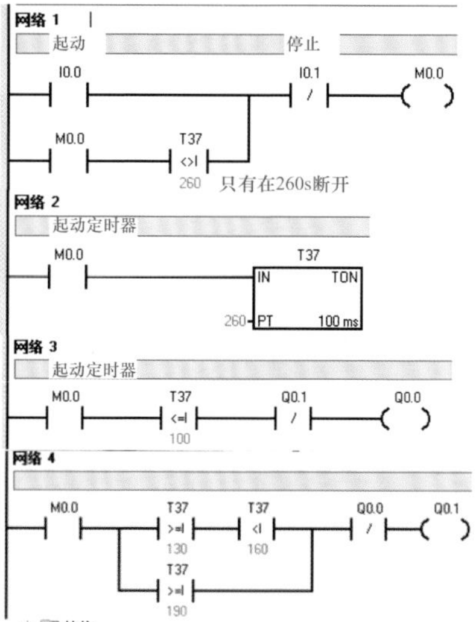

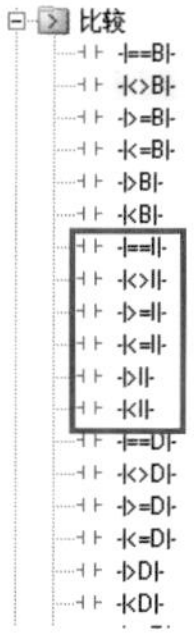

梯形图对比电路图少了4个定时器，利用了PLC的比较指令可以代替其延时功能，需要不同的时间段，一个定时器基本可以完成。

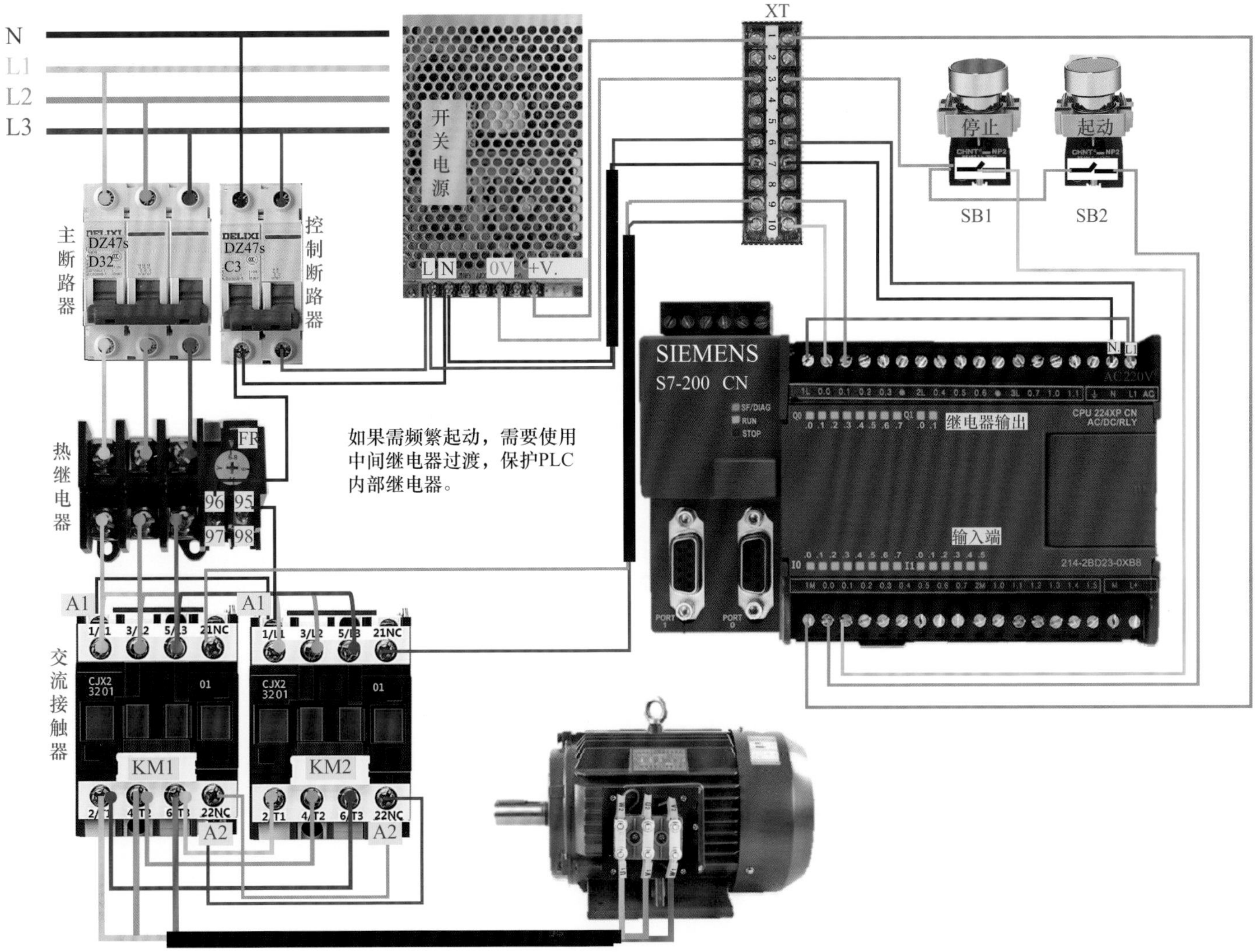
N
L1
L2
L3
主断路器
DELIXI
DZ47s
D32
控制断路器
DZ47s
C3
开关电源
L N 0V +V.
XT
停止
起动
SB1
SB2
SIEMENS
S7-200 CN
继电器输出
CPU 224XP CN
AC/DC/RLY
输入端
214-2BD23-0XB8
N L1
AC220V
热继电器
FR
96 95
97 98
如果需频繁起动，需要使用中间继电器过渡，保护PLC内部继电器。
A1
A1
交流接触器
1/L1 3/L2 5/L3 21NC
CJX2
3201
KM1
KM2
2/T1 4/T2 6/T3 22NC
A2
A2

PLC 控制的拌料机多时间段运行电路实物接线图

16. 自动开门延时关门控制电路与梯形图的转换

1.继电器-接触器控制电路

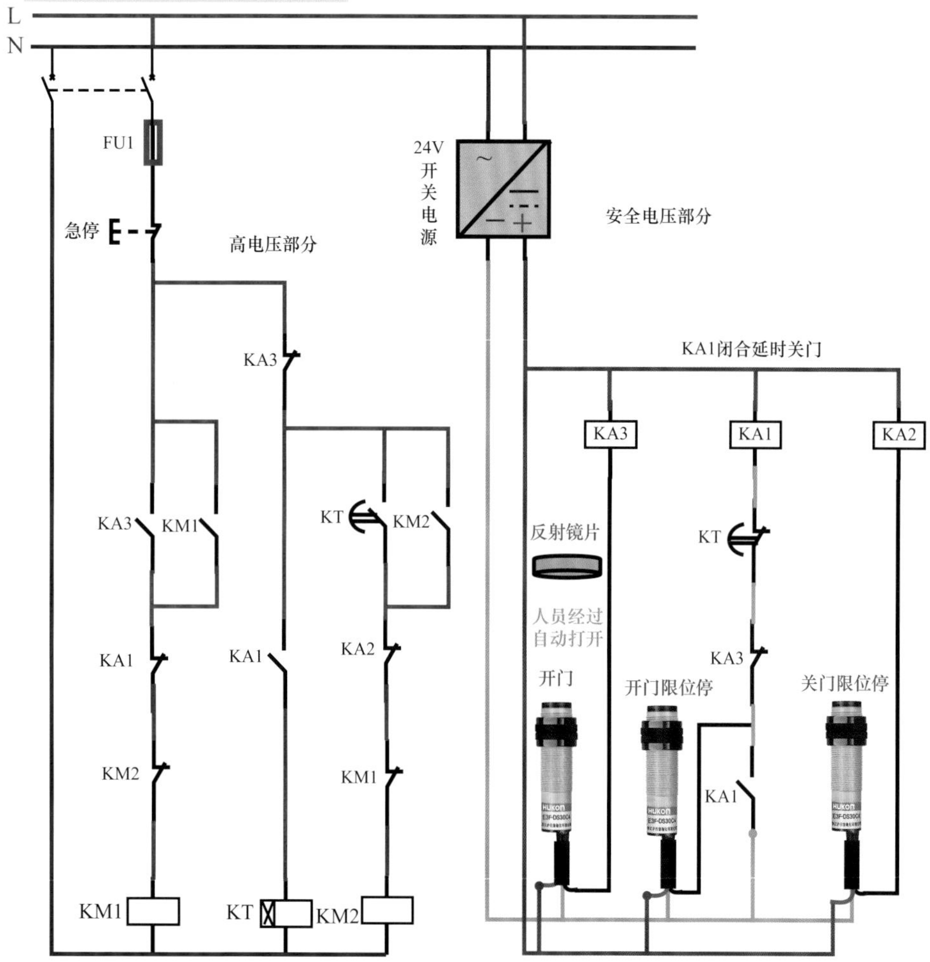

2.梯形图程序

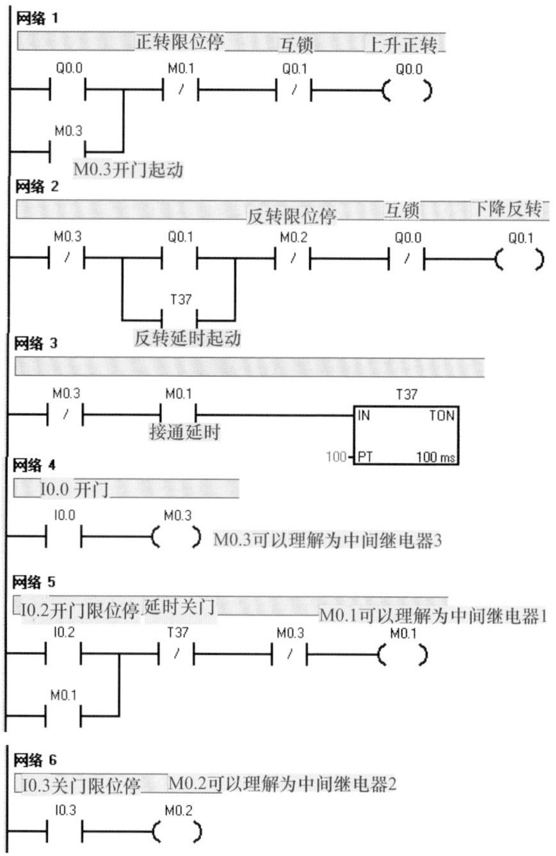

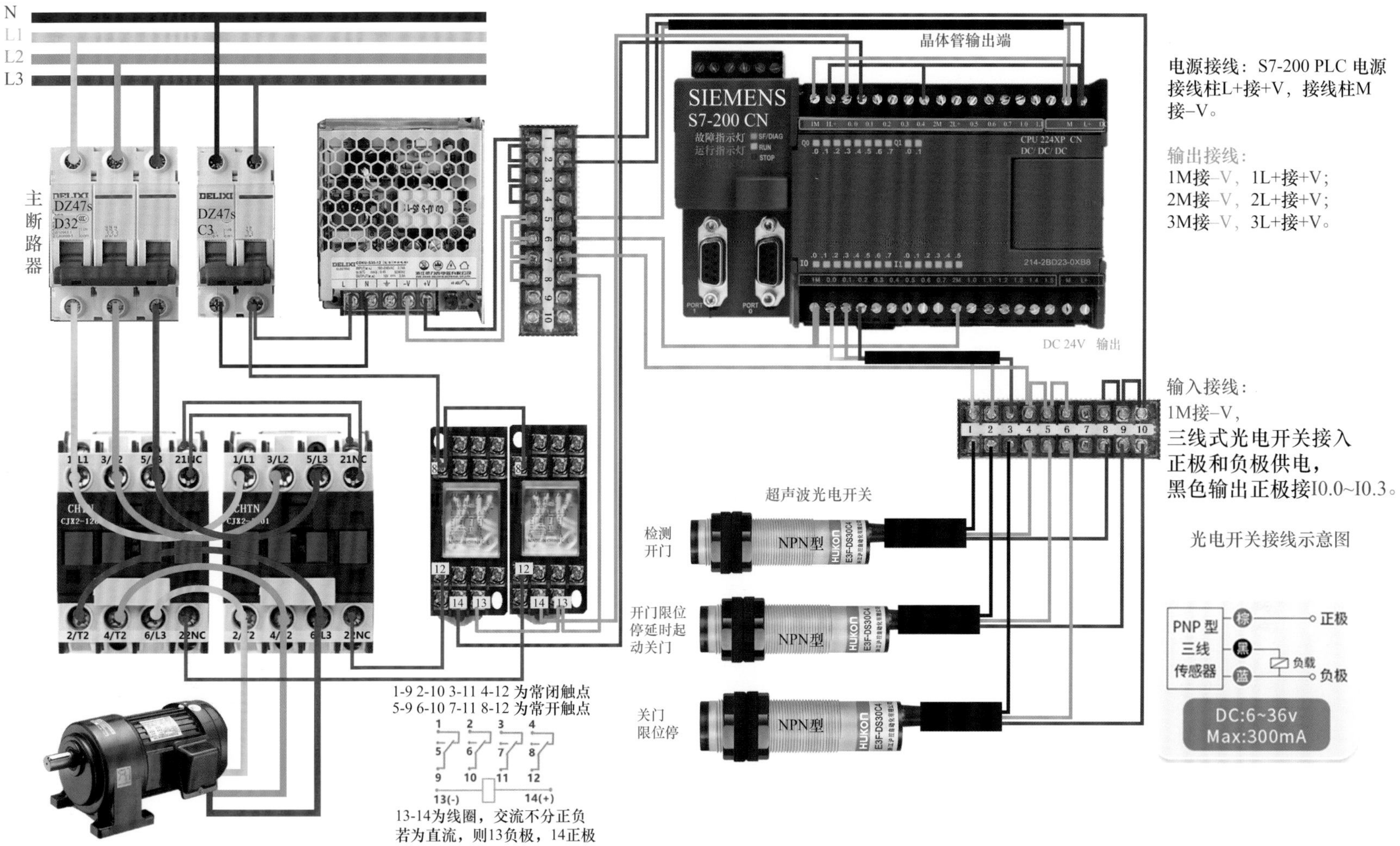
N
L1
L2
L3
主断路器
DZ47s D32
DZ47s C3
晶体管输出端
SIEMENS
S7-200 CN
故障指示灯
运行指示灯
CPU 224XP CN
DC/ DC/ DC
214-2BD23-0XB8
DC 24V 输出
电源接线：S7-200 PLC 电源接线柱L+接+V，接线柱M接–V。
输出接线：
1M接–V，1L+接+V；
2M接–V，2L+接+V；
3M接–V，3L+接+V。
输入接线：
1M接–V，
三线式光电开关接入正极和负极供电，
黑色输出正极接I0.0~I0.3。
光电开关接线示意图
超声波光电开关
检测开门
开门限位停延时起动关门
关门限位停
NPN型
HUKON
E3F-DS30C4
1-9 2-10 3-11 4-12 为常闭触点
5-9 6-10 7-11 8-12 为常开触点
13(-)
14(+)
13-14为线圈，交流不分正负
若为直流，则13负极，14正极
PNP 型
三线
传感器
棕
黑
蓝
正极
负载
负极
DC:6~36v
Max:300mA

PLC 控制的自动开门延时关门电路实物接线图

17. 仓库大门自动开关控制电路与梯形图的转换

1.继电器-接触器控制电路

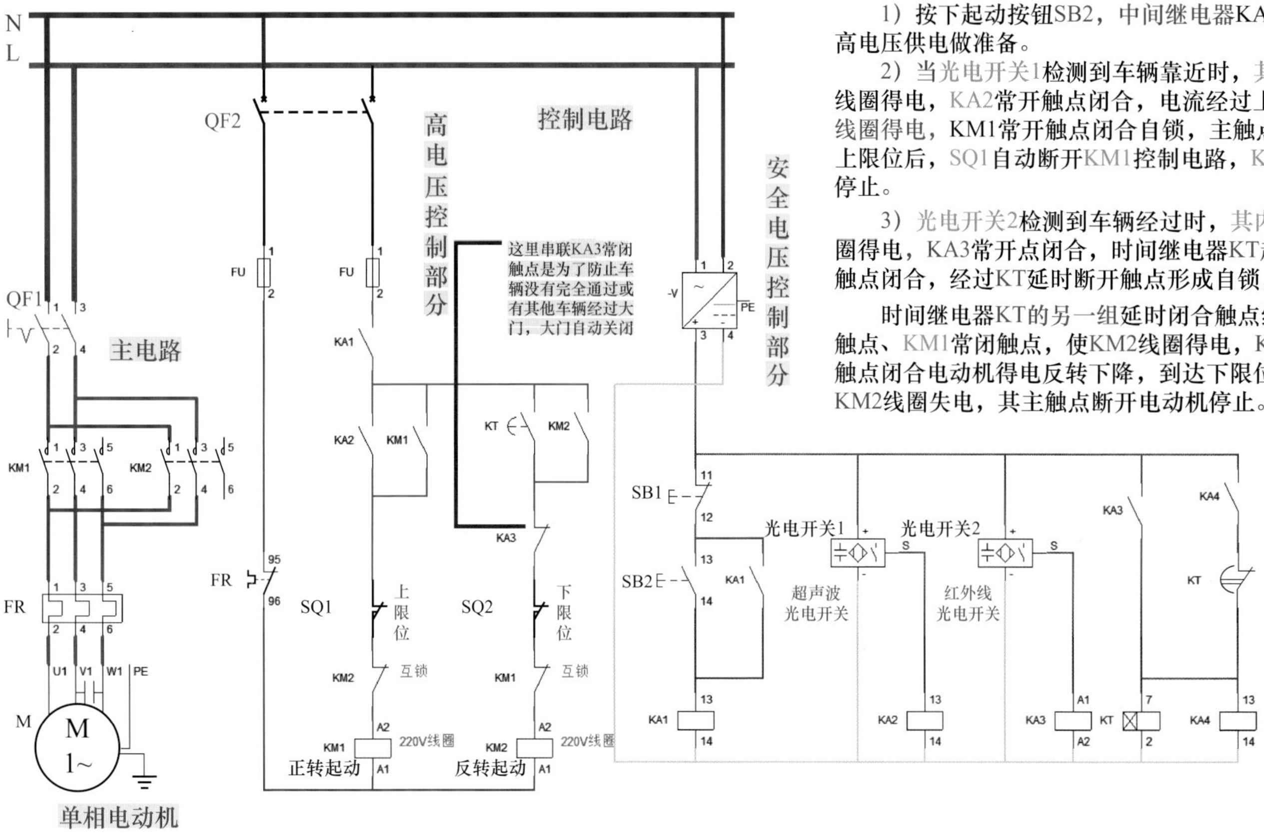

2.工作原理

1）按下起动按钮SB2，中间继电器KA1吸合自锁，KA1常开触点闭合为给高电压供电做准备。

2）当光电开关1检测到车辆靠近时，其内部触点闭合，使中间继电器KA2线圈得电，KA2常开触点闭合，电流经过上限位SQ1、KM2常闭触点，使KM1线圈得电，KM1常开触点闭合自锁，主触点闭合，电动机得电正转上升。到达上限位后，SQ1自动断开KM1控制电路，KM1线圈失电，其主触点断开电动机停止。

3）光电开关2检测到车辆经过时，其内部触点闭合，使中间继电器KA3线圈得电，KA3常开点闭合，时间继电器KT起动，同时KA4线圈得电，KA4常开触点闭合，经过KT延时断开触点形成自锁，延时断开KA4。

时间继电器KT的另一组延时闭合触点经过KA3常闭触点、下限位SQ2常闭触点、KM1常闭触点，使KM2线圈得电，KM2常开辅助触点闭合自锁，KM2主触点闭合电动机得电反转下降，到达下限位后，SQ2自动断开KM2控制电路，KM2线圈失电，其主触点断开电动机停止。

控制要求：超声波光电开关检测到有车辆靠近大门时自动打开，在车辆经过时或没有完全经过时大门不能自动关闭，只有红外线检测没有遮挡异物或车辆完全经过时，大门才能自动关闭。

3.梯形图程序

梯形图程序要实现控制仓库大门的自动打开与关闭，在硬件电路中要设置以下内容：

1)设置系统的开启与关闭按钮。

2)大门上方安装车辆传感器检测靠近车辆，大门两侧安装红外线光电开关，检测车辆是否进入。

3)大门上下处都要安装限位开关。

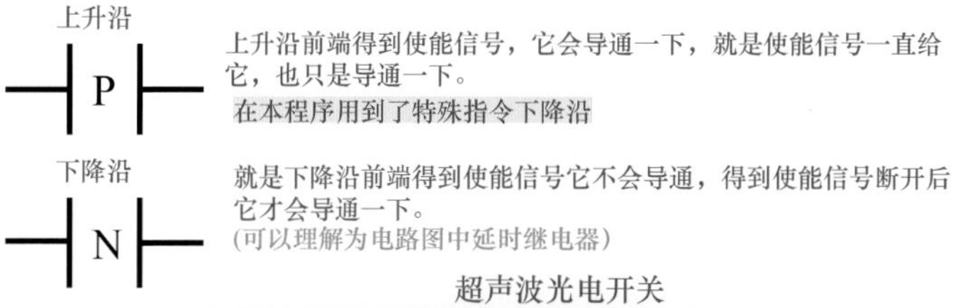
上升沿
P
上升沿前端得到使能信号，它会导通一下，就是使能信号一直给它，也只是导通一下。
在本程序用到了特殊指令下降沿
下降沿
N
就是下降沿前端得到使能信号它不会导通，得到使能信号断开后它才会导通一下。
(可以理解为电路图中延时继电器)

超声波光电开关

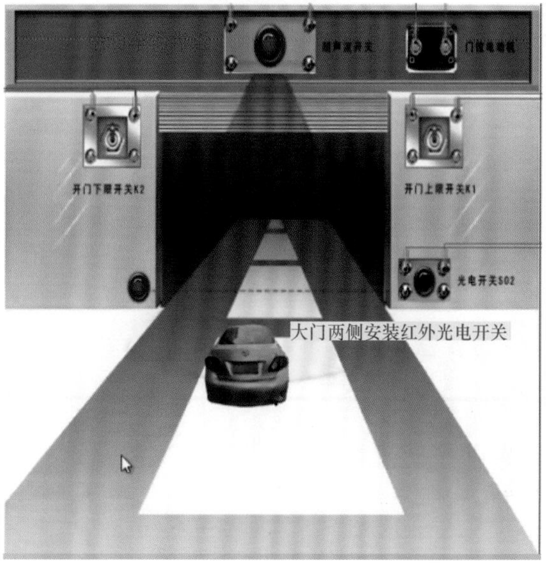
超声波开关
门控电动机
开门下限开关K2
开门上限开关K1
光电开关S02
大门两侧安装红外光电开关

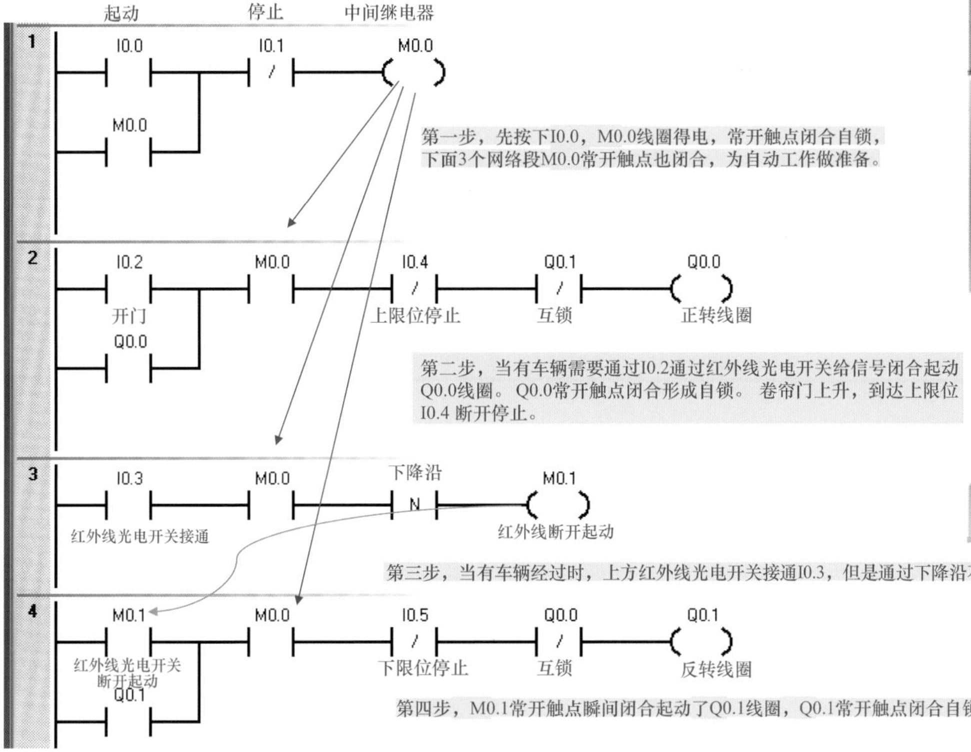
起动
停止
中间继电器
1
I0.0
I0.1
M0.0
M0.0
第一步，先按下I0.0，M0.0线圈得电，常开触点闭合自锁，下面3个网络段M0.0常开触点也闭合，为自动工作做准备。
2
I0.2
M0.0
I0.4
Q0.1
Q0.0
开门
上限位停止
互锁
正转线圈
Q0.0
第二步，当有车辆需要通过I0.2通过红外线光电开关给信号闭合起动Q0.0线圈。Q0.0常开触点闭合形成自锁。卷帘门上升，到达上限位I0.4 断开停止。
3
I0.3
M0.0
下降沿
N
M0.1
红外线光电开关接通
红外线断开起动
第三步，当有车辆经过时，上方红外线光电开关接通I0.3，但是通过下降沿不会接通M0.1，只有红外线光电开关感应不到，车辆全部通过时，M0.1线圈得电。
4
M0.1
M0.0
I0.5
Q0.0
Q0.1
红外线光电开关断开起动
下限位停止
互锁
反转线圈
Q0.1
第四步，M0.1常开触点瞬间闭合起动了Q0.1线圈，Q0.1常开触点闭合自锁，卷帘门下降，到达下限位I0.5断开停止。

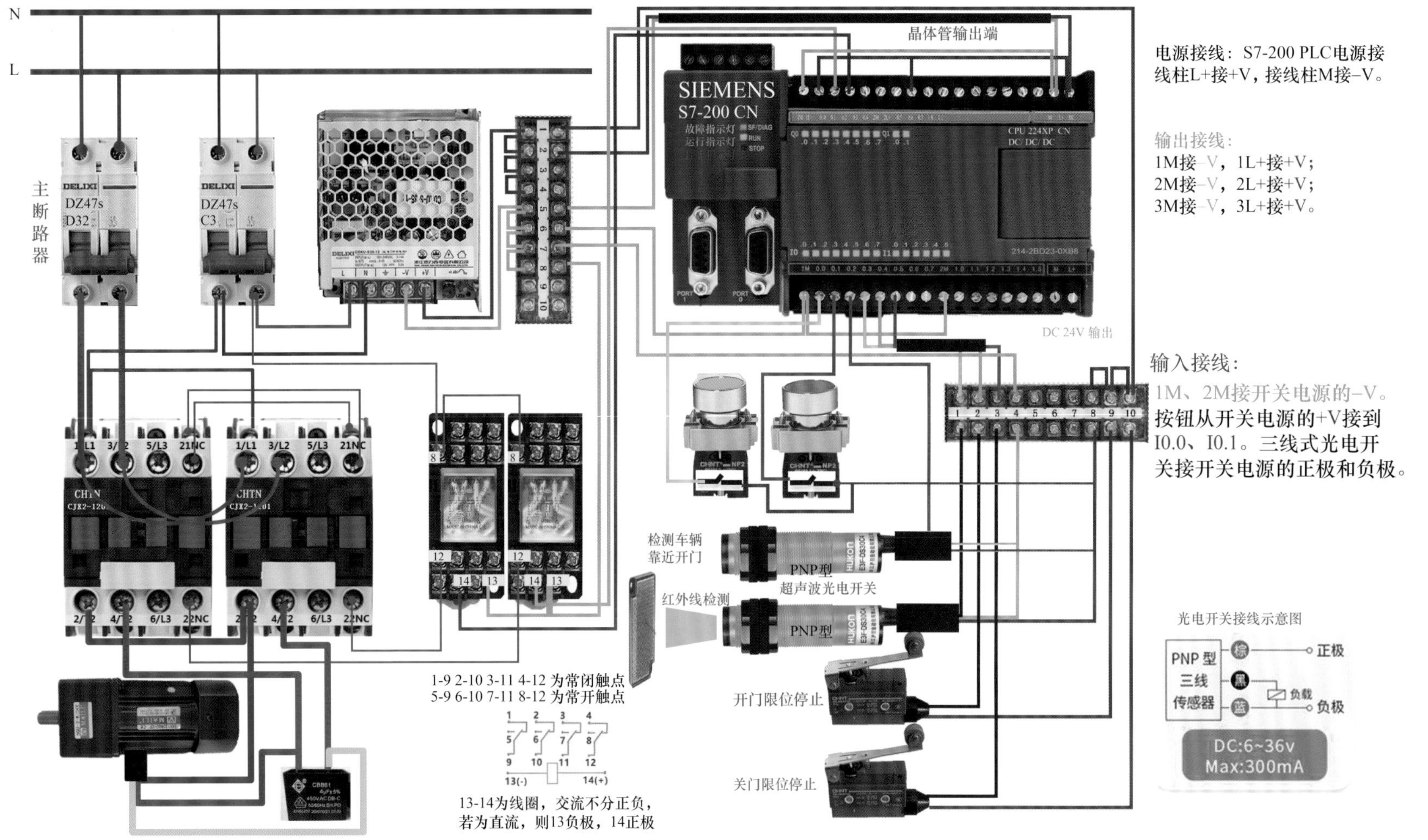
N
L
主断路器
DELIXI DZ47s D32
DELIXI DZ47s C3
SIEMENS
S7-200 CN
故障指示灯
运行指示灯
晶体管输出端
CPU 224XP CN
DC/DC/DC
214-2BD23-0XB8
DC 24V 输出
电源接线：S7-200 PLC电源接线柱L+接+V，接线柱M接–V。
输出接线：
1M接–V，1L+接+V；
2M接–V，2L+接+V；
3M接–V，3L+接+V。
输入接线：
1M、2M接开关电源的–V。
按钮从开关电源的+V接到I0.0、I0.1。三线式光电开关接开关电源的正极和负极。
1/L1 3/L2 5/L3 21NC
2/T1 4/T2 6/L3 22NC
CHTN
检测车辆靠近开门
PNP型
超声波光电开关
红外线检测
PNP型
开门限位停止
关门限位停止
1-9 2-10 3-11 4-12 为常闭触点
5-9 6-10 7-11 8-12 为常开触点
13-14为线圈，交流不分正负，若为直流，则13负极，14正极
光电开关接线示意图
PNP 型 三线 传感器
棕 正极
黑 负载
蓝 负极
DC:6~36v
Max:300mA

PLC 控制的仓库大门自动开关电路实物接线图

18. 西门子 PLC 利用增计数器或减计数器指令实现起保停控制电路

1.梯形图程序

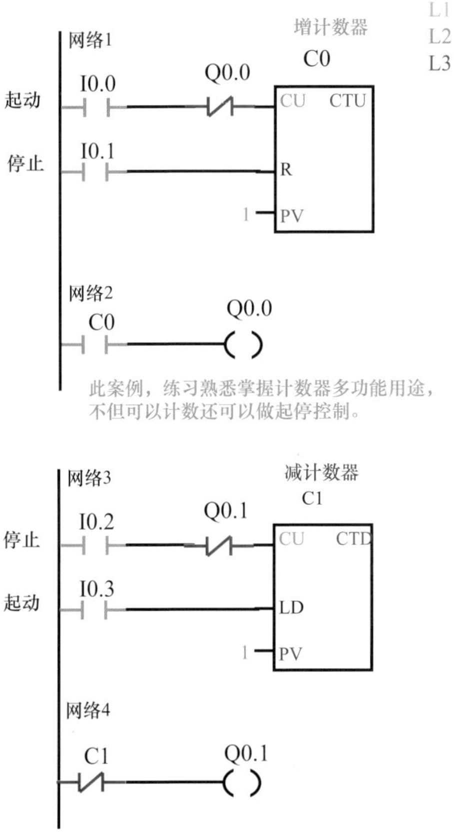

2.实物接线图

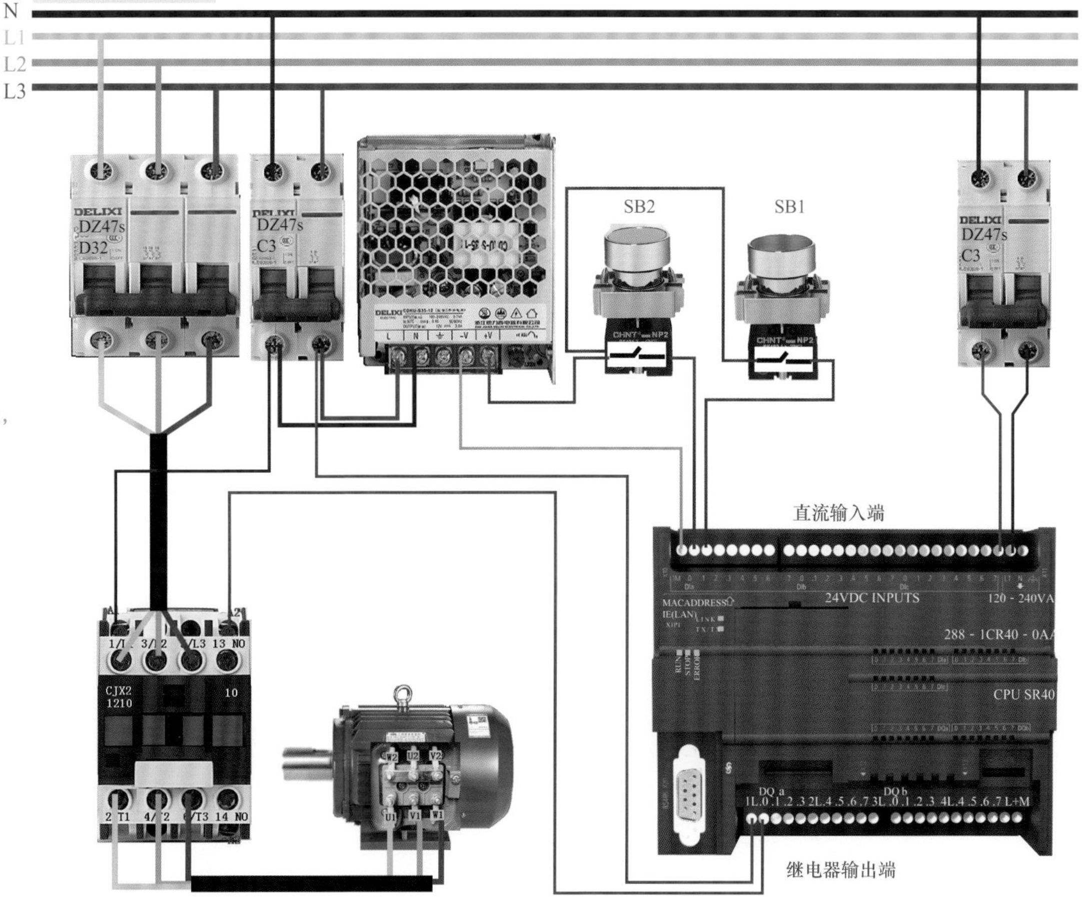

在这个基础上举一反三加上比较指令，可实现一个起动按钮控制多台电动机间隔起动。

19. 西门子 PLC 利用计数器指令实现电动机起停控制电路

1.控制电路

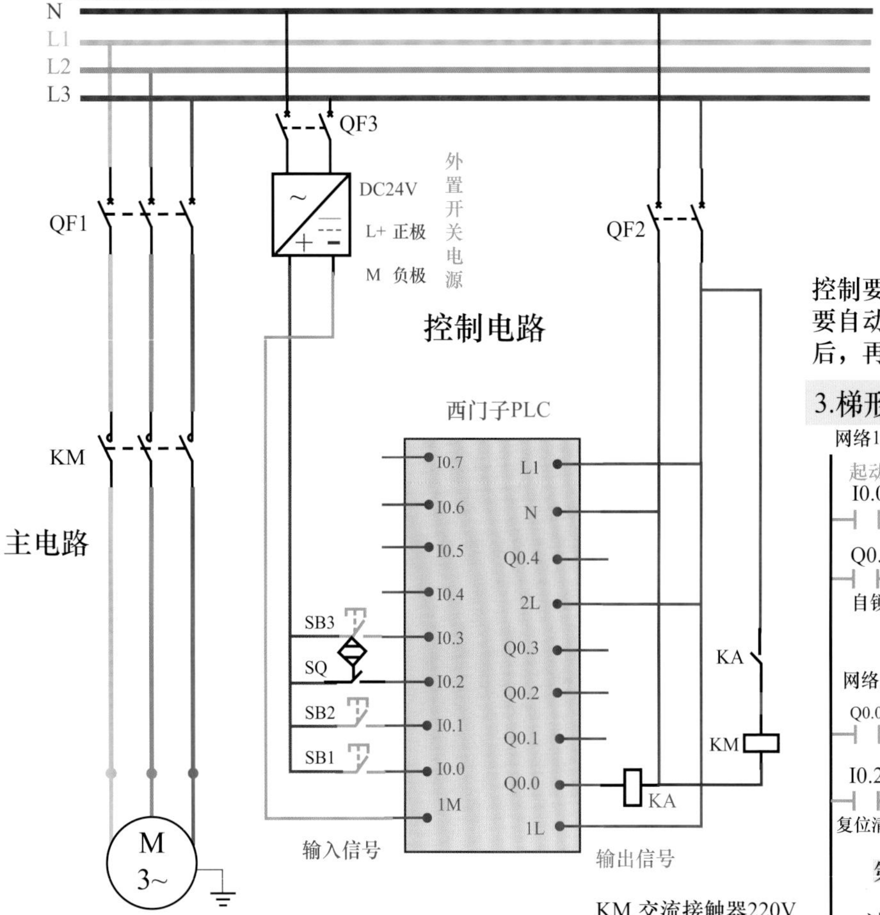

KM 交流接触器220V
KA 中间继电器220V

2.I/O分配表

输入量		输出量	
I0.0	起动按钮	Q0.0	电动机运行
I0.3	计数		
I0.2	停止复位		

控制要求:要求设备生产10个产品，需要自动停机，打包整理后，手动清零后，再重新起动设备运行。

整数小于或等于指令

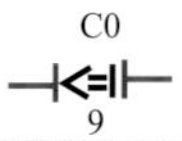

计数超过9个后就会断开停止

3.梯形图程序

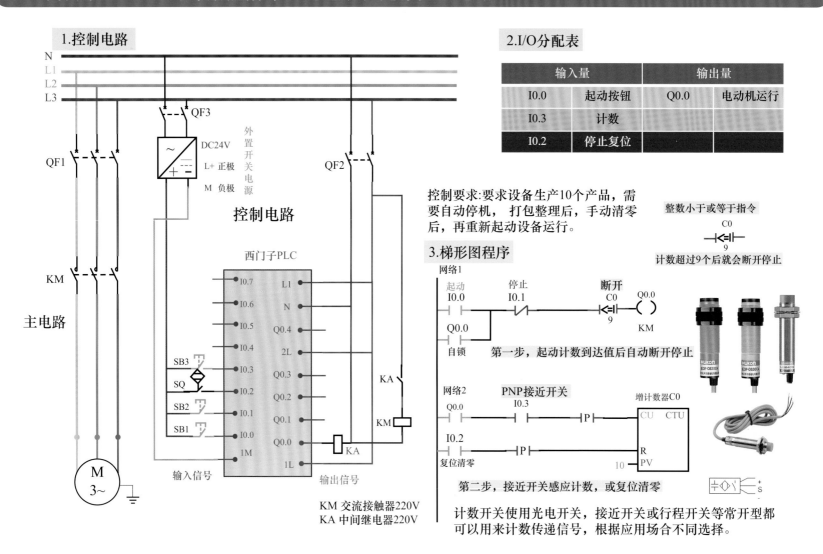

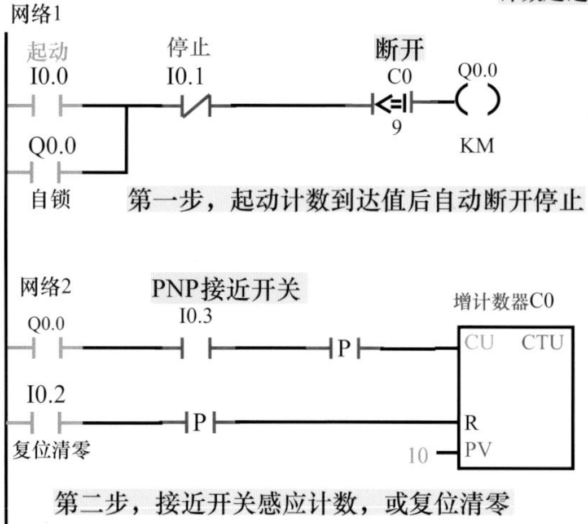

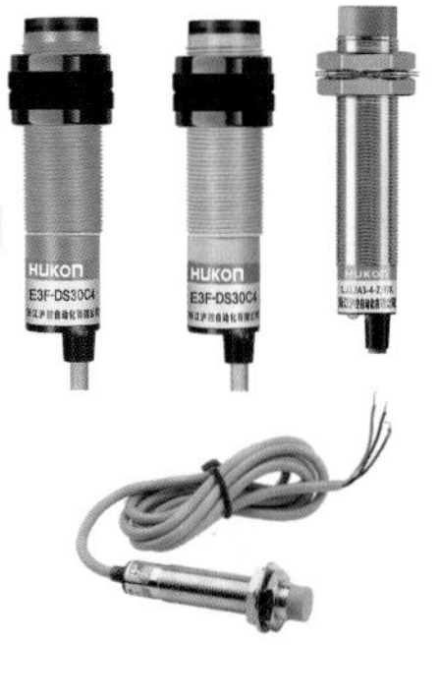

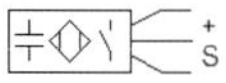

计数开关使用光电开关，接近开关或行程开关等常开型都可以用来计数传递信号，根据应用场合不同选择。

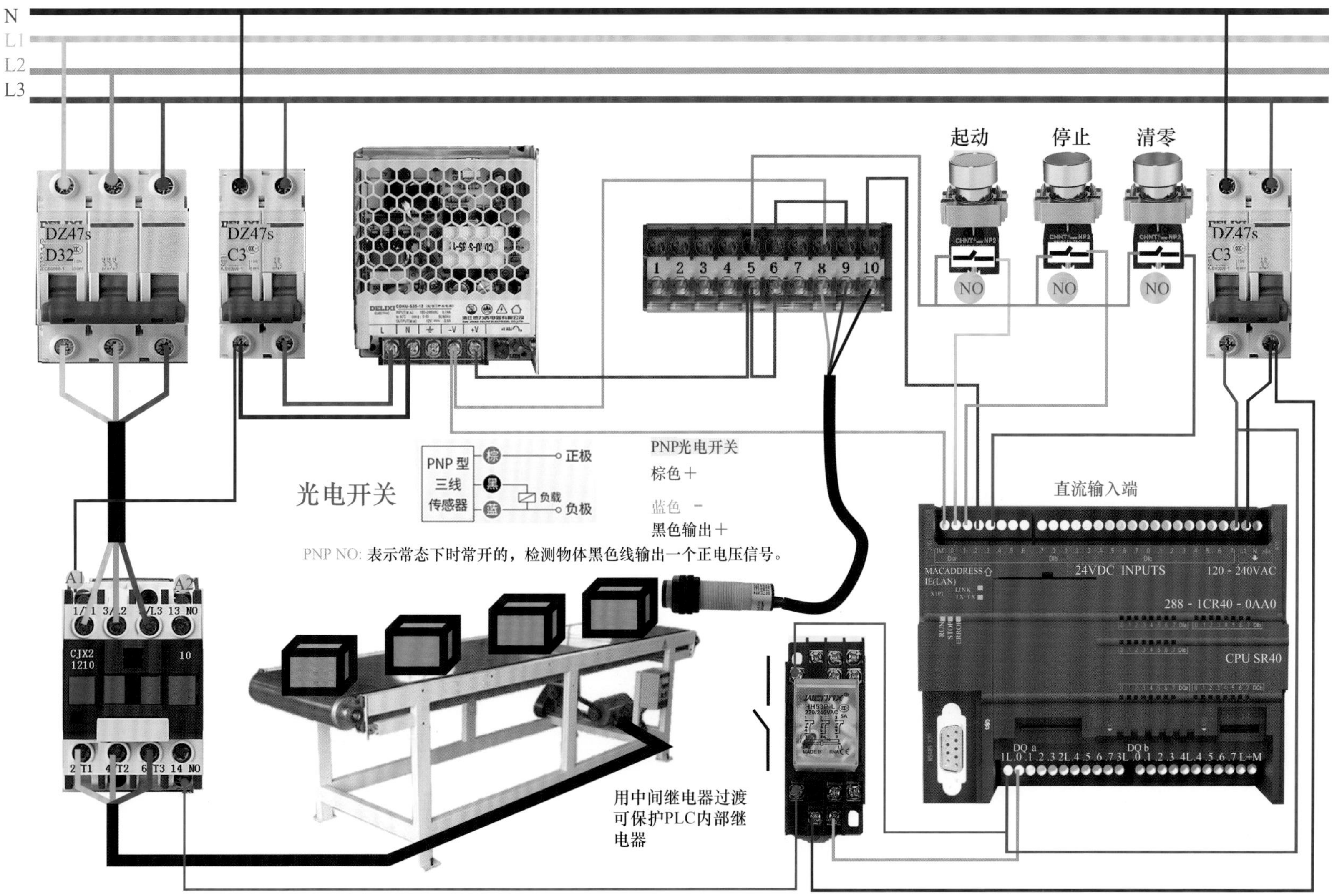

西门子 PLC 利用计数器指令实现电动机起停控制电路实物接线图

20. 西门子 PLC 利用计数器和定时器指令实现电动机自动起停报警控制电路

1.电路图

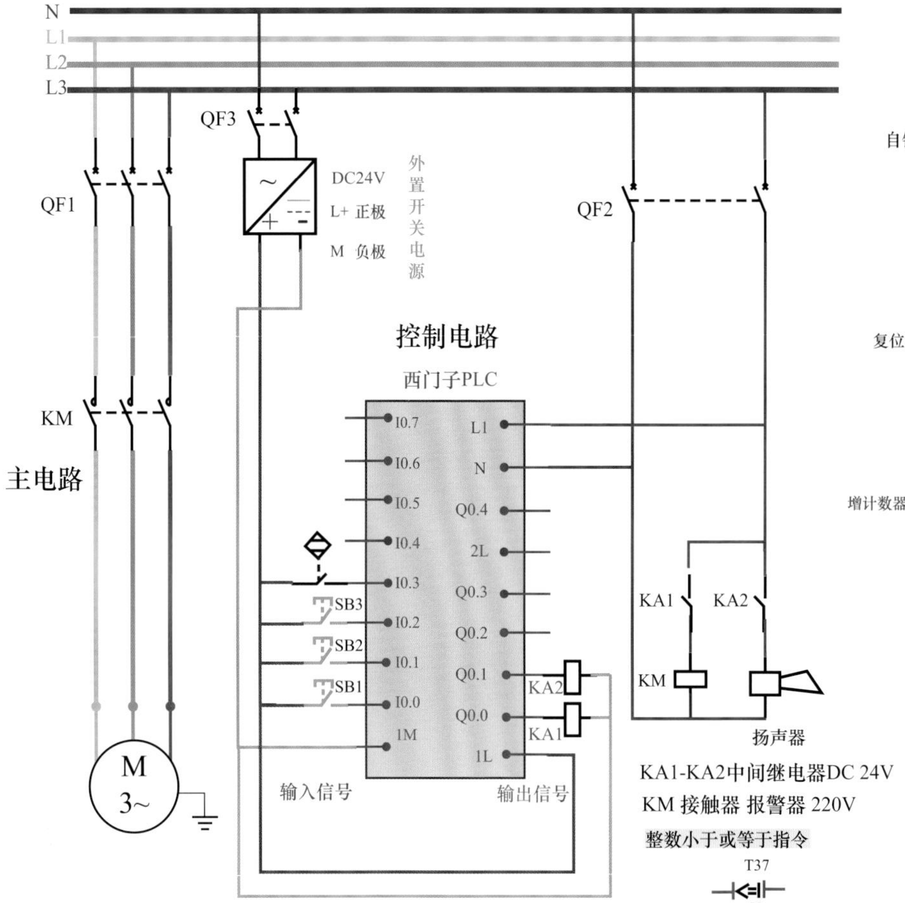

2.梯形图程序

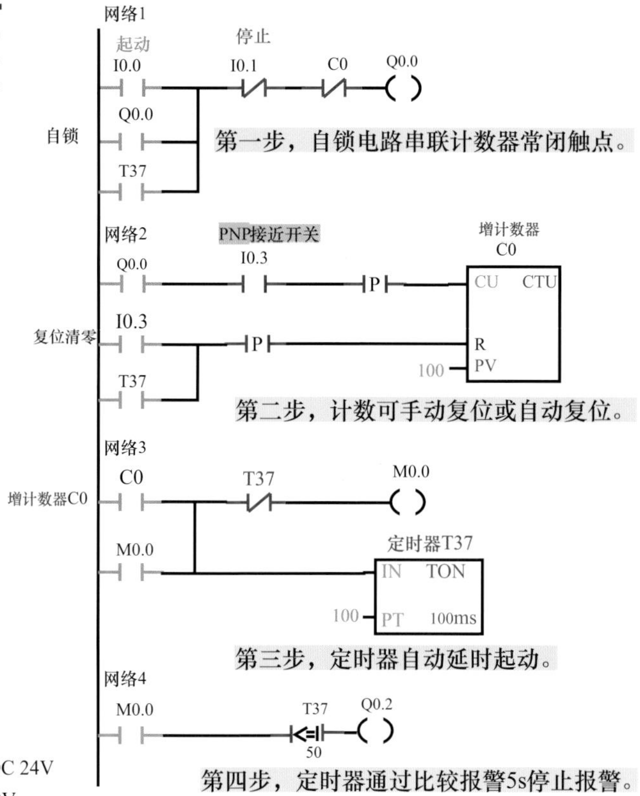

控制要求:要求设备生产100个产品后需要自动停机，报警5s，10s后自动起动运行，并重复工作。一般在制袋机、裁片机等应用场合使用。

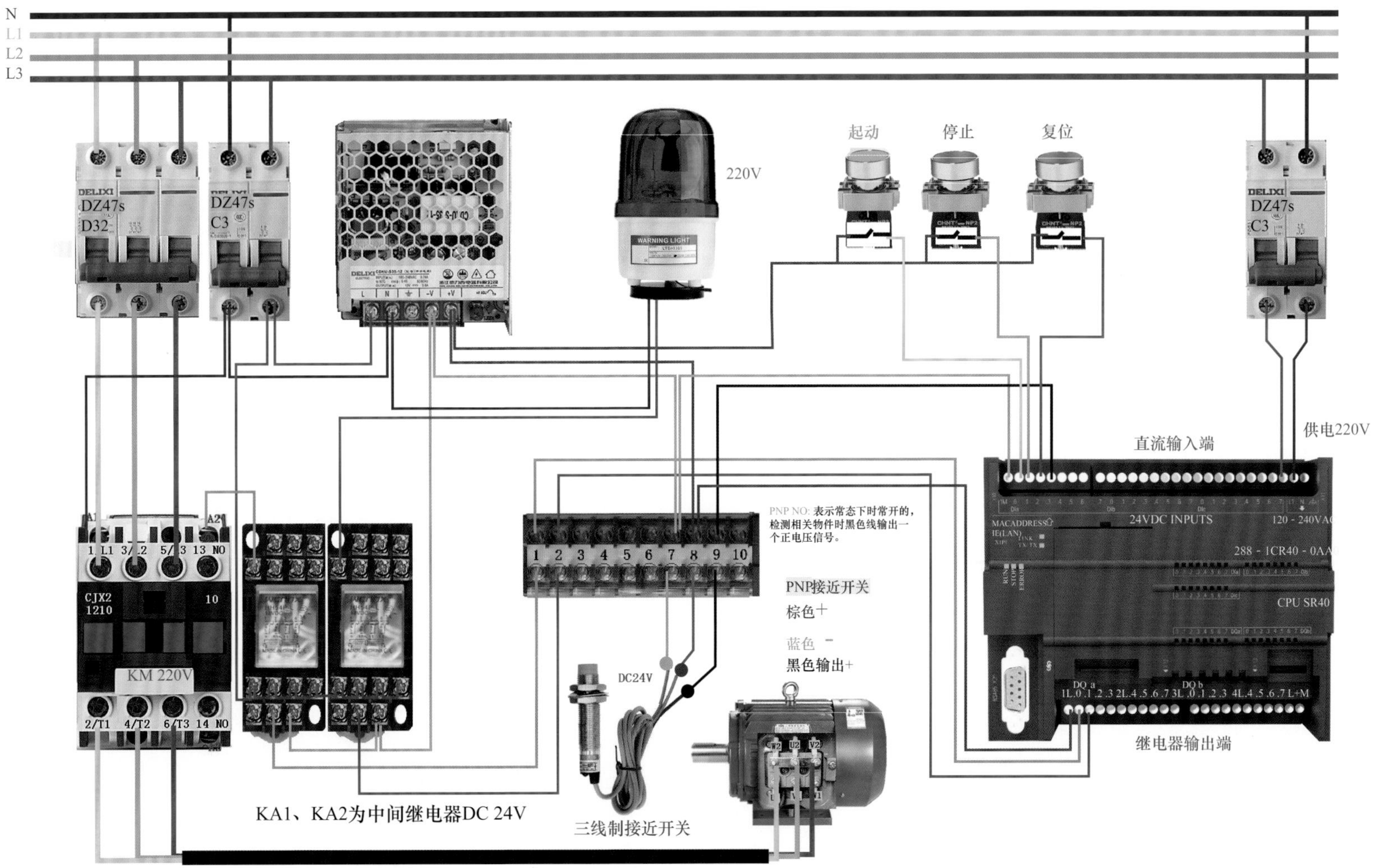

西门子 PLC 利用计数器和定时器指令实现电动机自动起停报警控制电路实物接线图

21. 西门子 PLC 实现五台电动机自动顺序起动控制电路

梯形图程序1

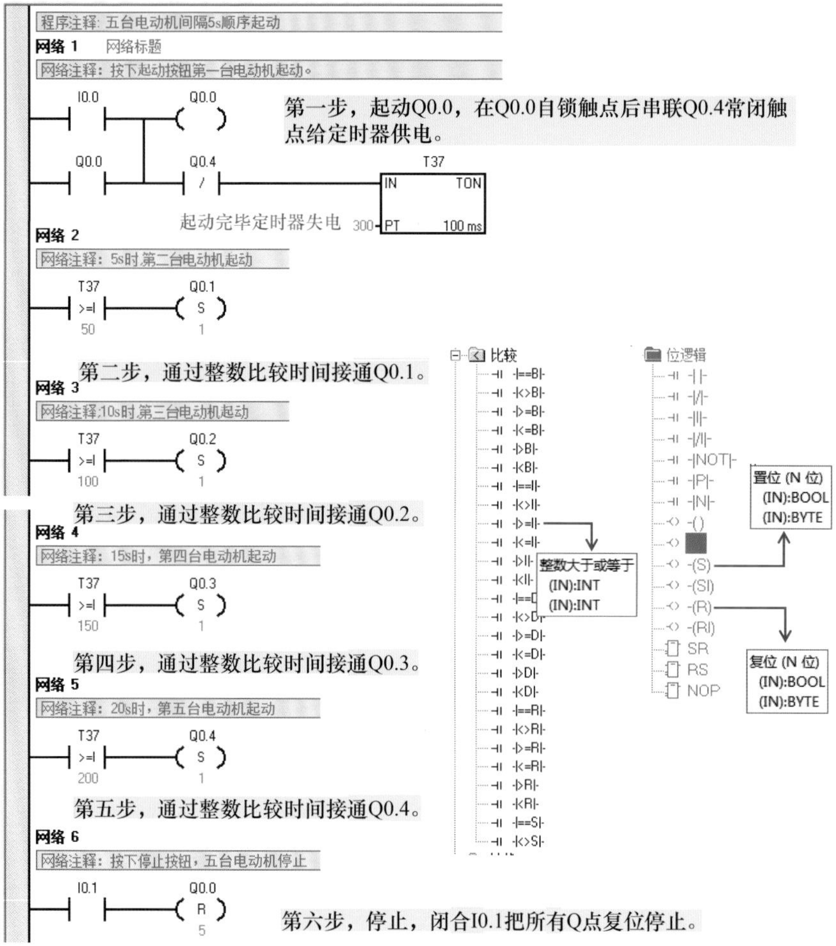
程序注释：五台电动机间隔5s顺序起动
网络 1 网络标题
网络注释：按下起动按钮第一台电动机起动。
I0.0
Q0.0
Q0.0
Q0.4
T37
IN TON
300 PT 100 ms
第一步，起动Q0.0，在Q0.0自锁触点后串联Q0.4常闭触点给定时器供电。
起动完毕定时器失电
网络 2
网络注释：5s时,第二台电动机起动
T37 >=I 50
Q0.1 S 1
第二步，通过整数比较时间接通Q0.1。
网络 3
网络注释:10s时,第三台电动机起动
T37 >=I 100
Q0.2 S 1
第三步，通过整数比较时间接通Q0.2。
网络 4
网络注释：15s时，第四台电动机起动
T37 >=I 150
Q0.3 S 1
第四步，通过整数比较时间接通Q0.3。
网络 5
网络注释：20s时，第五台电动机起动
T37 >=I 200
Q0.4 S 1
第五步，通过整数比较时间接通Q0.4。
网络 6
网络注释：按下停止按钮，五台电动机停止
I0.1
Q0.0 R 5
第六步，停止，闭合I0.1把所有Q点复位停止。
比较
整数大于或等于
(IN):INT
(IN):INT
位逻辑
SR
RS
NOP
置位 (N 位)
(IN):BOOL
(IN):BYTE
复位 (N 位)
(IN):BOOL
(IN):BYTE

梯形图程序2

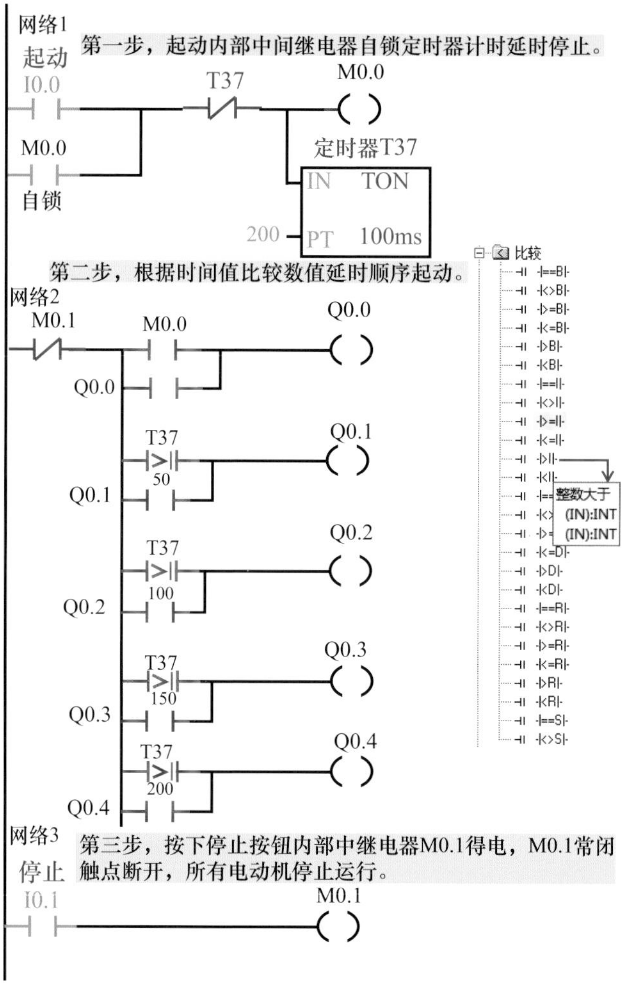
网络1
起动
I0.0
第一步，起动内部中间继电器自锁定时器计时延时停止。
T37
M0.0
M0.0
自锁
定时器T37
IN TON
200 PT 100ms
第二步，根据时间值比较数值延时顺序起动。
网络2
M0.1
M0.0
Q0.0
Q0.0
T37 >I 50
Q0.1
Q0.1
T37 >I 100
Q0.2
Q0.2
T37 >I 150
Q0.3
Q0.3
T37 >I 200
Q0.4
Q0.4
网络3
停止
I0.1
第三步，按下停止按钮内部中继电器M0.1得电，M0.1常闭触点断开，所有电动机停止运行。
M0.1
比较
整数大于
(IN):INT
(IN):INT

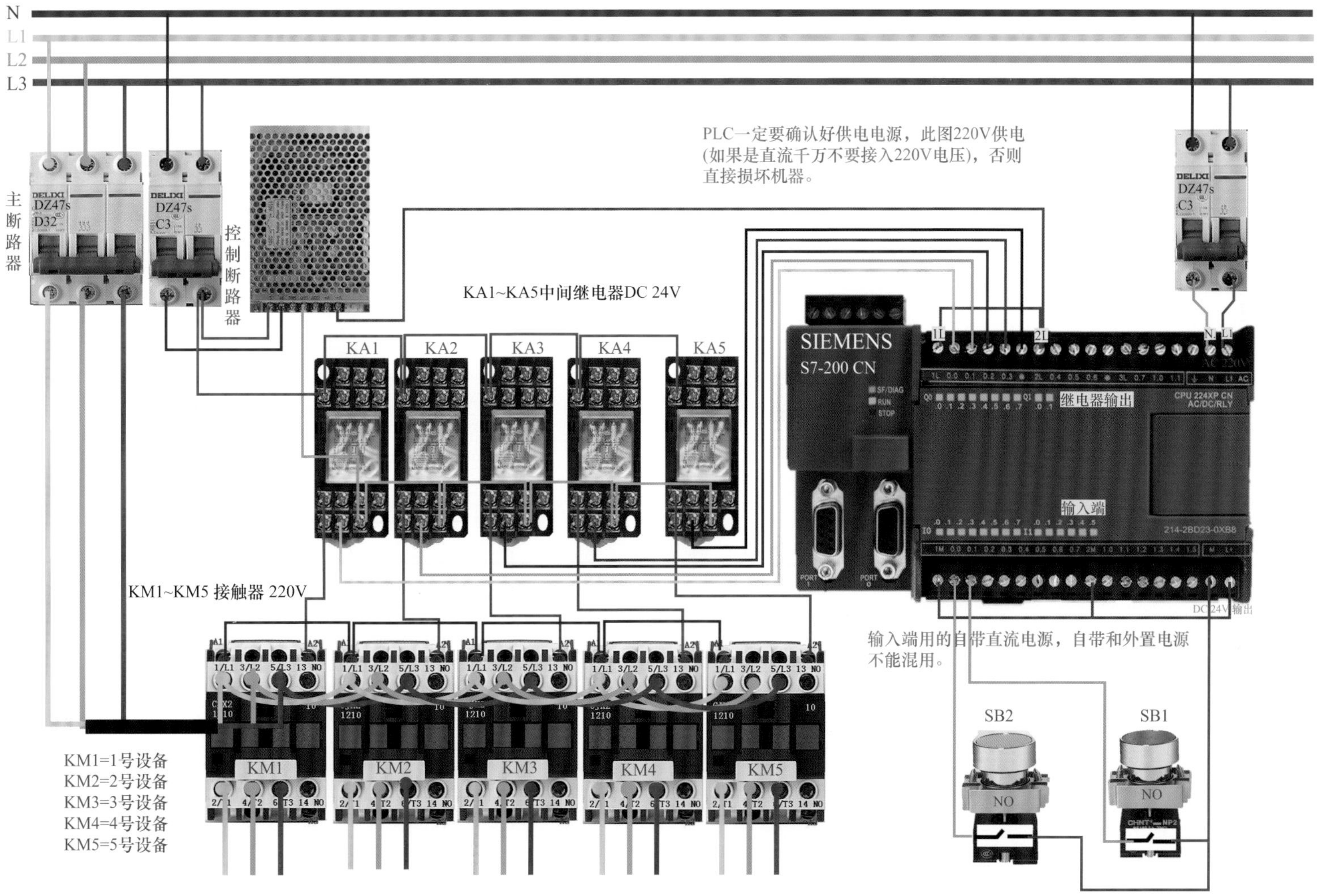
N
L1
L2
L3
主断路器
DELIXI DZ47s D32
DELIXI DZ47s C3
控制断路器
PLC一定要确认好供电电源，此图220V供电(如果是直流千万不要接入220V电压)，否则直接损坏机器。
DELIXI DZ47s C3
KA1~KA5中间继电器DC 24V
KA1
KA2
KA3
KA4
KA5
SIEMENS
S7-200 CN
继电器输出
CPU 224XP CN AC/DC/RLY
输入端
214-2BD23-0XB8
KM1~KM5 接触器 220V
DC24V输出
输入端用的自带直流电源，自带和外置电源不能混用。
SB2
SB1
NO
NO
KM1
KM2
KM3
KM4
KM5
KM1=1号设备
KM2=2号设备
KM3=3号设备
KM4=4号设备
KM5=5号设备

西门子 PLC 实现五台电动机自动顺序起动控制电路的实物接线图

22. 西门子 PLC 实现电动机转一圈停 3s 重复 5 次后停止控制电路

1.电路图

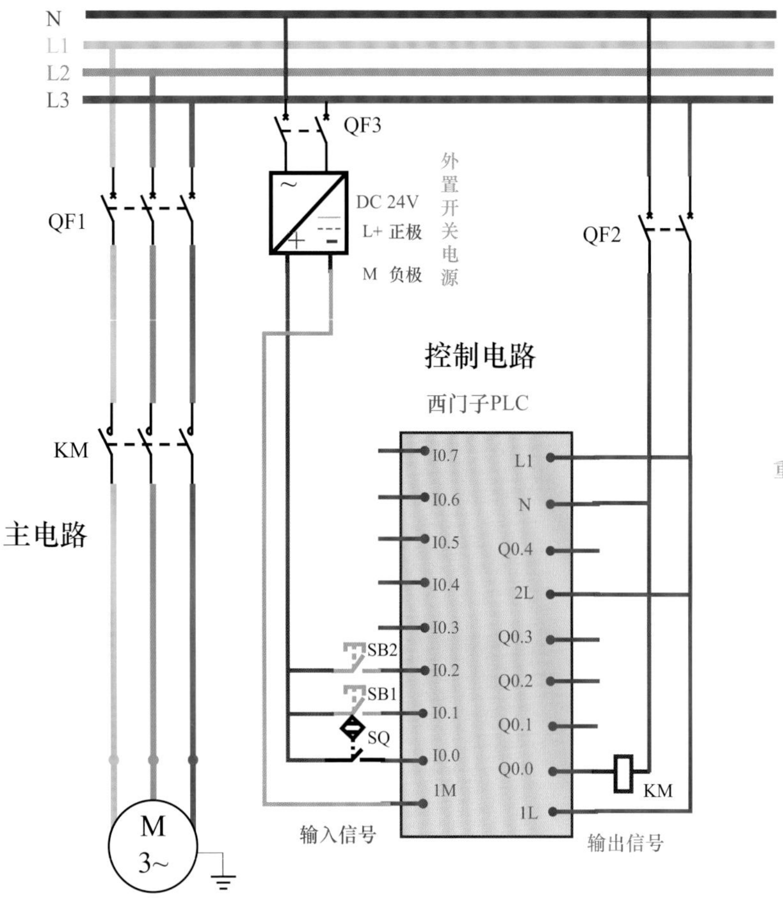

2.I/O分配表

输入量		输出量	
I0.1	起动按钮	Q0.0	电动机运行
I0.0	限位计数		
I0.2	停止按钮		

3.梯形图程序

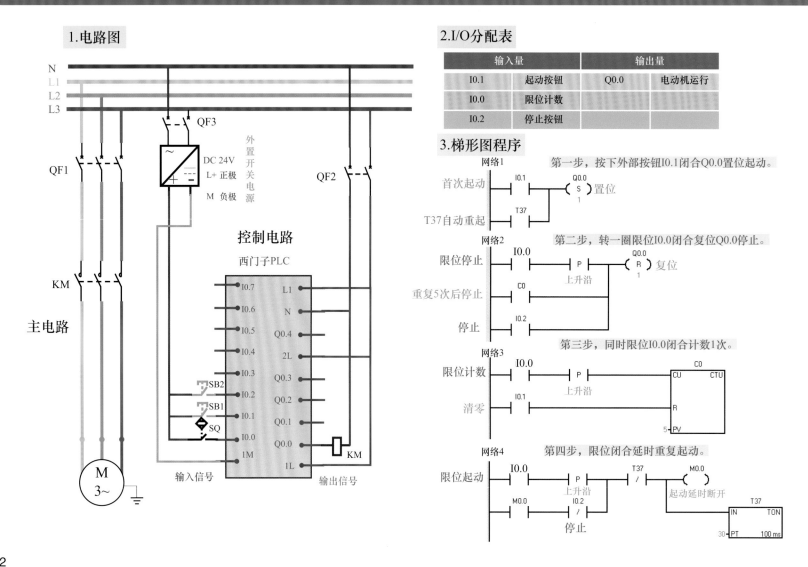

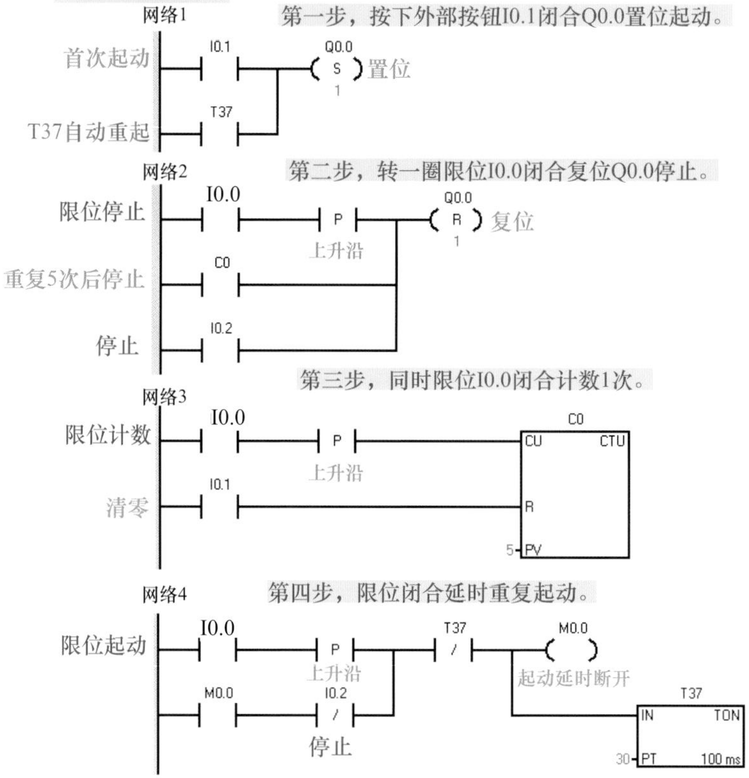

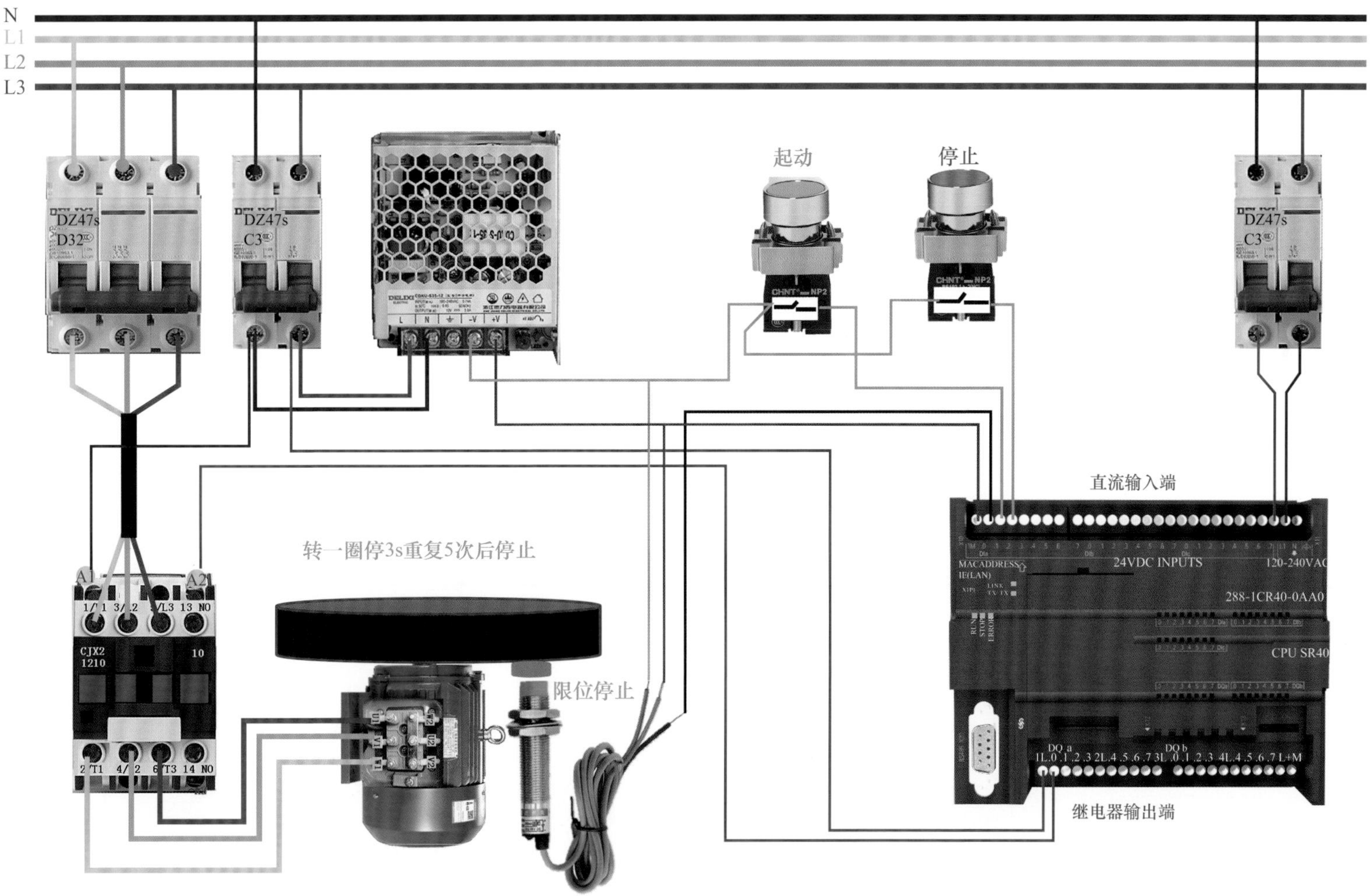

西门子 PLC 实现电动机转一圈停 3s 重复 5 次后停止控制电路实物接线图

23. 西门子 PLC 实现电动机运行时间定时控制，并可通过外部旋钮更改延时时间控制电路

1.梯形图程序

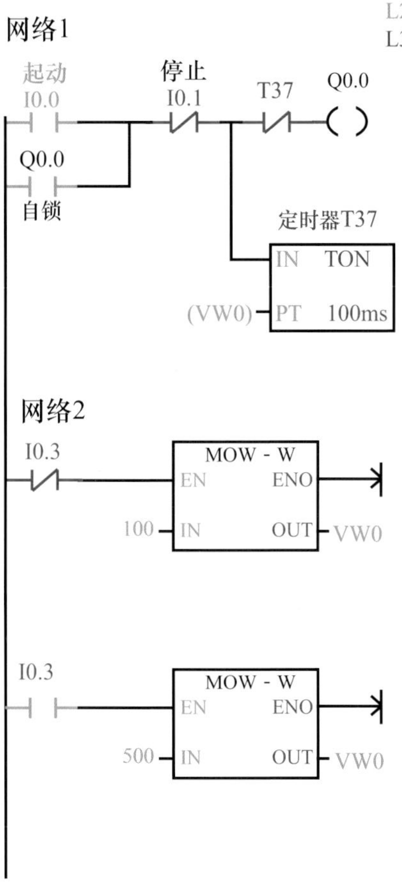

2.实物接线图

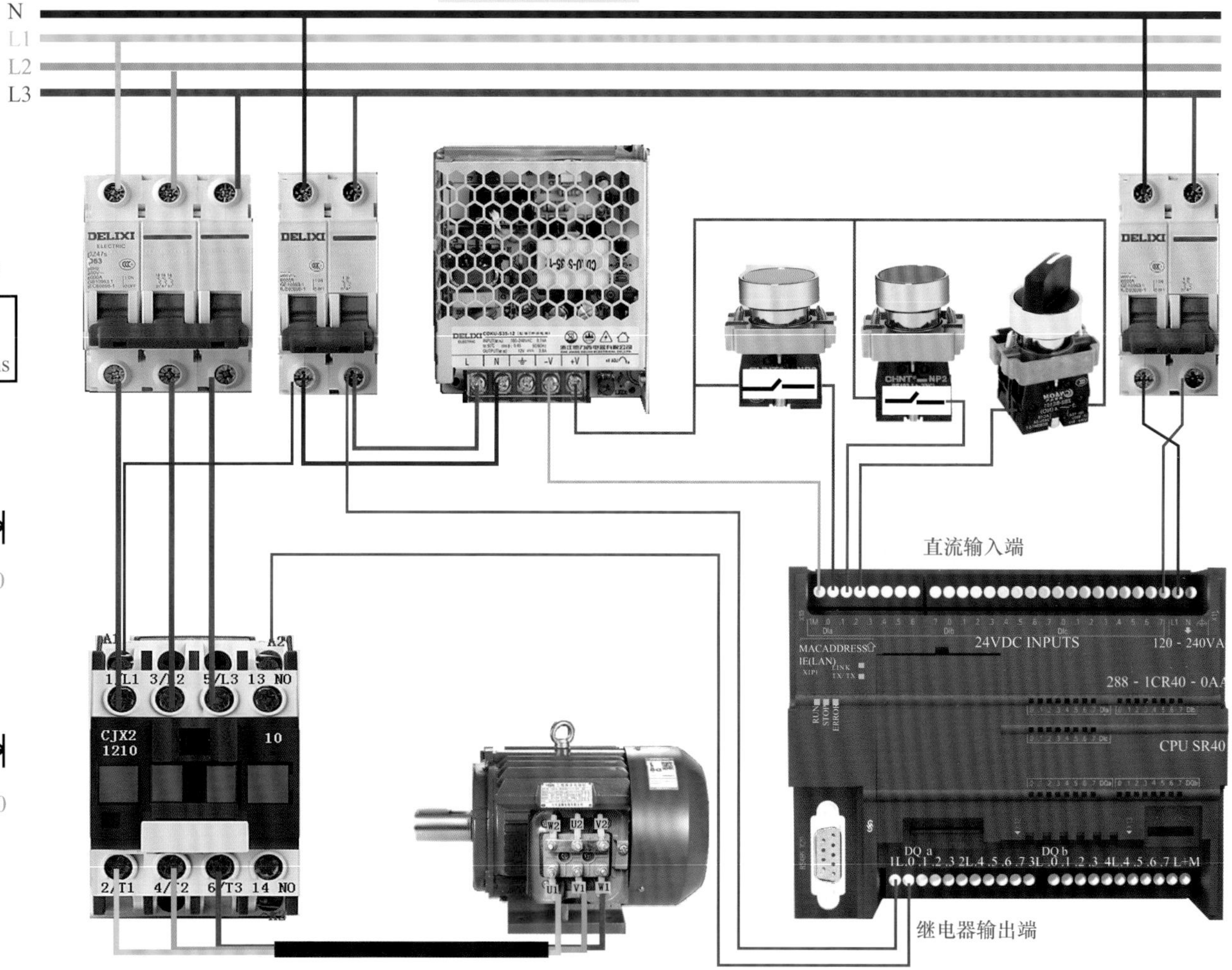

24. 西门子 PLC 实现排污泵一用一备故障延时自投控制电路

1.继电器-接触器控制电路

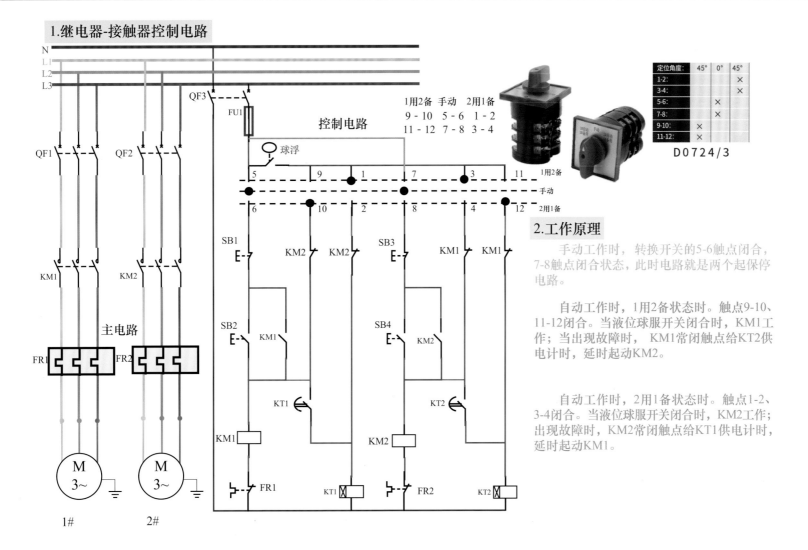

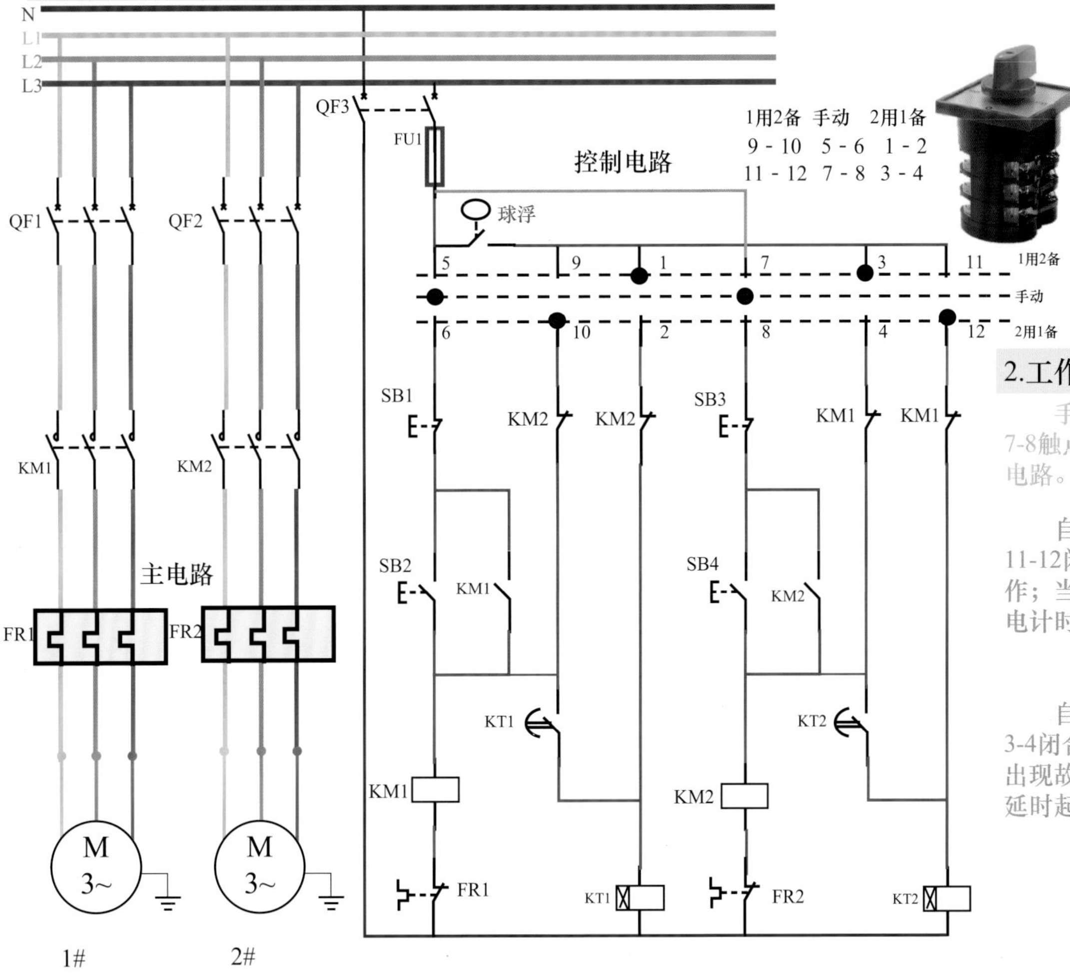

定位角度:	45°	0°	45°
1-2:			×
3-4:			×
5-6:		×	
7-8:		×	
9-10:	×		
11-12:	×		

D0724/3

2.工作原理

手动工作时，转换开关的5-6触点闭合，7-8触点闭合状态，此时电路就是两个起保停电路。

自动工作时，1用2备状态时。触点9-10、11-12闭合。当液位球服开关闭合时，KM1工作；当出现故障时，KM1常闭触点给KT2供电计时，延时起动KM2。

自动工作时，2用1备状态时。触点1-2、3-4闭合。当液位球服开关闭合时，KM2工作；出现故障时，KM2常闭触点给KT1供电计时，延时起动KM1。

3.硬件接线图

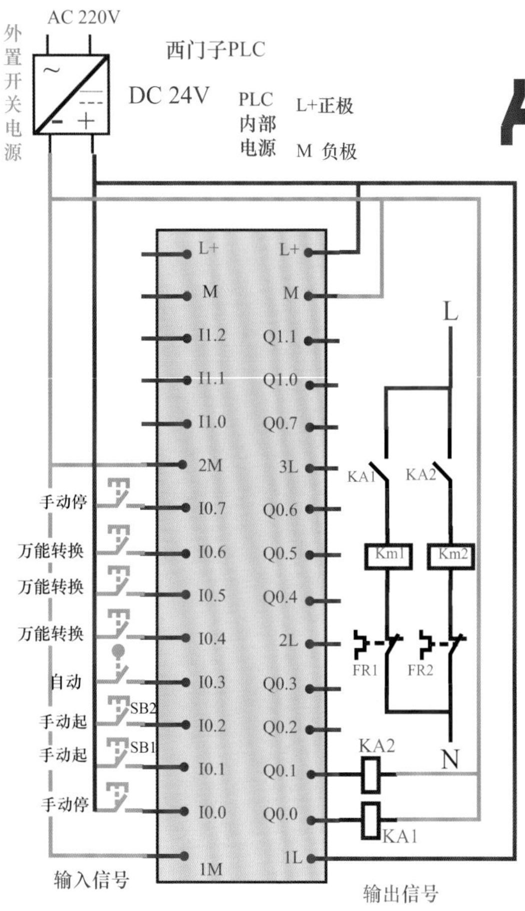

4.梯形图程序

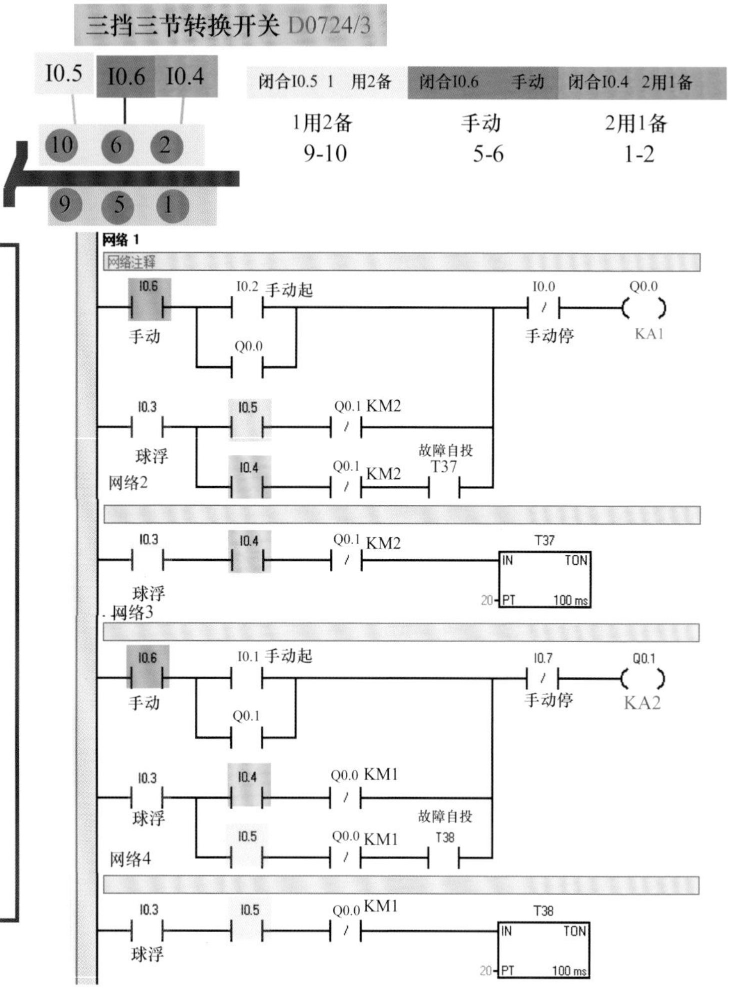

5.I/O分配表

输入信号	控制对象
I0.0	手动停止SB2
I0.1	手动起动SB3
I0.2	手动起动SB1
I0.7	手动停止SB2
I0.4	1用2备
I0.5	2用1备
I0.6	手动
I0.3	球浮自动
输出信号	控制对象
Q0.0	KA1
Q0.1	KA2

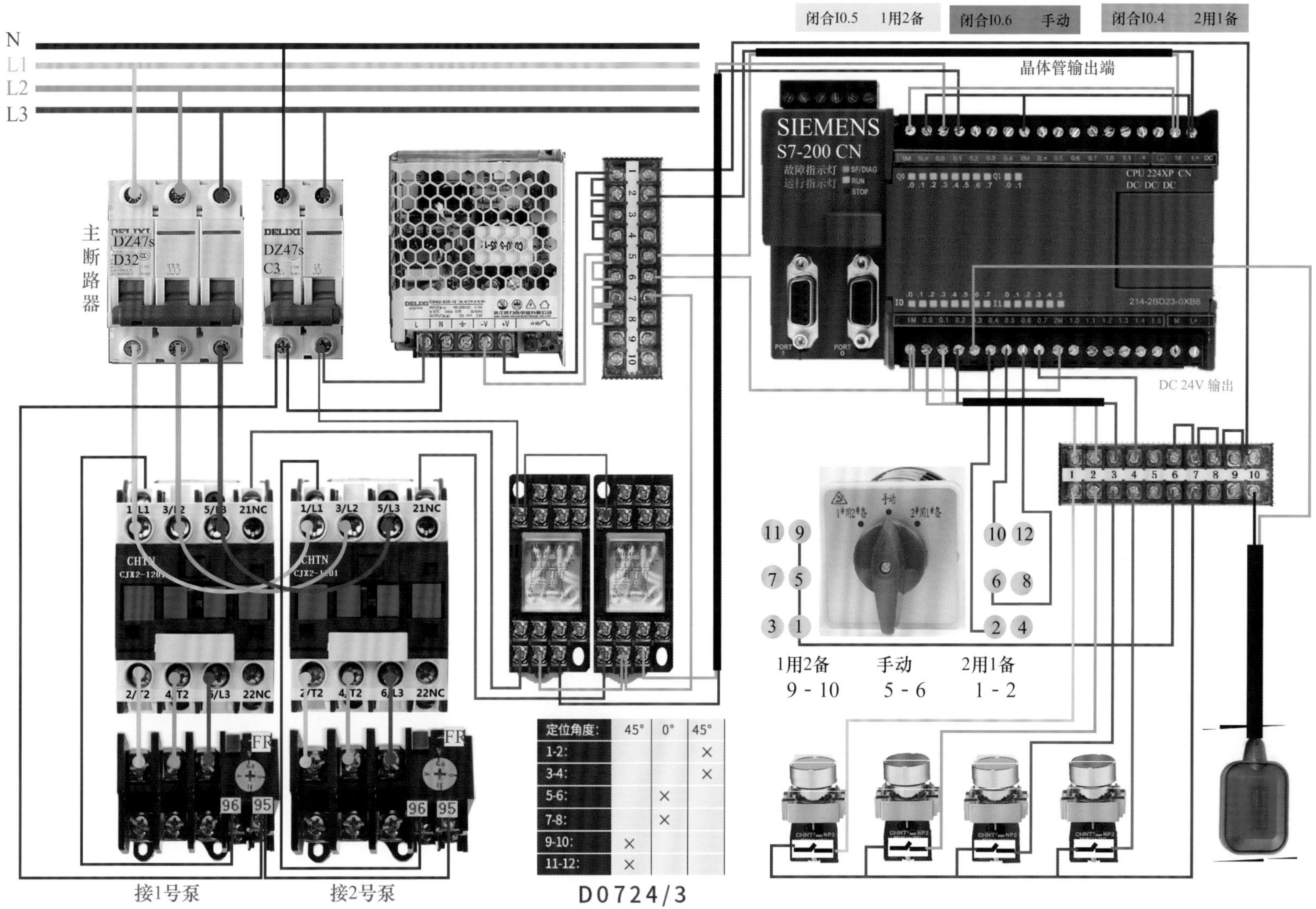

定位角度:	45°	0°	45°
1-2:			×
3-4:			×
5-6:		×	
7-8:		×	
9-10:	×		
11-12:	×		

西门子 PLC 实现排污泵一用一备故障延时自投控制电路实物接线图

25. 西门子 PLC 控制变频器实现一键多段速控制电路

1.控制电路

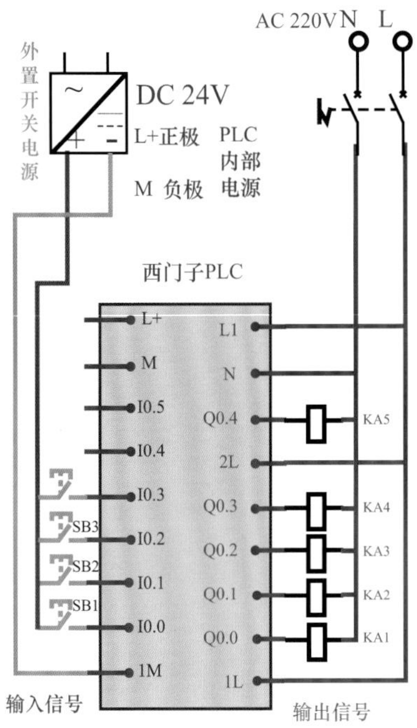

图中显示是三个开关量输出状态(不要认为是多个点输出)。

2.梯形图程序

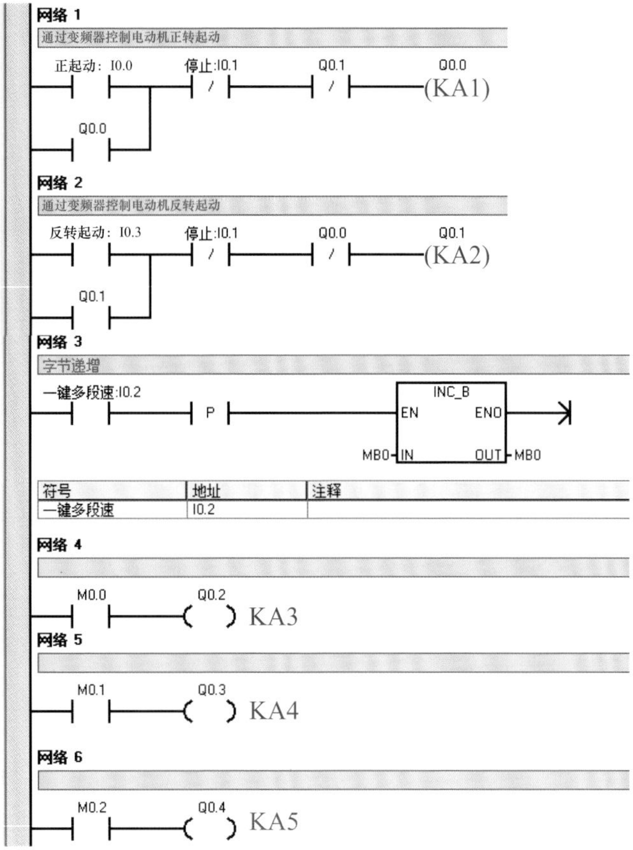

3.梯形图程序中递增指令实现效果图

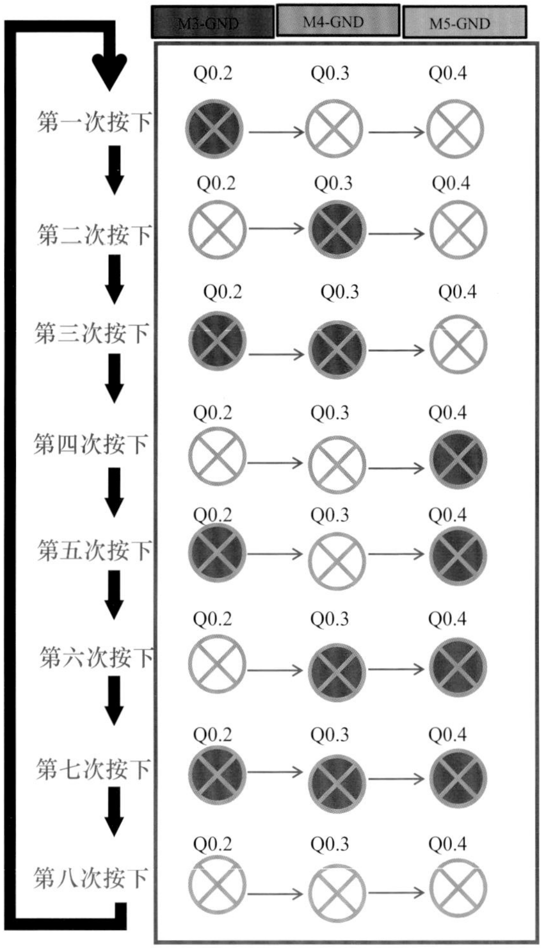

Q0.2(KA3)、Q0.3(KA4)、Q0.4(KA5)是把十进制转换二进制表示多段速状态。

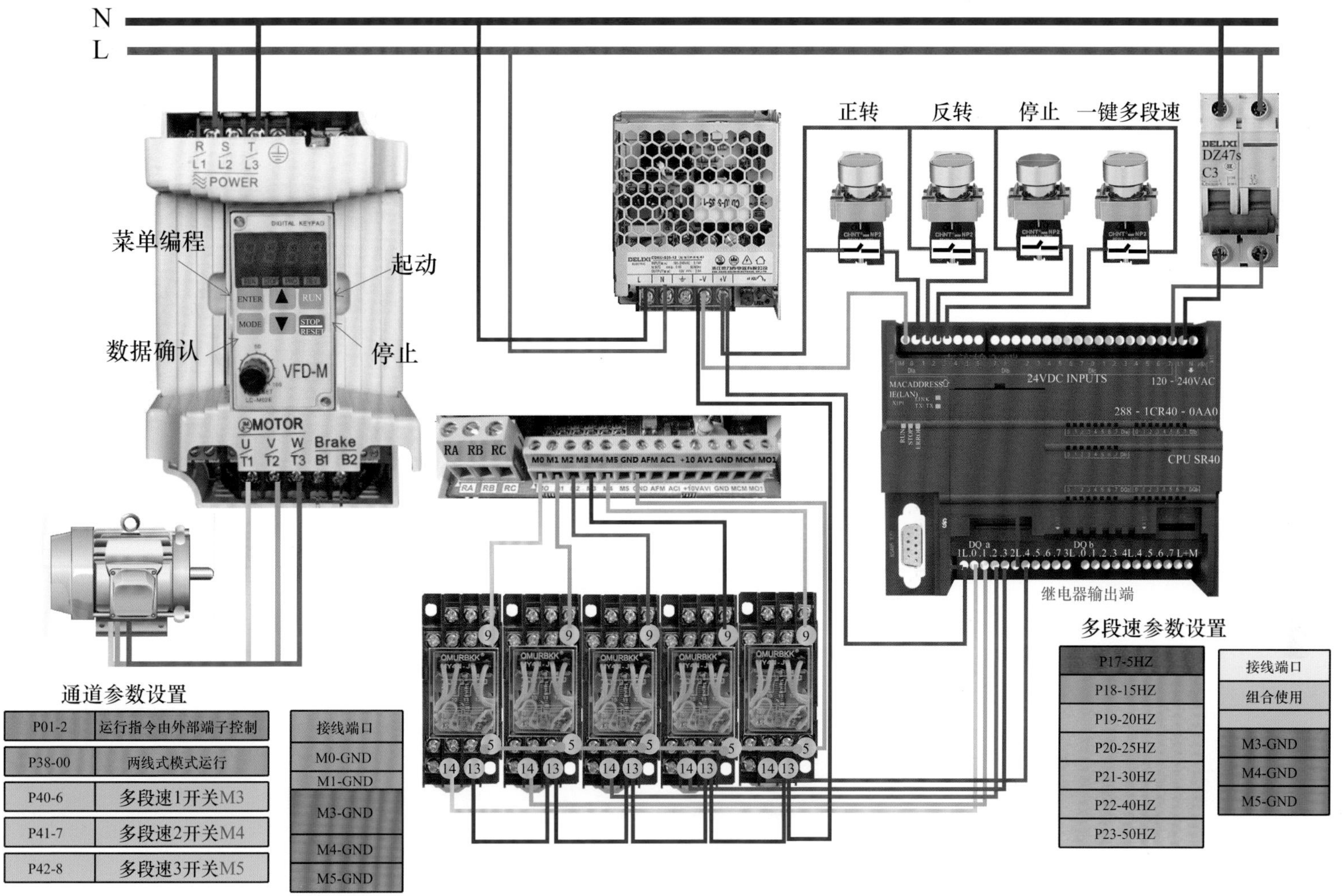

西门子 **PLC** 控制变频器实现一键多段速控制电路实物接线图

26. 西门子 PLC 利用定时器指令实现抢答器控制电路

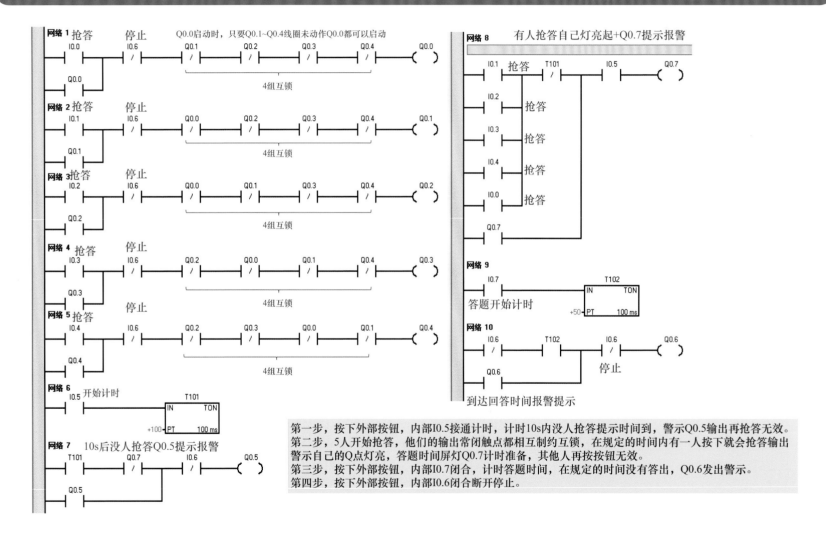

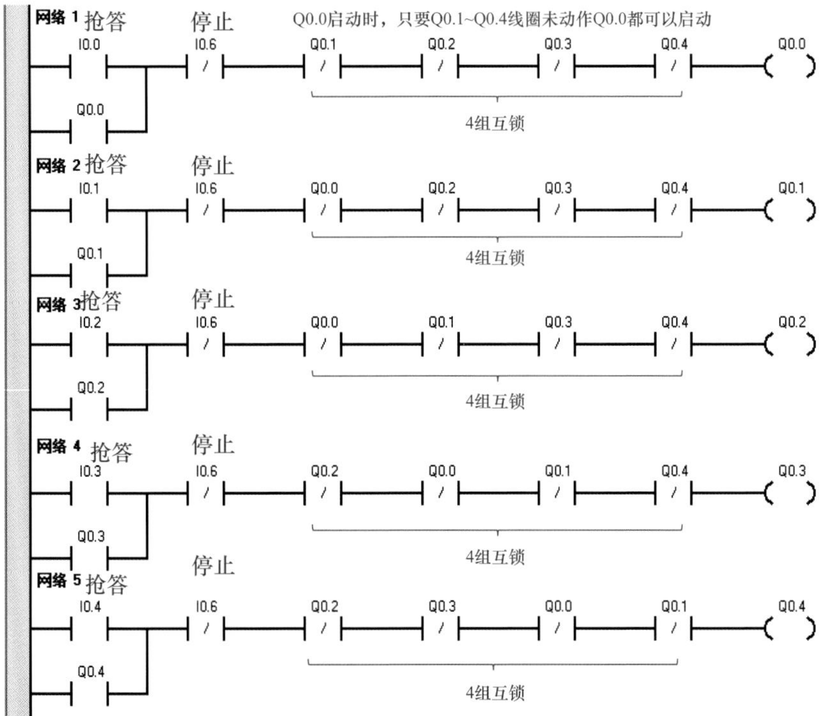

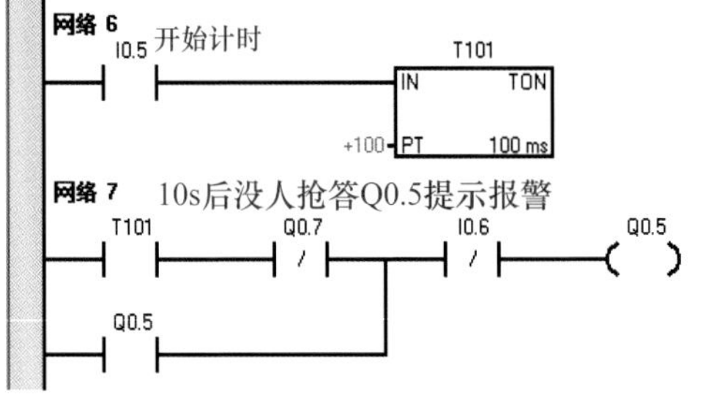

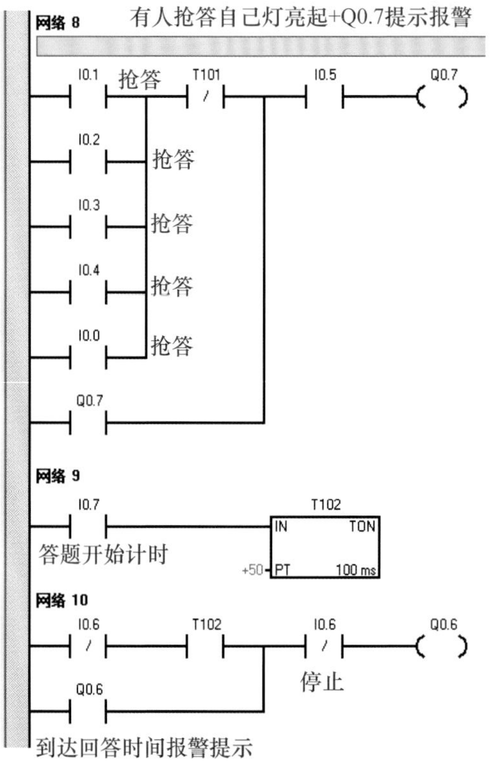

第一步，按下外部按钮，内部I0.5接通计时，计时10s内没人抢答提示时间到，警示Q0.5输出再抢答无效。
第二步，5人开始抢答，他们的输出常闭触点都相互制约互锁，在规定的时间内有一人按下就会抢答输出警示自己的Q点灯亮，答题时间屏灯Q0.7计时准备，其他人再按按钮无效。
第三步，按下外部按钮，内部I0.7闭合，计时答题时间，在规定的时间没有答出，Q0.6发出警示。
第四步，按下外部按钮，内部I0.6闭合断开停止。

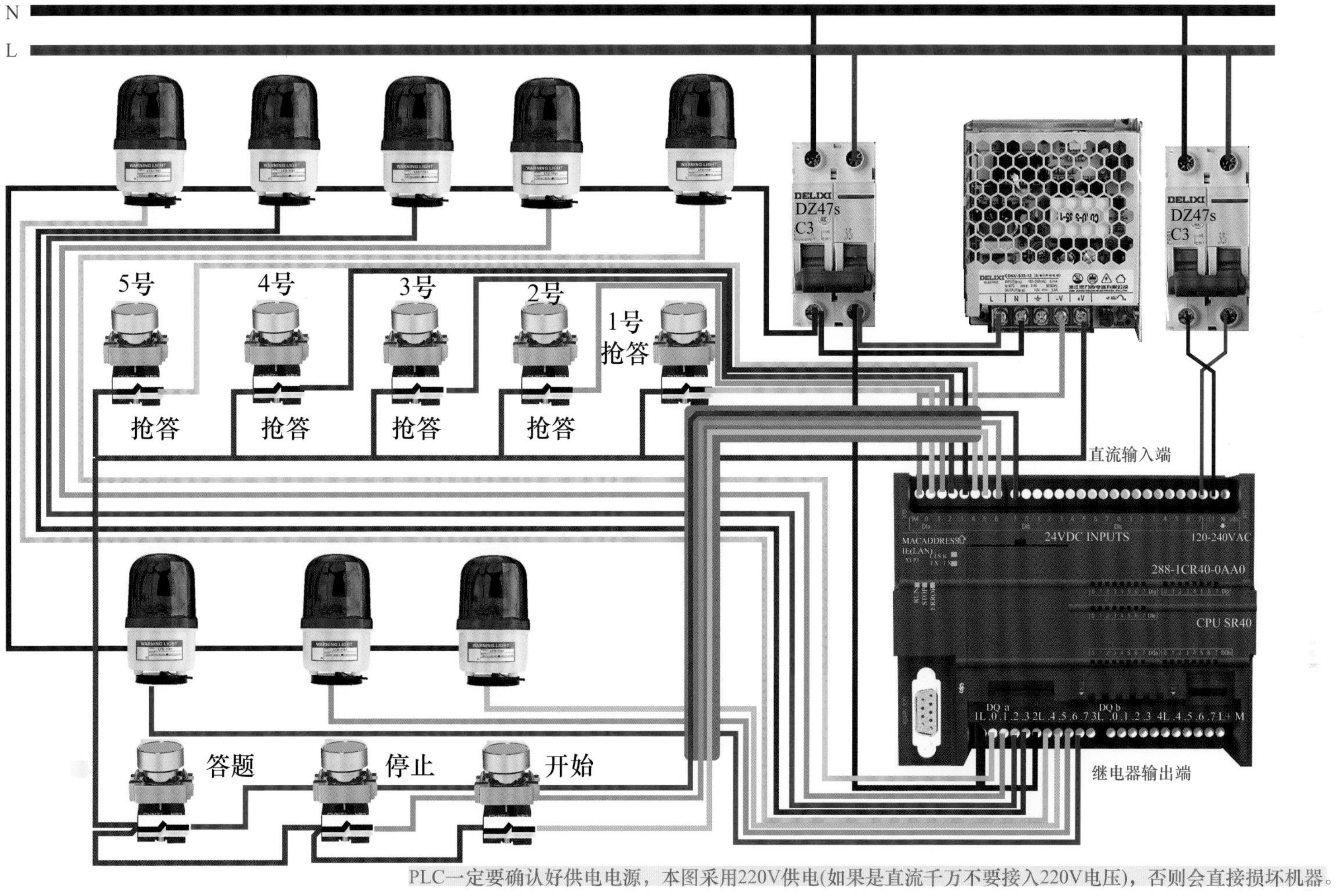

西门子 **PLC** 实现抢答器控制电路实物接线图

27. 西门子 PLC 利用增计数器指令实现密码锁控制电路

1.控制要求

密码锁控制系统由5个按键(SB1~SB5)组成：

1)SB1为起动键，按下才可进行开锁工作。

2)SB2,SB3为开锁键，SB2按3次，SB3按2次。必须先按SB2再按SB3才能解锁。

3)SB5为不可按压键，一但按压，发出报警。

4)SB4为复位键，按下SB4后可重新开始开锁作业，一旦按下，所有计数器复位。

2.梯形图程序

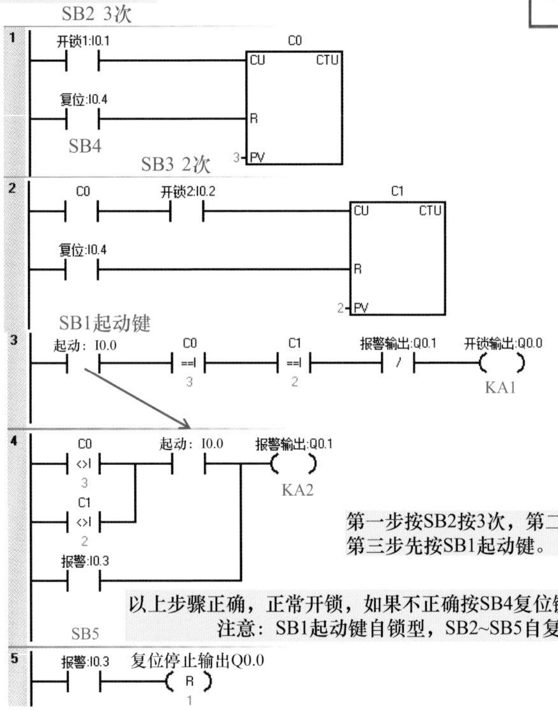

第一步按SB2按3次，第二步按SB3按2次，第三步先按SB1起动键。

以上步骤正确，正常开锁，如果不正确按SB4复位键从新顺序起动。
注意：SB1起动键自锁型，SB2~SB5自复位式。

3.实物接线图

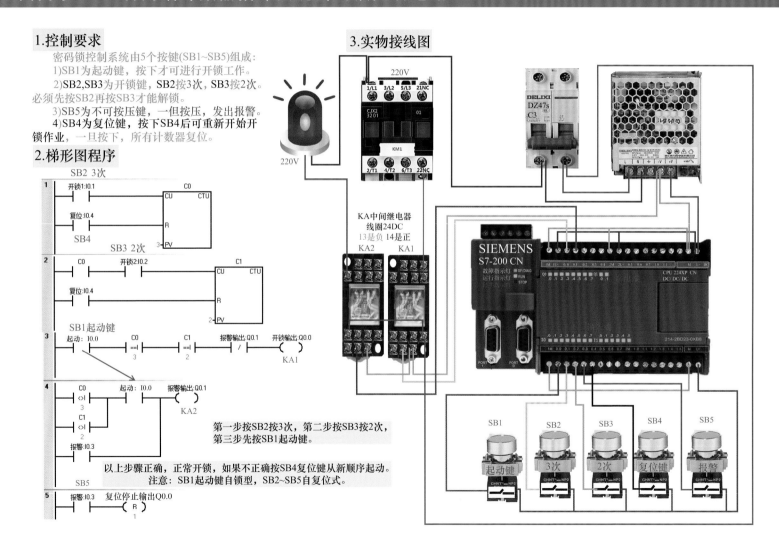

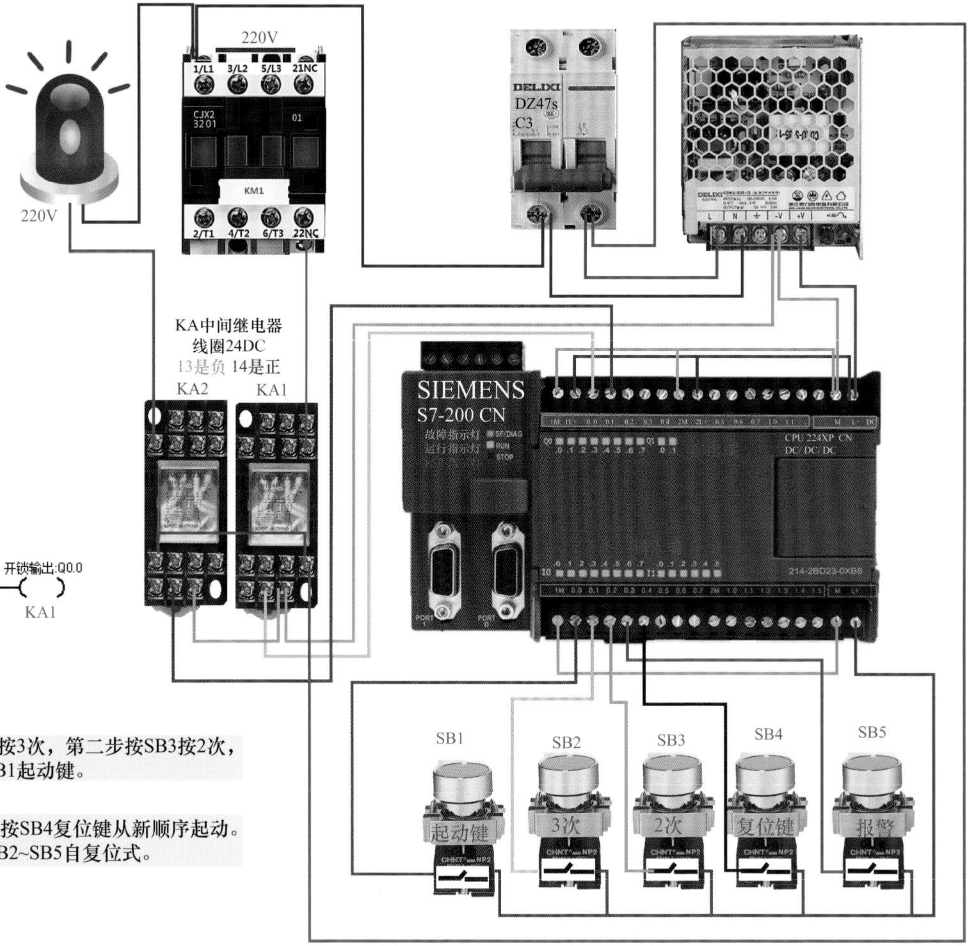

28. 西门子 PLC 利用移位指令实现可暂停的跑马灯重复左移控制电路

1.梯形图程序

网络 1

闭合启动　　　定时快慢

```
    T37      I0.3         T37
   ─┤/├──────┤ ├──     IN    TON
                      10─PT   100 ms
```

闭合I0.3自振荡电路T37常闭触点给T37线圈供电，自己循环自己(就叫自振荡电路)。

网络 2

字节左移

```
    T37              SHL_B
   ─┤ ├──────       EN    ENO
              QB0─  IN    OUT ─QB0
                 1─ N
```

T37常开触点根据定时间歇循环闭合断开，移动QB0的值。

网络 3

字节传送指令

```
   SM0.1              MOV_B
   ─┤ ├──────        EN    ENO
                   1─ IN    OUT ─QB0
   ( Q0.3 )─┤P├─
```

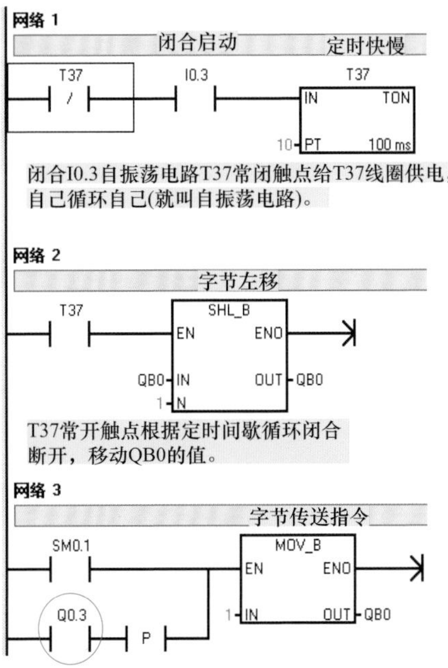

修改Q0.3为Q0.7就是7盏灯循环移位。

2.实物接线图

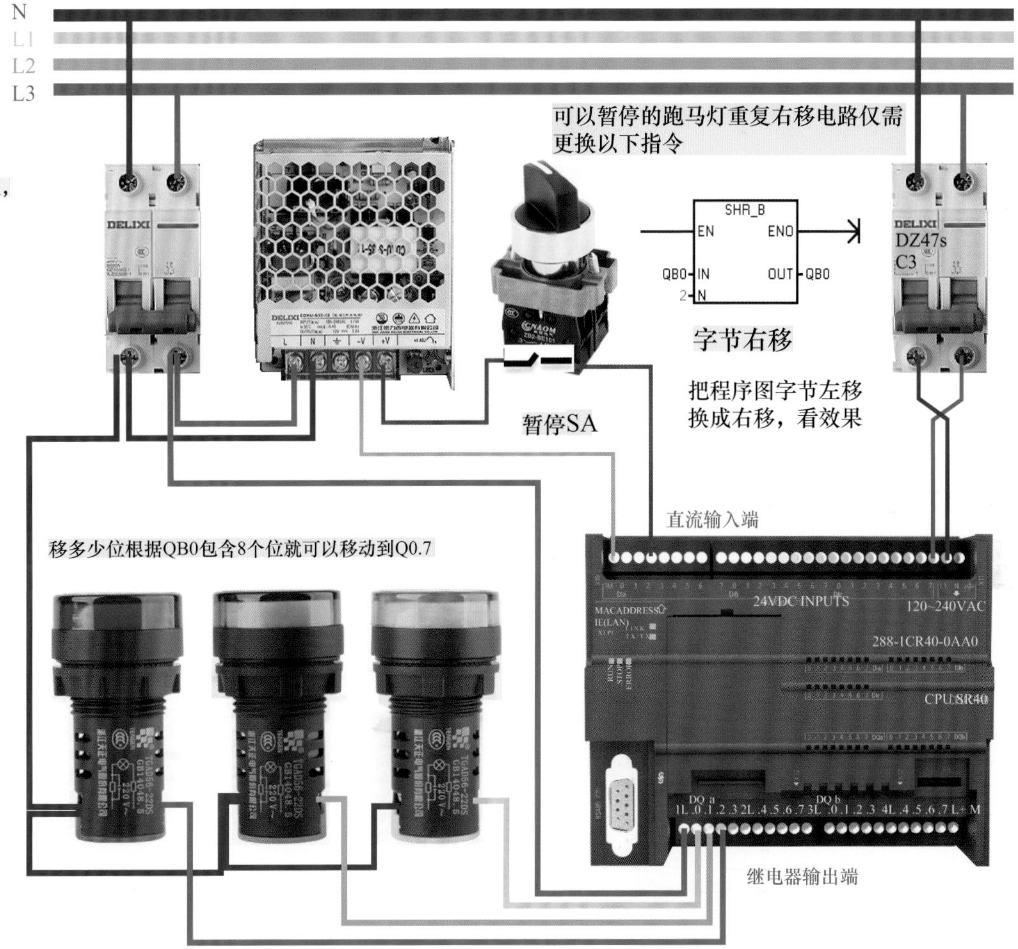

可以暂停的跑马灯重复右移电路仅需更换以下指令

```
        SHR_B
       EN    ENO
  QB0─ IN    OUT ─QB0
     2─ N
```

字节右移

把程序图字节左移换成右移，看效果

暂停SA

移多少位根据QB0包含8个位就可以移动到Q0.7

直流输入端

PLC一定要确认好供电电源，本图采用220V供电，如果采用直流电源千万不要接入220V电压，否则将出现炸机故障。

29. 西门子 PLC 利用移位指令实现跑马灯重复左右移位控制电路

扫一扫看视频

1.梯形图程序

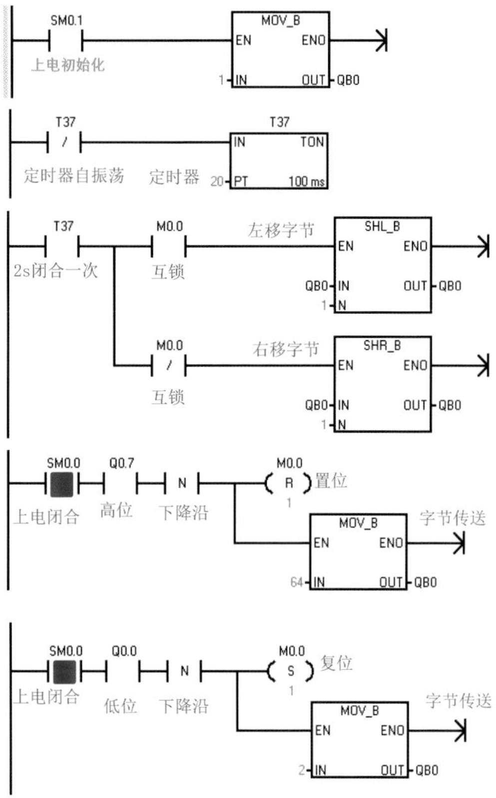

2.实物接线图

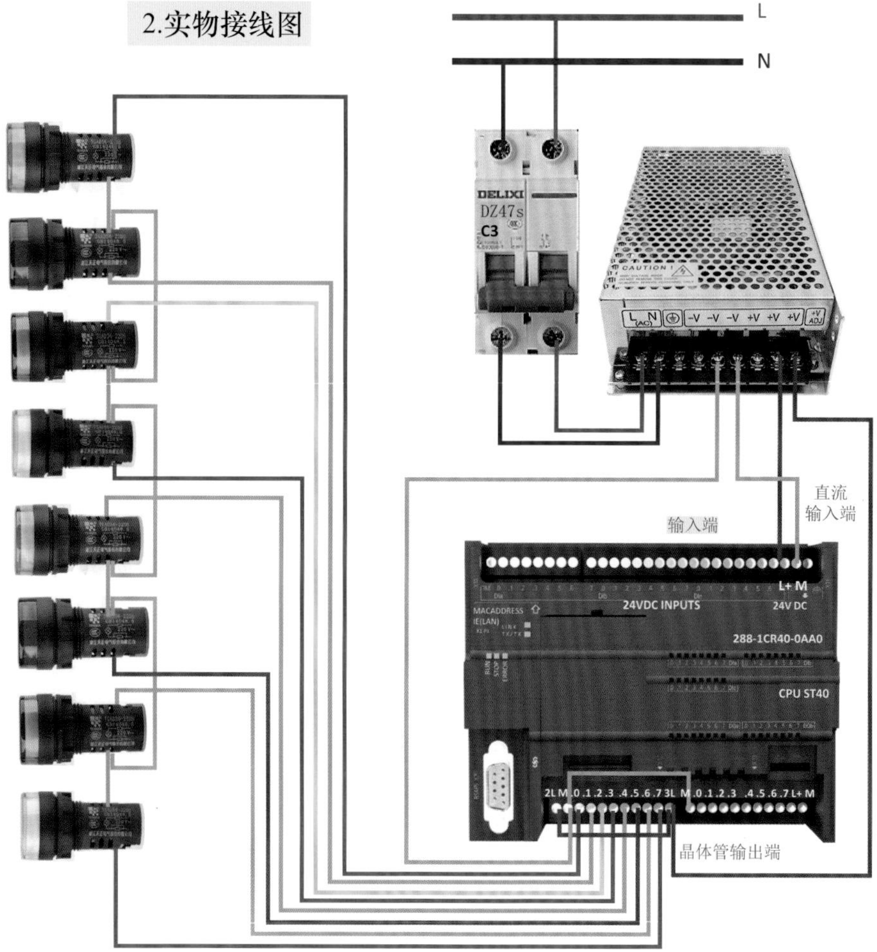

30. 西门子 PLC 利用定时器和比较指令实现跑马灯控制电路

1.梯形图程序

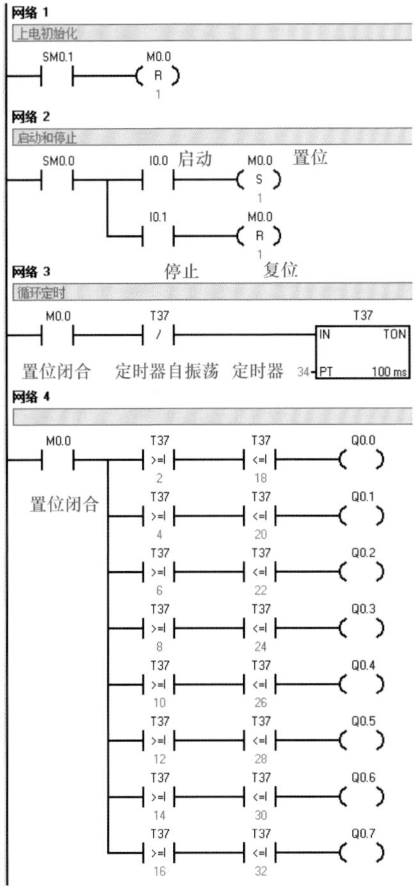

2.实物接线图

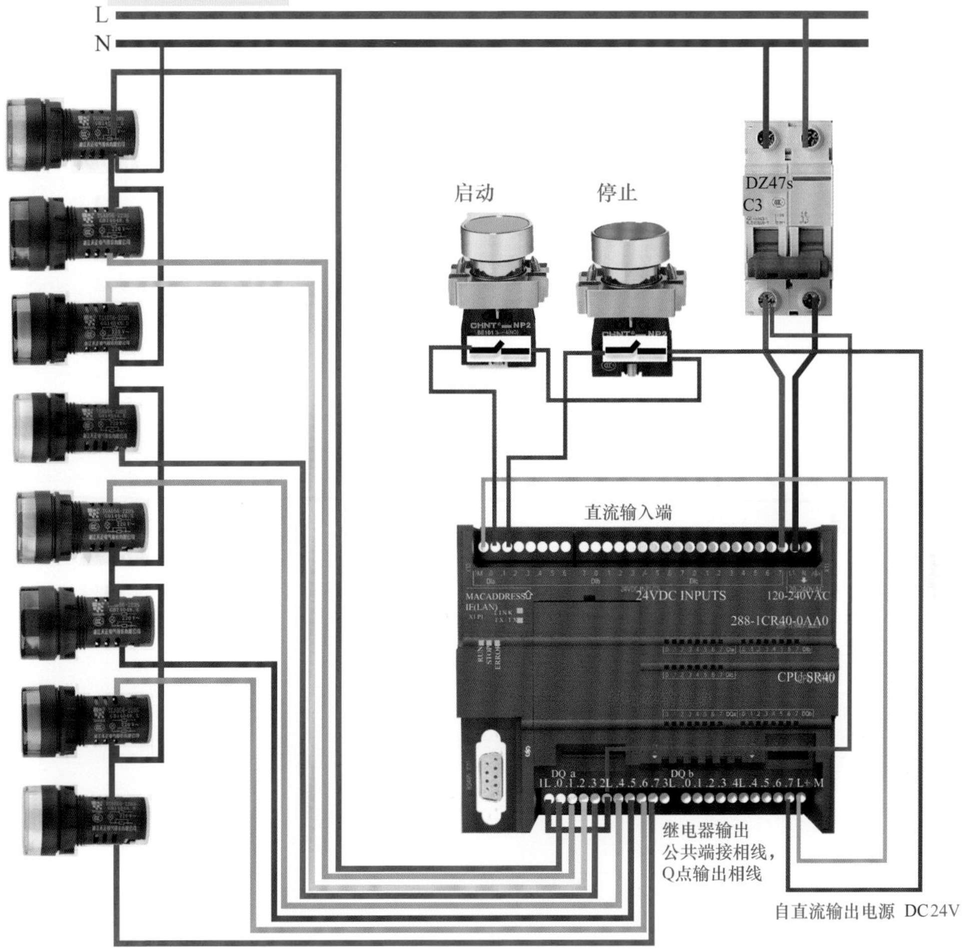

31. 西门子 PLC 实现天塔灯光控制电路——旋转点亮效果

1.I/O分配表

输入信号	信号元件及作用
I0.0	启动按钮
I0.1	停止按钮
输出信号	控制对象
Q0.0	L1灯
Q0.1	L2灯
Q0.2	L3灯
Q0.3	L4灯
Q0.4	L5灯
Q0.5	L6灯
Q0.6	L7灯
Q0.7	L8灯
Q1.0	L9灯
Q1.1	L10灯
Q1.2	L11灯
Q1.3	L12灯
Q1.4	L13灯

2.梯形图程序

网络1:启动Q0.0自锁控制电路。

网络2 :启动Q0.1自锁，通过T37延时断开自锁循环后通过T40常开触点闭合，启动Q1.1。

网络3 :通过T37常开触点闭合启动Q0.2并自锁，通过T38延时断自锁。

网络4 :通过T38常开触点闭合启动Q0.3并自锁，通过T39延时断自锁。

网络5 :通过T39常开触点闭合启动Q0.4并自锁，通过T40延时断自锁。

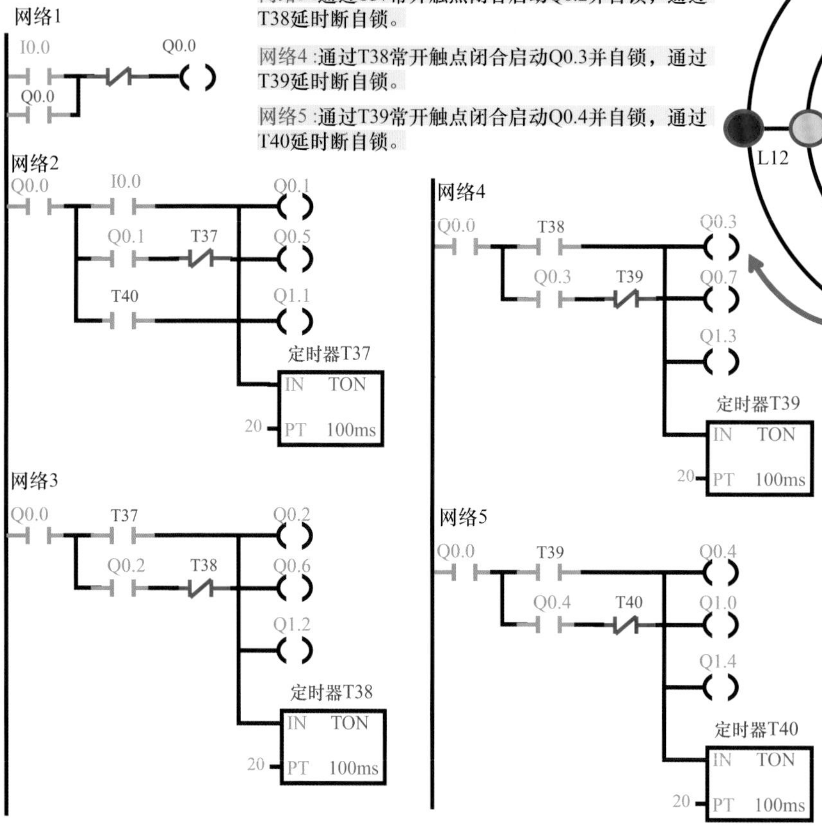

3.实现效果图

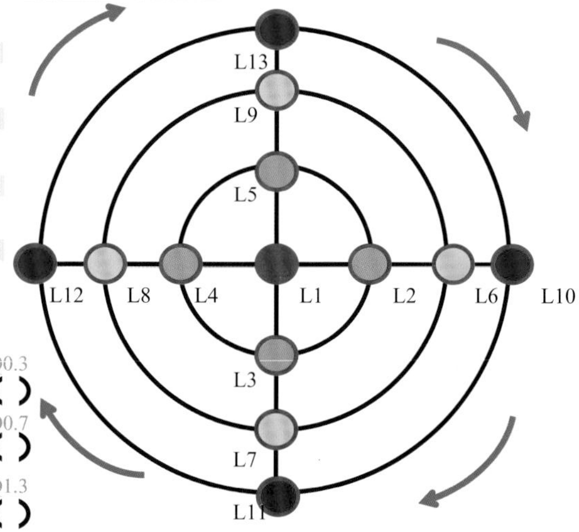

4.工作原理

按下I0.0电路启动，L1一直保持亮灯，L2、L6、L10灯亮2s熄灭，启动L3、L7、L11灯亮2s熄灭，启动14、L8、L12灯亮2s熄灭，启动L5、L9、L13灯亮2s熄灭，如此循环。

32. 西门子 PLC 实现天塔灯光控制电路——花开花谢效果

1.硬件接线图

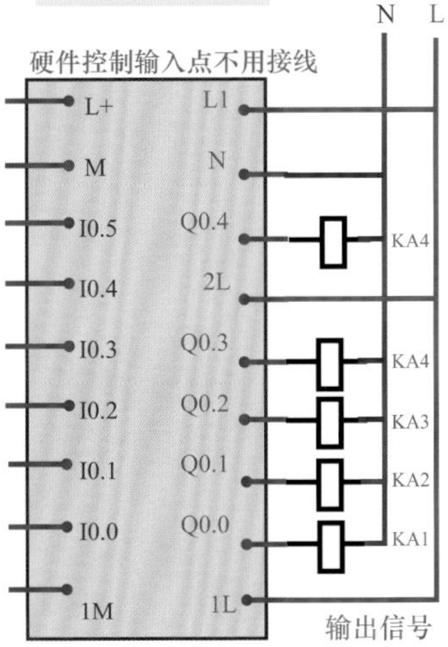

2.I/O分配表

输入信号	控制对象	
Q0.0	KA1	每组控制1组灯
Q0.1	KA2	每组控制4组灯
Q0.2	KA3	每组控制4组灯
Q0.3	KA4	每组控制4组灯
Q0.4	KA5	每组控制4组灯

3.梯形图程序

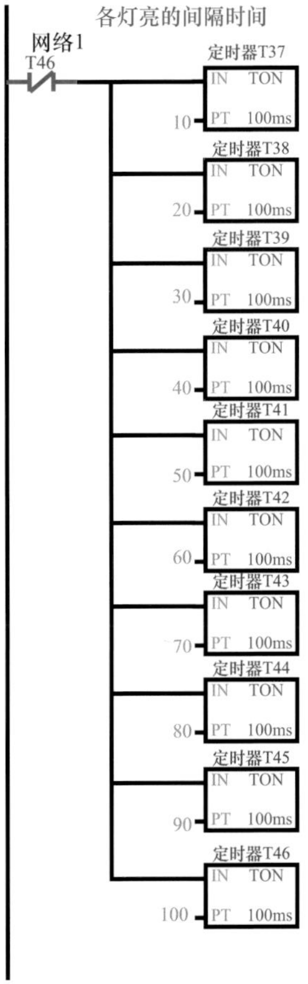

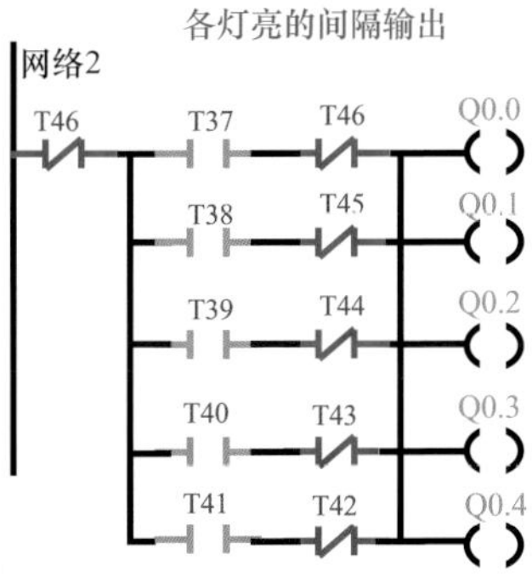

4.实现效果图

将编好的程序下载到PLC直接执行运转。输出端要通过KA中间继电器过渡接负载。灯依次从中间往外扩散，顺序点亮，再依次熄灭。

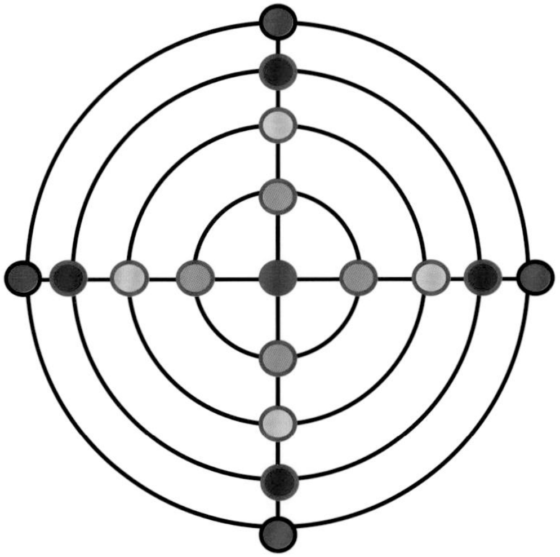

33. 西门子 PLC 实现天塔灯光控制电路——礼花绽放效果

1.I/O分配表

输入信号	控制对象	
Q0.0	KA1	每组控制1组灯
Q0.1	KA2	每组控制4组灯
Q0.2	KA3	每组控制4组灯
Q0.3	KA4	每组控制4组灯
Q0.4	KA5	每组控制4组灯

2.梯形图程序

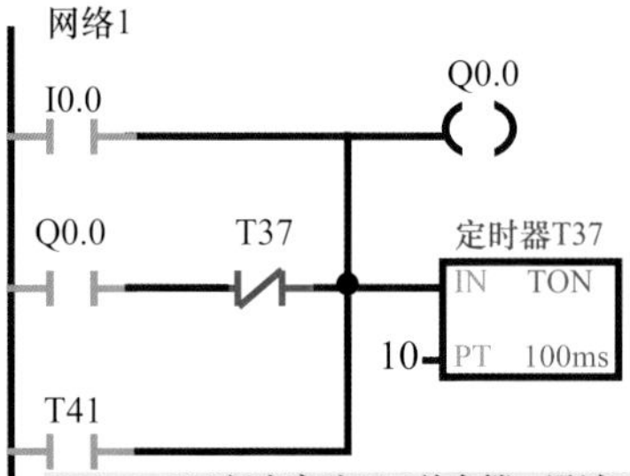

网络1：I0.0闭合启动Q0.0并自锁，通过T37延时断开自锁，循环后通过T41常开触点闭合再次启动Q0.0

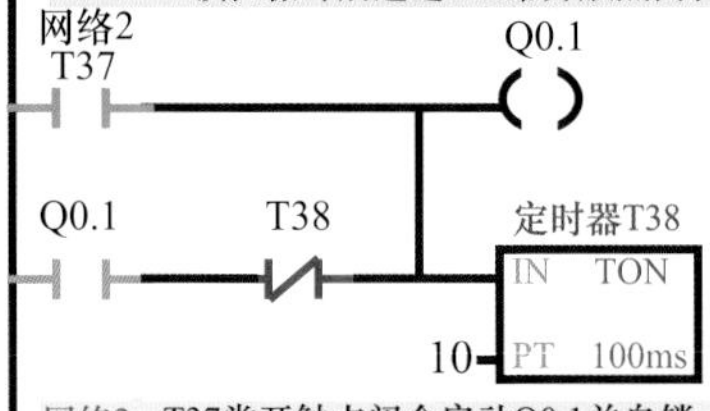

网络2：T37常开触点闭合启动Q0.1并自锁，通过T38常闭触点延时断开自锁

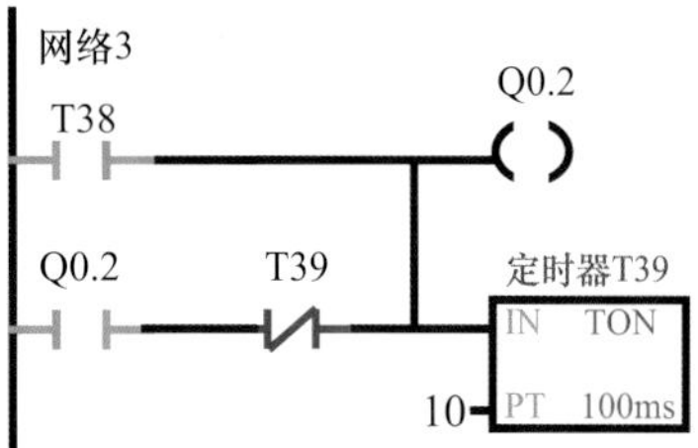

网络3：T38常开触点闭合启动Q0.2并自锁，通过T39常闭触点延时断开自锁

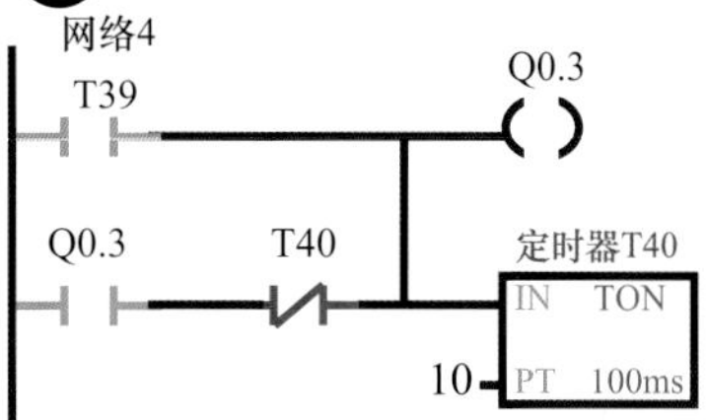

网络4：通过T39常开触点闭合启动Q0.3并自锁，通过T40常闭触点延时断开自锁

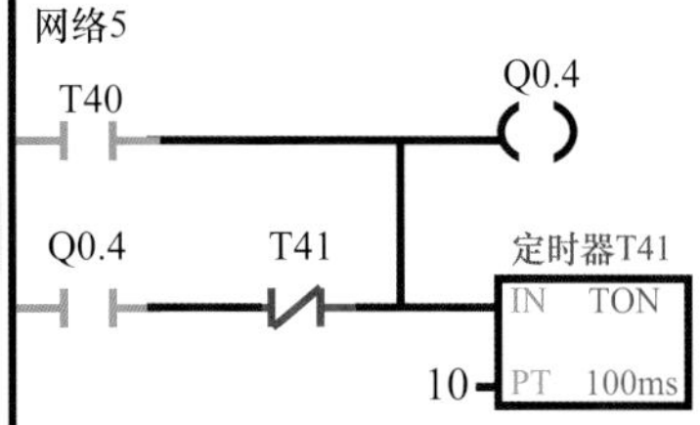

网络5：通过T40常开触点闭合启动Q0.4并自锁，通过T41常闭触点延时断开自锁

3.实现效果图

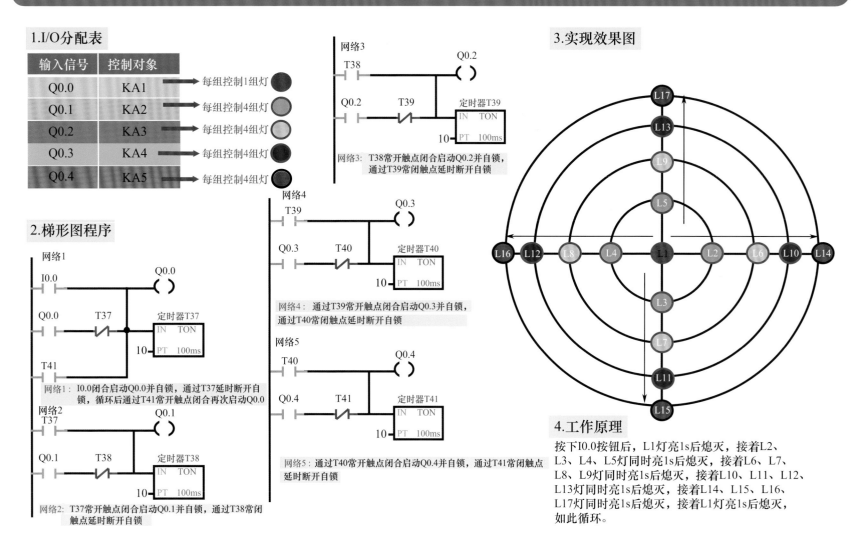

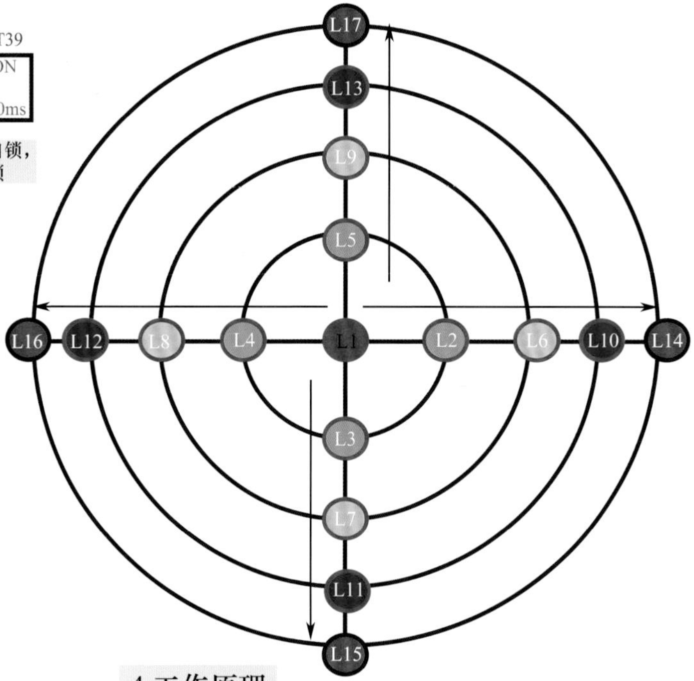

4.工作原理

按下I0.0按钮后，L1灯亮1s后熄灭，接着L2、L3、L4、L5灯同时亮1s后熄灭，接着L6、L7、L8、L9灯同时亮1s后熄灭，接着L10、L11、L12、L13灯同时亮1s后熄灭，接着L14、L15、L16、L17灯同时亮1s后熄灭，接着L1灯亮1s后熄灭，如此循环。

34. 西门子 PLC 实现小型交通灯控制电路

1.梯形图程序

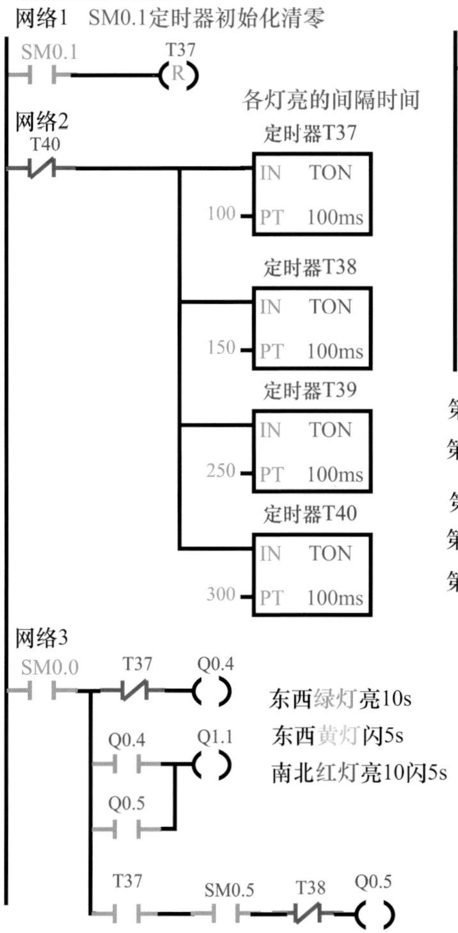

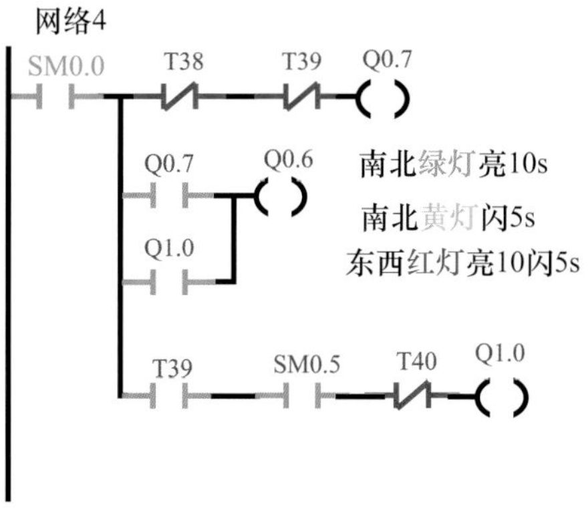

第一步，东西绿灯亮10s南北红灯亮10s。

第二步，东西黄灯闪5s南北红灯闪5s。

第三步，东西红灯亮10s南北绿灯亮10s。

第四步，东西红灯闪5s南北黄灯闪5s。

第五步，返回第一步。

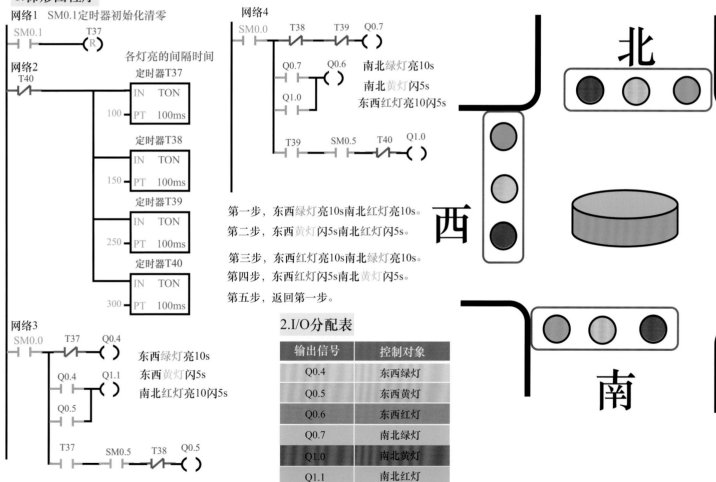

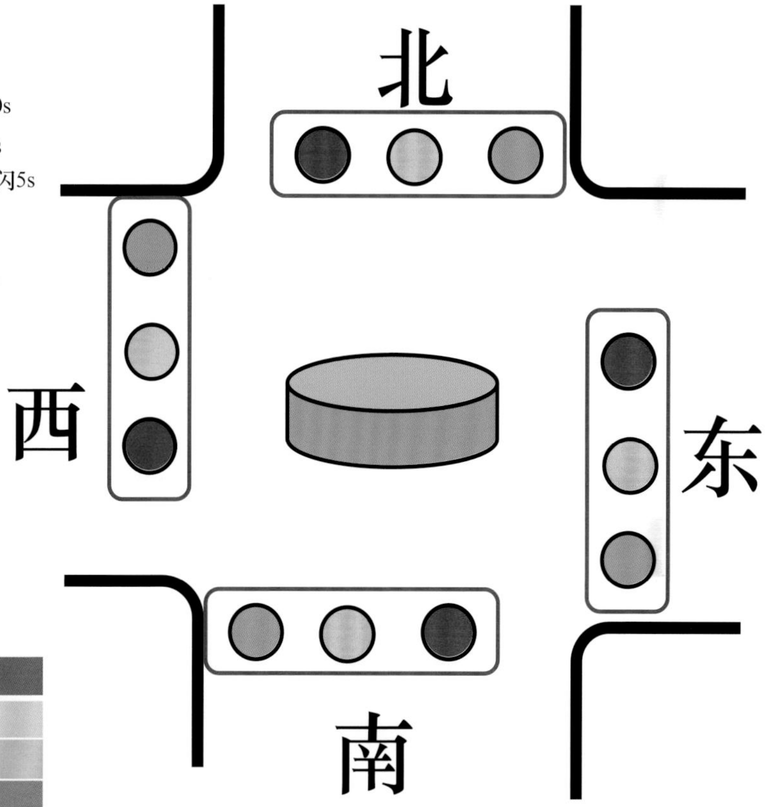

2.I/O分配表

输出信号	控制对象
Q0.4	东西绿灯
Q0.5	东西黄灯
Q0.6	东西红灯
Q0.7	南北绿灯
Q1.0	南北黄灯
Q1.1	南北红灯

第 5 章

模拟量应用

1. 西门子 S7-200 PLC 编程软件中模拟量库文件的安装

西门子 S7-200 PLC的编程软件中一般是没有模拟量库文件的，需要自行安装库文件，具体方法如下：

第1步，下载库文件，存储在计算机易查找的位置。

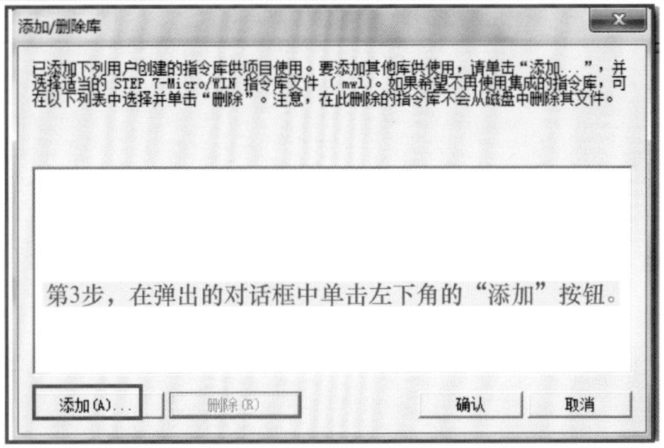

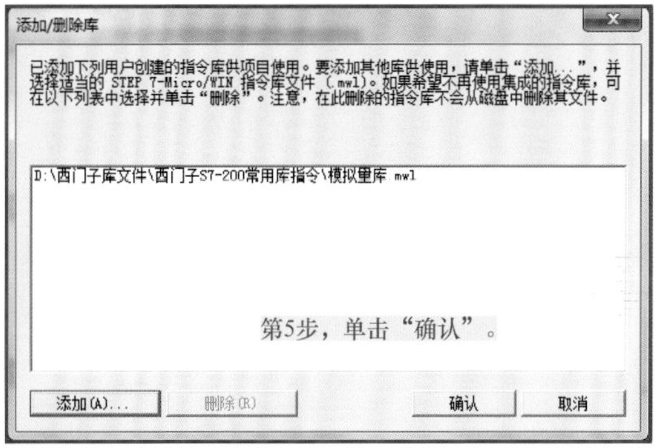

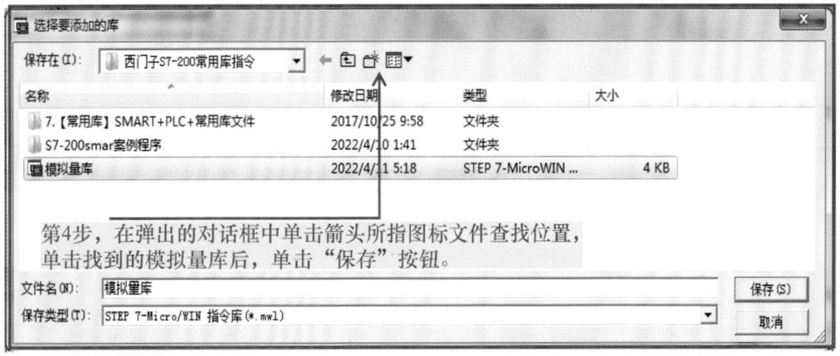

S7-200 模拟量对应关系：

标准电流
- 0~20mA(对应PLC中0~32000)
- 4~20mA(对应PLC中6400~32000)

标准电压
- 0~10V(对应PLC中0~32000)

扫一扫看视频

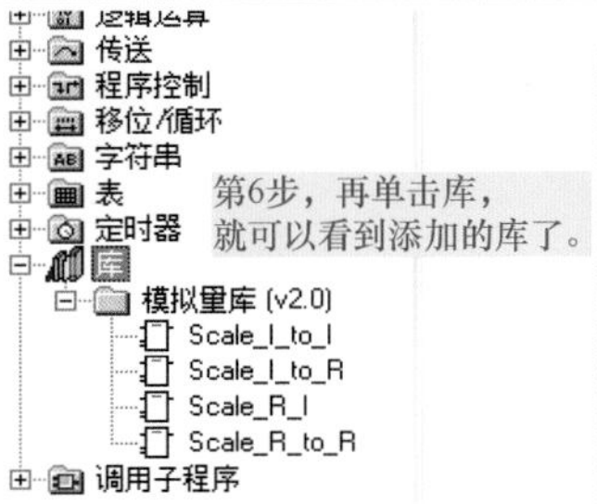

第7步，调出模拟量输入的模块程序再次确认(图中为恒温20~25℃的程序案例)。

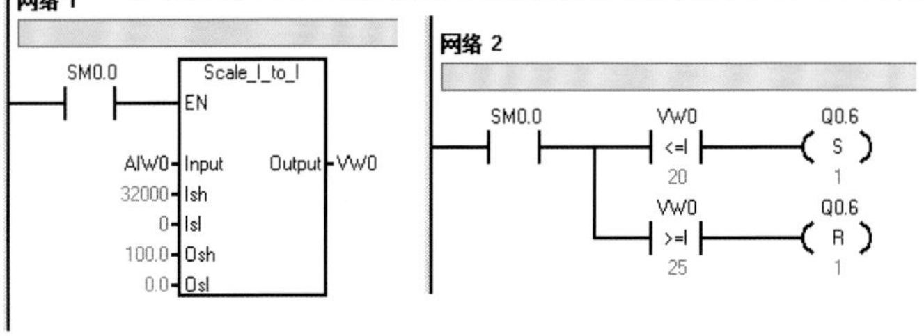

2. 西门子 S7-200 SMART PLC 编程软件中模拟量库文件的安装

西门子 S7-200 SMART PLC的编程软件中一般是没有模拟量库文件的，需要自行安装库文件，具体方法如下：

第1步，下载模拟量库文件，并解压缩到相关文件夹。

第2步，打开文件夹，找到名称为“scale”的文件，这就是常用模拟量库文件。

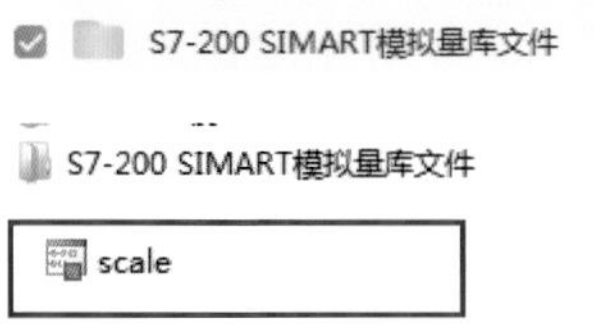

第4步，在打开的文件中，把第2步找到“scale”文件拖拽这个库文件夹中，并关闭。

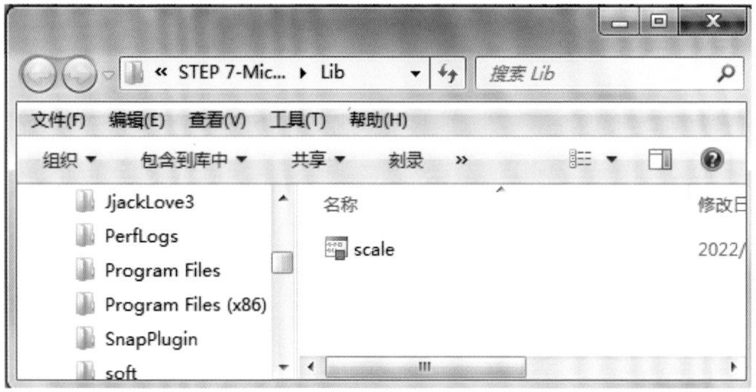

第3步，打开编程软件，找到库选项，单击选择“打开文件夹”。

第5步，在编程软件中找到库选项，右键单击选择“刷新库”。

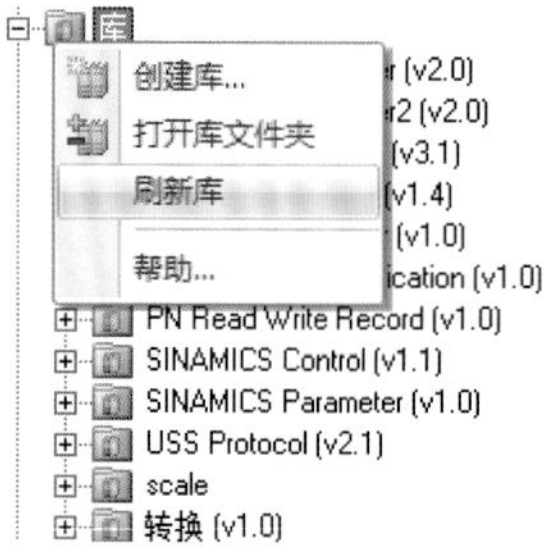

第7步，选择需要的指令即可完成添加。

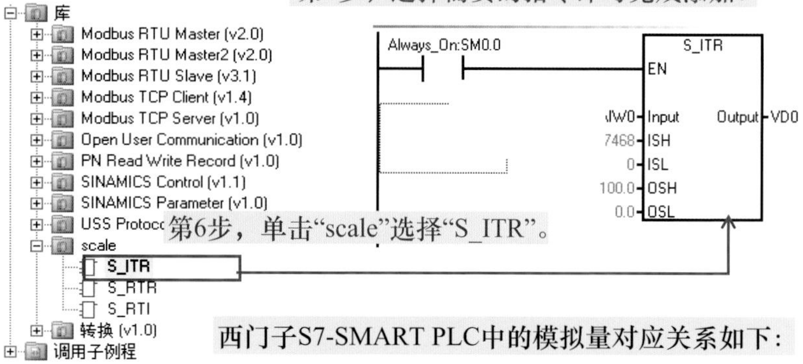

第6步，单击“scale”选择“S_ITR”。

西门子S7-SMART PLC中的模拟量对应关系如下：

标准电流：
- 0~20mA(对应PLC中0~27648)
- 4~20mA(对应PLC中5530~27648)

SMART模拟量对应关系：

标准电压：0~10V(对应PLC中0~27648)

3. 认识模拟量

1)开关量：一般指触点的开和关的两种状态，在PLC中用0表示关(断开的意思)，也就是没电；用1表示开(接通的意思)，也就是有电。

2)模拟量：像温度、压力、流量、电压、电流等连续变化的物理量称为模拟量。

3)数字量：PLC的CPU不能直接处理运算物理量，需要把物理量转化成PLC能处理的数字信号，这些数字信号就是数字量。

4)模数(A/D)转换：把模拟量转化成数字量；数模(D/A)转换：把数字量转换成模拟量。

5)变送器：将外围传感器输出的非标准信号，转换成标准信号，输入到A/D模块。一般标准信号有4~20mA、0~10V等。

扫一扫看视频

6)模拟量处理机制：PLC只能以二进制形式处理模拟量，模拟量输入通道用于将模拟过程信号转换为数字的形式；模拟量输出通道用于将数字输出值转换为模拟信号。

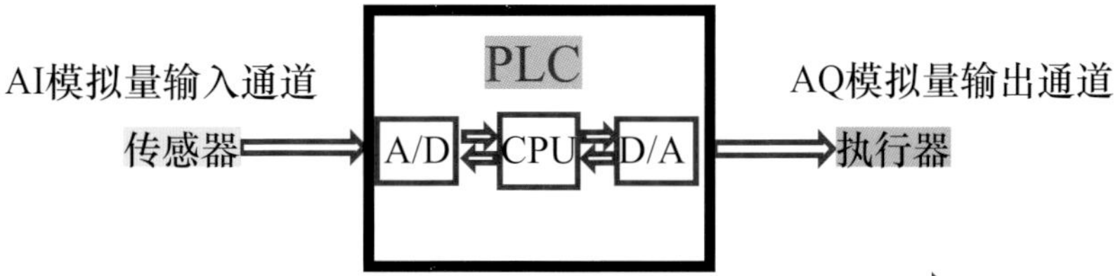

处理示意图

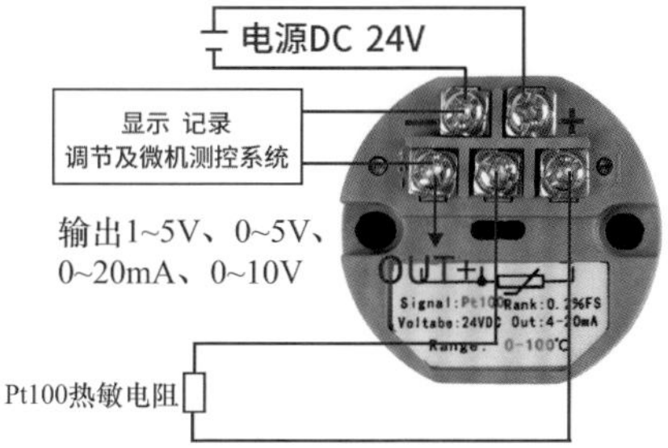

测量范围：0~100℃器
电源电压：DC24V
输出电流：4~20mA

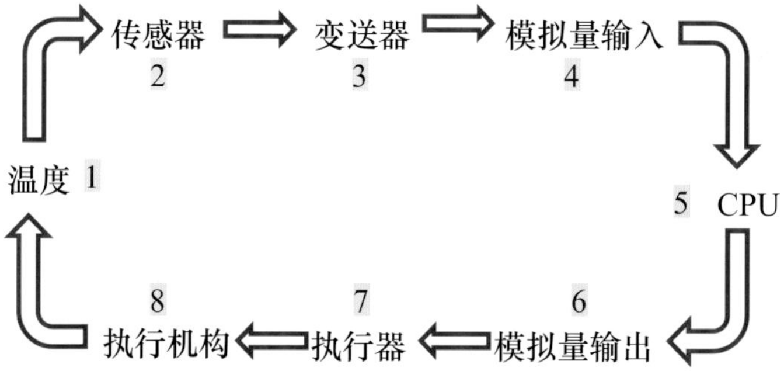

4. PLC中常用的模拟量输入、输出电流信号

PLC常用的模拟量输入、输出信号一般都是标准信号如0~20mA、4~20mA或0~10V。现场传感器、变送器最常用的电流信号是4~20mA电流信号。

其优点有：①现场与控制室距离较远时，线路电阻较大，如果用电压源号远传，导线电阻会出分压，产生误差。用4~20mA电流源信号；电流不会随导线长度改变，可保证信号传送准确度。

②在易燃易爆等危险场所，标准信号最大电流为20mA在电路中不会产生火花，安全实用。

下面以温度变送器模拟量变换为例，分析在西门子S7-200 PLC中，如何通过模数转换，把4~20mA模拟量信号转换成0~32000数字量信号。

测量范围为0~100℃，变送器输出为4~20mA电流信号温度传感器，推导出模拟量转换公式如下：

$$当前工程量 = \frac{工程量上限-工程量下限}{模拟量上限-模拟量下限}\times(当前模拟量-模拟量下限)+工程量下限$$

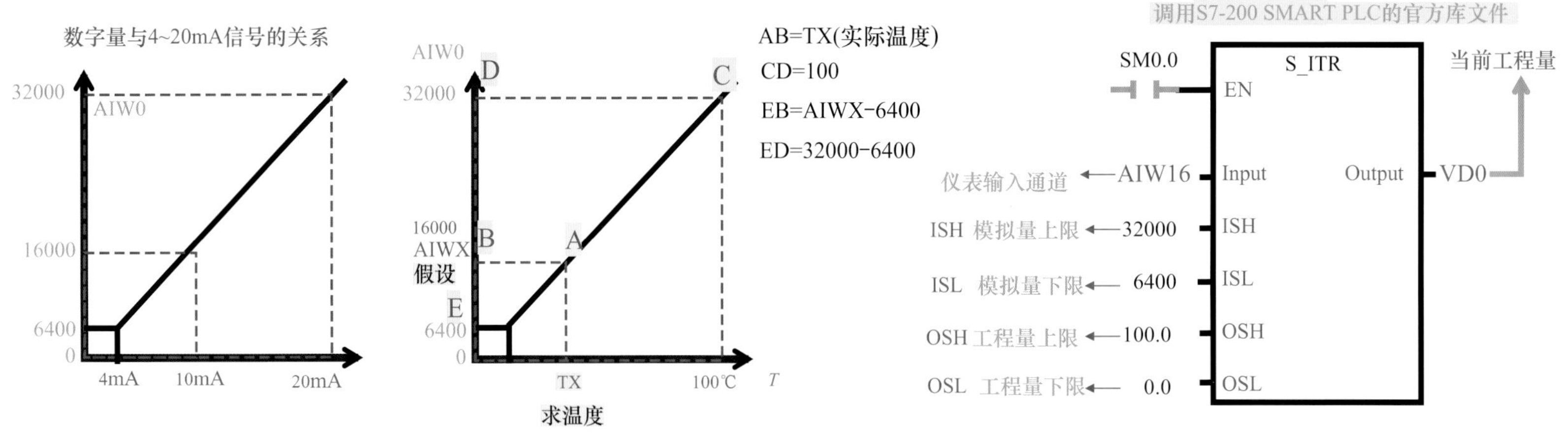

VD0=(OSH工程量上限–OSL工程量下限)×(AIWX当前模拟量–ISL模拟量下限)÷(ISH模拟量上限–ISL模拟量下限)+OSL工程量下限

当前工程量=(100–0)×(16000–6400)÷(32000–6400)+0

5. PLC 中常用的模拟量输入、输出电压信号

PLC模拟量输入、输出信号一般都是标准信号如 0~20mA、4~20mA或0~10V。现场传感器、变送器最常用的电压信号是0~10V电压信号。下面以温度变送器模拟量变换为例，分析在西门子S7-200 PLC中，要通过模数转换把0~10V模拟量信号转换成0~32000的数字量信号。测量范围0~100℃，变送器输出0~10V电压信号温度传感器，推导出模拟量转换公式如下：传感器测温T=100℃时，温度变送器输出电压V=10V模块转换成数字量AIW=32000。

当测温为0℃时，温度变送器输出电压V=0V，模块转换成数字量AIW=0。那么实际温度TX与AIW关系根据三角形定理可推导出：AB=TX(实际温度)；CD=100，EB=AIWX−0，ED=32000−0。

电压信号和AIW示意图

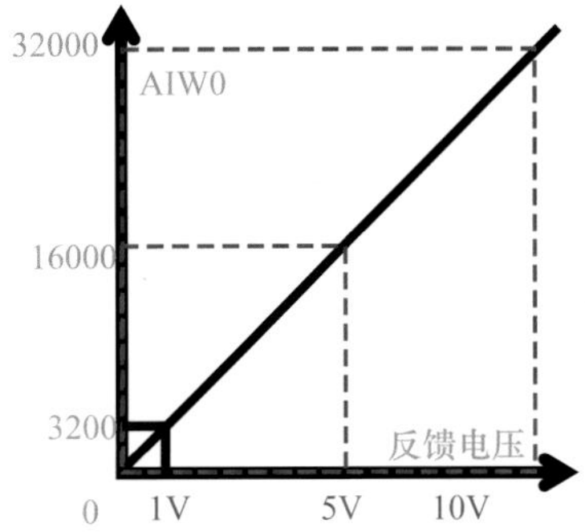

传感器温度T和AIW示意图

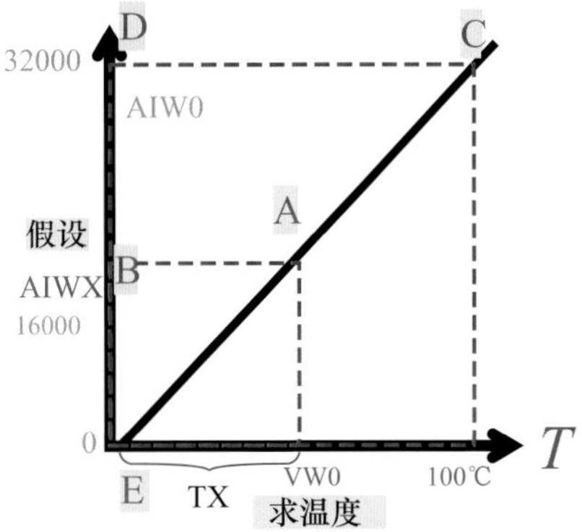

调用S7-200 PLC官方库文件

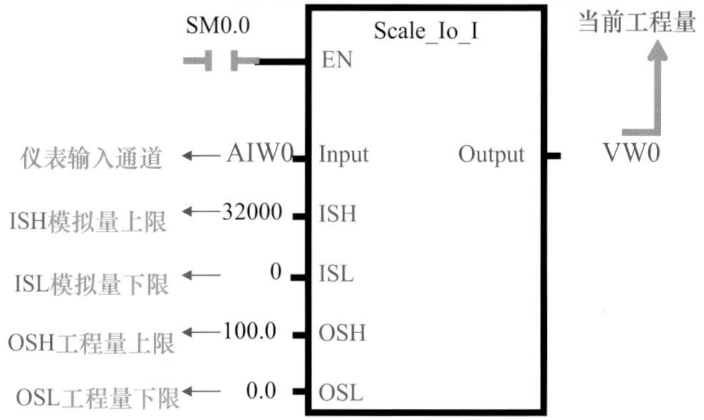

TX(实际温度)=100×(AIWX−0)÷(32000−0)

缩减公式

$$\text{当前工程量}=\frac{\text{工程量上限}-\text{工程量下限}}{\text{模拟量上限}-\text{模拟量下限}}\times(\text{当前模拟量}-\text{模拟量下限})+\text{工程量下限}$$

VW0=(OSH工程量上限−OSL工程量下限)×(AIW0当前模拟量−ISL模拟量下限)÷(ISH模拟量上限−ISL模拟量下限)+OSL工程量下限
当前工程量=(100−0)×(16000−0)÷(32000−0)+0

6. 模拟量的数据类型及寻址

模拟量输入AI：PLC将模拟量(标准信号)转换成一个字(W)长的数据，可以用寄存器标志符号AI、数据长度字(W)及字节的起始地址来存取这些数据。

模拟量输入所用的存储区为AI，每一路模拟量输入占一个字，所以模拟量输入的地址为AIW0、AIW2、AIW4等。所以第一路模拟量输入通道就为AIW0，接下来的地址按顺序排列，模拟量输入值为只读数据，地址范围AIW0~AIW62。

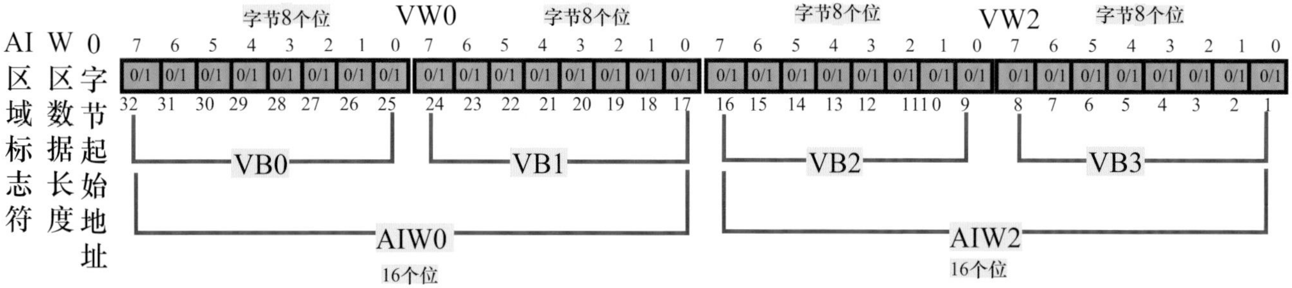

模拟量输出AQ：PLC将一个字(W)长的数字值按比例转换成电流或电压(标准信号)。可以用寄存器标志符号AQ、数据长度字(W)及字节的起始地址来存取这些数据。

模拟量输出所用的存储区为AQ，每一路模拟量输出占一个字，所以模拟量输出的地址为AQW0、AQW2、AQW4等。所以第一路模拟量输出通道就为AQW0，接下来的地址按顺序排列，模拟量输出值为只写数据，地址范围AQW0~AQW62。

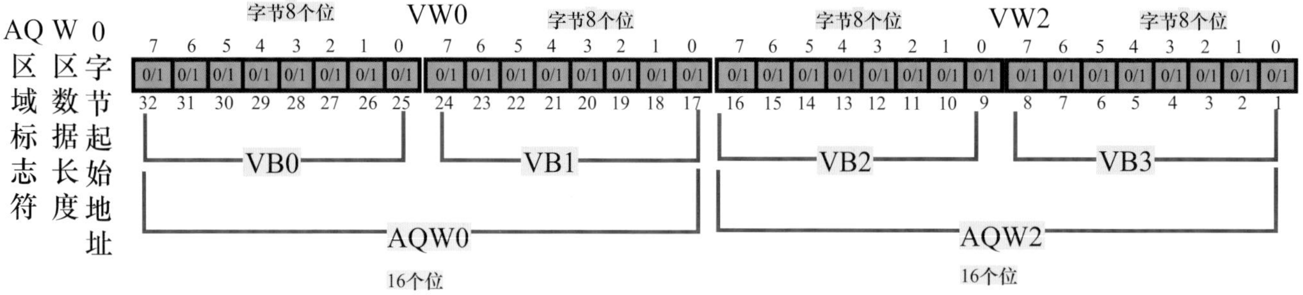

7. 西门子 S7-200 PLC 自带模拟量电流型变送器实物接线

M、I、V接口是模拟量输出，电流型负载接在I和M端子上，电压型负载接在V和M端子上。

M、A+、B+接口是模拟量入，电压或电流信号。

注意，有一部分型号的PLC只需要拨动拨码开关就可以入电流信号。

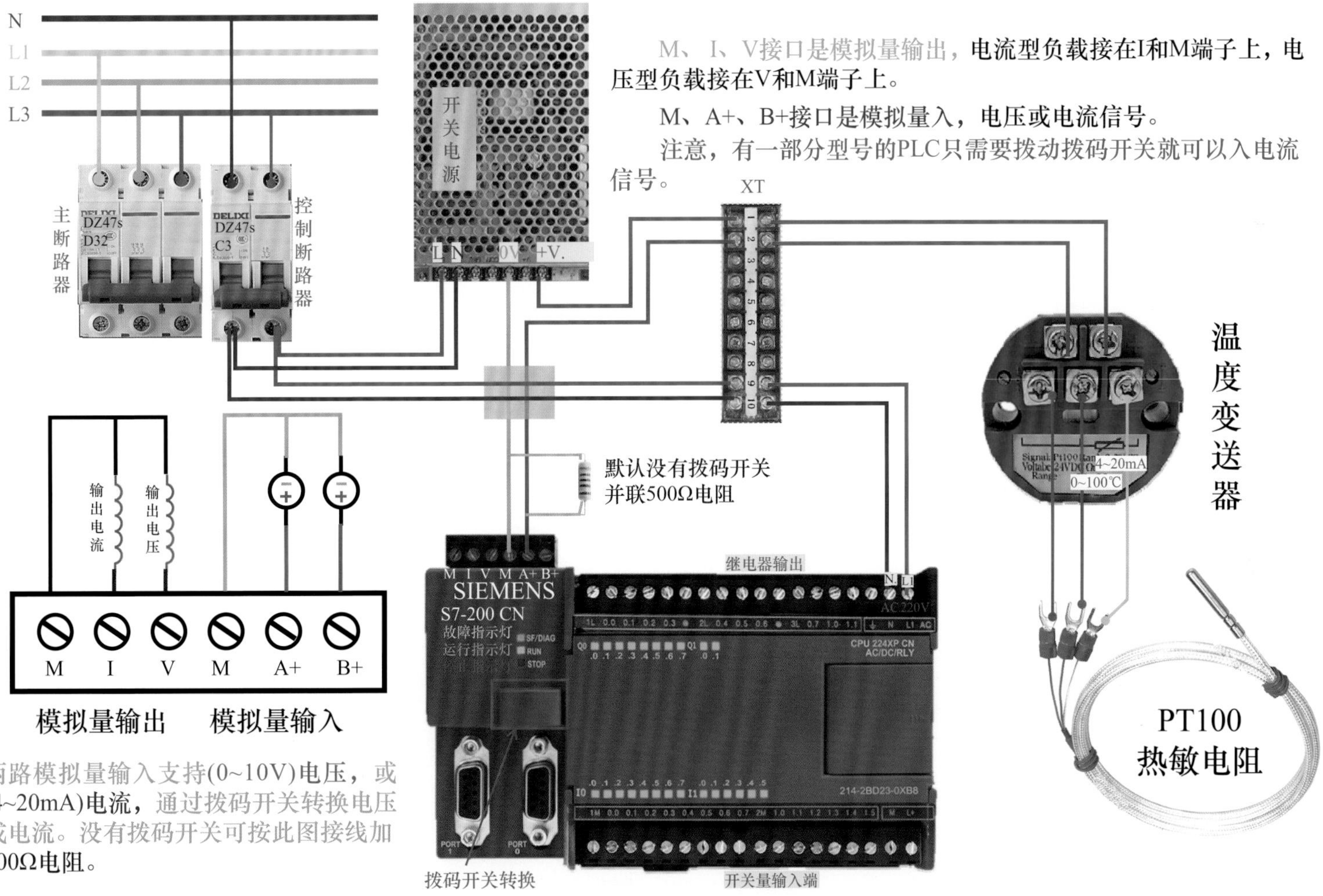

两路模拟量输入支持(0~10V)电压，或(4~20mA)电流，通过拨码开关转换电压或电流。没有拨码开关可按此图接线加500Ω电阻。

8. 西门子 S7-200 PLC 自带模拟量电压型变送器实物接线

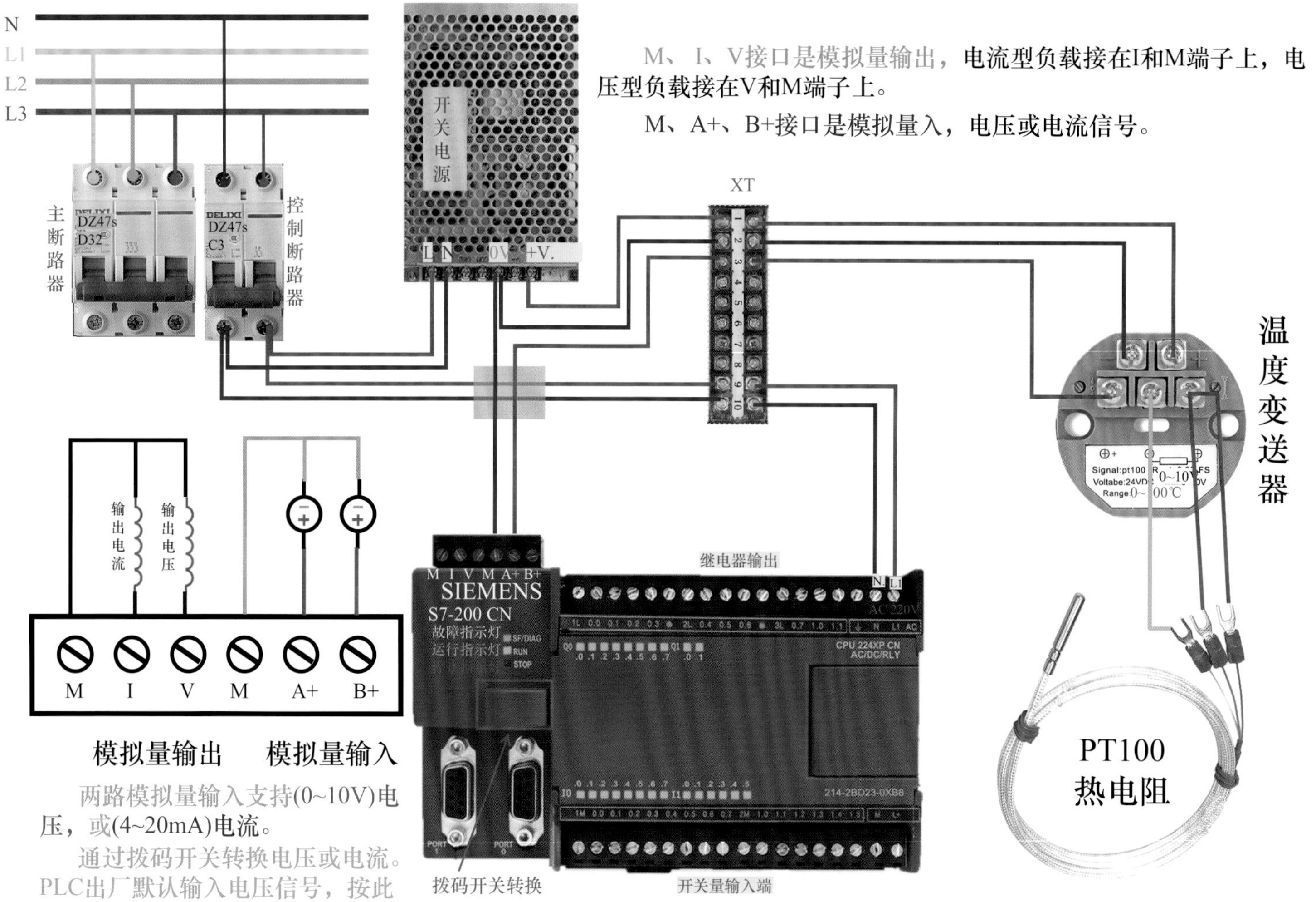

M、I、V接口是模拟量输出，电流型负载接在I和M端子上，电压型负载接在V和M端子上。

M、A+、B+接口是模拟量入，电压或电流信号。

两路模拟量输入支持(0~10V)电压，或(4~20mA)电流。

通过拨码开关转换电压或电流。PLC出厂默认输入电压信号，按此图接线即可。

9. 西门子 S7-200 PLC 模拟量模块 EM235 与电流型变送器实物接线

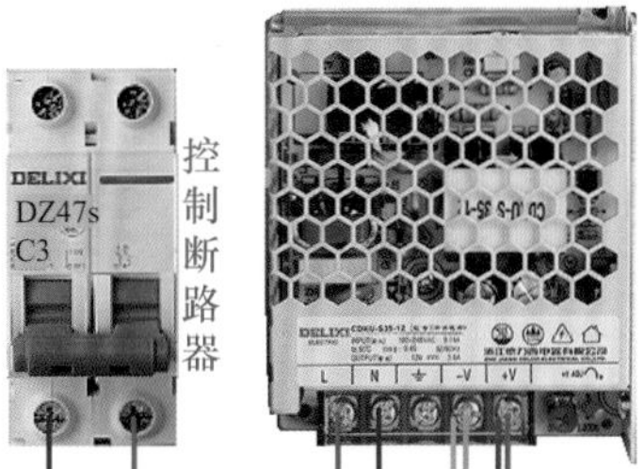

EM235是模拟量输入/输出模块混合模块，具有4路模拟量输入和1路模拟量输出。EM235的电源接线：L+接开关电源的+V(24V)，M接开关电源的−V(0V)。

电流型温度变送器接线：变送器的+接开关电源的+V，变送器的−接模拟量模块EM235的A+，RA与A+短接。模拟量模块的A−接开关电源−V(0V)。

0~20mA电流信号包含4~20mA的电流信号，所以按照0~20mA的量程来调节拨码开关，拨码开关调节：S1、S6为ON，其他状态拨码开关为OFF。一个模块只能设置一种测量范围。

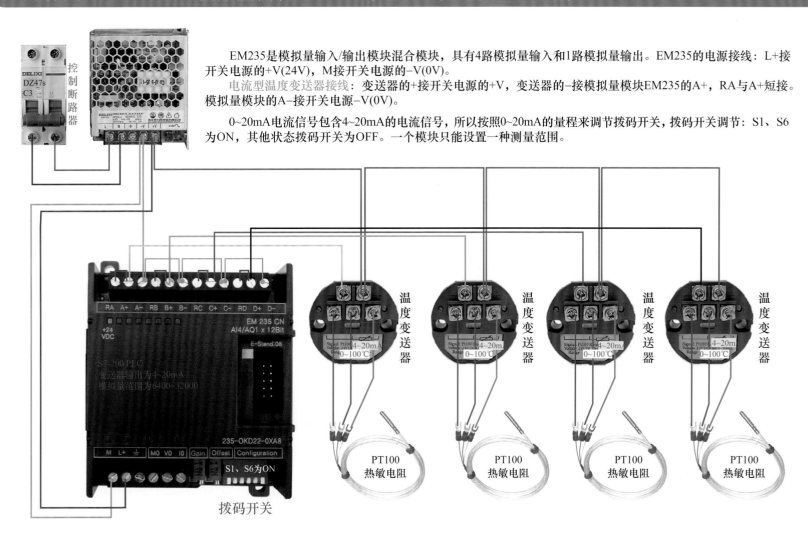

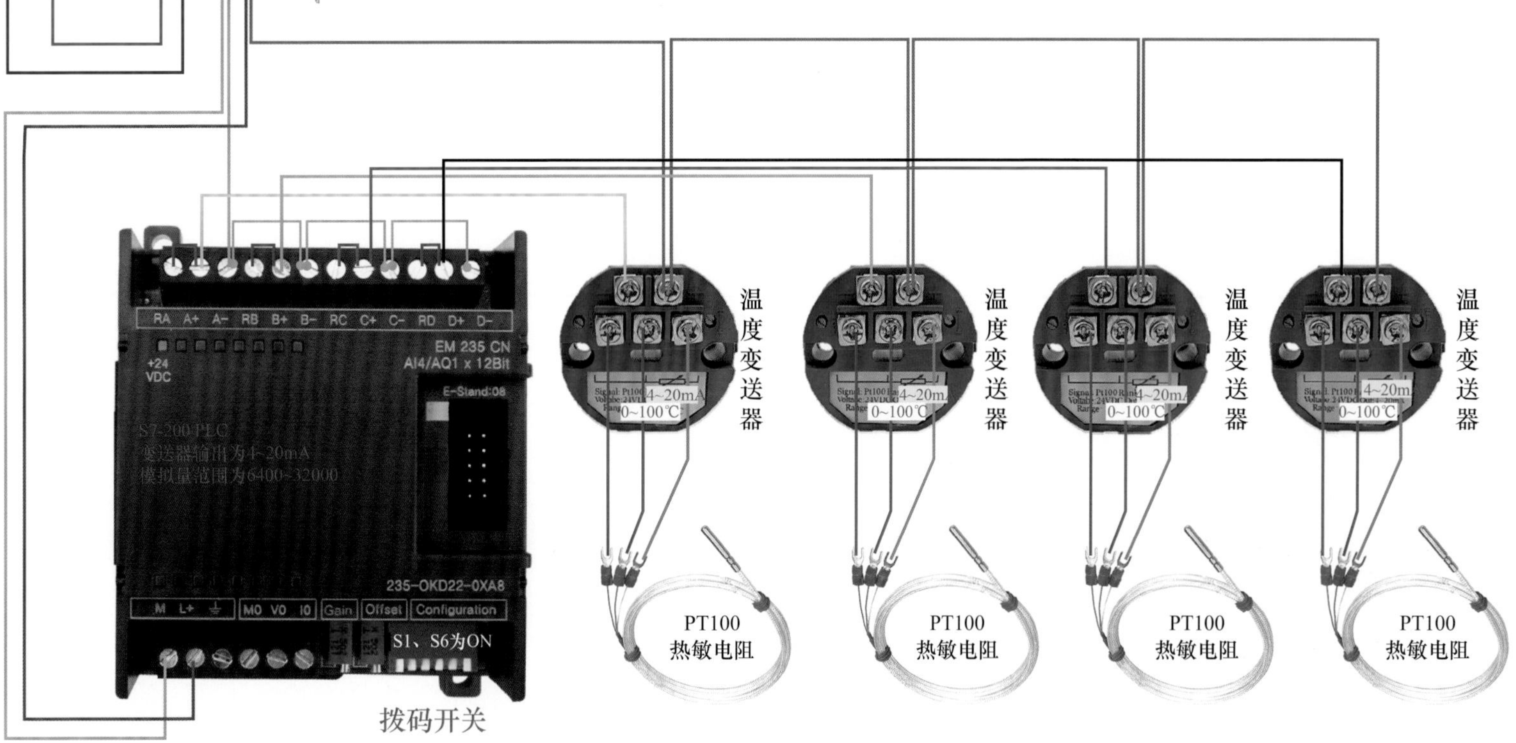

10. 西门子S7-200 PLC模拟量模块EM235与电压型变送器实物接线

EM235是模拟量输入/输出模块混合模块，具有4路模拟量输入和1路模拟量输出。EM235的电源接线：L+接开关电源的+V(24V)，M接开关电源的–V(0V)。

电压型温度变送器接线：变送器的+接开关电源的+V，–接开关电源的–V，信号线OUT+接模拟量模块EM235的A+，A–接开关电源–V(0V)。

按照0~10V的量程来调节拨码开关，拨码开关调节：S2、S6为ON，其他拨码状态开关为OFF。一个模块只能设置一种测量范围。

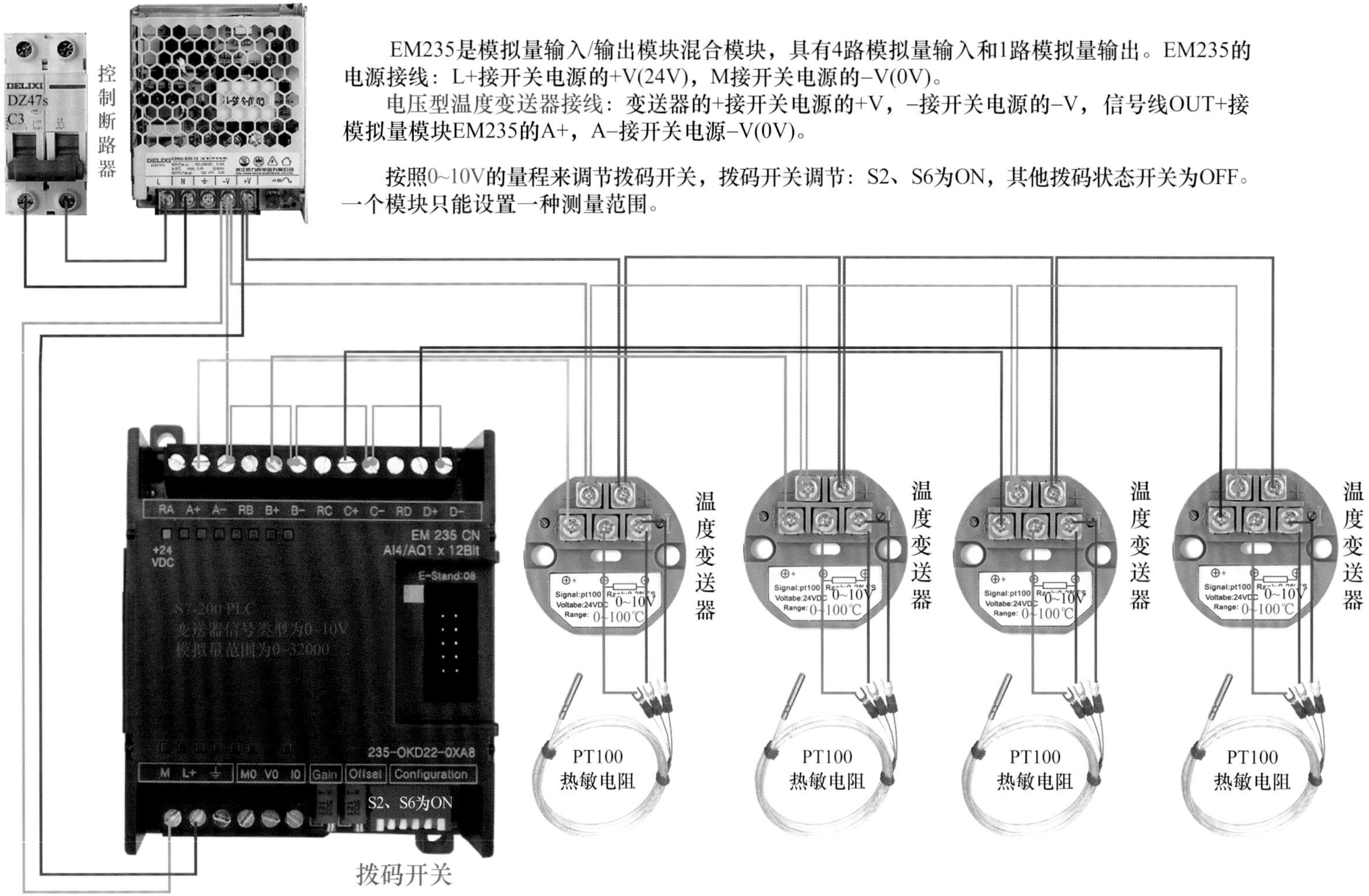

11. 西门子 S7-200 SMART PLC 模拟量模块 AM03 与电流变型变送器实物接线

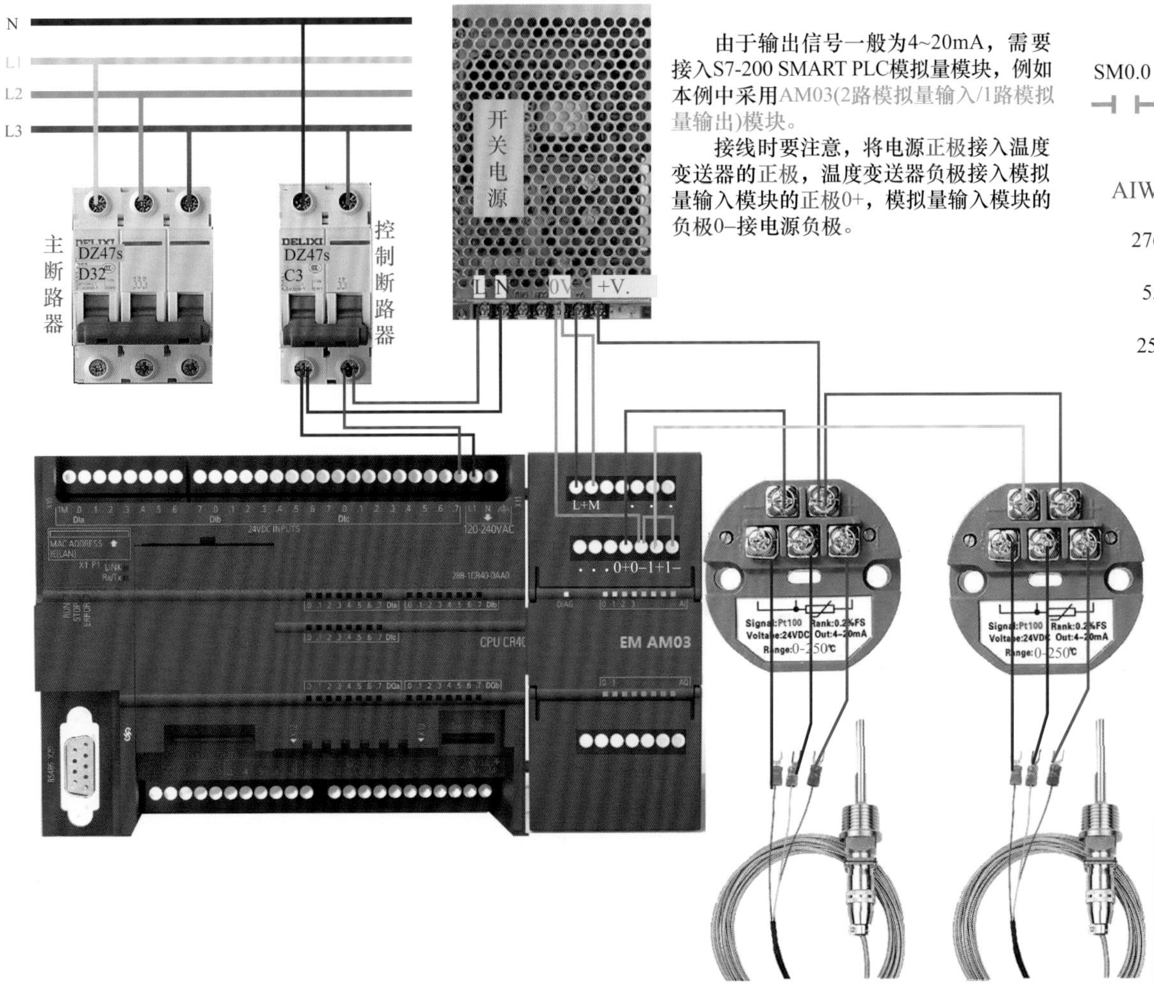

由于输出信号一般为4~20mA，需要接入S7-200 SMART PLC模拟量模块，例如本例中采用AM03(2路模拟量输入/1路模拟量输出)模块。

接线时要注意，将电源正极接入温度变送器的正极，温度变送器负极接入模拟量输入模块的正极0+，模拟量输入模块的负极0−接电源负极。

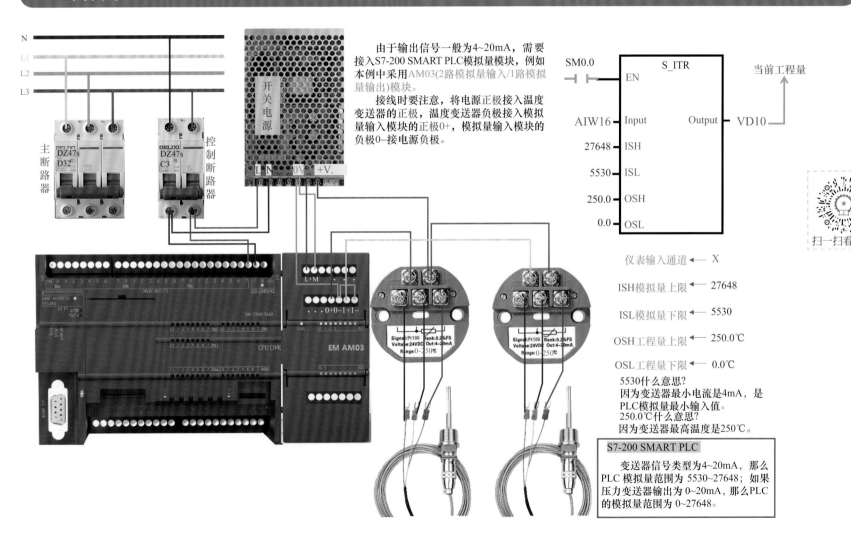

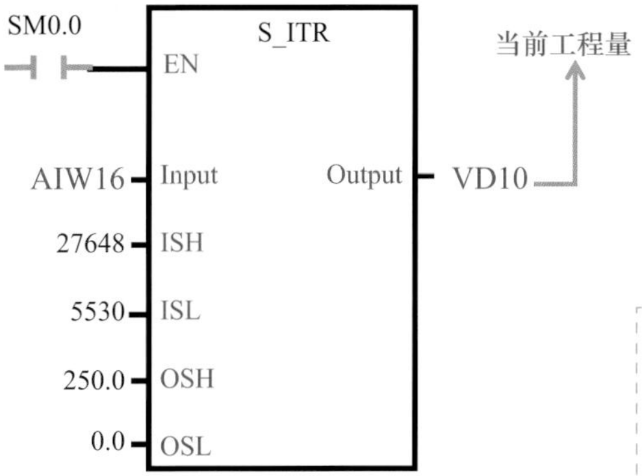

仪表输入通道 ← X

ISH模拟量上限 ← 27648

ISL模拟量下限 ← 5530

OSH工程量上限 ← 250.0℃

OSL工程量下限 ← 0.0℃

5530什么意思?
因为变送器最小电流是4mA，是PLC模拟量最小输入值。
250.0℃什么意思?
因为变送器最高温度是250℃。

扫一扫看视频

S7-200 SMART PLC

变送器信号类型为4~20mA，那么PLC模拟量范围为5530~27648；如果压力变送器输出为0~20mA，那么PLC的模拟量范围为0~27648。

12. 西门子 S7-200 SMART PLC 模拟量模块 AM03 与电压变型变送器实物接线

由于输出信号一般为0~10V，需要接入S7-200 SMART PLC 模拟量模块，例如本例中采用AM03（2路模拟量输入/1路模拟量输出）模块。

接线时要注意，将电源正极接入温度变送器的正极，电源负极接入温度变送器的负极。

温度变送器输出端子的接线为：输出正极接入模拟量模块的正极，再将电源的负极接入模拟量模块的负极。

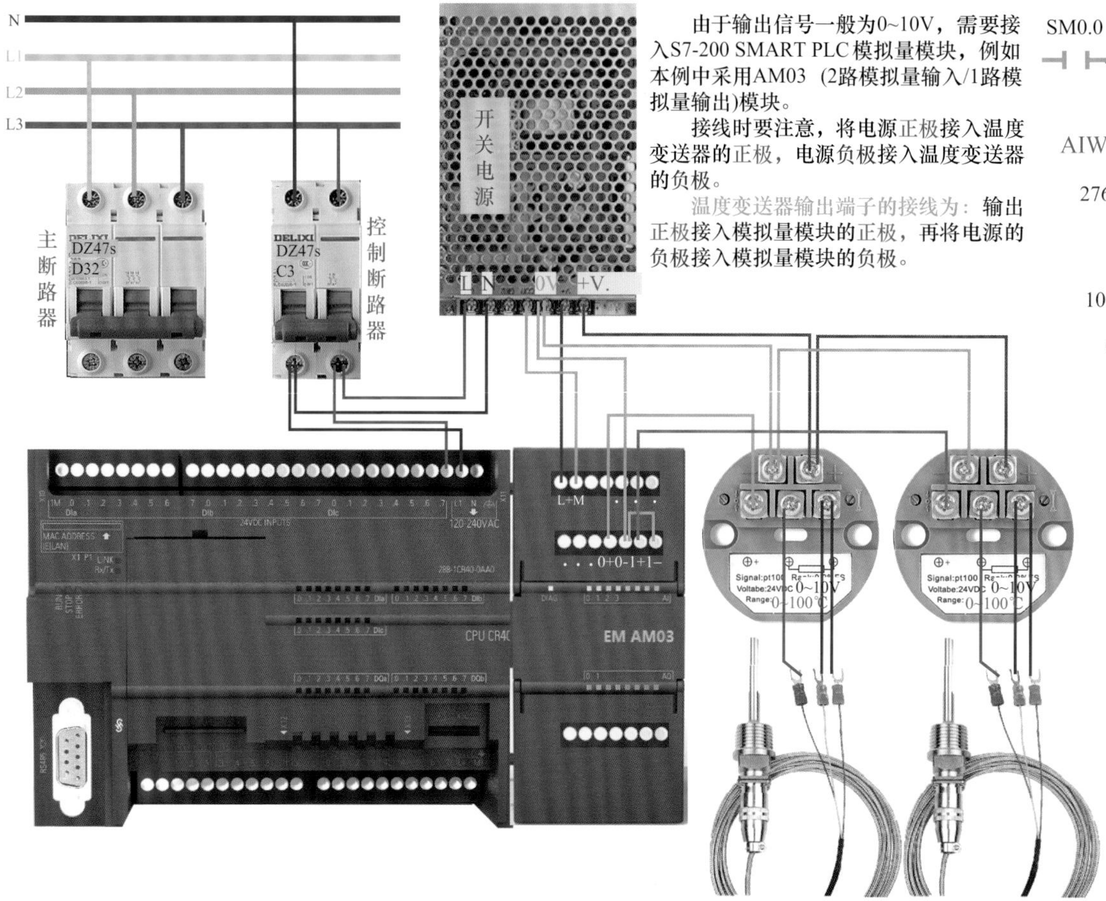

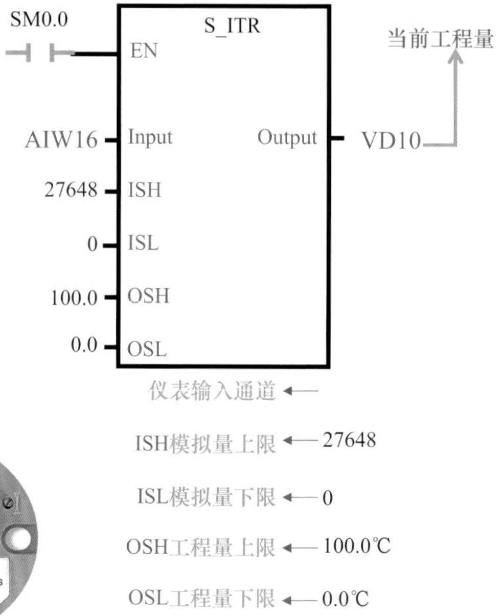

变送器

如果温度是0~250℃，
在工程量上限(OSH)填写250.0℃，
工程量下限填写(OSL)填写0.0℃。

如果温度是50~250℃，
在工程量上限(OSH)填写250.0℃，
工程量下限填写(OSL)填写50.0℃。

S7-200 SMART PLC

变送器信号类型为 0~10 V，
那么PLC 模拟量范围为 0~27648；
如果压力变送器输出为 0~20 mA，
那么PLC的模拟量范围为 0~27648。

13. 西门子 S7-200 PLC 温度变送器模拟量输入控制电路（一）

1.梯形图程序

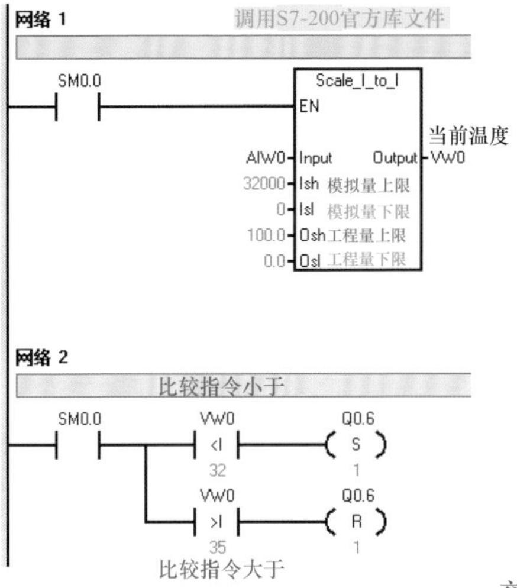

2.实物接线图

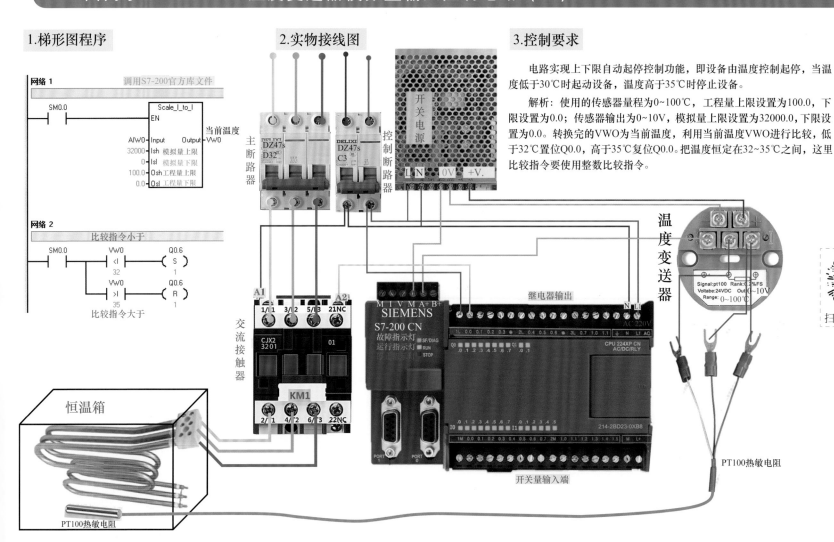

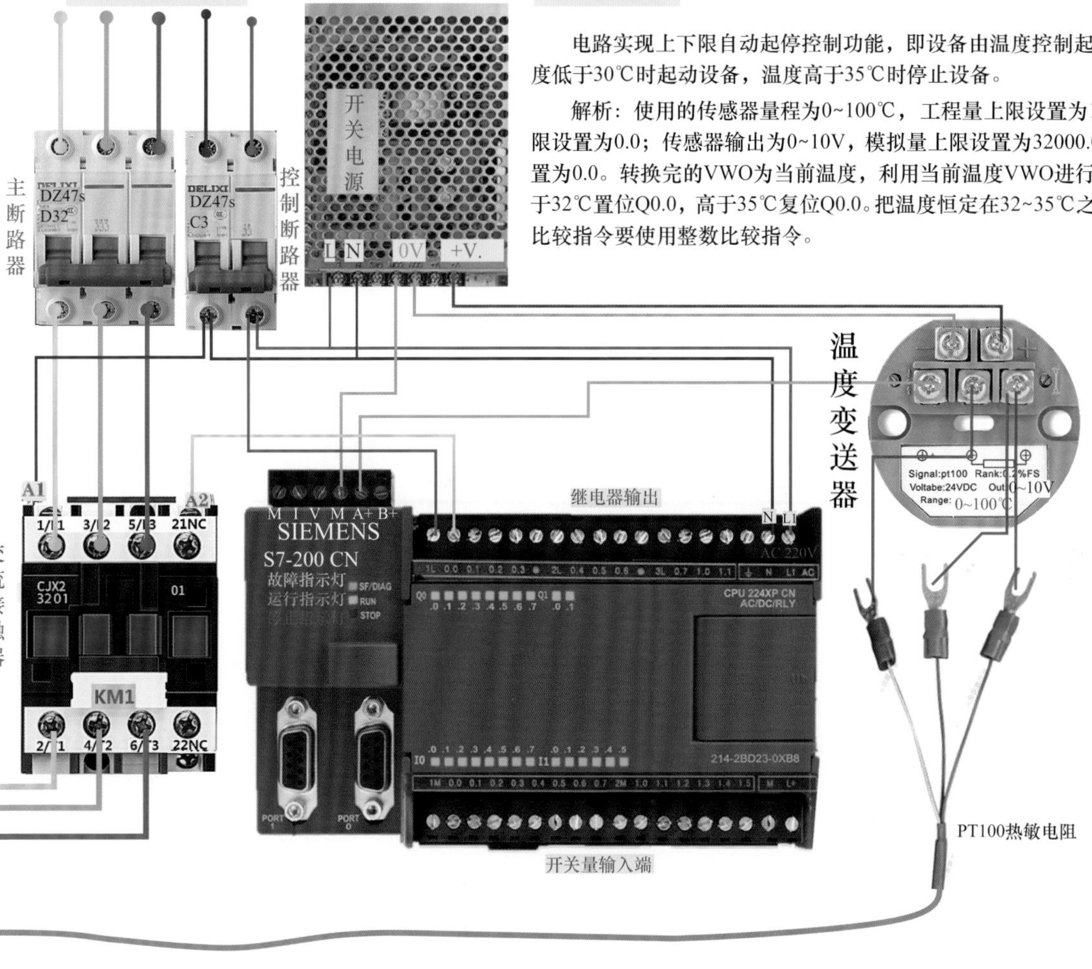

3.控制要求

电路实现上下限自动起停控制功能，即设备由温度控制起停，当温度低于30℃时起动设备，温度高于35℃时停止设备。

解析：使用的传感器量程为0~100℃，工程量上限设置为100.0，下限设置为0.0；传感器输出为0~10V，模拟量上限设置为32000.0，下限设置为0.0。转换完的VWO为当前温度，利用当前温度VWO进行比较，低于32℃置位Q0.0，高于35℃复位Q0.0。把温度恒定在32~35℃之间，这里比较指令要使用整数比较指令。

扫一扫看视频

14. 西门子 S7-200 PLC 温度变送器模拟量输入控制电路（二）

1.梯形图程序

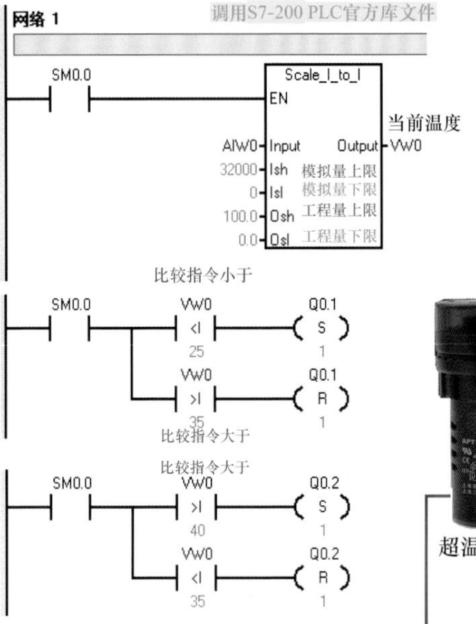

2.实物接线图

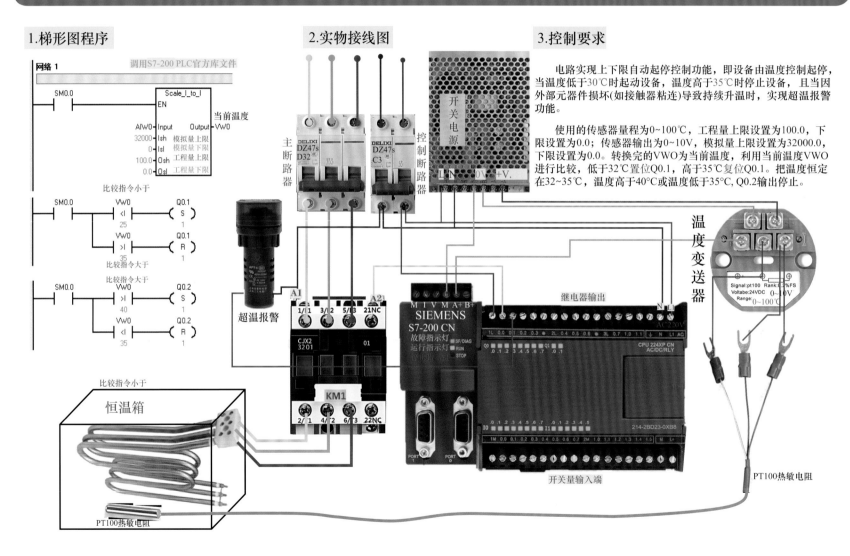

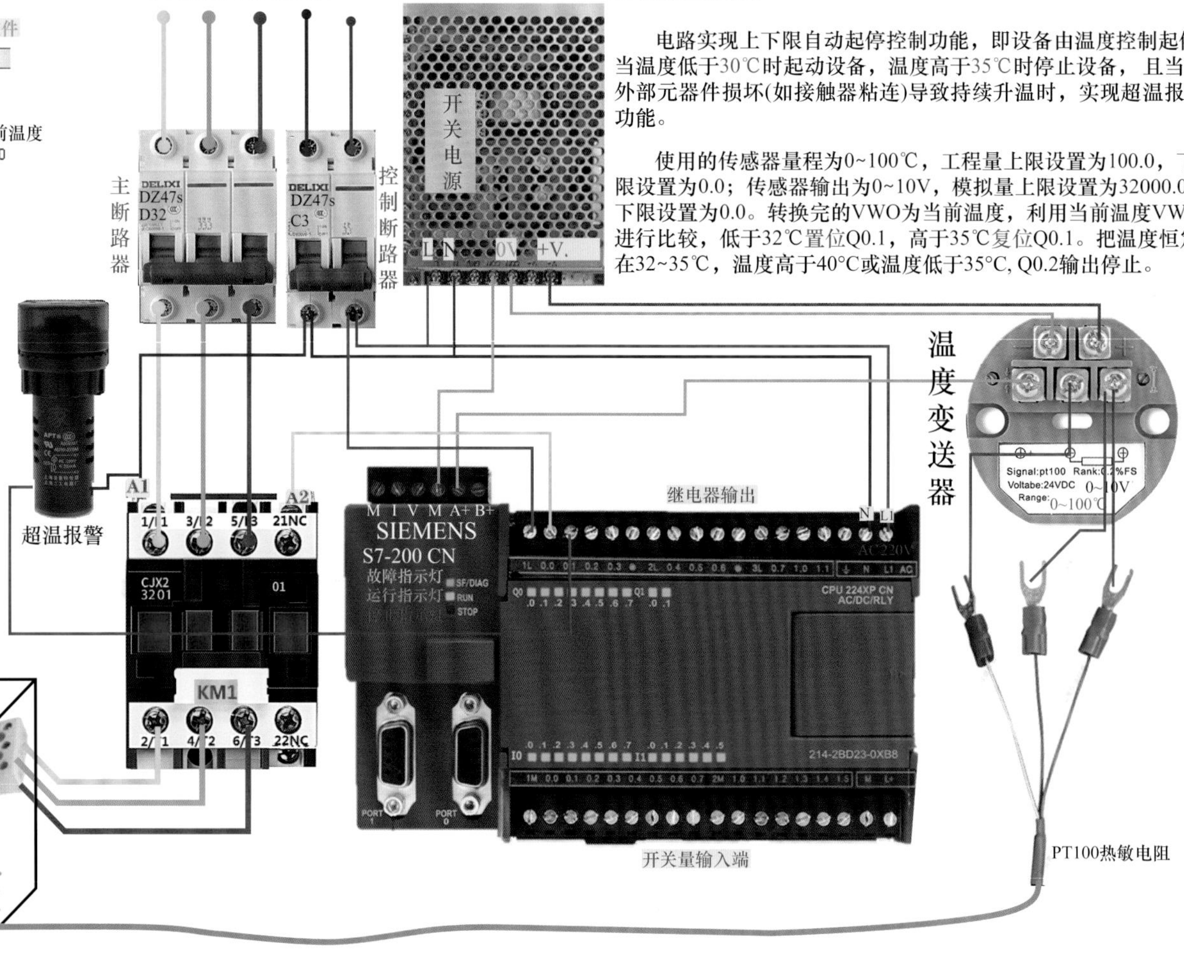

3.控制要求

电路实现上下限自动起停控制功能，即设备由温度控制起停，当温度低于30℃时起动设备，温度高于35℃时停止设备，且当因外部元器件损坏(如接触器粘连)导致持续升温时，实现超温报警功能。

使用的传感器量程为0~100℃，工程量上限设置为100.0，下限设置为0.0；传感器输出为0~10V，模拟量上限设置为32000.0，下限设置为0.0。转换完的VWO为当前温度，利用当前温度VWO进行比较，低于32℃置位Q0.1，高于35℃复位Q0.1。把温度恒定在32~35℃，温度高于40°C或温度低于35°C, Q0.2输出停止。

15. 西门子 S7-200 SMART PLC 模拟量输出（电压型）控制电路

1.梯形图程序

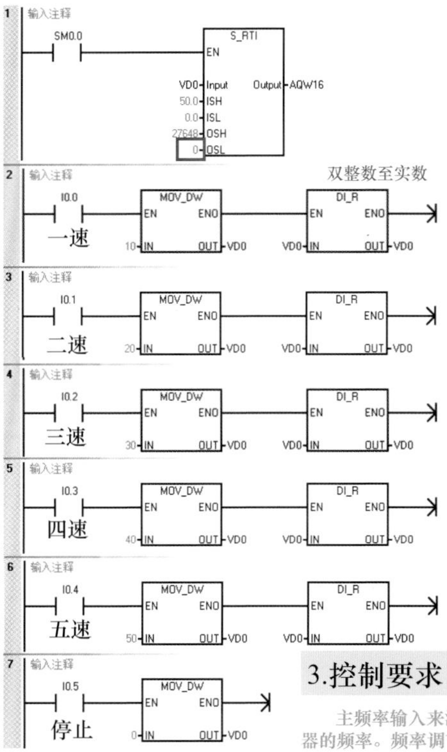

2.实物接线图

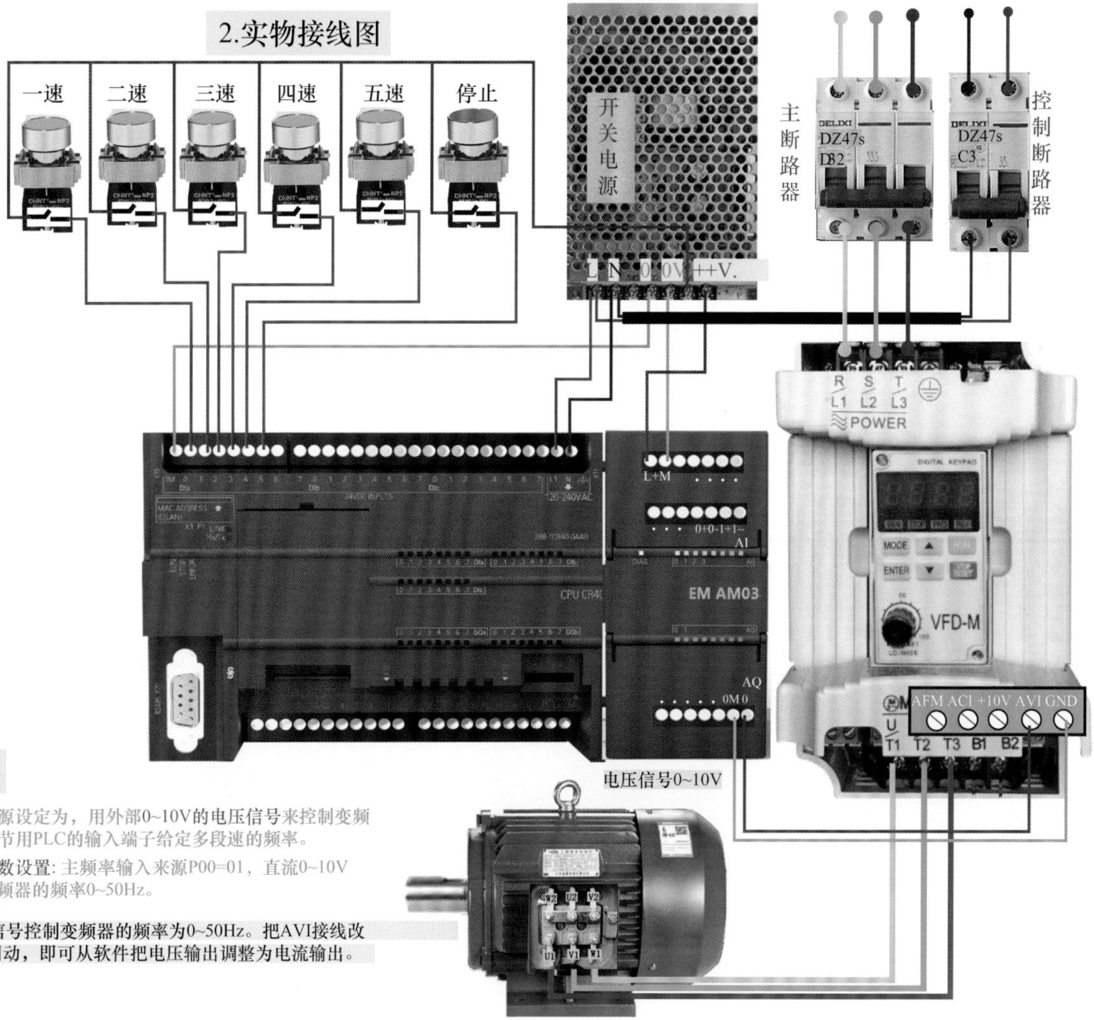

3.控制要求

主频率输入来源设定为，用外部0~10V的电压信号来控制变频器的频率。频率调节用PLC的输入端子给定多段速的频率。

变频器基本参数设置：主频率输入来源P00=01，直流0~10V的电压信号控制变频器的频率0~50Hz。

如果用电流变频器P00=02，直流4~20mA的电流信号控制变频器的频率为0~50Hz。把AVI接线改到ACI，即将程序模拟量模块0改成5530，PLC接线不用动，即可从软件把电压输出调整为电流输出。

16. 西门子 S7-200 PLC 模拟量输出（电流型）控制电路

扫一扫看视频

1.梯形图程序

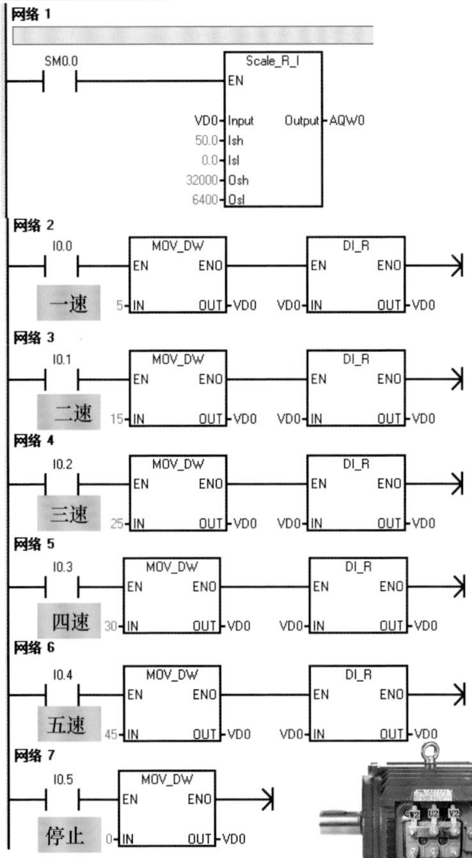

2.实物接线图

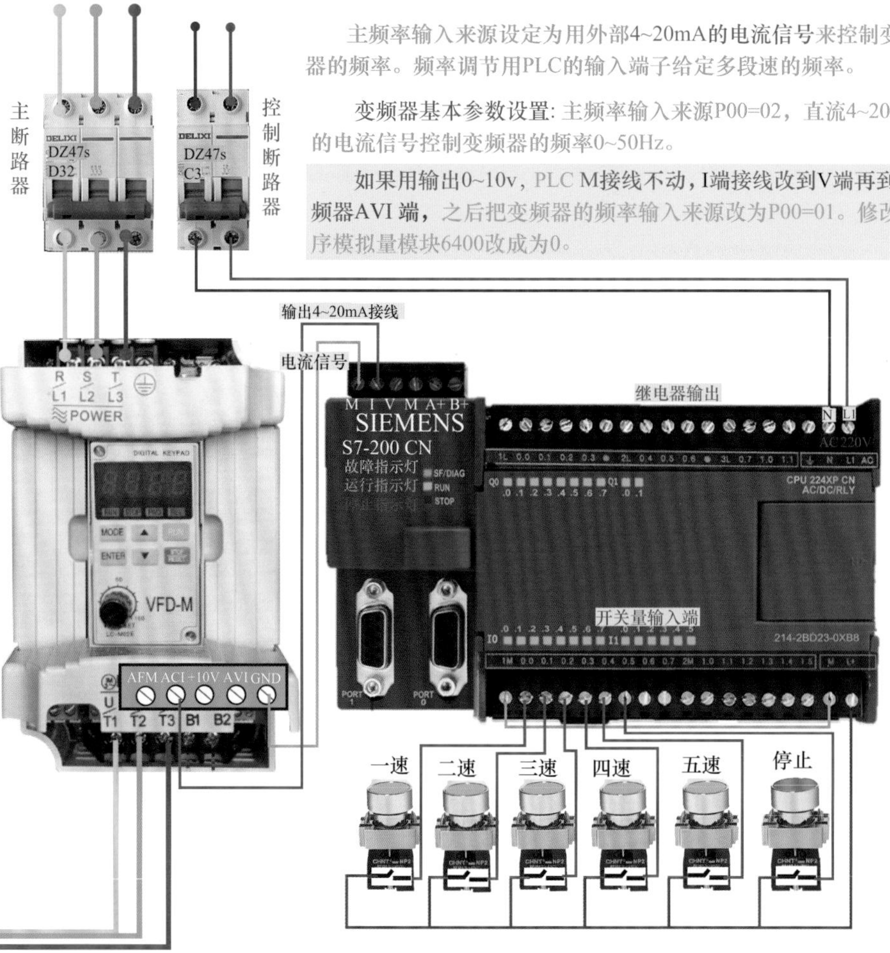

3.控制要求

主频率输入来源设定为用外部4~20mA的电流信号来控制变频器的频率。频率调节用PLC的输入端子给定多段速的频率。

变频器基本参数设置：主频率输入来源P00=02，直流4~20mA的电流信号控制变频器的频率0~50Hz。

如果用输出0~10v，PLC M接线不动，I端接线改到V端再到变频器AVI 端，之后把变频器的频率输入来源改为P00=01。修改程序模拟量模块6400改成为0。

17. 西门子 S7-200 SMART PLC 根据温度变化实现电动机转速控制电路

1.梯形图程序　　2.实物接线图

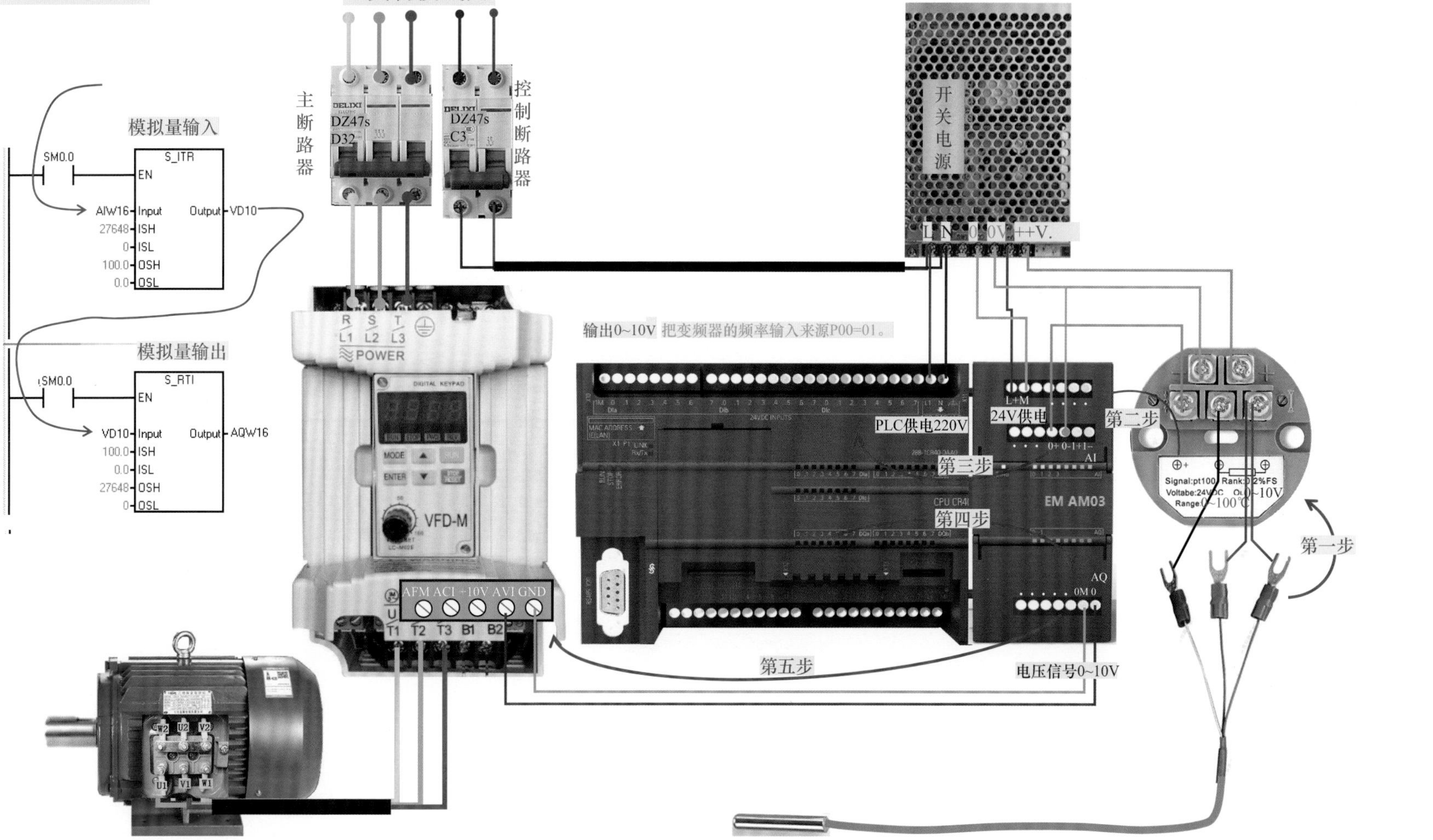

第 6 章

高速计数器和运动控制应用

6.1　高速计数器

1. 西门子 S7-200 PLC 高速计数器使用的特殊标志位存储器

高速计数器使用的特殊标志位存储器				
高速计数	状态字	控制字节	初始值	预设值
HSC0	SMB36	⇨ SMB37	⇨ SMD38	⇨ SMD42
HSC1	SMB46	⇨ SMB47	⇨ SMD48	⇨ SMD52
HSC2	SMB56	SMB57	SMD58	SMD62
HSC3	SMB136	SMB137	SMD138	SMD142
HSC4	SMB146	SMB147	SMD148	SMD152
HSC5	SMB156	SMB157	SMD158	SMD162

传送指令 0号计数器

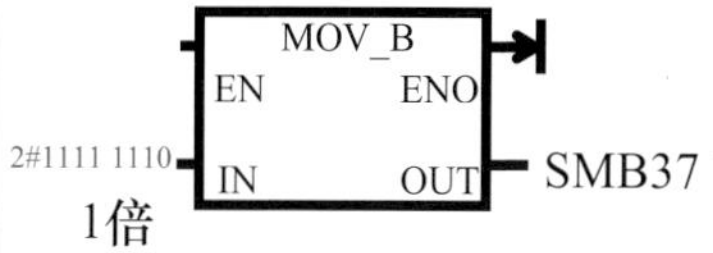

传送指令 0号计数器

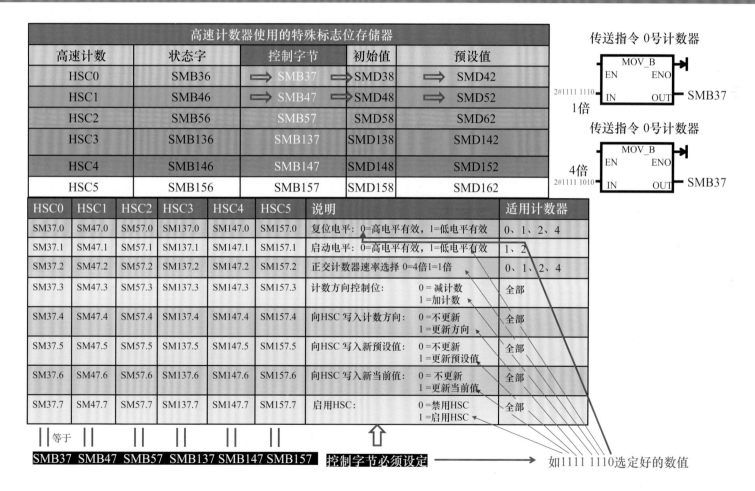

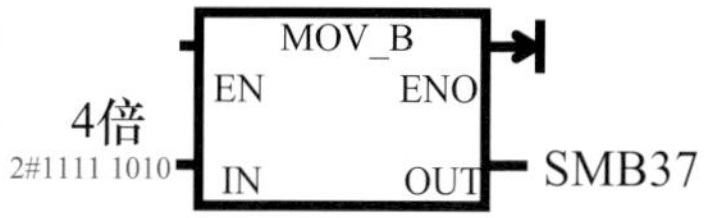

扫一扫看视频

HSC0	HSC1	HSC2	HSC3	HSC4	HSC5	说明	适用计数器
SM37.0	SM47.0	SM57.0	SM137.0	SM147.0	SM157.0	复位电平：0=高电平有效，1=低电平有效	0、1、2、4
SM37.1	SM47.1	SM57.1	SM137.1	SM147.1	SM157.1	启动电平：0=高电平有效，1=低电平有效	1、2
SM37.2	SM47.2	SM57.2	SM137.2	SM147.2	SM157.2	正交计数器速率选择 0=4倍1=1倍	0、1、2、4
SM37.3	SM47.3	SM57.3	SM137.3	SM147.3	SM157.3	计数方向控制位：0 = 减计数 1 =加计数	全部
SM37.4	SM47.4	SM57.4	SM137.4	SM147.4	SM157.4	向HSC 写入计数方向：0 =不更新 1 =更新方向	全部
SM37.5	SM47.5	SM57.5	SM137.5	SM147.5	SM157.5	向HSC 写入新预设值：0 =不更新 1 =更新预设值	全部
SM37.6	SM47.6	SM57.6	SM137.6	SM147.6	SM157.6	向HSC 写入新当前值：0 = 不更新 1 =更新当前值	全部
SM37.7	SM47.7	SM57.7	SM137.7	SM147.7	SM157.7	启用HSC：0 =禁用HSC 1 =启用HSC	全部
‖等于	‖	‖	‖	‖	‖	⇧	
SMB37	SMB47	SMB57	SMB137	SMB147	SMB157	控制字节必须设定 →	如1111 1110选定好的数值

2. S7-200 PLC 和 S7-200 SMART PLC 高速计数器的模式选择和输入点分配

S7-200 PLC

HSC模式	计数器	输入分配			
	HSC0	I0.0	I0.1	I0.2	
	HSC1	I0.6	I0.7	I1.0	I1.1
	HSC2	I1.2	I1.3	I1.4	I1.5
	HSC3只支持一种计数器模式（模式0）	I0.1			
	HSC4	I0.3	I0.4	I0.5	
	HSC5只支持一种计数器模式（模式0）	I0.4			

模式	说明			按钮控制	按钮控制
0	外部方向控制的单相，增/减计数器 如HSC1 SN47.3=0 减脉冲 SN47.3=1 增脉冲	脉冲			
1				复位	
2				复位	启动
3	外部方向控制的单相增/减计数器如HSC1I0.7=0减脉冲I0.7=1增脉冲	脉冲	方向		
4				复位	
5				复位	启动
6	增/减计数脉冲输入控制的双向计数器 带有增减计数的双相计数器， 接黑线是增计数，接白线是减计数，但是不能两个都接	脉冲增	脉冲减		
7				复位	
8				复位	启动
9	A/B相正交计数器 A超前B，增计数 B超前A，减计数	A相脉冲	B相脉冲		
10				复位	
11				复位	启动

S7-200 SMART PLC

HSC模式	计数器	输入分配		复位
	HSC0	I0.0	I0.1	I0.4
	HSC1 只支持一种计数器模式（模式0）	I0.1		
	HSC2	I0.2	I0.3	I0.5
	HSC3 只支持一种计数器模式（模式0）	I0.3		
	HSC4	I0.6	I0.7	I1.2
	HSC5	I1.0	I1.1	I1.3

模式	说明			按钮控制
0	内部方向控制的单相增/减计数器	脉冲		
1				复位
2				复位
3	外部方向控制的单相增/减计数器 可以选择模式3用外部按钮给对应输入点信号改变增计数或者减计数	脉冲	方向	
4				复位
6	增/减计数脉冲输入控制的双向计数器 带有增减计数的双相计数器， 接黑线是增计数，接白线是减计数， 但是不能两个都接	脉冲增	脉冲减	
7				复位
8				复位
9	A/B相正交计数器 A超前B，增计数 B超前A，减计数	A相脉冲	B相脉冲	
10				复位
11				复位

3. 西门子 S7-200 PLC 高速计数器的应用

HSC模式	计数器HSC0~HSC5（5个高速计数器）	输入分配			
	HSC0	I0.0	I0.1	I0.2	
	HSC1	I0.6	I0.7	I1.0	I1.1
	HSC2	I1.2	I1.3	I1.4	I1.5
	HSC3	I0.1			
	HSC4	I0.3	I0.4	I0.5	
	HSC5	I0.4			
0	内部方向控制的单相，增/减计数器	脉冲			
1				复位	
2				复位	启动
3	外部方向控制的单相，增/减计数器	脉冲	方向		
4				复位	
5				复位	启动
6	增/减计数脉冲输入控制的双向计数器带有增减计数的双相计数器，黑线接是增计数，白线接1是减计数，但是不能两个都接	脉冲增	脉冲减		
7				复位	
8				复位	启动
9	A/B相正交计数器 A超前B，增计数 B超前A，减计数	A相脉冲	B相脉冲		
10				复位	
11				复位	启动

高速计器数使用的特殊标志位存储器

高速计数	状态字	控制字节	初始值	预设值器
HSC0	SMB36	SMB37	SMD38	SMD42
HSC1	SMB46	SMB47	SMD48	SMD52
HSC2	SMB56	SMB57	SMD58	SMD62
HSC3	SMB136	SMB137	SMD138	SMD142
HSC4	SMB156	SMB157	SMD158	SMD162

内部方向控制的单相增计数器

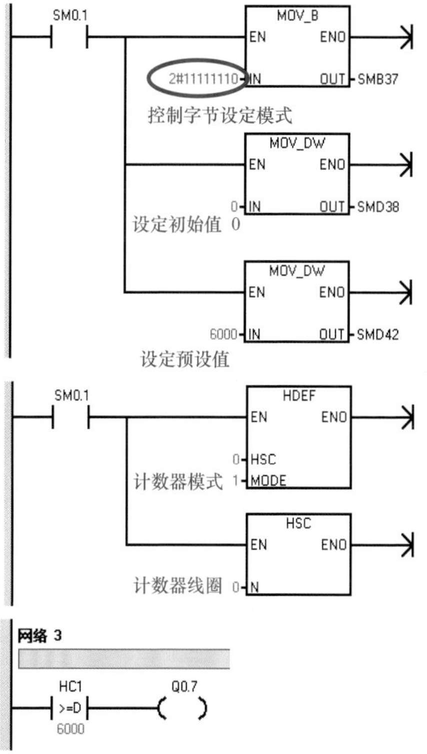

I0.0 输入脉冲（黑）白都可以使用

增计数2#11111110

I0.2 复位

内部方向控制的单相减计数器

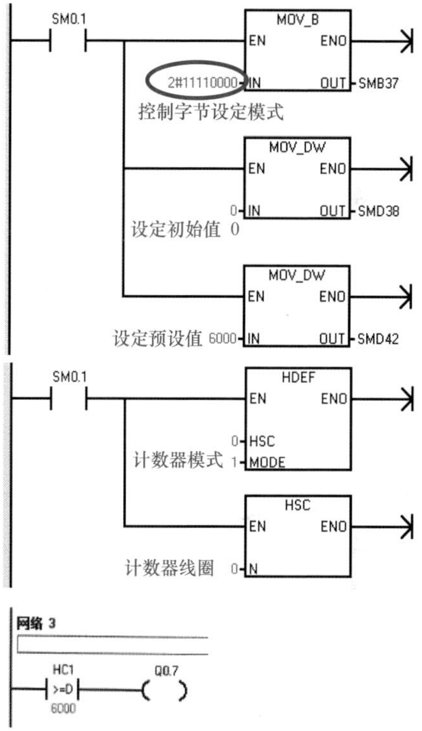

I0.0 输入脉冲（黑）白都可以使用

减计数2#11110000

I0.2 复位

4. 西门子 S7-200 PLC A/B 相正交高速计数器应用电路

1.梯形图程序

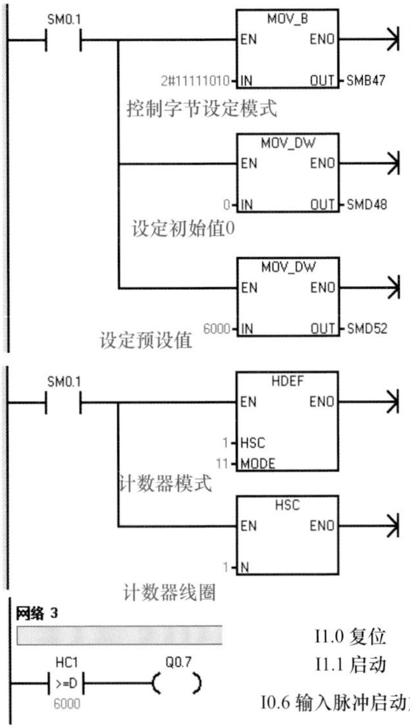

计数器大于6000脉冲接通

I1.0 复位

I1.1 启动

I0.6 输入脉冲启动加数（A）绿

I0.7 输入脉冲启动减数（B）白

注，A—B同时接入使用

2.实物接线图

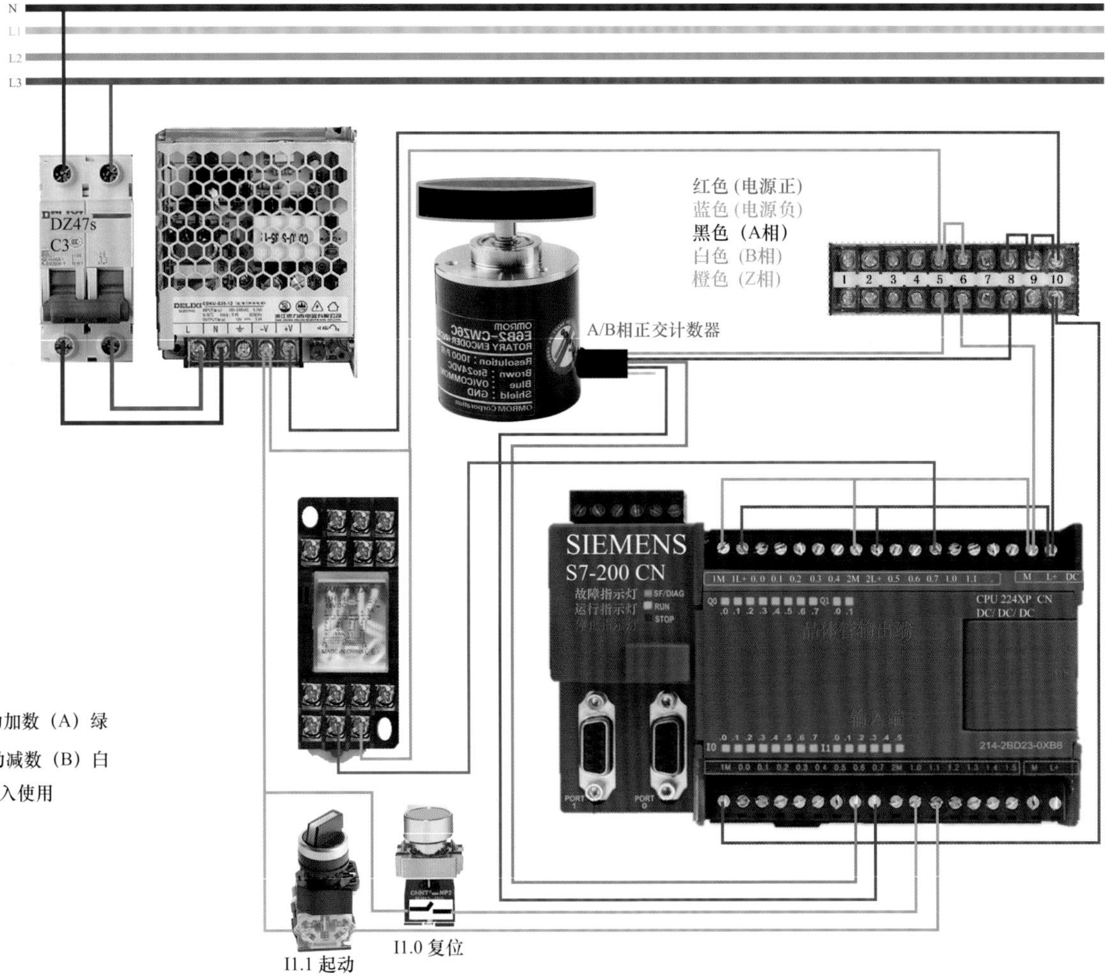

5. 西门子 S7-200 SMART PLC 高速计数器应用电路

1.梯形图程序

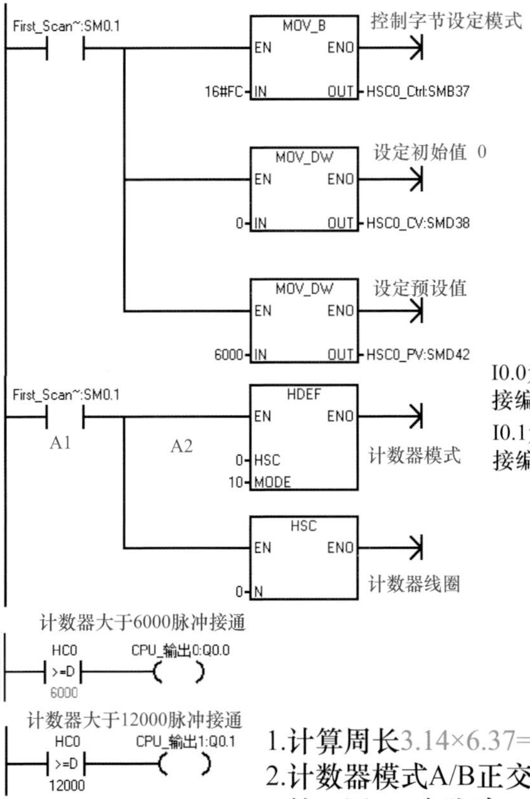

2.实物接线图

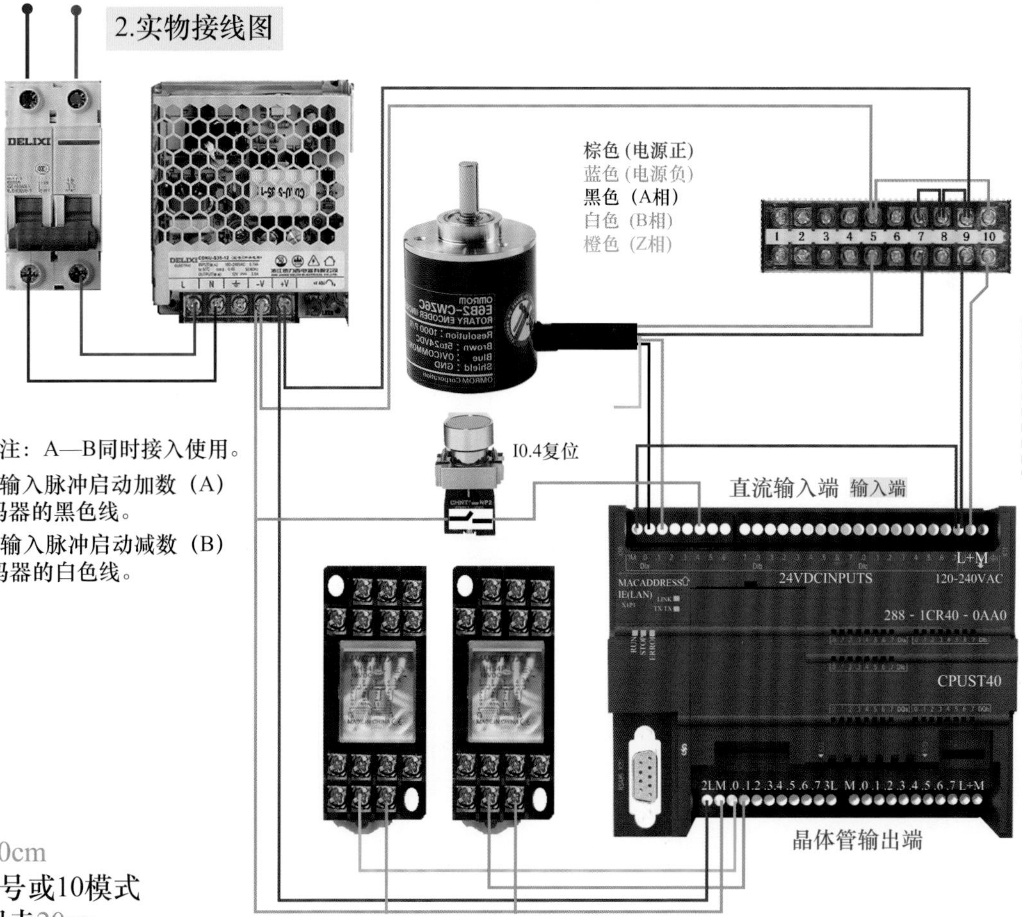

注：A—B同时接入使用。

I0.0为输入脉冲启动加数（A）接编码器的黑色线。

I0.1为输入脉冲启动减数（B）接编码器的白色线。

1.计算周长3.14×6.37=20cm

2.计数器模式A/B正交9号或10模式

3.转一圈600个脉冲一圈走20cm

4.HC0计数器当前脉冲约60000÷600×20=2000cm

扫一扫看视频

6. 西门子 S7-200 SMART PLC 高速计数器计数值到达后自动清除的应用

扫一扫看视频

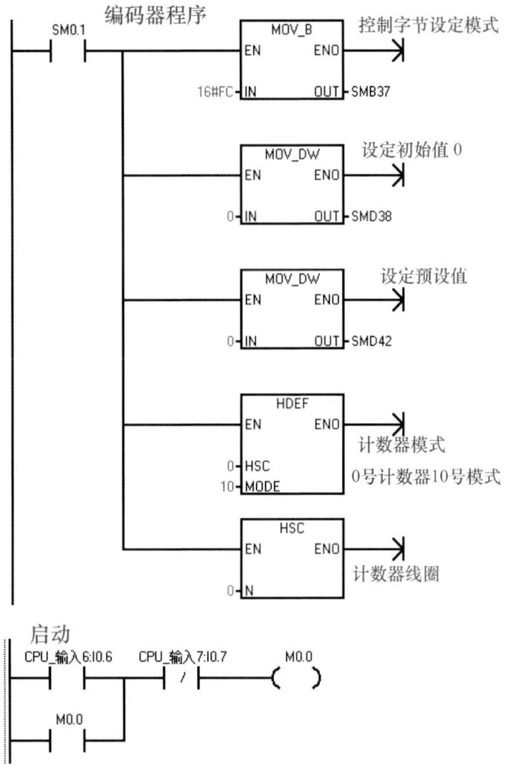

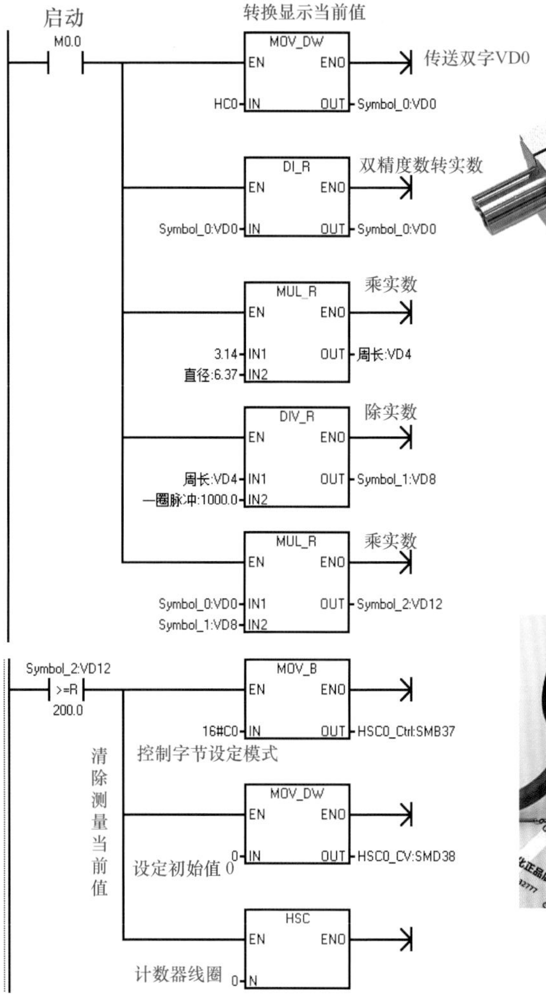

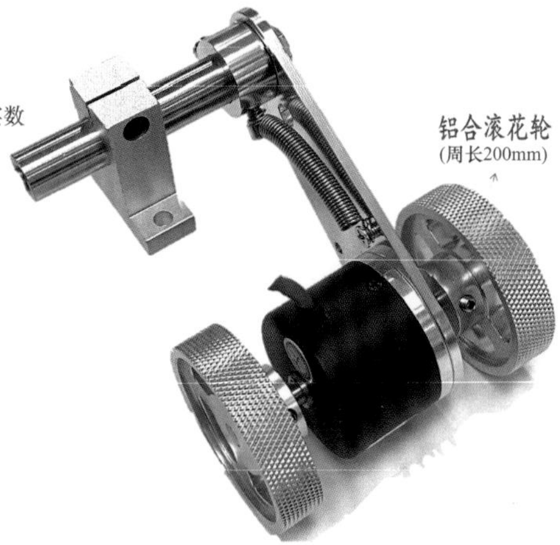

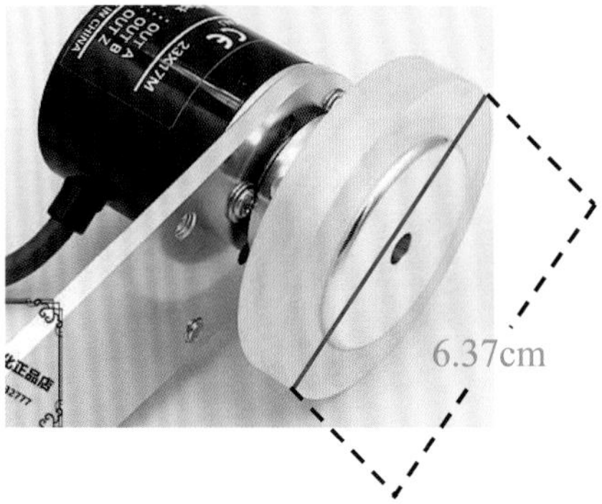

测位置距离

1.测直径：6.37cm
2.计算周长3.14×6.37=20cm
3.计数器模式A/B正交9号或10模式
4.转一圈600个脉冲 一圈走20cm
5.HC0计数器当前脉冲约60000÷600 ×20=200cm
6.解总脉冲数除以一圈的脉冲数等于多少圈

6.2　运动控制应用

1. 两相步进电动机驱动器原理

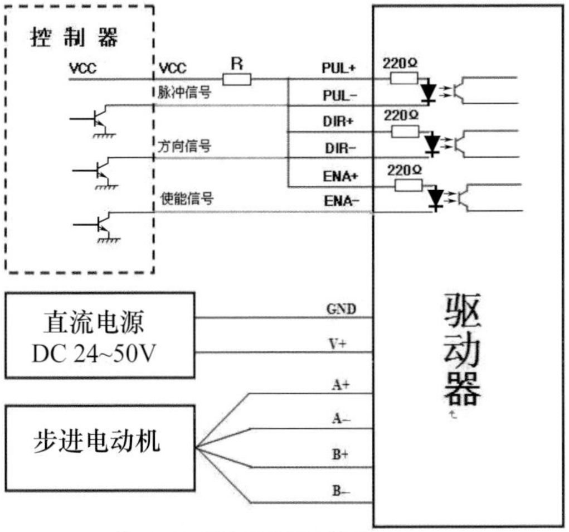

共阴极接法

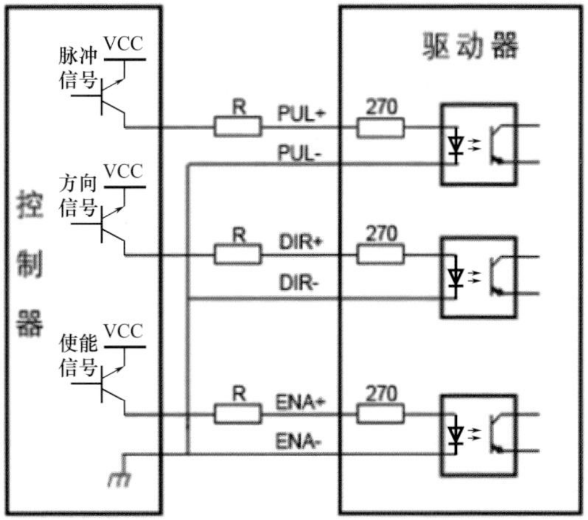

驱动器

共阴极接法（高电平有效）　控制器

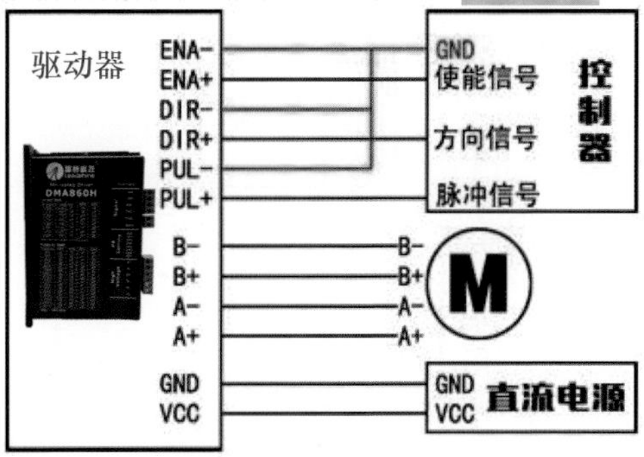

控制信号连接：
PUL+：脉冲信号输入正。
PUL−：脉冲信号输入负。
DIR+：电动机正、反转控制正。
DIR−：电动机正、反转控制负。
ENA+：电动机脱机控制正。
ENA−：电动机脱机控制负。

2. 西门子 S7-200 SMART PLC 实现运动控制的存储器分配

运动控制步进电动机程序ST30、ST40 以及 ST60（三个通道，Q0.0、Q0.1 和 Q0.3）

Q0.0	Q0.1	Q0.3	解释
SMB67	SMB77	SMB567	控制字节，决定电动机运行状态
SMW68	SMW78	SMW568	PTO 频率或 PWM 周期时间值：1~65535 Hz (PTO)，2~65535(PWM)
SMW70	SMW80	SMW570	PWM 脉冲宽度值：0~65535
SMD72	SMD82	SMD572	PTO 脉冲计数值：1~2147483647
SMB166	SMB176	SMB576	进行中段的编号：仅限多段PTO操作
SMW168	SMW178	SMW578	起始单元（相对V0的字节偏移SMW178、SMW578）：仅限多段PTO操作

I/O映射表			
0	轴0	P0	Q0.0
1	轴0	P1	Q0.2
2	轴0	P0	Q0.1
3	轴0	P1	Q0.7
4	轴0	P0	Q0.3
5	轴0	P1	Q1.0

一个通道
Q0.0 发脉冲
Q0.2 控制方向
两个通道
Q0.1 发脉冲
Q0.7 控制方向
三个通道
Q0.3 发脉冲
Q1.0 控制方向

扫一扫看视频

S7-200 SMART PTOSM 控制字节		
SM67.0	PTO0/PWM0更新周期时间或频率值：0＝未更新；1＝写入新周期时间／频率	选择1
SM67.1	PWM0 更新脉宽值：0＝未更新；1＝写入新脉宽	选择0
SM67.2	PTO0更新脉冲计数值：0＝未更新；1＝写入新脉冲计数	选择1
SM67.3	PWM0 时基：0=1μs／刻度；1=1ms／刻度	选择0
SM67.4	保留	选择0
SM67.5	PTO0选择单／多段操作：0＝单段；1＝多段	选择0
SM67.6	PTO0/PWM0 模式选择：0= PWM0；1= PTO0	选择1
SM67.7	PTO / PWM 使能：0＝禁用；1＝启用	选择1

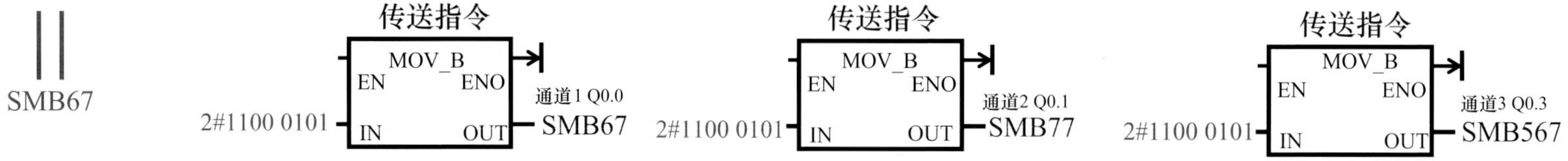

3. 西门子 S7-200 SMART PLC 实现步进电动机正反转运动控制电路

1.梯形图程序

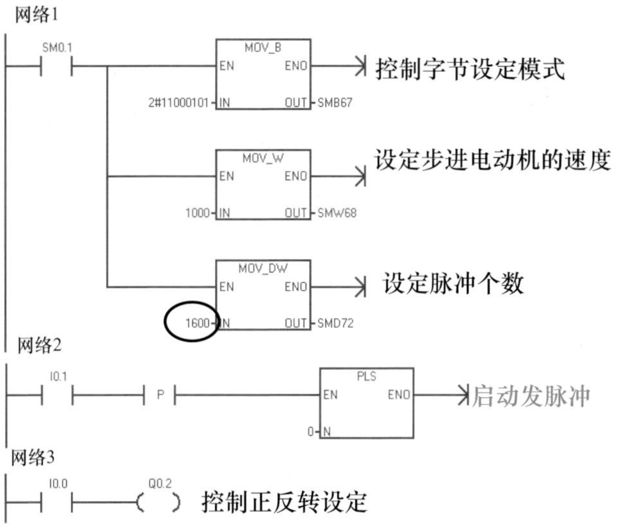

2.实物接线图

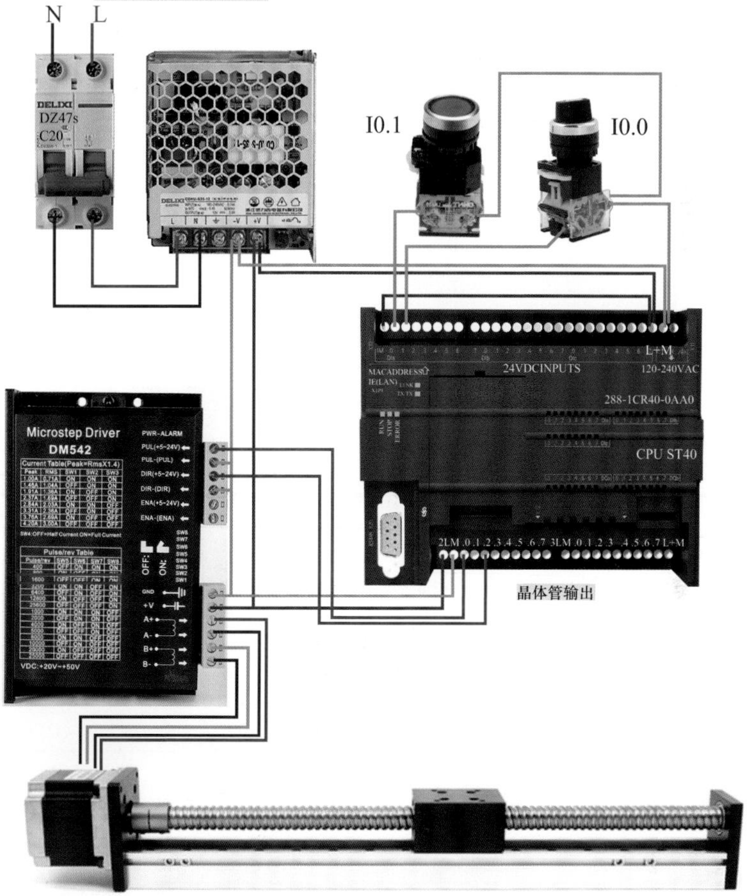

3.计算步进电动机的行进距离

如设定脉冲为1600个，驱动器细分也是1600个。发脉冲信号,检测步进电动机实际走了4mm，就用1600个脉冲÷4mm=400个脉冲走1mm

例如，如果需要走10mm

就用400个脉冲×10mm=4000个脉冲(10mm=1cm)

例如，如果需要走100mm

就用400个脉冲×100mm=40000个脉冲(100mm=10cm)

4. 西门子 S7-200 SMART PLC 实现步进电动机自动往返运动控制电路

扫一扫看视频

1.梯形图程序

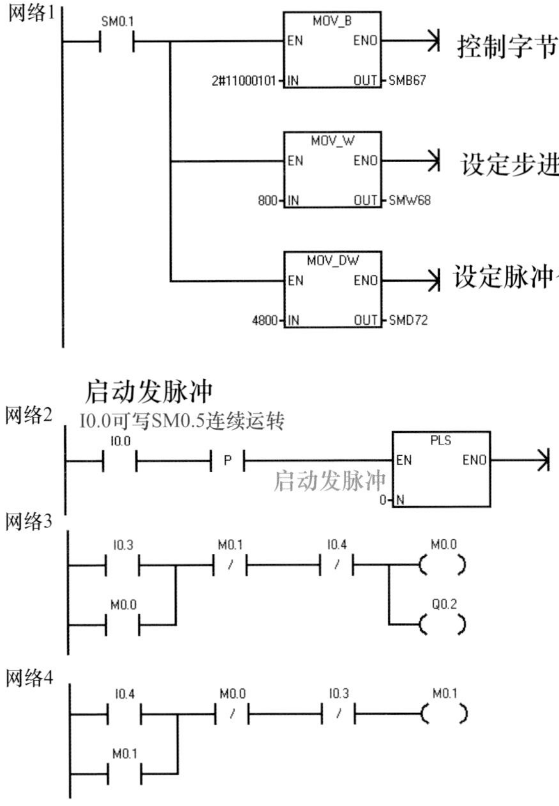

网络3、网络4加装限位开关可实现自动切换与正反转设定。

2.实物接线图

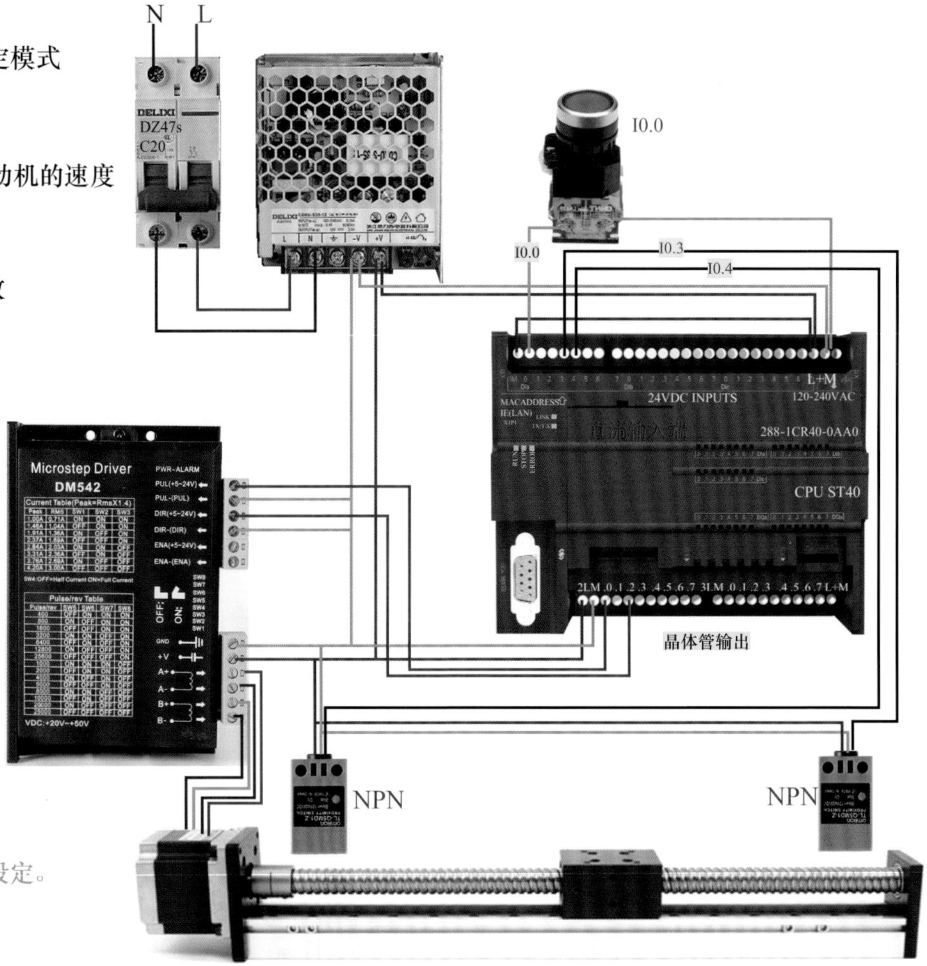

5. 西门子 S7-200 SMART PLC 使用编程软件中的向导完成子程序运动控制参数设置

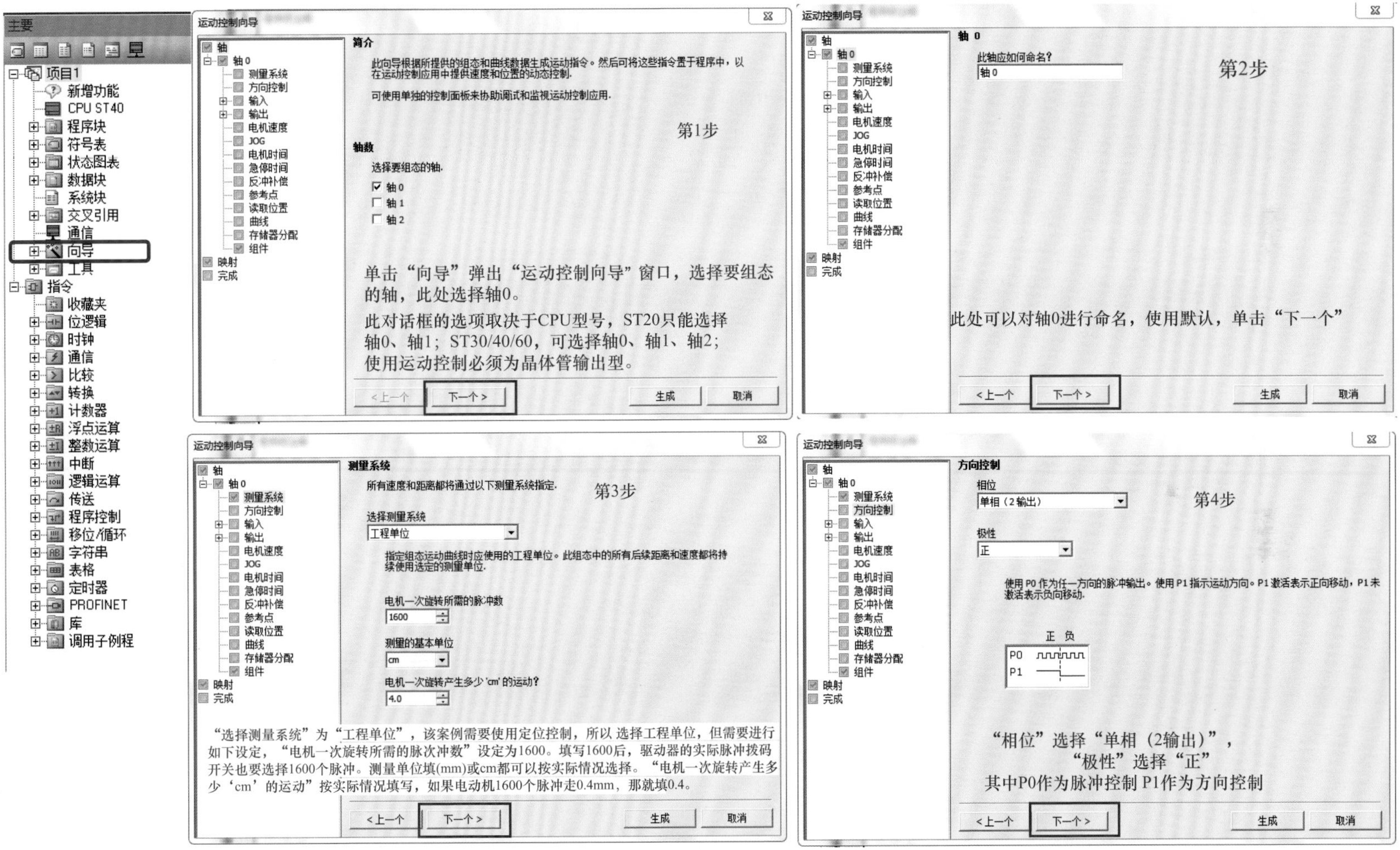

主要
项目1
新增功能
CPU ST40
程序块
符号表
状态图表
数据块
系统块
交叉引用
通信
向导
工具
指令
收藏夹
位逻辑
时钟
通信
比较
转换
计数器
浮点运算
整数运算
中断
逻辑运算
传送
程序控制
移位/循环
字符串
表格
定时器
PROFINET
库
调用子例程
运动控制向导
轴
轴 0
测量系统
方向控制
输入
输出
电机速度
JOG
电机时间
急停时间
反冲补偿
参考点
读取位置
曲线
存储器分配
组件
映射
完成
简介
此向导根据所提供的组态和曲线数据生成运动指令。然后可将这些指令置于程序中，以在运动控制应用中提供速度和位置的动态控制。
可使用单独的控制面板来协助调试和监视运动控制应用。
第1步
轴数
选择要组态的轴。
轴 0
轴 1
轴 2
单击“向导”弹出“运动控制向导”窗口，选择要组态的轴，此处选择轴0。
此对话框的选项取决于CPU型号，ST20只能选择轴0、轴1；ST30/40/60，可选择轴0、轴1、轴2；
使用运动控制必须为晶体管输出型。
< 上一个
下一个 >
生成
取消
轴 0
此轴应如何命名?
轴 0
第2步
此处可以对轴0进行命名，使用默认，单击“下一个”
测量系统
所有速度和距离都将通过以下测量系统指定。
第3步
选择测量系统
工程单位
指定组态运动曲线时应使用的工程单位。此组态中的所有后续距离和速度都将持续使用选定的测量单位。
电机一次旋转所需的脉冲数
1600
测量的基本单位
cm
电机一次旋转产生多少 'cm' 的运动?
4.0
“选择测量系统”为“工程单位”，该案例需要使用定位控制，所以 选择工程单位，但需要进行如下设定，“电机一次旋转所需的脉次冲数”设定为1600。填写1600后，驱动器的实际脉冲拨码开关也要选择1600个脉冲。测量单位填(mm)或cm都可以按实际情况选择。“电机一次旋转产生多少‘cm’的运动”按实际情况填写，如果电动机1600个脉冲走0.4mm，那就填0.4。
方向控制
相位
单相（2 输出）
第4步
极性
正
使用 P0 作为任一方向的脉冲输出。使用 P1 指示运动方向。P1 激活表示正向移动，P1 未激活表示负向移动。
正 负
P0
P1
“相位”选择“单相（2输出）”，
“极性”选择“正”
其中P0作为脉冲控制 P1作为方向控制

西门子 S7-200 SMART PLC 使用编程软件中的向导完成子程序运动控制参数设置

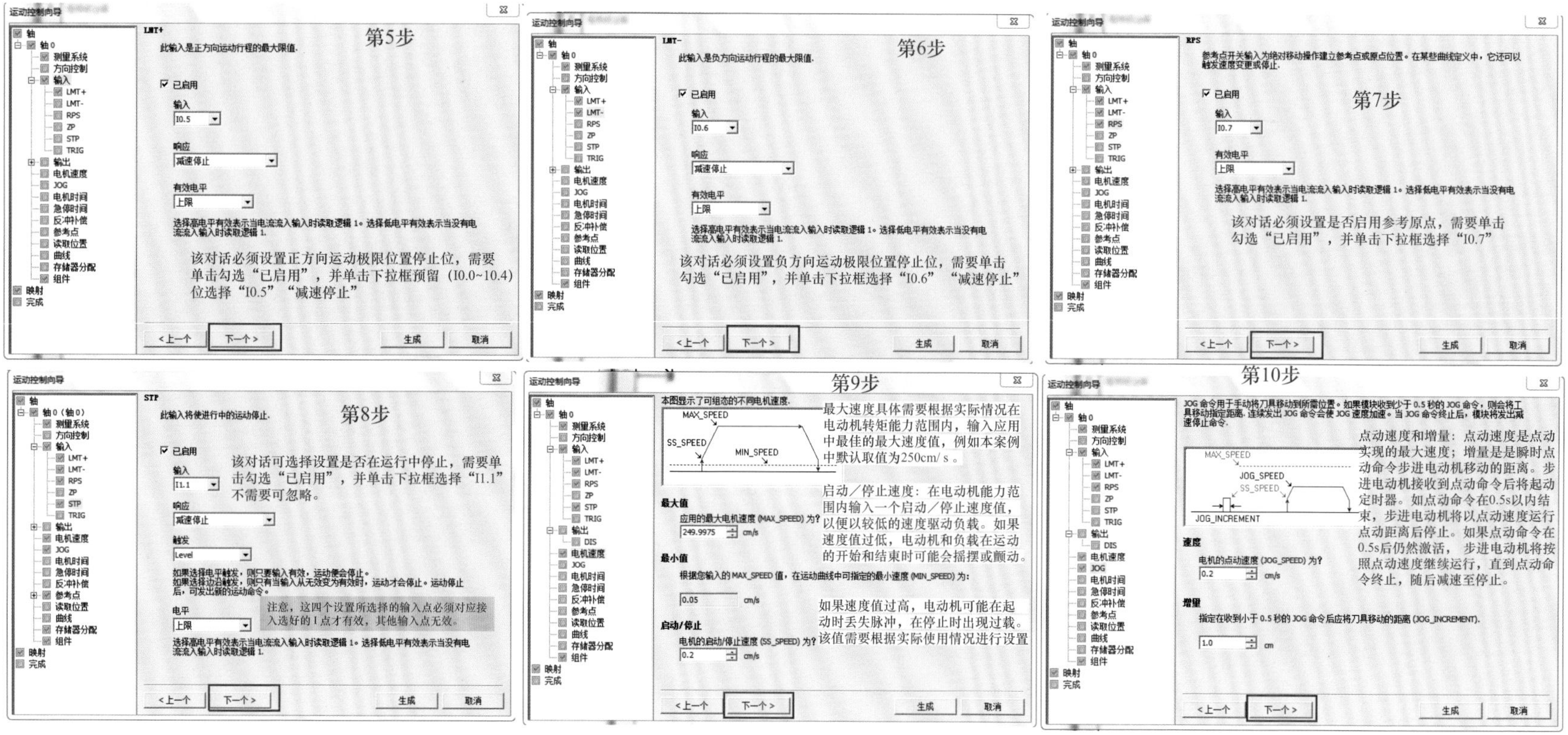
第5步
LMT+
此输入是正方向运动行程的最大限值.
已启用
输入
I0.5
响应
减速停止
有效电平
上限
该对话必须设置正方向运动极限位置停止位，需要单击勾选“已启用”，并单击下拉框预留（I0.0~10.4）位选择“I0.5”“减速停止”
第6步
LMT-
此输入是负方向运动行程的最大限值.
已启用
I0.6
减速停止
上限
该对话必须设置负方向运动极限位置停止位，需要单击勾选“已启用”，并单击下拉框选择“I0.6”“减速停止”
第7步
RPS
已启用
I0.7
上限
该对话必须设置是否启用参考原点，需要单击勾选“已启用”，并单击下拉框选择“I0.7”
第8步
STP
此输入将使进行中的运动停止.
已启用
I1.1
减速停止
Level
上限
该对话可选择设置是否在运行中停止，需要单击勾选“已启用”，并单击下拉框选择“I1.1”不需要可忽略。
注意，这四个设置所选择的输入点必须对应接入选好的I点才有效，其他输入点无效。
第9步
本图显示了可组态的不同电机速度.
MAX_SPEED
SS_SPEED
MIN_SPEED
最大值
249.9975 cm/s
最小值
0.05 cm/s
启动/停止
0.2 cm/s
最大速度具体需要根据实际情况在电动机转矩能力范围内，输入应用中最佳的最大速度值，例如本案例中默认取值为250cm/s。
启动/停止速度：在电动机能力范围内输入一个启动/停止速度值，以便以较低的速度驱动负载。如果速度值过低，电动机和负载在运动的开始和结束时可能会摇摆或颤动。
如果速度值过高，电动机可能在起动时丢失脉冲，在停止时出现过载。该值需要根据实际使用情况进行设置
第10步
MAX_SPEED
JOG_SPEED
SS_SPEED
JOG_INCREMENT
速度
0.2 cm/s
增量
1.0 cm
点动速度和增量：点动速度是点动实现的最大速度；增量是是瞬时点动命令步进电动机移动的距离。步进电动机接收到点动命令后将起动定时器。如点动命令在0.5s以内结束，步进电动机将以点动速度运行点动距离后停止。如果点动命令在0.5s后仍然激活，步进电动机将按照点动速度继续运行，直到点动命令终止，随后减速至停止。
运动控制向导
上一个
下一个
生成
取消

西门子 S7-200 SMART PLC 使用编程软件中的向导完成子程序运动控制参数设置（续）

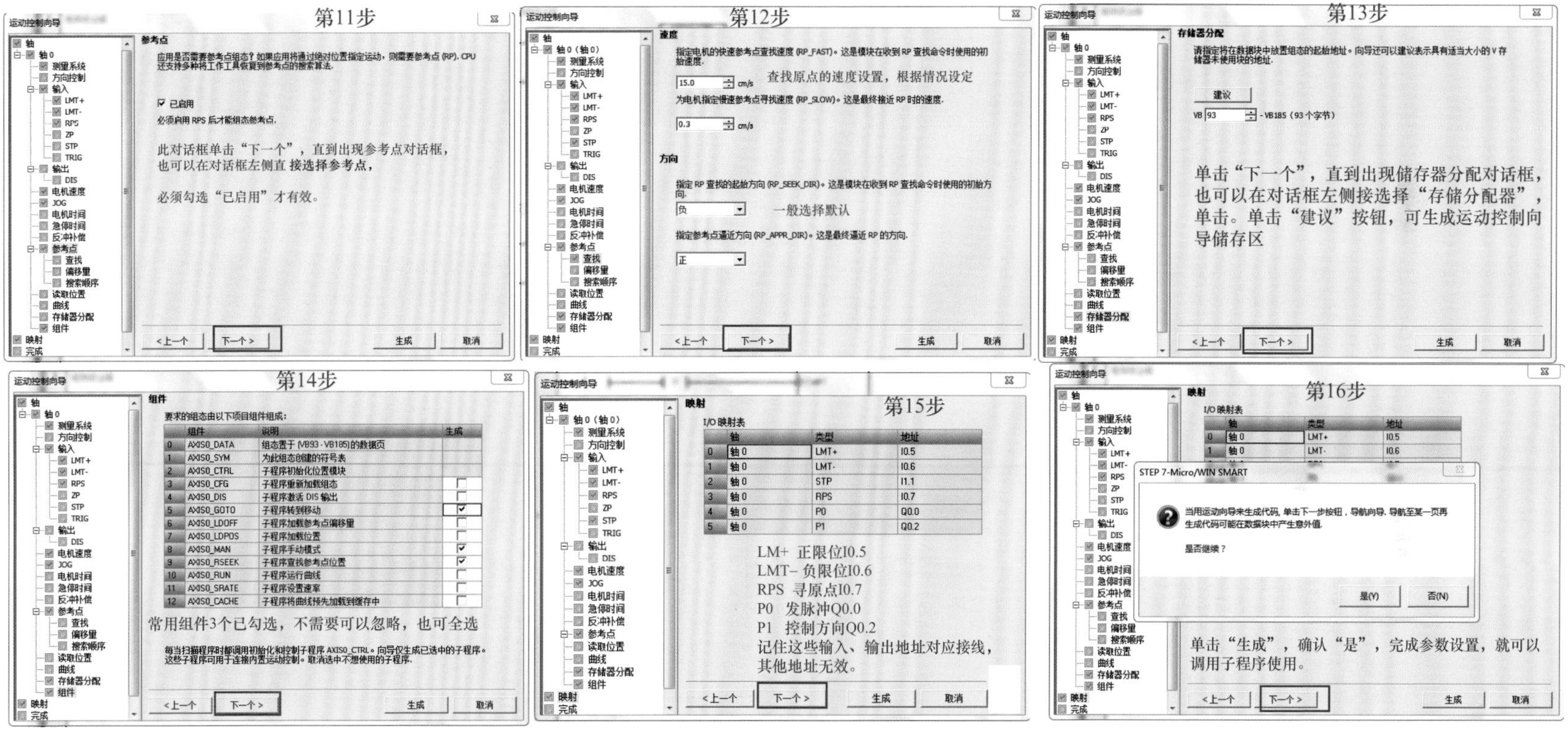
第11步
此对话框单击“下一个”，直到出现参考点对话框，也可以在对话框左侧直 接选择参考点，
必须勾选“已启用”才有效。
第12步
查找原点的速度设置，根据情况设定
一般选择默认
第13步
单击“下一个”，直到出现储存器分配对话框，也可以在对话框左侧接选择“存储分配器”，单击。单击“建议”按钮，可生成运动控制向导储存区
第14步
常用组件3个已勾选，不需要可以忽略，也可全选
第15步
LM+ 正限位I0.5
LMT– 负限位I0.6
RPS 寻原点I0.7
P0 发脉冲Q0.0
P1 控制方向Q0.2
记住这些输入、输出地址对应接线，其他地址无效。
第16步
单击“生成”，确认“是”，完成参数设置，就可以调用子程序使用。

西门子 **S7-200 SMART PLC** 使用编程软件中的向导完成子程序运动控制参数设置（续）

6. 西门子 S7-200 SMART PLC 利用运动控制调用子程序实现相对定位电路

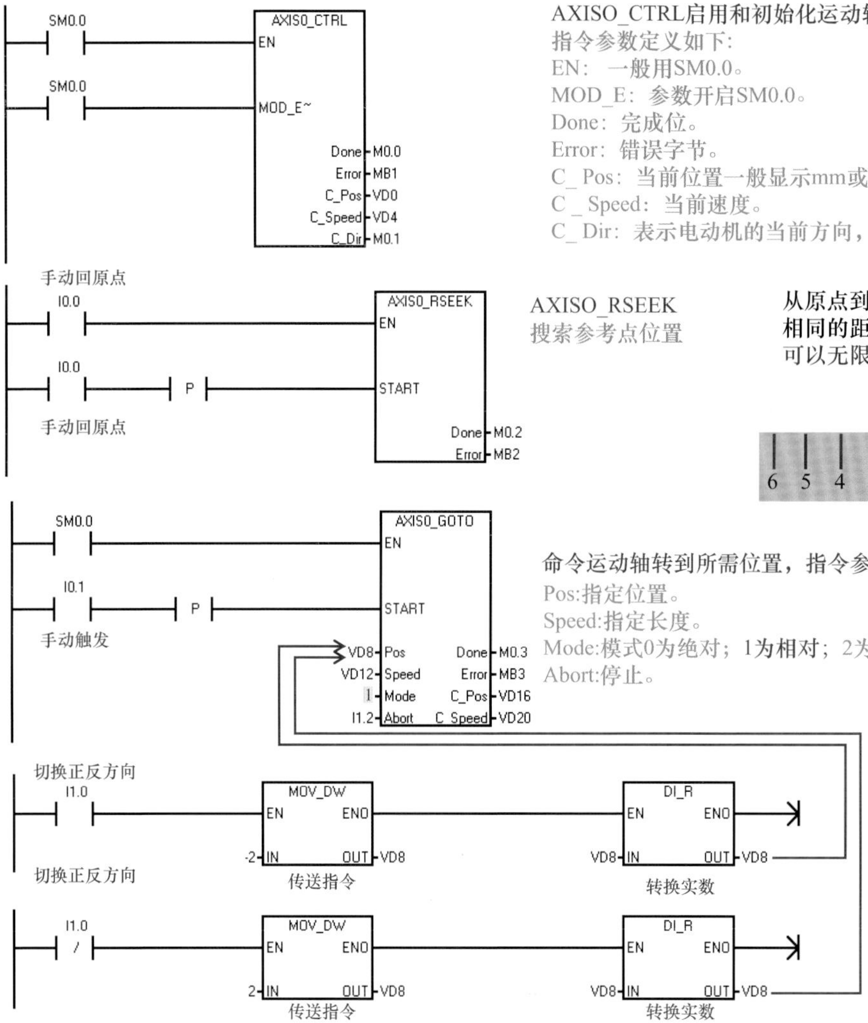

AXISO_CTRL启用和初始化运动轴。

指令参数定义如下:

EN：一般用SM0.0。

MOD_E：参数开启SM0.0。

Done：完成位。

Error：错误字节。

C_Pos：当前位置一般显示mm或cm。

C_Speed：当前速度。

C_Dir：表示电动机的当前方向，0为正向，1为反向。

AXISO_RSEEK

搜索参考点位置

从原点到至指定位置可多次发出脉冲走相同的距离叫相对位置，只要丝杆够长可以无限走，或无限旋转。

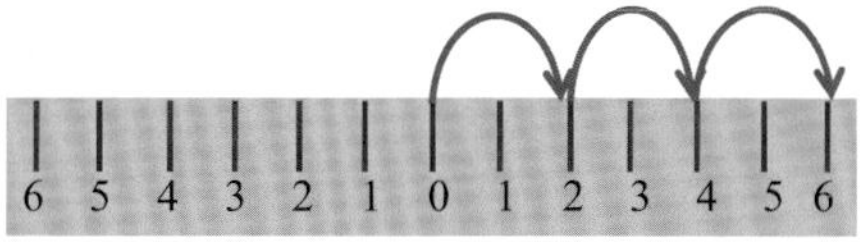

原点

命令运动轴转到所需位置，指令参数定义如下:

Pos:指定位置。

Speed:指定长度。

Mode:模式0为绝对；1为相对；2为单速正；3为单速反。

Abort:停止。

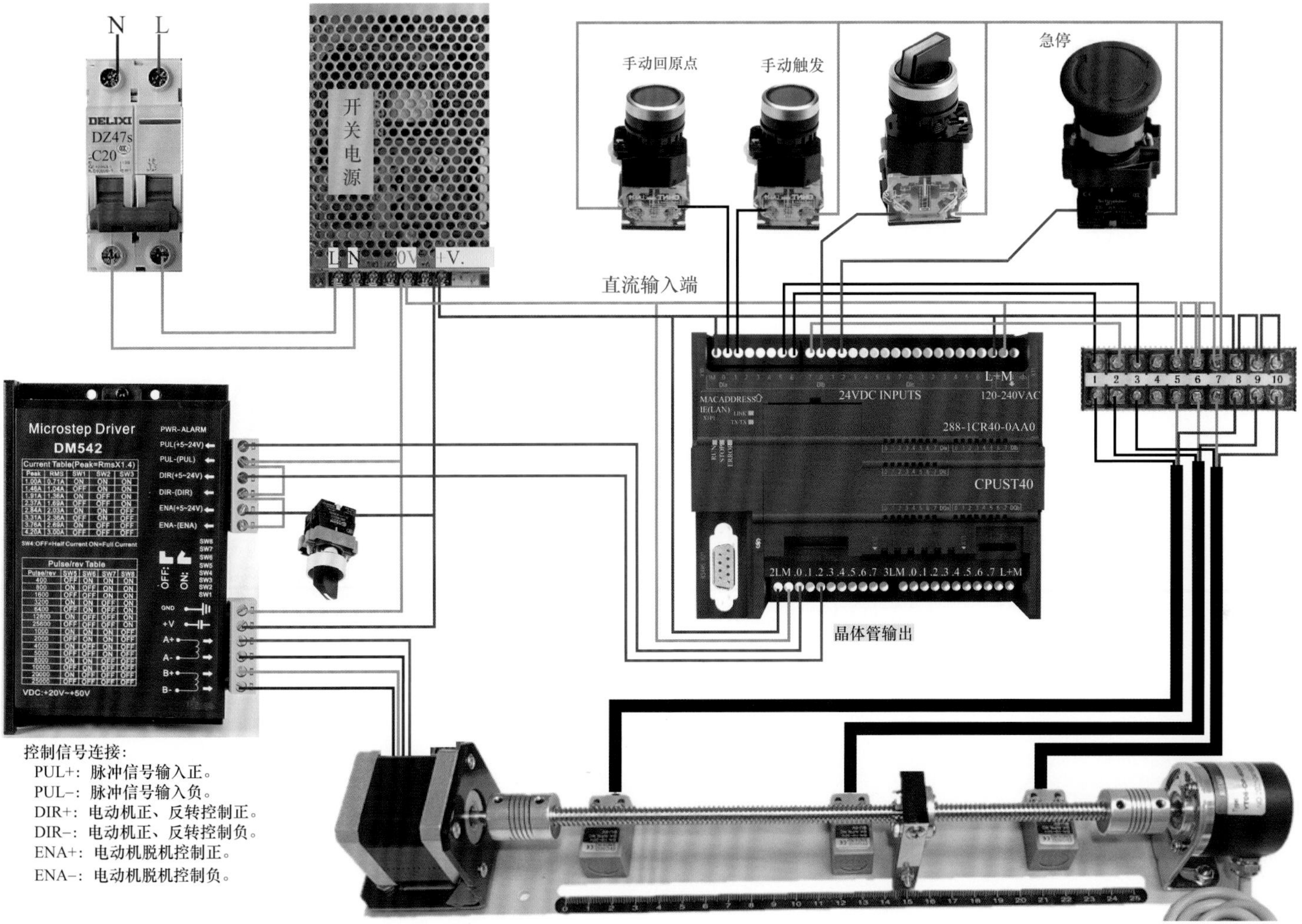

控制信号连接：
PUL+：脉冲信号输入正。
PUL−：脉冲信号输入负。
DIR+：电动机正、反转控制正。
DIR−：电动机正、反转控制负。
ENA+：电动机脱机控制正。
ENA−：电动机脱机控制负。

西门子 S7-200 SMART PLC 利用运动控制调用子程序实现相对定位电路实物接线图

7. 西门子 S7-200 SMART PLC 利用运动控制调用子程序实现绝对定位电路

网络1

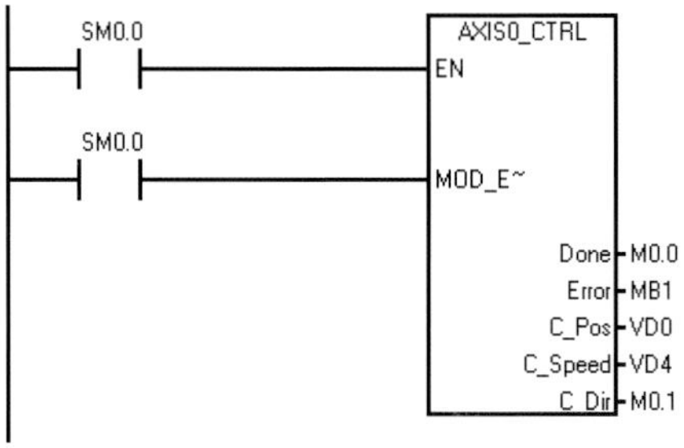

AXISO_CTRL启用和初始化运动轴，指令参数定义如下：
EN：一般用SM0.0。
MOD_E：参数开启SM0.0。
Done：完成位。
Error：错误字节。
C_Pos：当前位置一般显示mm或cm。
C_Speed：当前速度。
C_Dir：表示电动机的当前方向，0为正向，1为反向

网络3

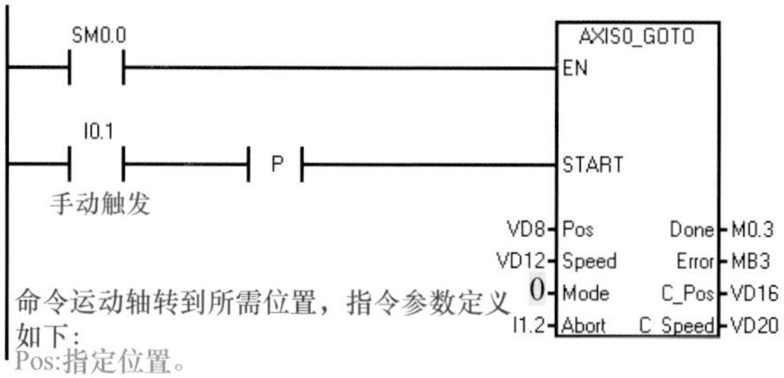

命令运动轴转到所需位置，指令参数定义如下：
Pos:指定位置。
Speed:指定速度。
Mode:模式0为绝对；1为相对；2为单速正；3为单速反。
Abort:停止。

网络2

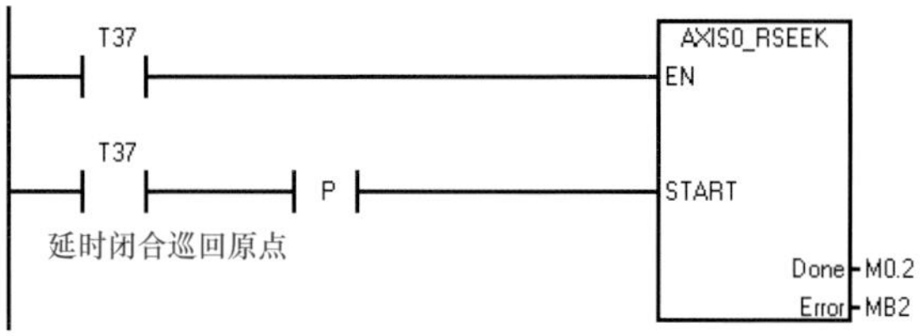

AXISO_RSEEK
搜索参考点位置

网络4

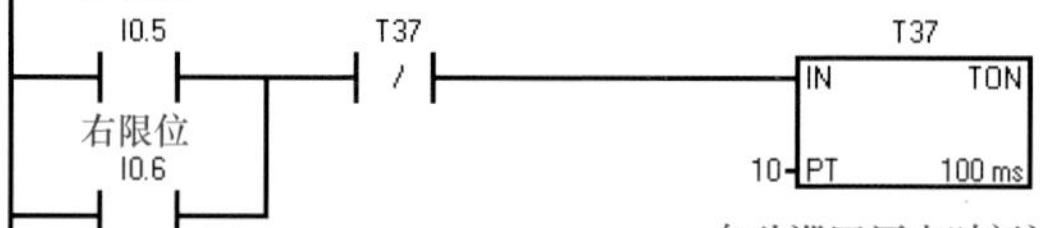

自动巡回原点时间设定

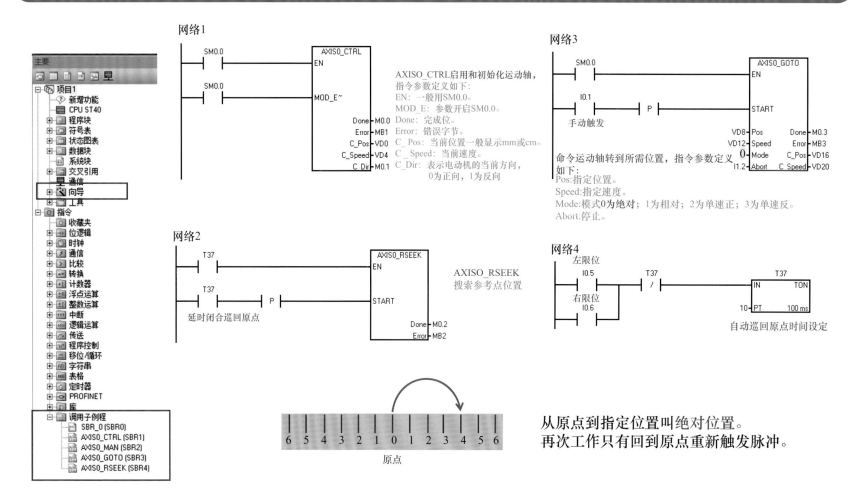

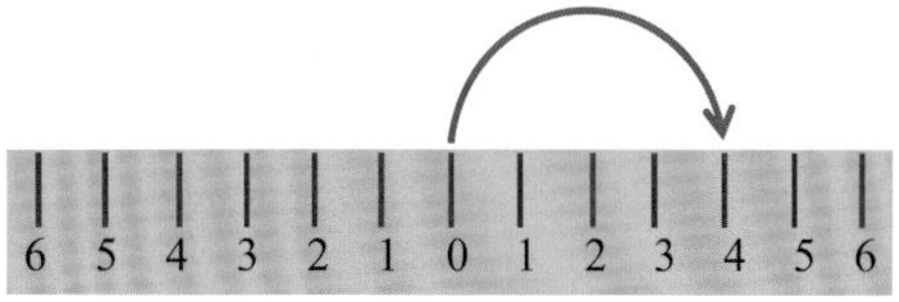

原点

从原点到指定位置叫绝对位置。
再次工作只有回到原点重新触发脉冲。

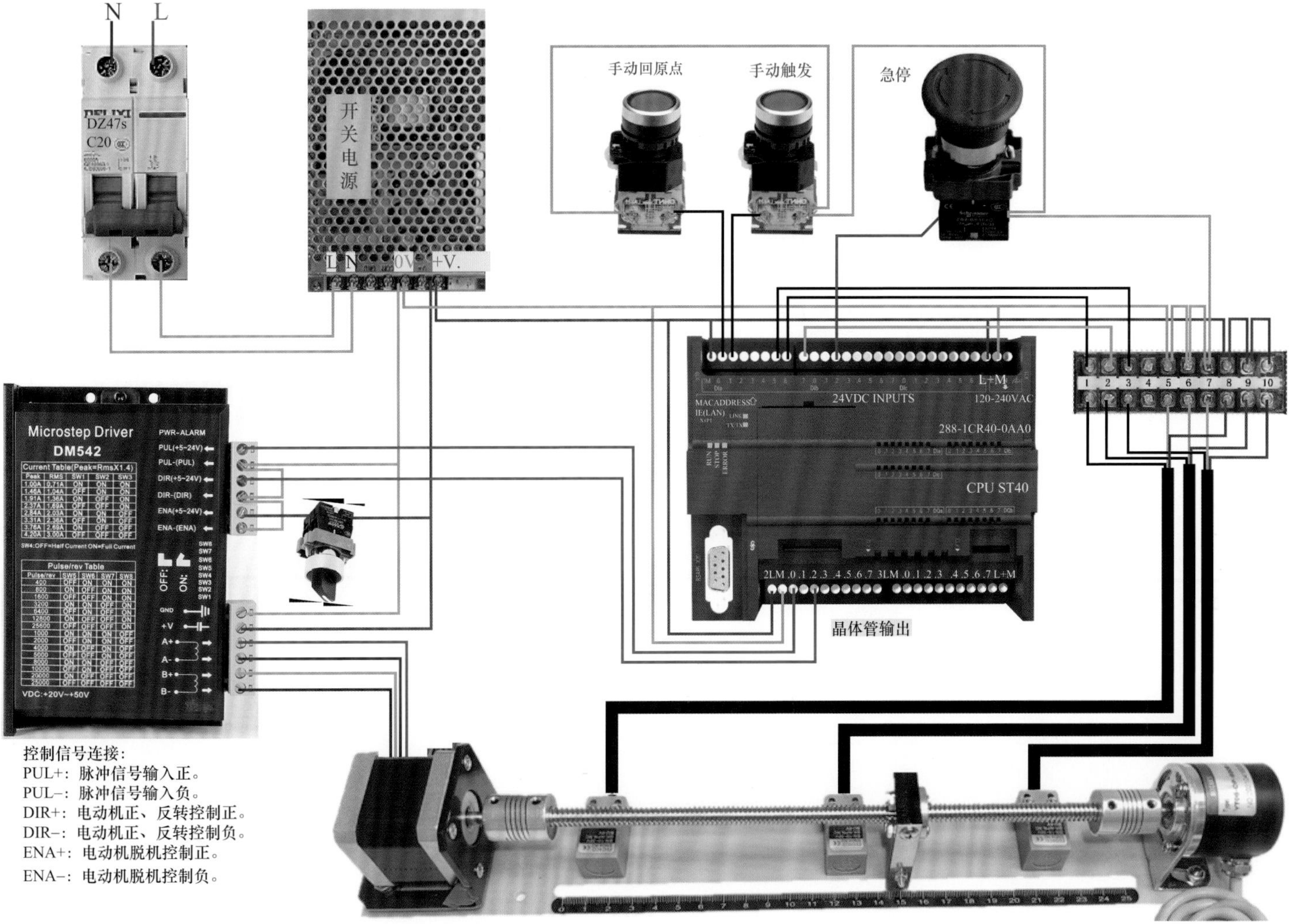

扫一扫看视频

西门子 **S7-200 SMART PLC** 利用运动控制调用子程序实现绝对定位电路实物接线图

8. 西门子 S7-200 SMART PLC 利用运动控制调用子程序实现步进电动机点动自动往返电路

网络1

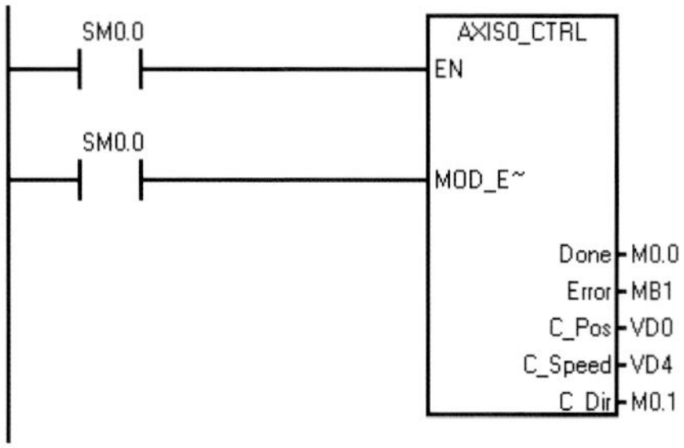

AXISO_CTRL启用和初始化运动轴，指令参数定义如下：

EN：一般用SM0.0。

MOD_E：参数开启SM0.0。

Done：完成位。

Error：错误字节。

C_Pos：当前位置一般显示mm或cm。

C_Speed：当前速度。

C_Dir：表示电动机的当前方向，0为正向，1为反向。

网络4

AXISO_MAN
手动模式

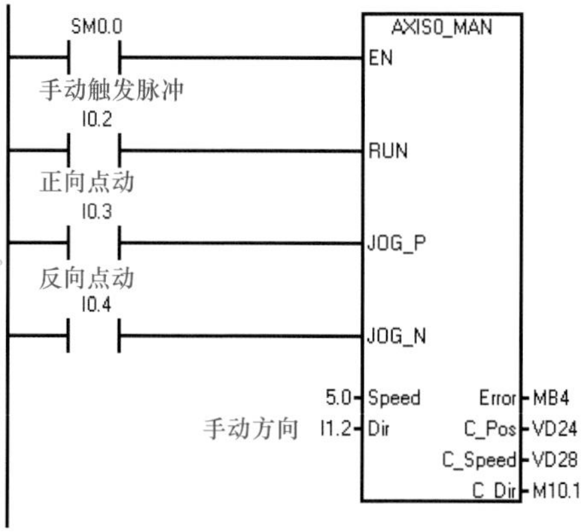

网络2

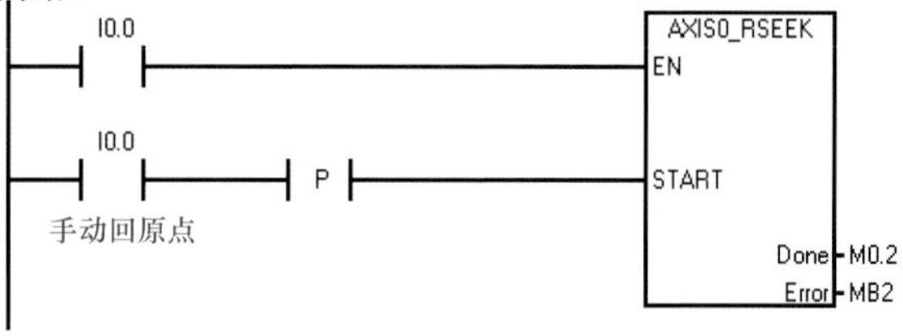

AXISO_RSEEK
搜索参考点位置
手动

网络3

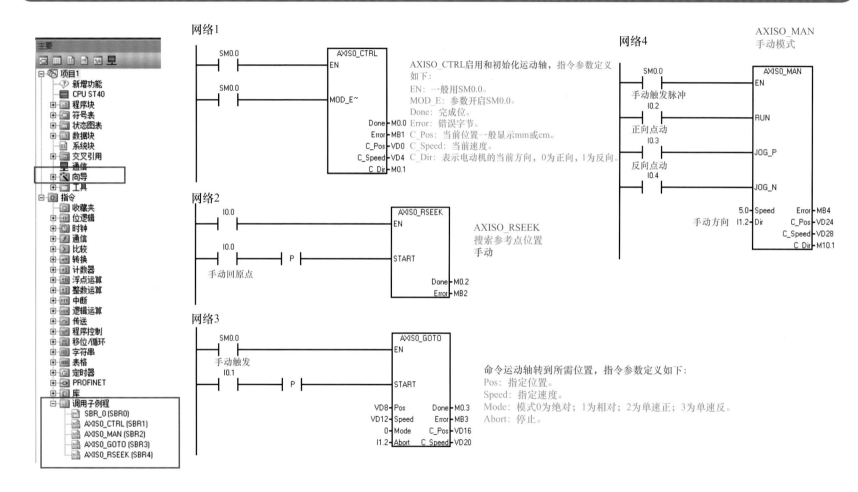

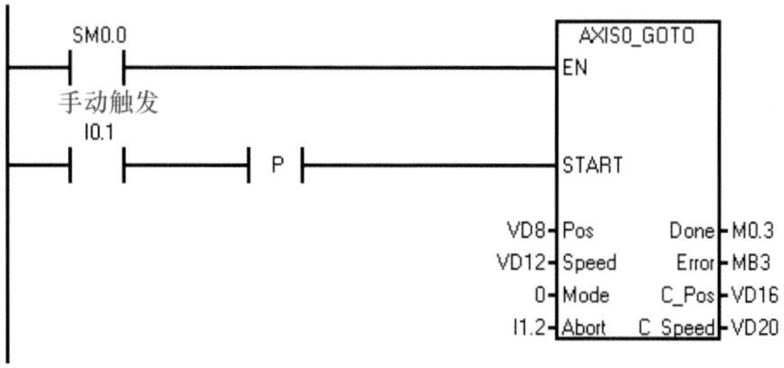

命令运动轴转到所需位置，指令参数定义如下：

Pos：指定位置。

Speed：指定速度。

Mode：模式0为绝对；1为相对；2为单速正；3为单速反。

Abort：停止。

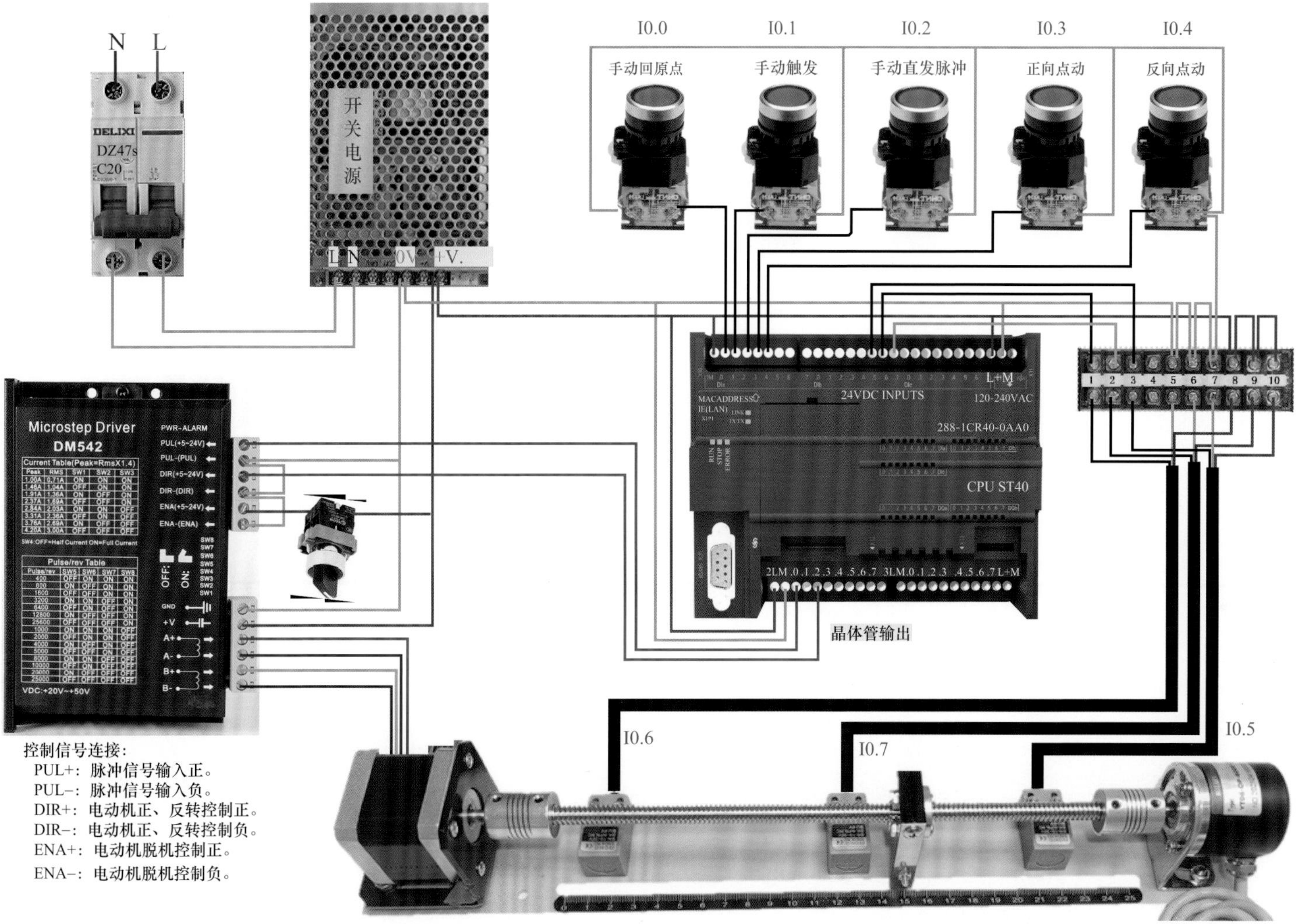

扫一扫看视频

西门子 **S7-200 SMART PLC** 利用运动控制调用子程序实现步进电动机点动自动往返电路实物接线图

第 7 章

组态软件 MCGS 的应用

1. 组态软件 MCGS 简介

组态软件MCGS是昆仑通态公司专门开发，用于人机界面设计的组态软件，主要完成现场数据的与监测、前端数据的处理与控制。MCGS组态软件与其他相关的硬件设备结合，可以快速、方便地开发各种用于现场采集、数据处理和控制设备的组态，如可以灵活组态各种智能仪表、数据采集模块、无纸记录仪、无人值守的现场人机界面等专用设备。

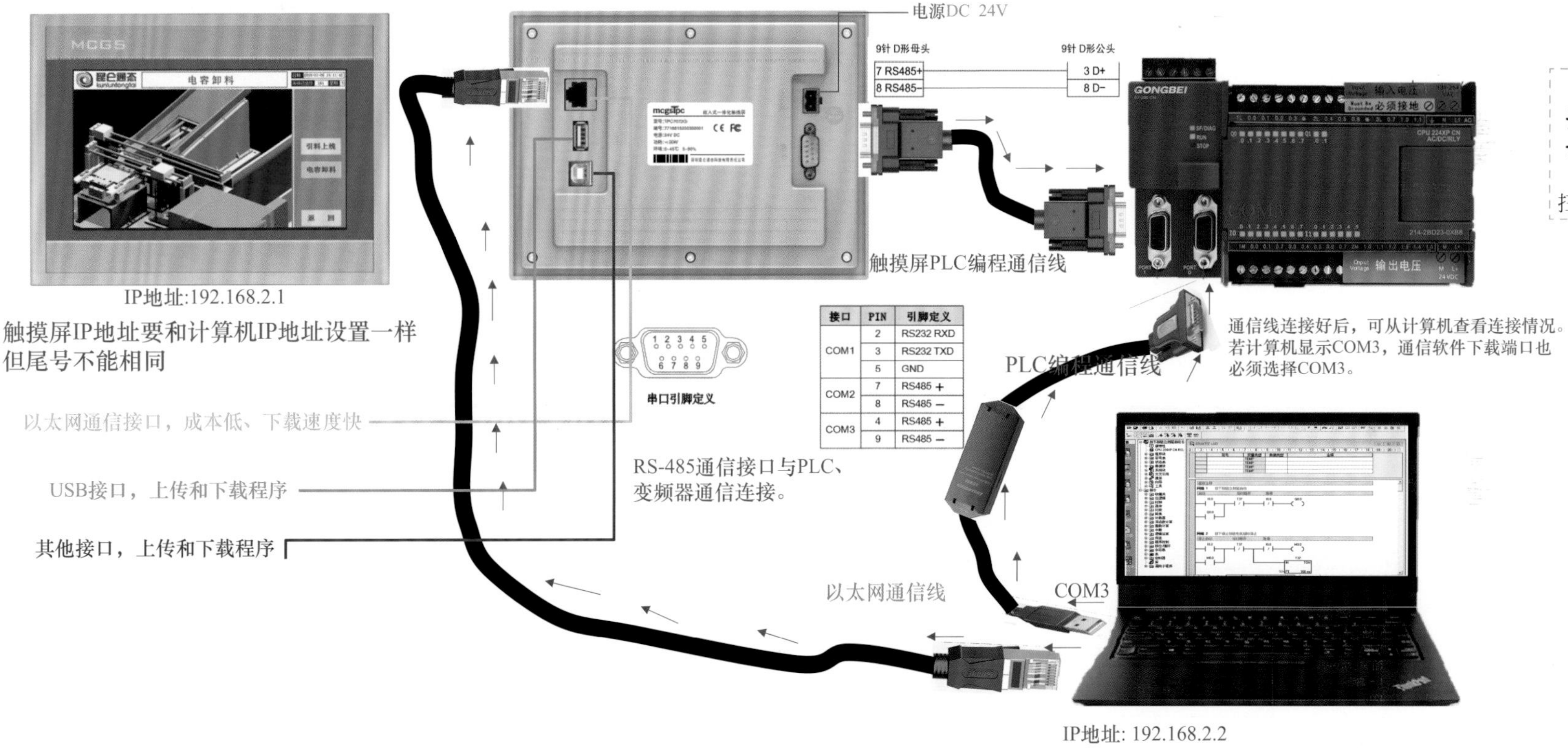
MCGS
电源DC 24V
9针 D形母头
9针 D形公头
7 RS485+
8 RS485-
3 D+
8 D-
GONGBEI
输入电压
必须接地
CPU 224XP CN AC/DC/RLY
输出电压
触摸屏PLC编程通信线
IP地址:192.168.2.1
触摸屏IP地址要和计算机IP地址设置一样
但尾号不能相同
串口引脚定义
以太网通信接口，成本低、下载速度快
USB接口，上传和下载程序
其他接口，上传和下载程序
RS-485通信接口与PLC、
变频器通信连接。
PLC编程通信线
通信线连接好后，可从计算机查看连接情况。
若计算机显示COM3，通信软件下载端口也
必须选择COM3。
以太网通信线
COM3
IP地址: 192.168.2.2

接口	PIN	引脚定义
COM1	2	RS232 RXD
	3	RS232 TXD
	5	GND
COM2	7	RS485 +
	8	RS485 −
COM3	4	RS485 +
	9	RS485 −

扫一扫看视频

2. 在组态软件 MCGS 中新建一个工程

扫一扫看视频

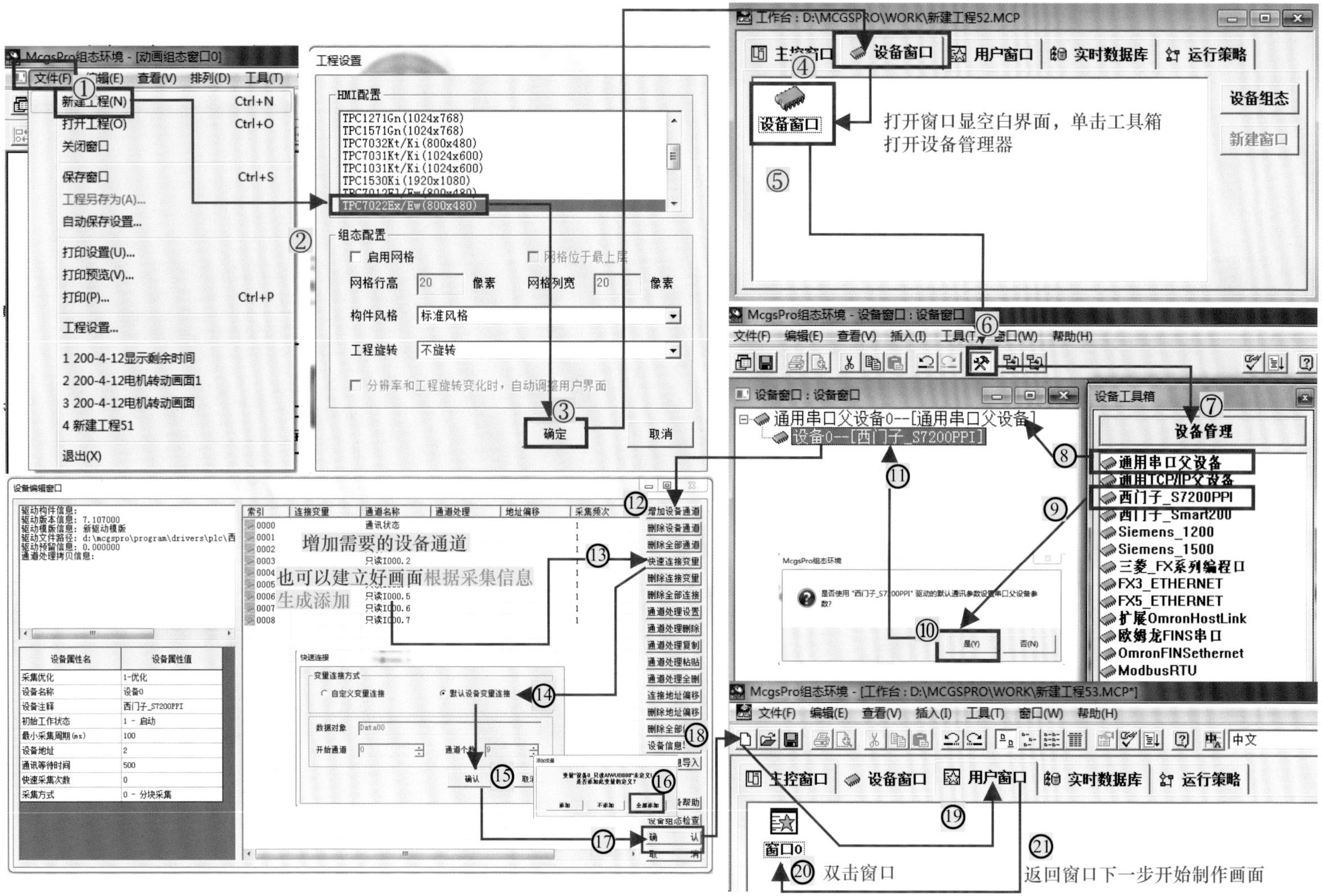

3. 在组态软件 MCGS 中标准按钮的制作

标准按钮属于数据对象值操作，主要用于变量的“置1”“清0”“取反”“按1松0”和“按0松1”操作，其中“按1松0”指的是按下按钮时对变量“置1”，松开按钮时对变量“清0”；“按0松1”指的是按下按钮时对变量“清0”，抬起按钮时对变量“置1”。

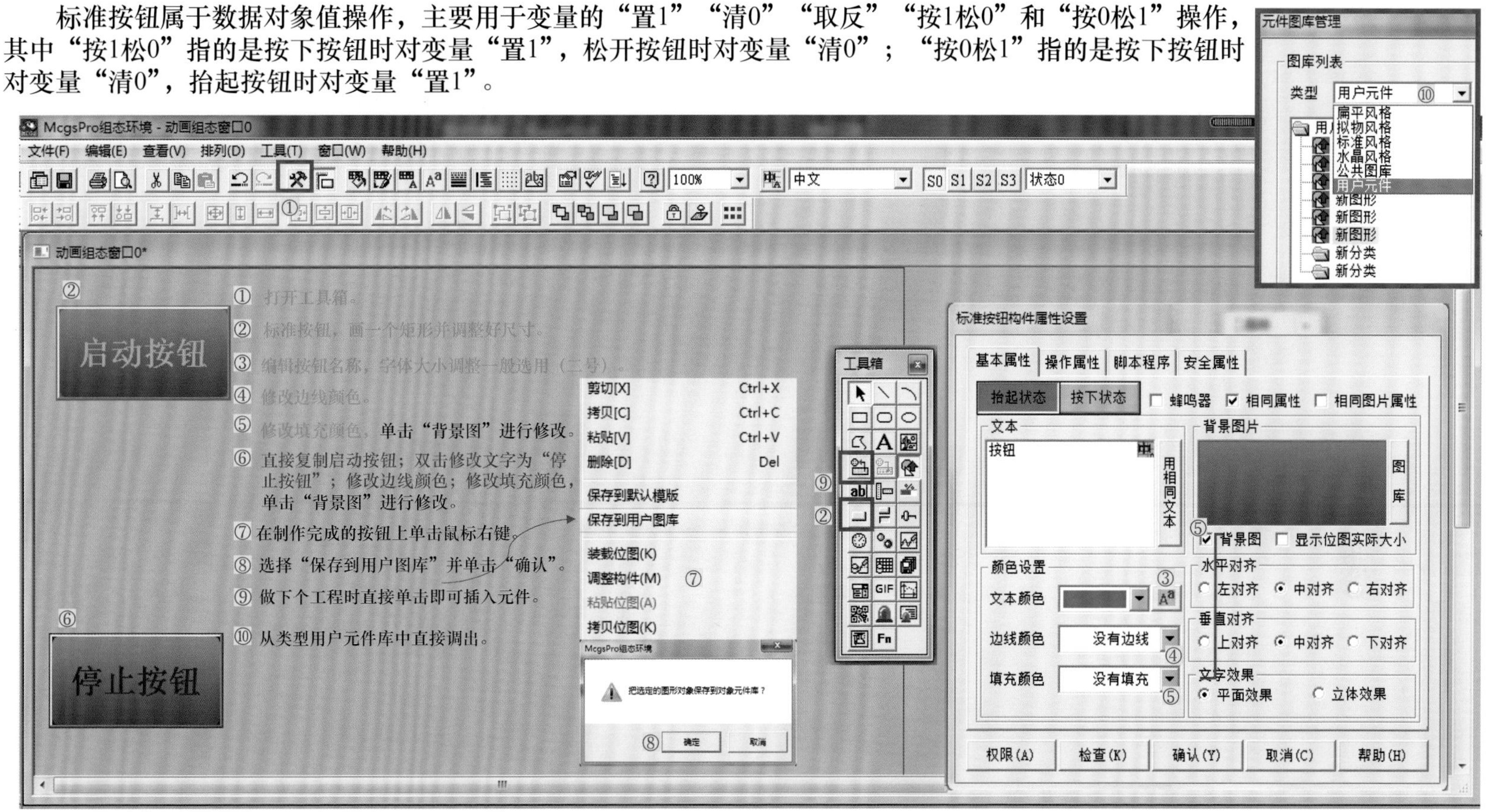

初学者可能会问，库文件中有更美观的按钮为什么还要自己制作？这是因为库文件中的按钮直接调用有些不具备数据对象值操作的功能，需要转换较为麻烦，自己制作主要是方便数据连接。

4. 在组态软件 MCGS 中为启动按钮和停止按钮建立数据连接

扫一扫看视频

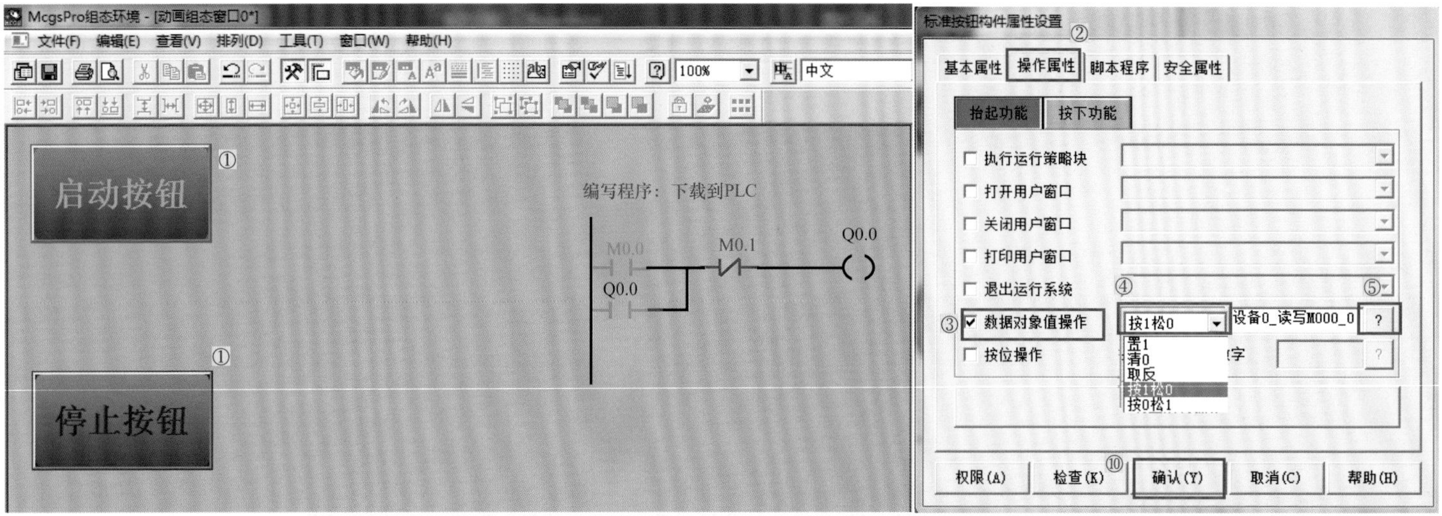

为停止按钮和启动按钮建立数据连接的操作基本相同，只是⑧通道选择略有不同。

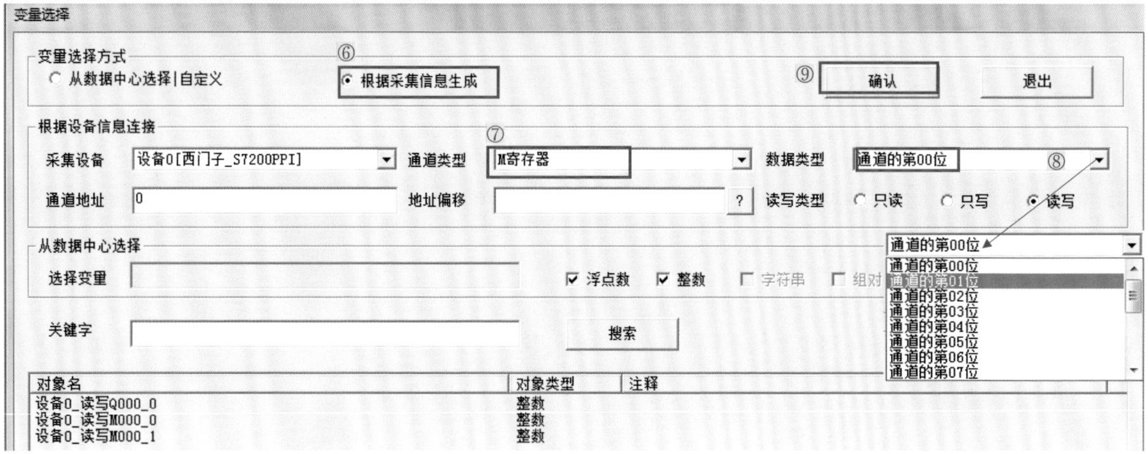

① 用鼠标左键双击“停止按钮”。
② 在弹出的对话框中单击“操作属性”选项卡。
③ 点选“数据对象值操作”。
④ 点选“按1松0”。
⑤ 单击“？”按钮。
⑥ 在弹出的对话框中选择“根据采集信息生成”。
⑦ 选择“M寄存器”。
⑧ 选择“通道的第01位”。
⑨ 单击“确认”完成设置。
⑩ 单击“确认”完成所有设置。

5. 在组态软件 MCGS 中指示灯的制作

① 在软件窗口单击工具箱。
② 单击常用图符按钮，弹出常用图符选项。
③ 选择两个三维图标。
④ 在"动画组态窗口"修改尺寸。
⑤ 完成指示灯的图形组合。
⑥ 也可以用矩形、圆角矩形、椭圆等来构建指示灯。
⑦ 可以双击图形进行颜色设置。
⑧ 进行颜色选择。
⑨ 单击"填充颜色"选项卡。

两个三维图标

看下页连接数据

⑩ 修改在0状态颜色，即断开状态颜色。

⑪ 修改在1状态颜色，即接通闭合状态颜色。按下顺序保存按钮，将图形保存至用户图库，方便下次直接调用。

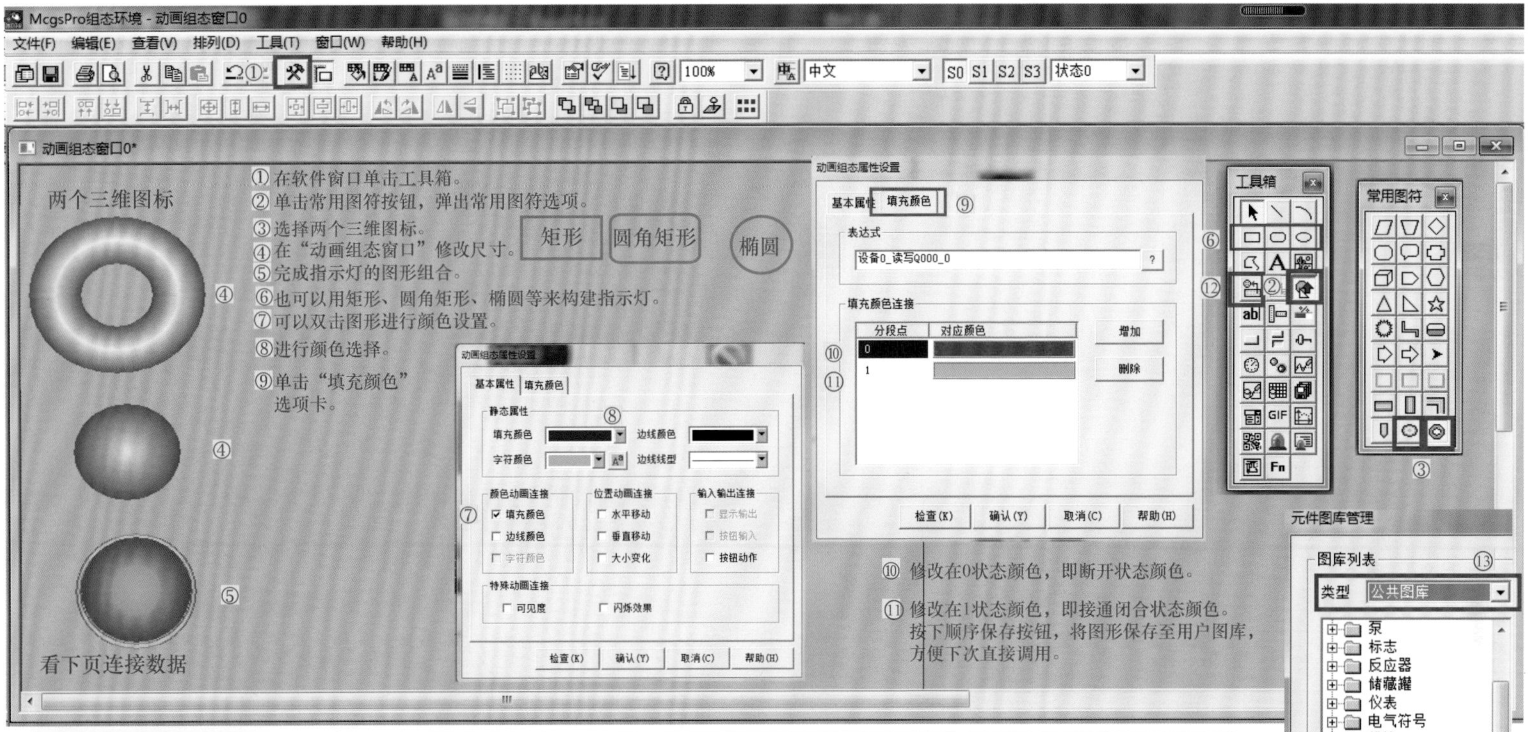

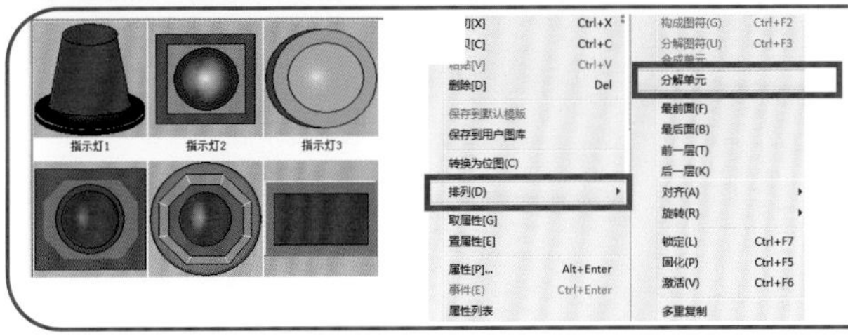

扩展学习

⑫ 单击插入元件。

⑬ 找到类型选公共图库选指示灯。

⑭ 单击一个指示灯调出框选上，右击找到排序，单击分解单元。

6. 在组态软件 MCGS 中为指示灯建立数据连接

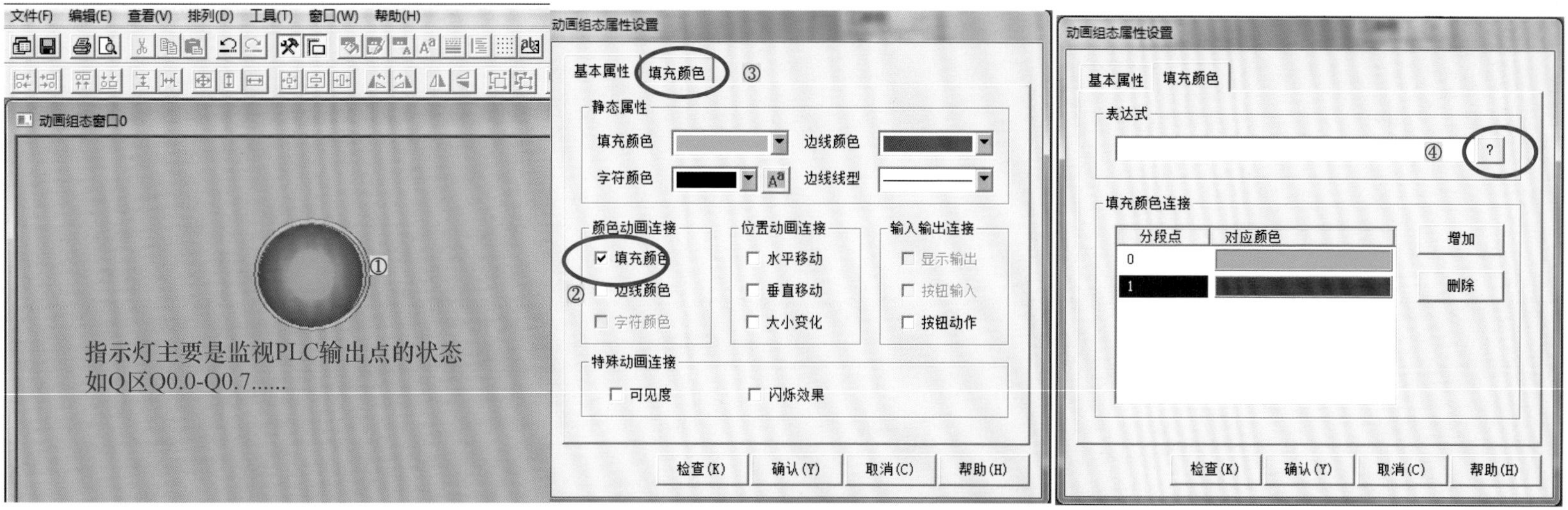

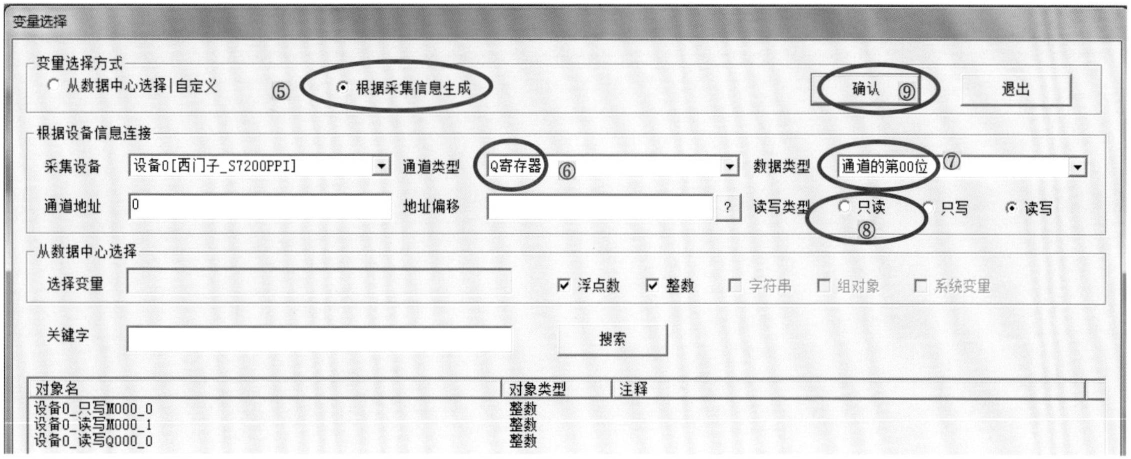

① 用鼠标双击指示灯。

② 在“基本属性”选项卡中勾选“填充颜色”。

③ 单击“填充颜色”选项卡。

④ 单击“？”按钮。

⑤ 选择“根据采集信息生成”选项。

⑥ 通道类型选择“Q寄存器”。

⑦ 通道的第00位是Q0.0点亮，
如想要Q0.3输出点亮就选第03位。

⑧ 读写类型选择“只读”，默认“读写”也可以。

⑨ 单击“确认”完成设置。

7. 不同组态画面之间的切换

第1步，新建3个用户窗口。

第2步，在第一个画面里做3个标准按钮并命名。

第3步，把这个3个按钮复制到另外两个画面里，显示1，2，3，用于区分不同。

第4步，单击“欢迎画面”，弹出标准按钮构件属性设置，勾选“打开用户窗口”并单击右侧“▼”符号选择窗口0，单击“确认”。

第5步，单击“启动画面”，弹出标准按钮构件属性设置，勾选“打开用户窗口”并单击右侧“▼”符号选择窗口1，单击“确认”

第6步，单击“查看程序”，弹出标准按钮构件属性设置，勾选“打开用户窗口”并单击右侧“▼”符号选择窗口2，单击“确认”。

扫一扫看视频

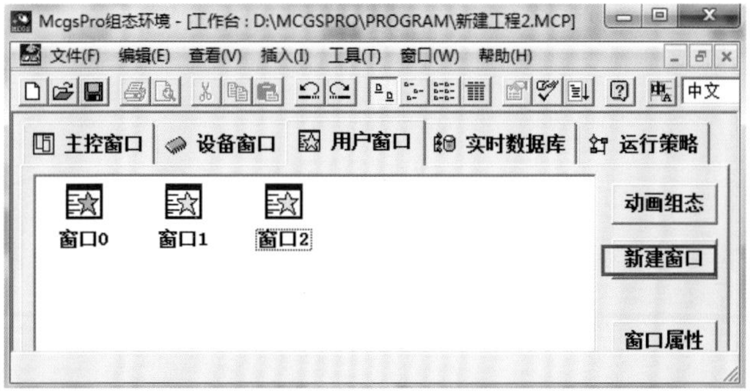

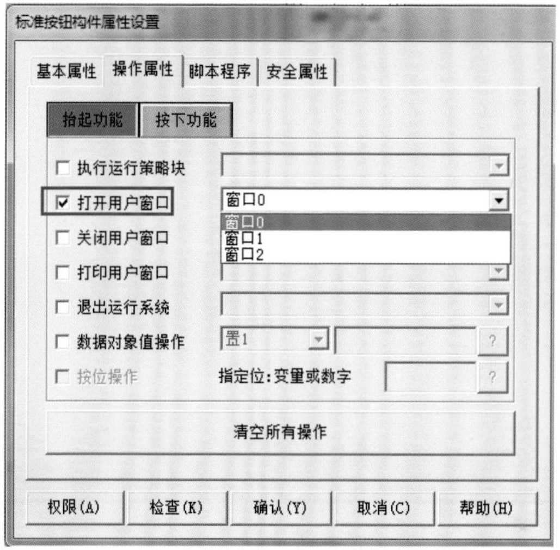

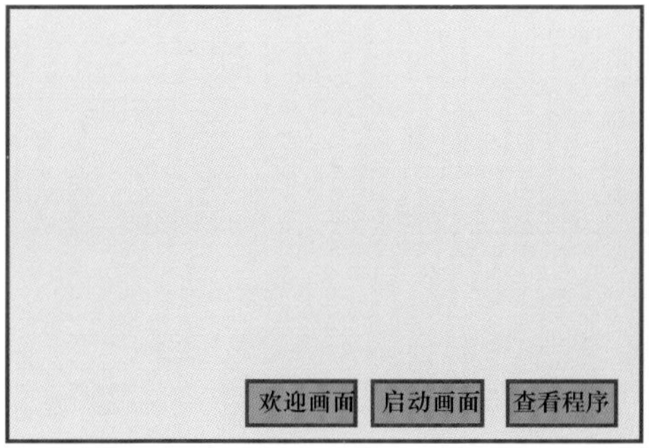

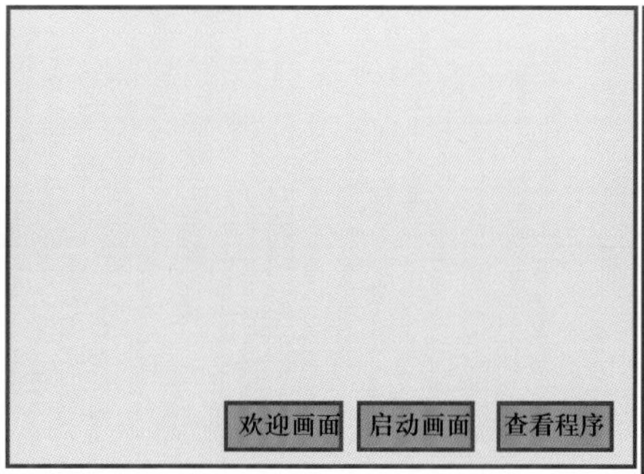

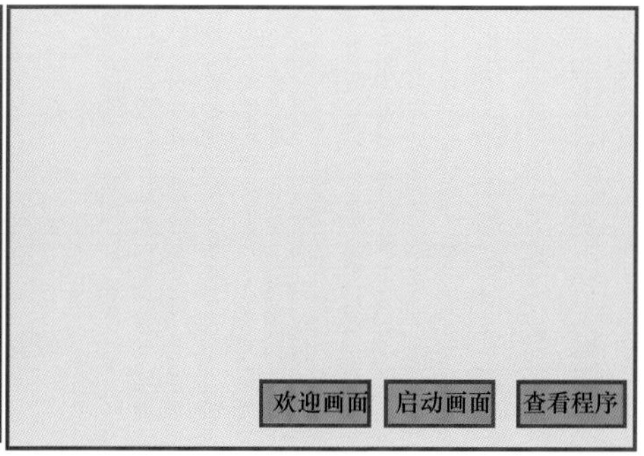

8. 流水灯画面组态及梯形图程序

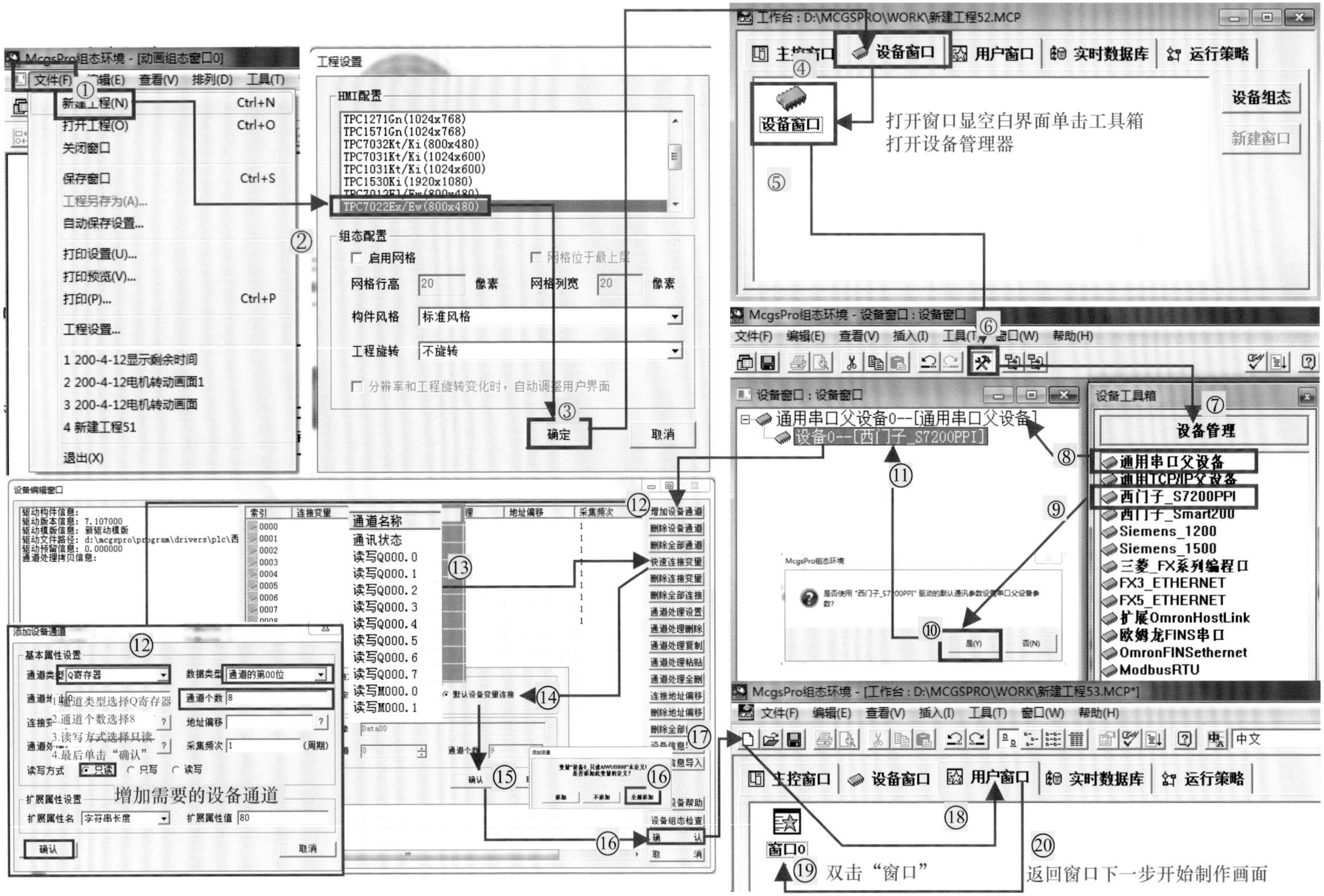

梯形图程序

编写程序，并下载到PLC
网络 1　网络标题
网络注释
M0.0
M0.1
M1.0
M1.0
T37
T37
IN　TON
10 PT　100 ms
网络 2
M1.0
P
MOV_B
EN　ENO
2#1 IN　OUT QB0
网络 3　1先写入 字节循环左移
字节循环右移
T37
ROR_B
EN　ENO
QB0 IN　OUT QB0
不同时写入左移和右移
1 N
网络 4 2 删除后字节循环右移，添加字节循环左移
字节循环左移
T37
ROL_B
EN　ENO
QB0 IN　OUT QB0
1 N

触摸屏流水灯画面
①
动画组态属性设置
基本属性　填充颜色
静态属性
填充颜色　边线颜色
字符颜色　边线线型
颜色动画连接
②
填充颜色
边线颜色
字符颜色
位置动画连接
水平移动
垂直移动
大小变化
输入输出连接
显示输出
按钮输入
按钮动作
特殊动画连接
可见度
闪烁效果
检查(K)　确认(Y)　取消(C)　帮助(H)
③
表达式
④
填充颜色连接
分段点　对应颜色
0
1
增加
删除
⑦
变量选择
变量选择方式
从数据中心选择|自定义
根据采集信息生成
确认
⑥
退出
根据设备信息连接
采集设备　通道类型　数据类型
通道地址　地址偏移　读写类型
只读　只写　读写
从数据中心选择
设备0_只读Q000_0
浮点数　整数　字符串　组对象　系统变量
通讯状态
⑤
只读Q000.0
只读Q000.1
只读Q000.2
只读Q000.3
只读Q000.4
只读Q000.5
只读Q000.6
只读Q000.7
只写M000.0
只写M000.1
搜索
对象类型　注释
这里关联变量顺序是Q000.0~Q000.7
其他几组灯关联一样顺序。
将触摸屏启动按钮和停止按钮建立数据连接

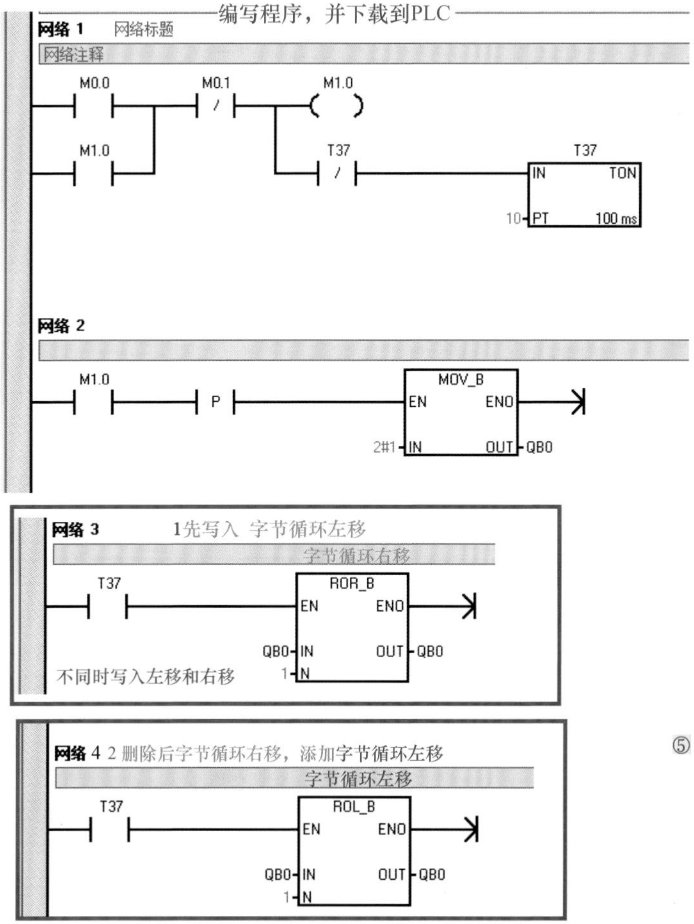

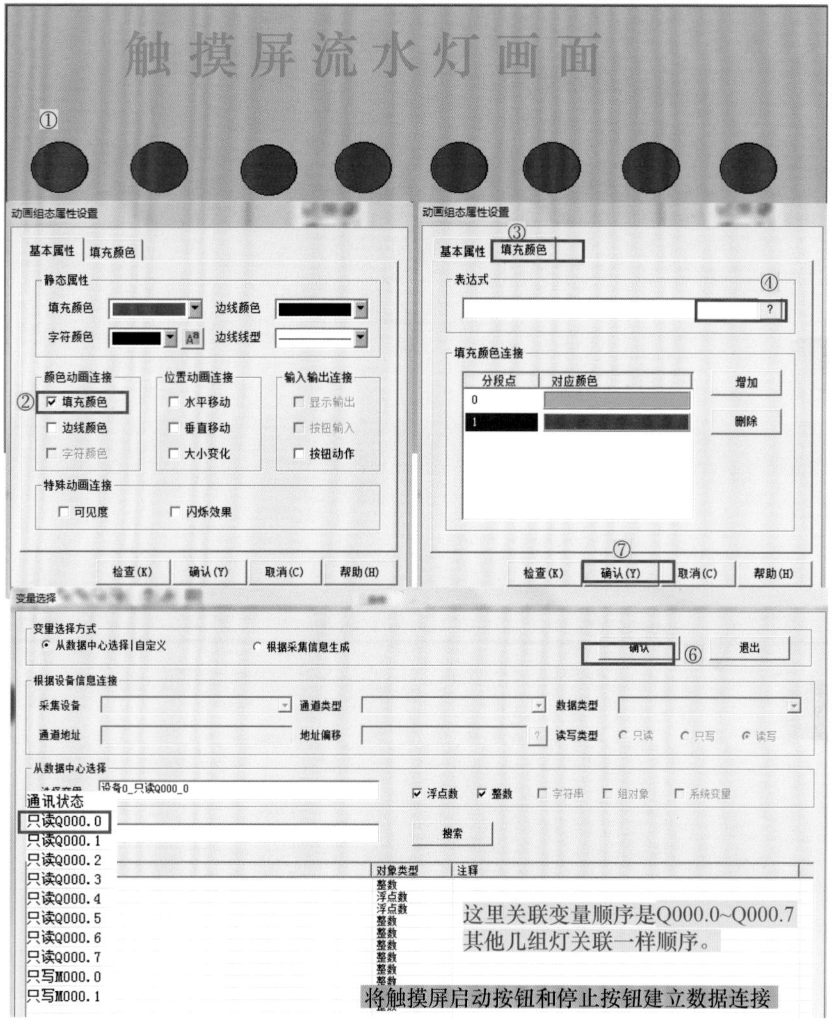

扫一扫看视频

9. 设定计数值并显示当前计数值的画面组态及梯形图程序

扫一扫看视频

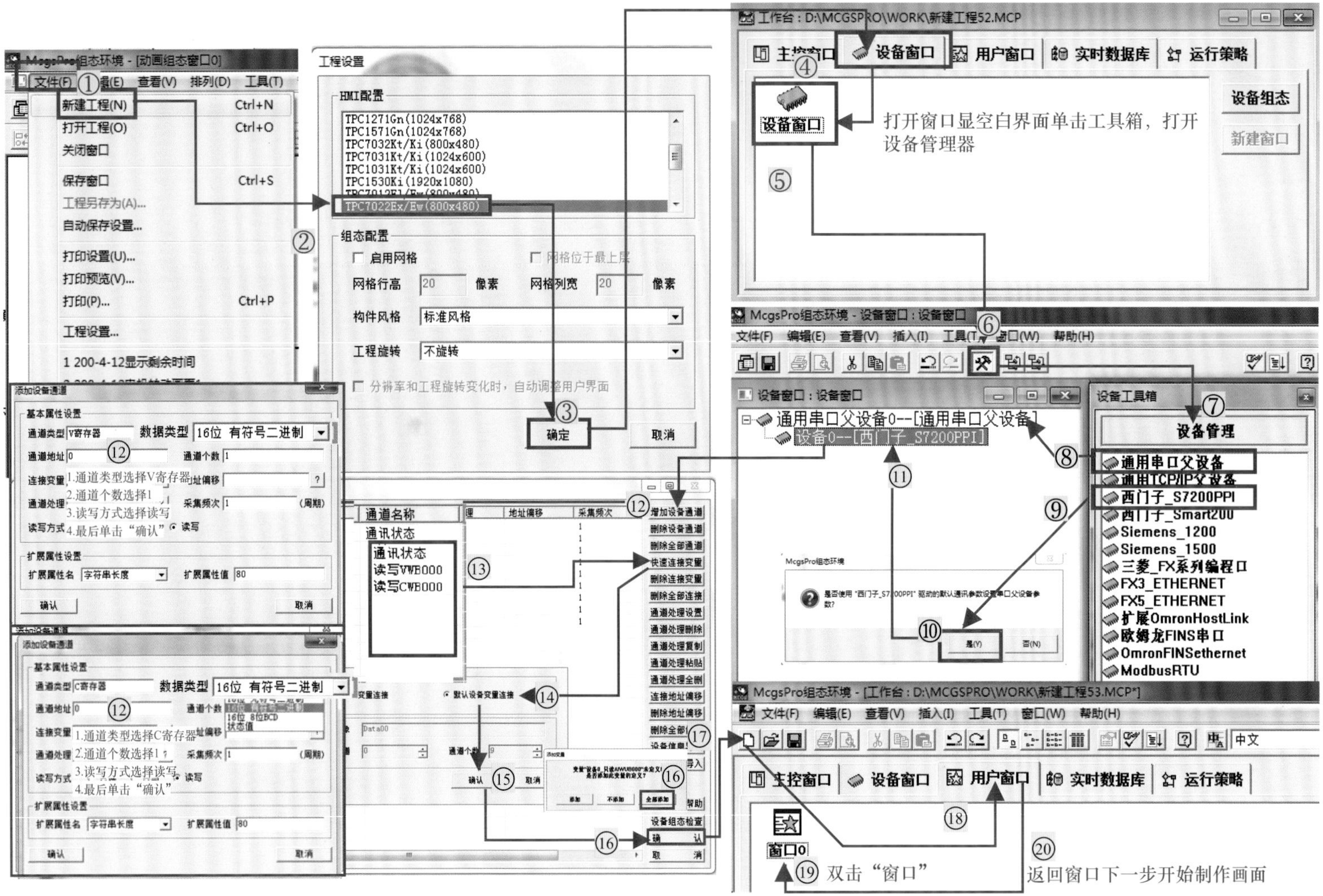

梯形图程序

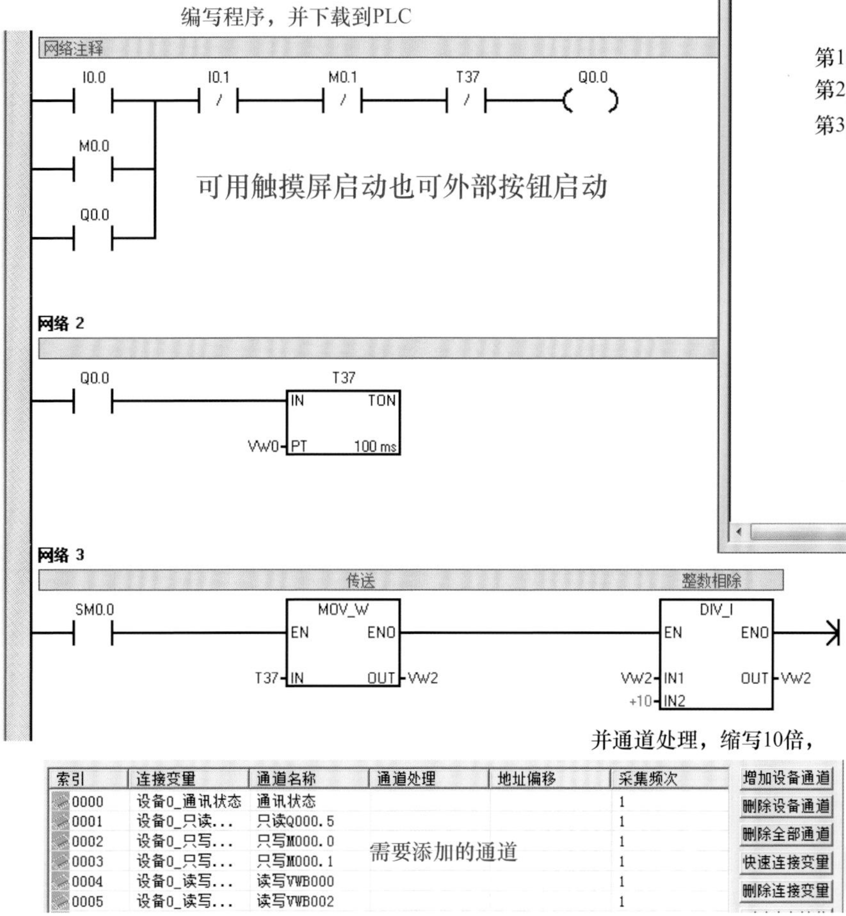
编写程序，并下载到PLC
网络注释
I0.0
I0.1
M0.1
T37
Q0.0
M0.0
Q0.0
可用触摸屏启动也可外部按钮启动
网络 2
Q0.0
T37
IN
TON
VW0
PT
100 ms
网络 3
传送
整数相除
SM0.0
MOV_W
EN
ENO
T37
IN
OUT
VW2
DIV_I
EN
ENO
VW2
IN1
OUT
VW2
+10
IN2
并通道处理，缩写10倍，
索引
连接变量
通道名称
通道处理
地址偏移
采集频次
0000 设备0_通讯状态 通讯状态 1
0001 设备0_只读... 只读Q000.5 1
0002 设备0_只写... 只写M000.0 1
0003 设备0_只写... 只写M000.1 1
0004 设备0_读写... 读写VWB000 1
0005 设备0_读写... 读写VWB002 1
需要添加的通道
增加设备通道
删除设备通道
删除全部通道
快速连接变量
删除连接变量

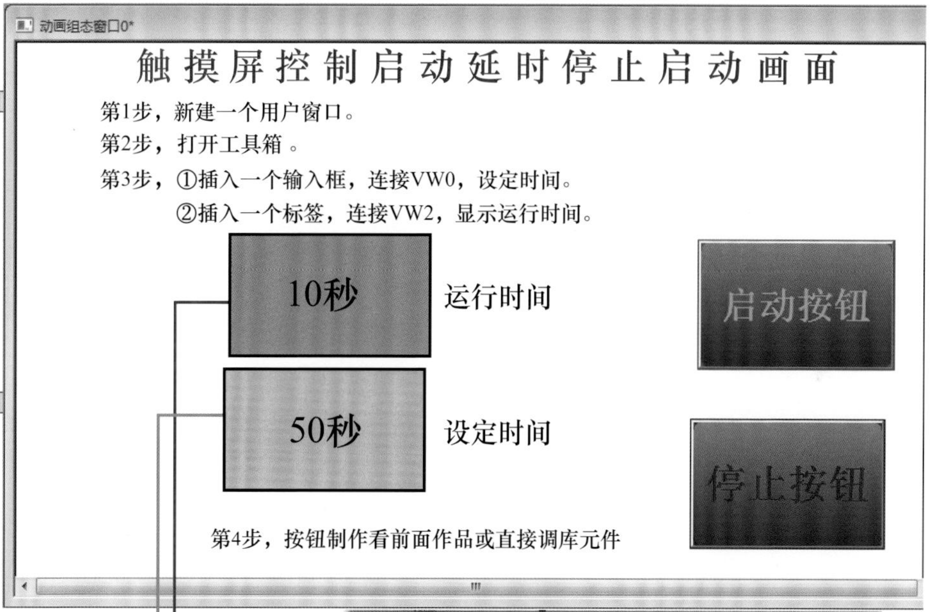
动画组态窗口0*
触摸屏控制启动延时停止启动画面
第1步，新建一个用户窗口。
第2步，打开工具箱 。
第3步，①插入一个输入框，连接VW0，设定时间。
②插入一个标签，连接VW2，显示运行时间。
10秒
运行时间
启动按钮
50秒
设定时间
停止按钮
第4步，按钮制作看前面作品或直接调库元件

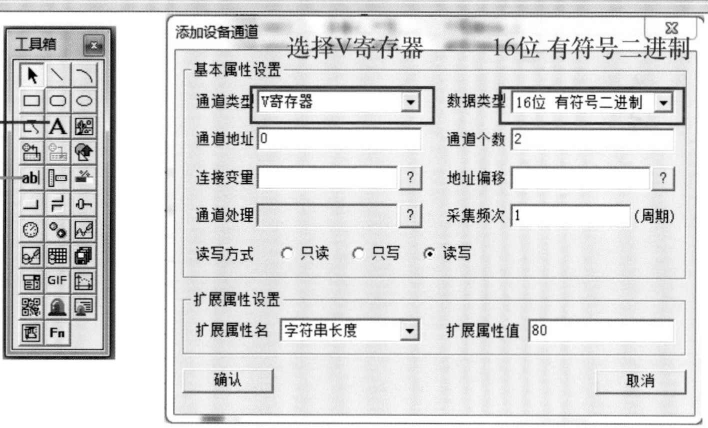
工具箱
添加设备通道
选择V寄存器
16位 有符号二进制
基本属性设置
通道类型 V寄存器
数据类型 16位 有符号二进制
通道地址 0
通道个数 2
连接变量
地址偏移
通道处理
采集频次 1 (周期)
读写方式 只读 只写 读写
扩展属性设置
扩展属性名 字符串长度
扩展属性值 80
确认
取消

10. 定时器输出窗口显示组态（一）

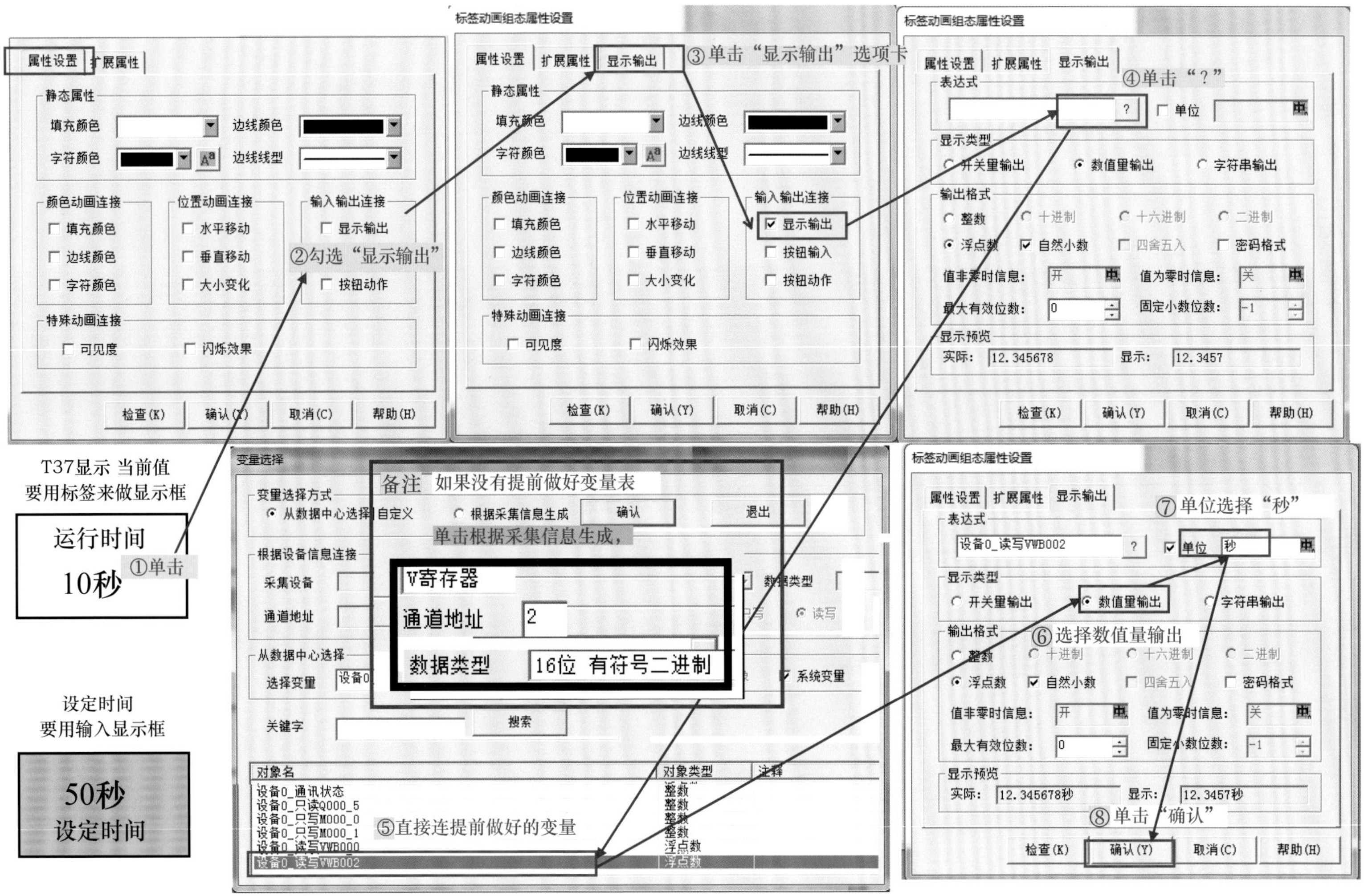

11. 定时器输出窗口显示组态（二）

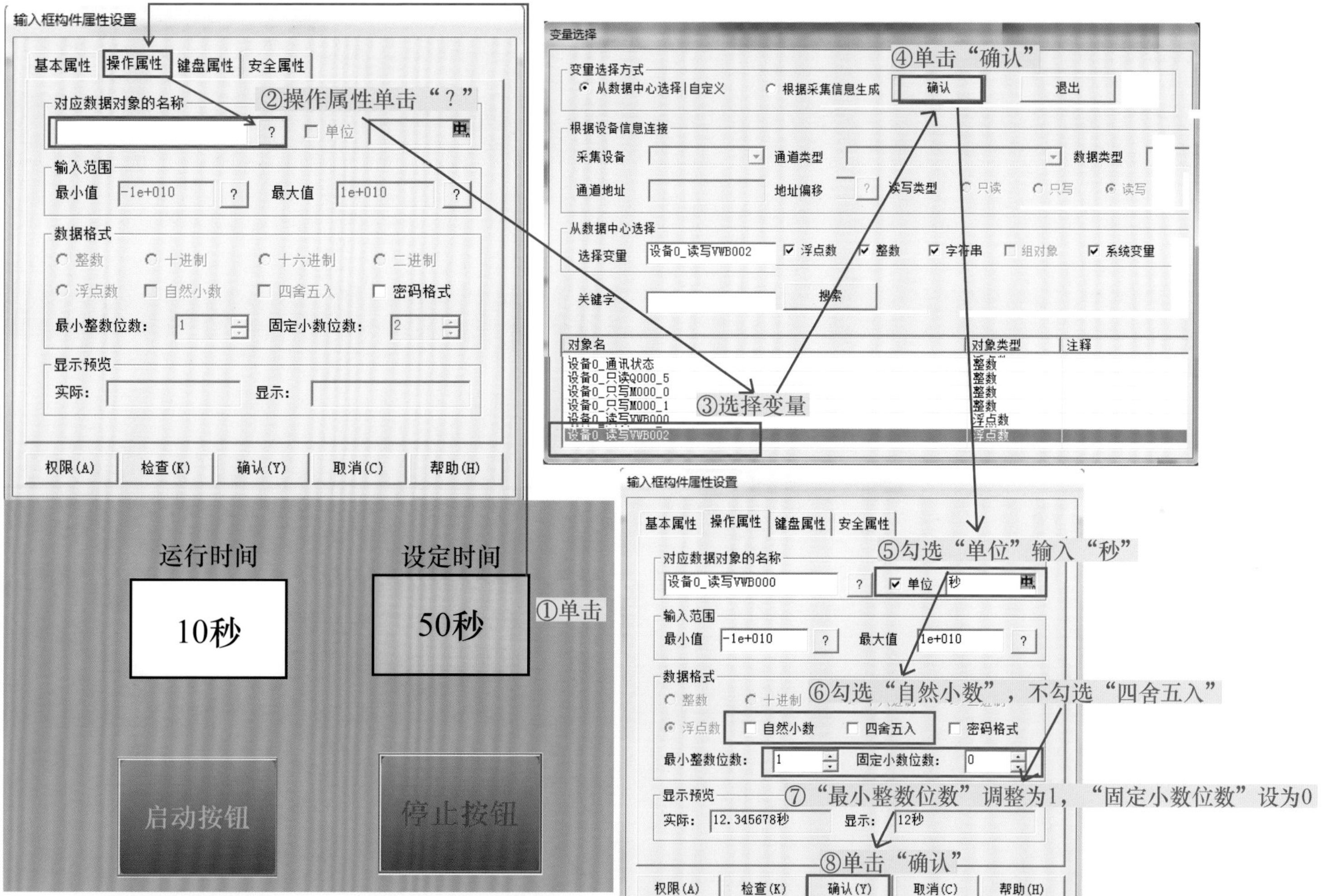

启动和停止按钮看触摸屏启动按钮和停止按钮建立数据连接

12. 整数相加画面组态及梯形图程序

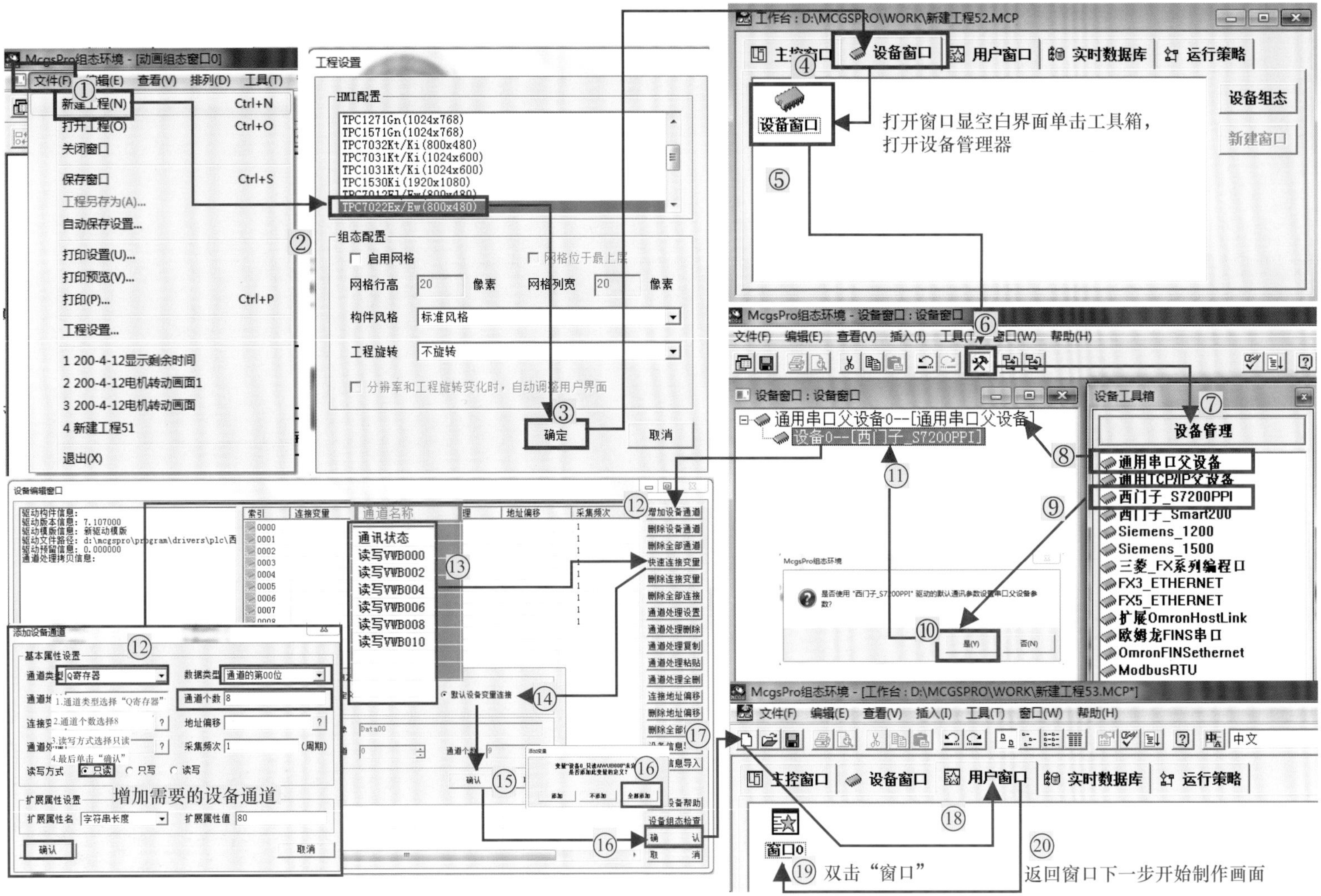

打开窗口显空白界面单击工具箱，
打开设备管理器
1.通道类型选择"Q寄存器"
2.通道个数选择8
3.读写方式选择只读
4.最后单击"确认"
增加需要的设备通道
通讯状态
读写VWB000
读写VWB002
读写VWB004
读写VWB006
读写VWB008
读写VWB010
双击"窗口"
返回窗口下一步开始制作画面

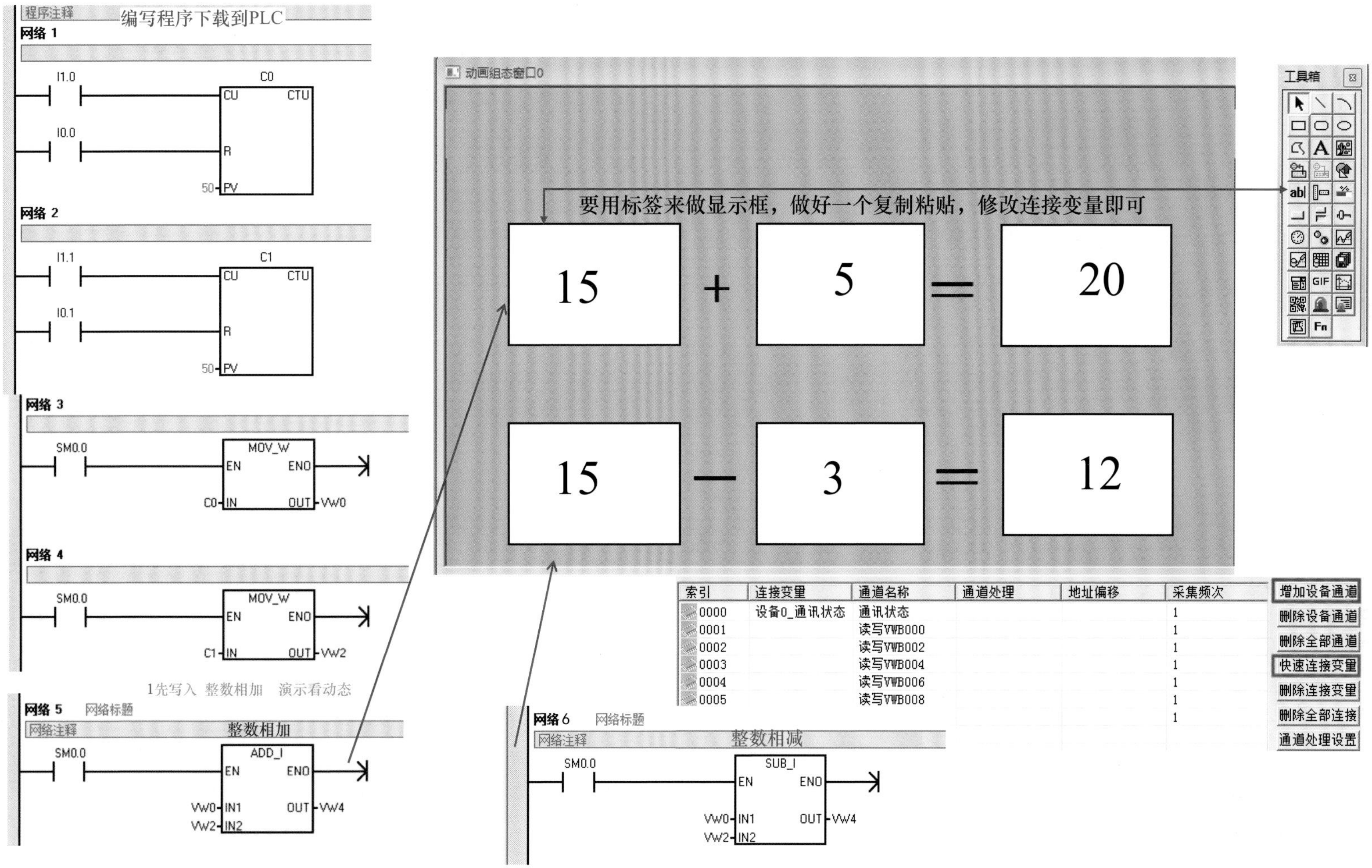
程序注释
编写程序下载到PLC
网络 1
I1.0
C0
CU
CTU
I0.0
R
50
PV
网络 2
I1.1
C1
CU
CTU
I0.1
R
50
PV
网络 3
SM0.0
MOV_W
EN
ENO
C0
IN
OUT
VW0
网络 4
SM0.0
MOV_W
EN
ENO
C1
IN
OUT
VW2
1先写入 整数相加 演示看动态
网络 5 网络标题
网络注释
整数相加
SM0.0
ADD_I
EN
ENO
VW0
IN1
OUT
VW4
VW2
IN2
动画组态窗口0
要用标签来做显示框，做好一个复制粘贴，修改连接变量即可
15
+
5
=
20
15
−
3
=
12
工具箱
abl
GIF
Fn
索引
连接变量
通道名称
通道处理
地址偏移
采集频次
0000
设备0_通讯状态
通讯状态
1
0001
读写VWB000
1
0002
读写VWB002
1
0003
读写VWB004
1
0004
读写VWB006
1
0005
读写VWB008
1
1
增加设备通道
删除设备通道
删除全部通道
快速连接变量
删除连接变量
删除全部连接
通道处理设置
网络 6 网络标题
网络注释
整数相减
SM0.0
SUB_I
EN
ENO
VW0
IN1
OUT
VW4
VW2
IN2

扫一扫看视频

13. 显示剩余时间控制启动延时停止画面组态及梯形图程序

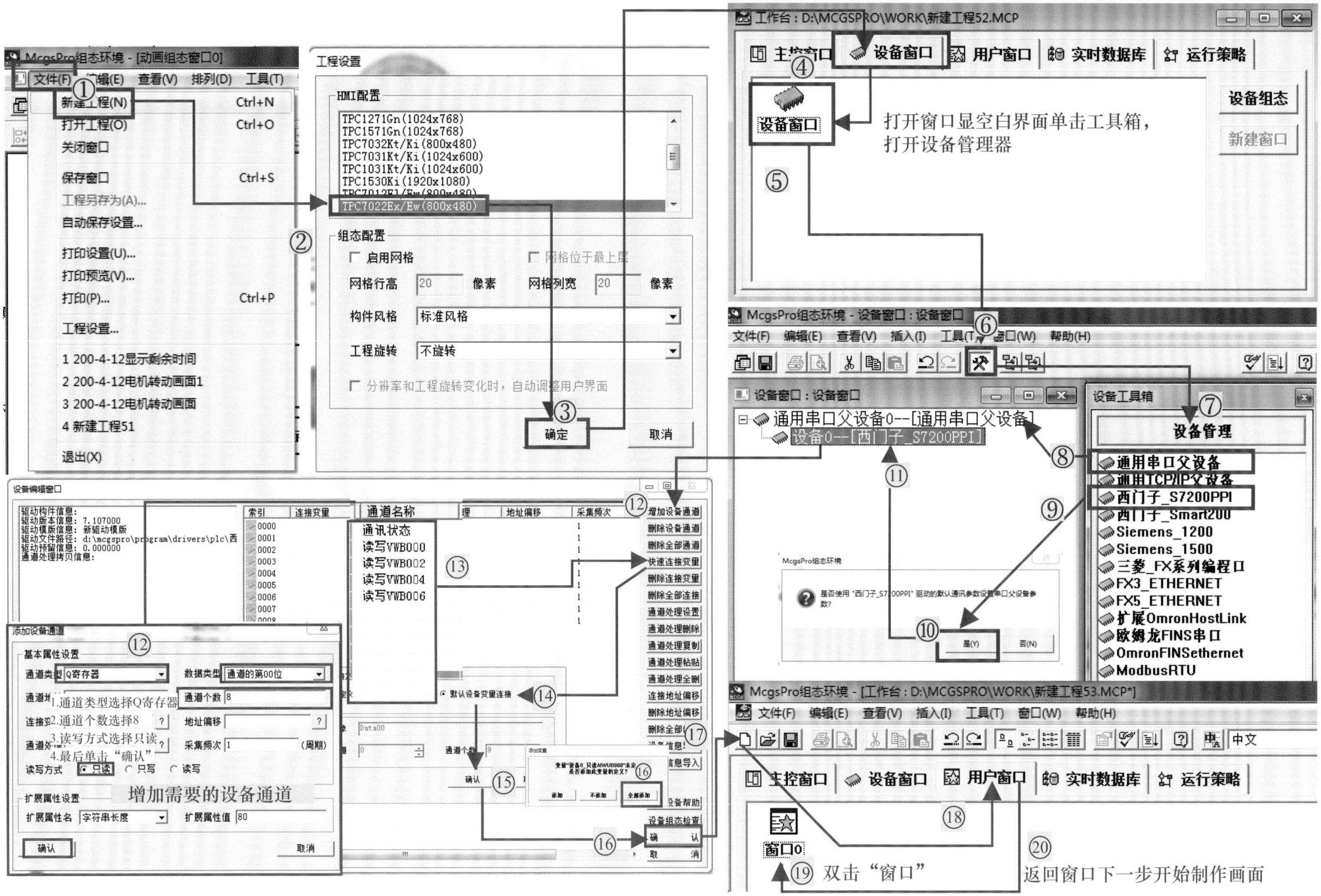
打开窗口显空白界面单击工具箱，
打开设备管理器
1.通道类型选择Q寄存器
2.通道个数选择8
3.读写方式选择只读
4.最后单击“确认”
增加需要的设备通道
双击“窗口”
返回窗口下一步开始制作画面

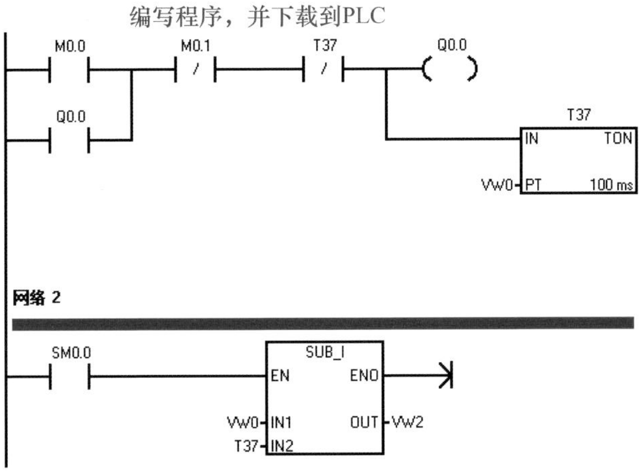
编写程序，并下载到PLC
M0.0
M0.1
T37
Q0.0
Q0.0
T37
IN
TON
VW0
PT
100 ms
网络 2
SM0.0
SUB_I
EN
ENO
VW0
IN1
OUT
VW2
T37
IN2

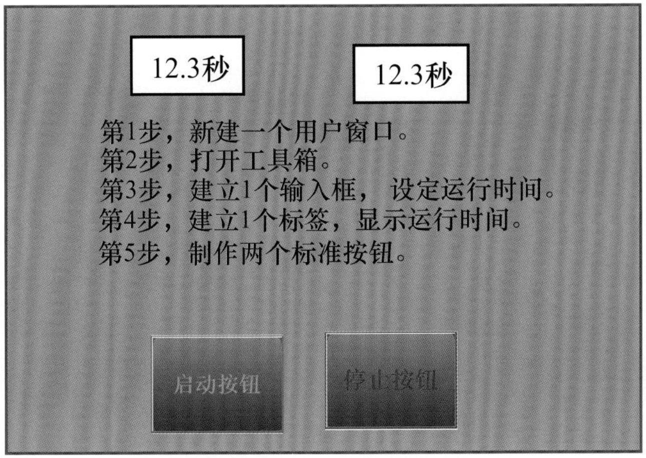
12.3秒
12.3秒
第1步，新建一个用户窗口。
第2步，打开工具箱。
第3步，建立1个输入框，设定运行时间。
第4步，建立1个标签，显示运行时间。
第5步，制作两个标准按钮。
启动按钮
停止按钮

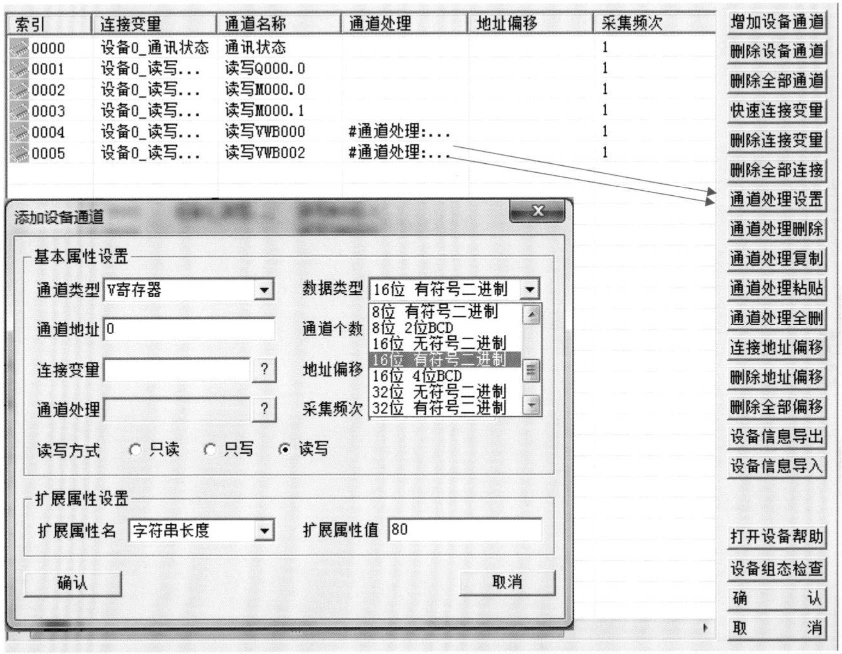
索引
连接变量
通道名称
通道处理
地址偏移
采集频次
0000 设备0_通讯状态 通讯状态 1
0001 设备0_读写... 读写Q000.0 1
0002 设备0_读写... 读写M000.0 1
0003 设备0_读写... 读写M000.1 1
0004 设备0_读写... 读写VWB000 #通道处理:... 1
0005 设备0_读写... 读写VWB002 #通道处理:... 1
增加设备通道
删除设备通道
删除全部通道
快速连接变量
删除连接变量
删除全部连接
通道处理设置
通道处理删除
通道处理复制
通道处理粘贴
通道处理全删
连接地址偏移
删除地址偏移
删除全部偏移
设备信息导出
设备信息导入
打开设备帮助
设备组态检查
确　认
取　消
添加设备通道
基本属性设置
通道类型
V寄存器
数据类型
16位 有符号二进制
8位 有符号二进制
8位 2位BCD
16位 无符号二进制
16位 有符号二进制
16位 4位BCD
32位 无符号二进制
32位 有符号二进制
通道地址
0
通道个数
连接变量
地址偏移
通道处理
采集频次
读写方式
只读
只写
读写
扩展属性设置
扩展属性名
字符串长度
扩展属性值
80
确认
取消

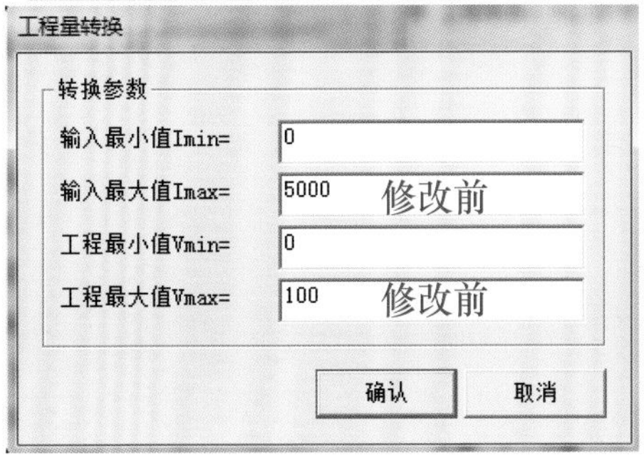
工程量转换
转换参数
输入最小值Imin=
0
输入最大值Imax=
5000
修改前
工程最小值Vmin=
0
工程最大值Vmax=
100
修改前
确认
取消

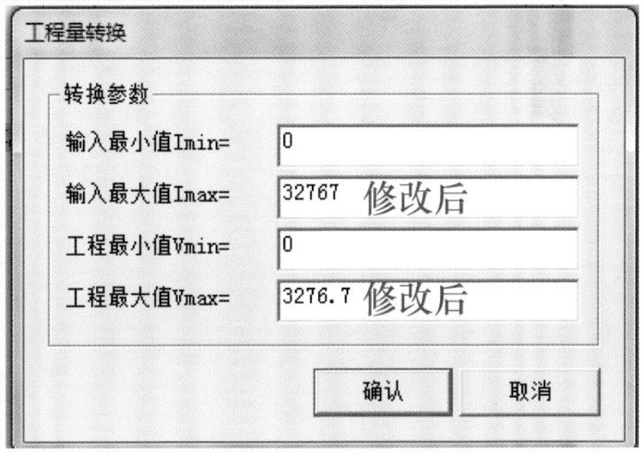
工程量转换
转换参数
输入最小值Imin=
0
输入最大值Imax=
32767
修改后
工程最小值Vmin=
0
工程最大值Vmax=
3276.7
修改后
确认
取消

扫一扫看视频

14. 定时停机控制画面组态及梯形图程序

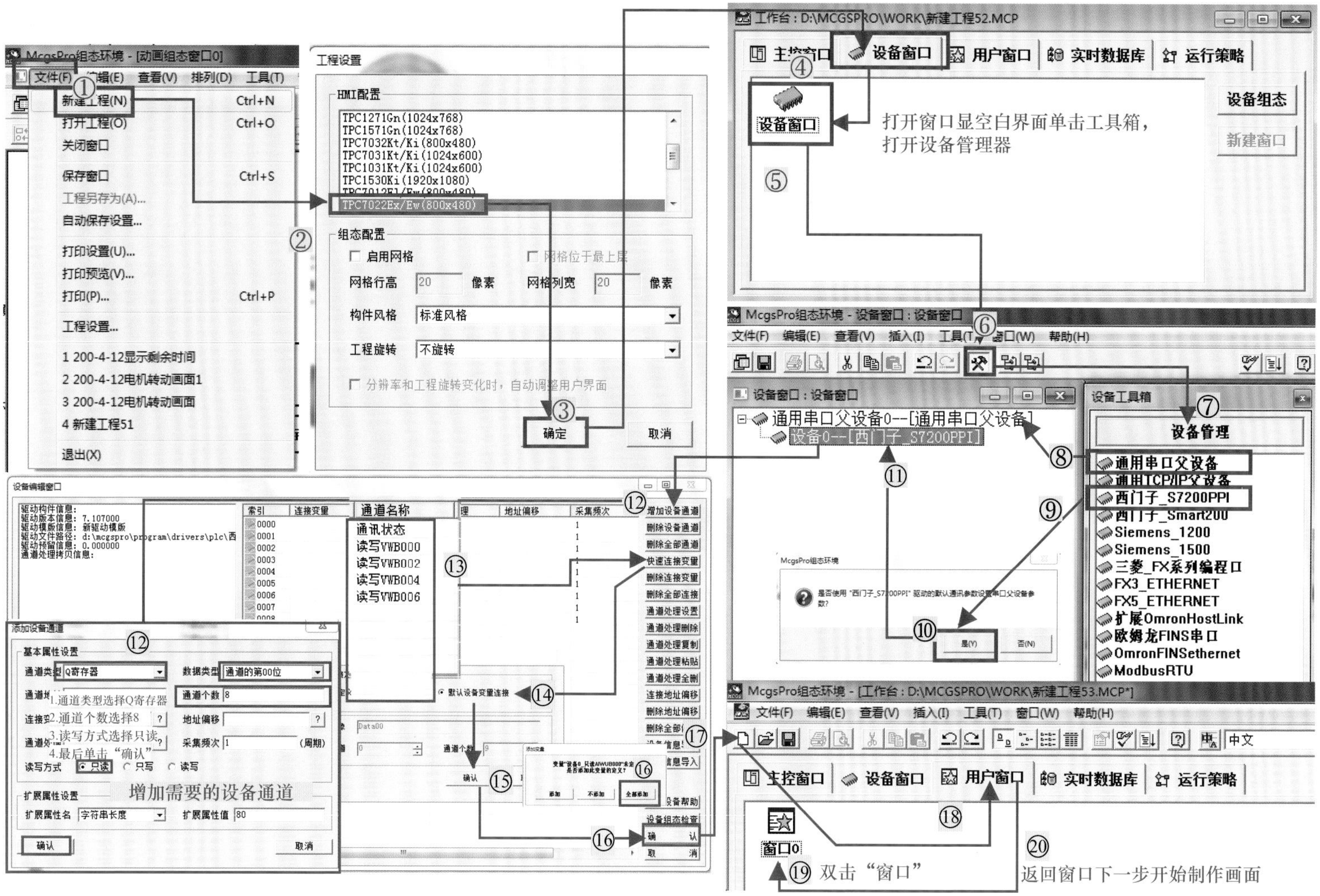

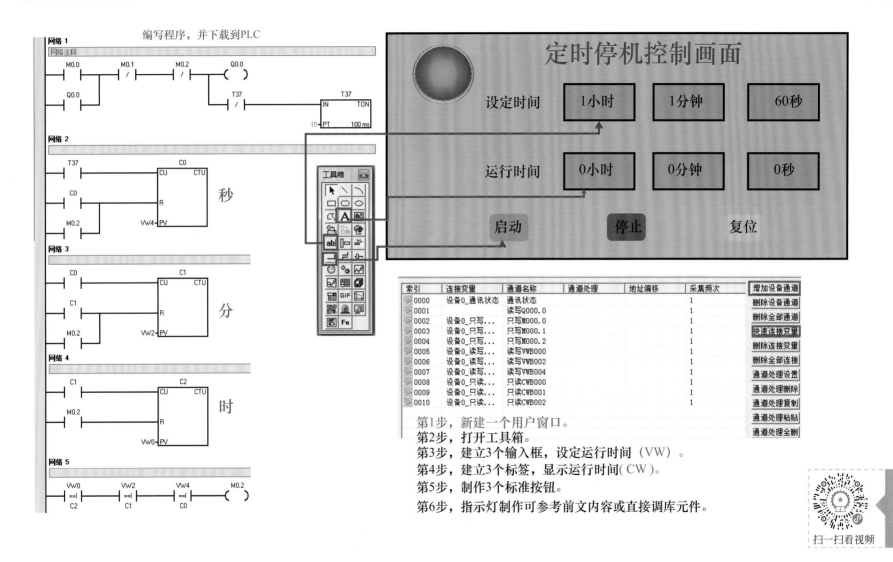

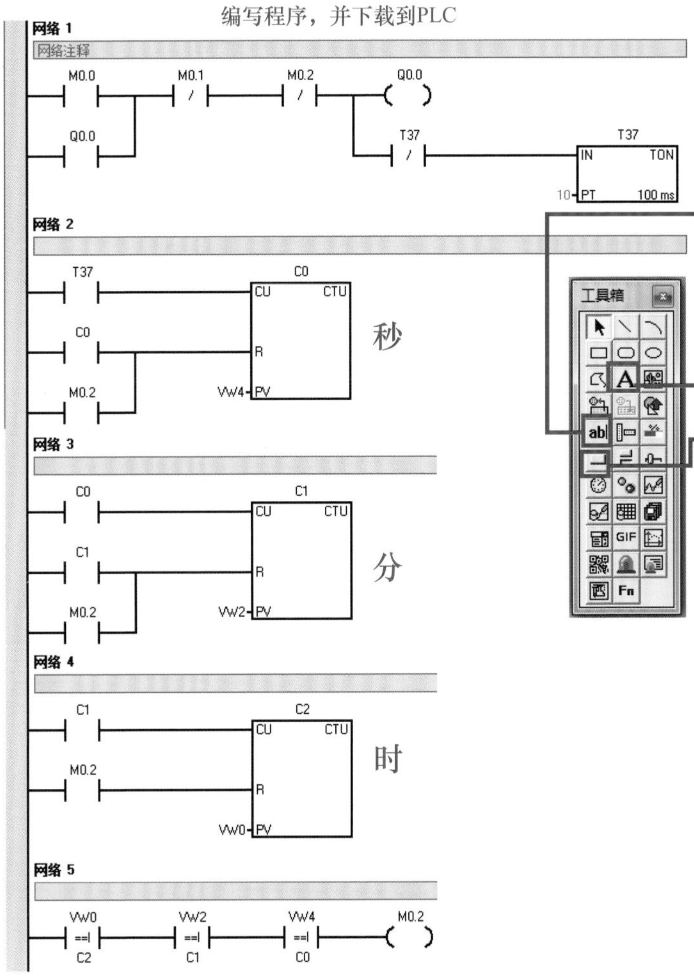

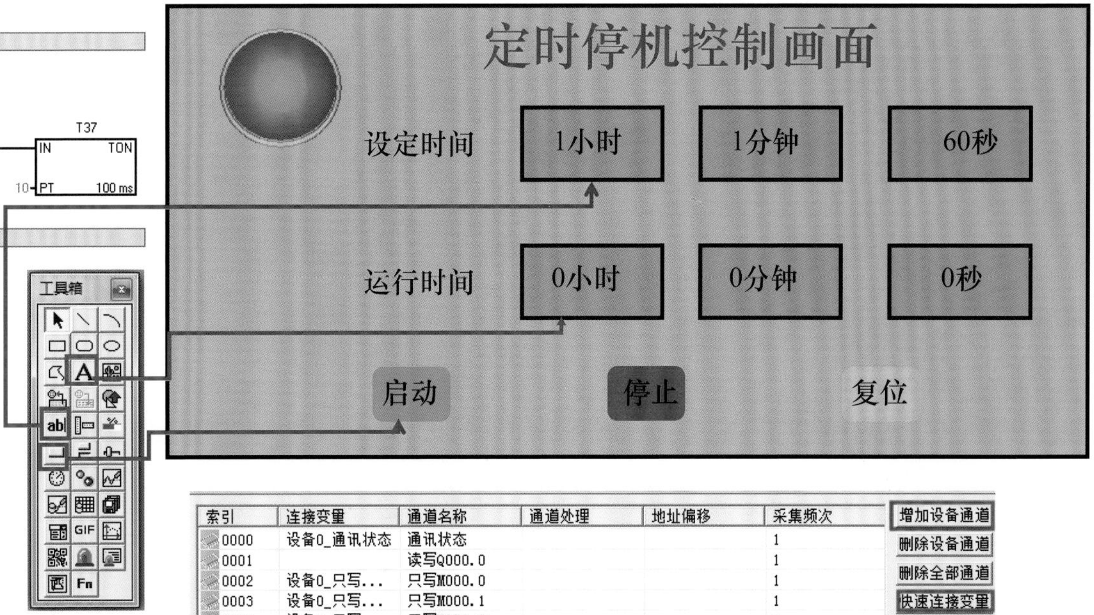

索引	连接变量	通道名称	通道处理	地址偏移	采集频次
0000	设备0_通讯状态	通讯状态			1
0001		读写Q000.0			1
0002	设备0_只写...	只写M000.0			1
0003	设备0_只写...	只写M000.1			1
0004	设备0_只写...	只写M000.2			1
0005	设备0_读写...	读写VWB000			1
0006	设备0_读写...	读写VWB002			1
0007	设备0_读写...	读写VWB004			1
0008	设备0_只读...	只读CWB000			1
0009	设备0_只读...	只读CWB001			1
0010	设备0_只读...	只读CWB002			1

第1步，新建一个用户窗口。
第2步，打开工具箱。
第3步，建立3个输入框，设定运行时间（VW）。
第4步，建立3个标签，显示运行时间(CW)。
第5步，制作3个标准按钮。
第6步，指示灯制作可参考前文内容或直接调库元件。

扫一扫看视频

15. 显示温度当前值并可修改温度画面组态及梯形图程序

第1步，新建一个用户窗口。
第2步，打开工具箱。
第3步，工具箱里找到滑动服务器。
第4步，建立2个输入框：1个用作设定上限输入，1个用作设定下限输入。
第5步，建立1个标签显示实际检测温度。
第6步，制作指示灯（可利用前面作品或直接调库元件）。

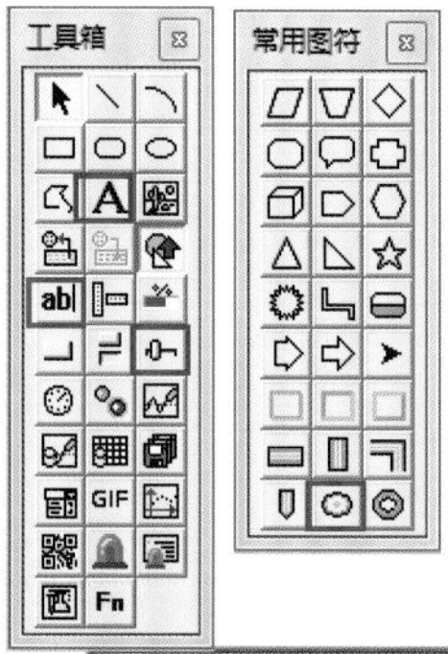

这里关联4个变量，数据建立连接参见前文内容，本例不再赘述。

索引	连接变量	通道名称	通道处理	地址偏移	采集频次
0000	设备0_通讯状态	通讯状态			1
0001		只读Q000.0			1
0002		读写VWB000			1
0003		读写VWUB002			1
0004		读写VWUB004			1

增加设备通道
删除设备通道
删除全部通道
快速连接变量
删除连接变量

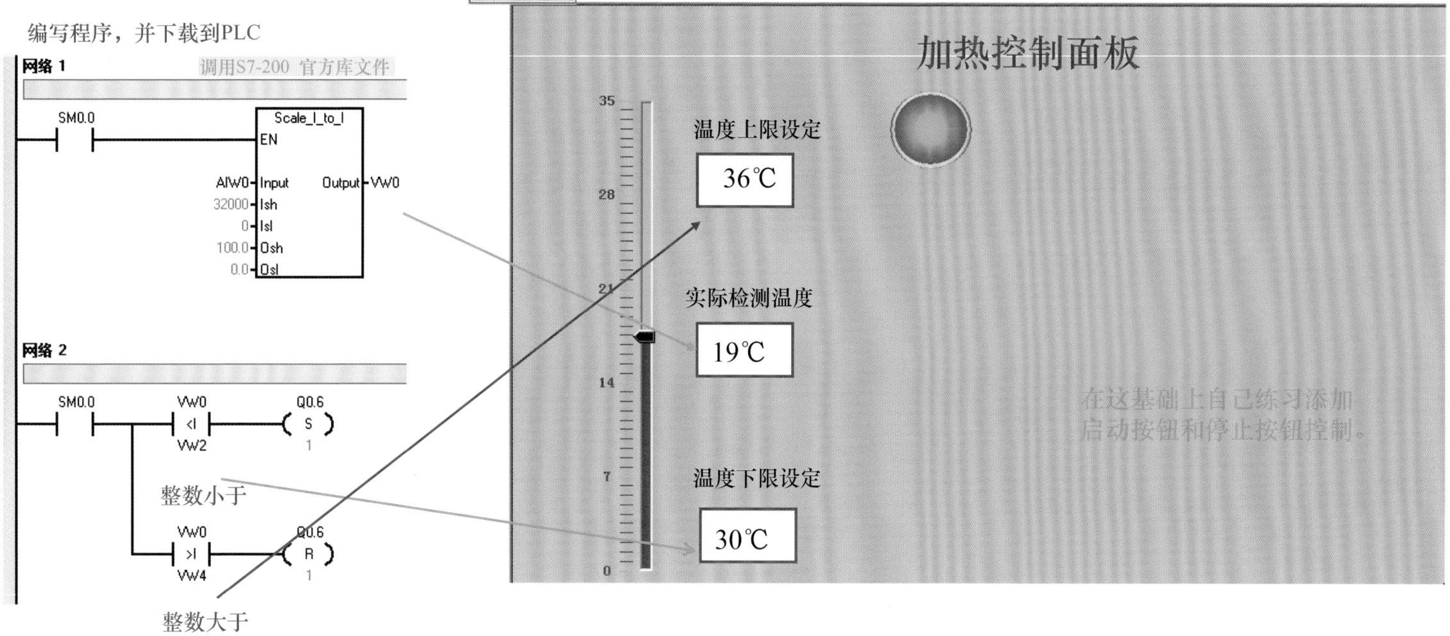

第8章 三菱 FX3U PLC 的应用

1. 三菱 FX3U PLC 中软元件及常用指令说明

1.输入继电器X0~X367(248点，采用八进制)
2.输出继电器Y0~Y367(248点，采用八进制)
3.FX3U PLC的中间继电器用M表示，一共有8192个。
M0~M499，共500个普通的
M500~M1023，共524个，停电保持用
M1024~M7679，共6656个，停电保持专用
M8000~M8511，共512个，特殊用

M8000:一直通电
M8001:一直断电
M8002:接通一次断开
M8011:10ms接通一次
M8012:100ms接通一次
M8013:1s接通一次
M8014:1min接通一次
M8034:禁止输出

MOV:传送（16位）
DMOV:传送（32位）
DEMOV:传送（实数）

SET:置位
RST:复位
ZRST:批量复位

INCP:递增指令
DECP:递减指令
ALT:交替输出

PLSY:脉冲输出
PLSR:带加减速的脉冲输出
PWM:脉宽调制
PLSV:可变速脉冲输出
M8092:指令执行结束标志位（闭合一次）
DRVA:绝对定位
DRVI: 相对位置
DZR:原点回归
DSZR:带搜索的原点回归

ROR:循环右移
ROL:循环左移
RCR:带进位循环右移
RCL:带进位循环左移
SFTR:位右移
SFTL:位左移
WSFR:字右移
WSFL:字左移

SER:数据检索
TTMR:示教定时器
STMR:特殊定时器

CML:取反传送
BMOV:成批传送
FMOV:多点传送
XCH:数据交换
SWAP:高低字节互换

CMP:比较（普通指令）
ZCP:区间比较（普通指令）
DECMP:浮点数比较

DHSCS:比较置位，高速计数器用
DHSCR:比较复位，高速计数器用
DHSZ:区间比较，高速计数器用

比较指令是用在常开触点的指令，
LD >；大于
LD <；小于
LD >=；大于等于
LD <=；小于等于
LD =；等于
LD <>；（不等于）

PLS是上升沿指令，得到使能信号只能瞬间接通一次
PLF是下降沿指令，使能信号断开后瞬间接通一次

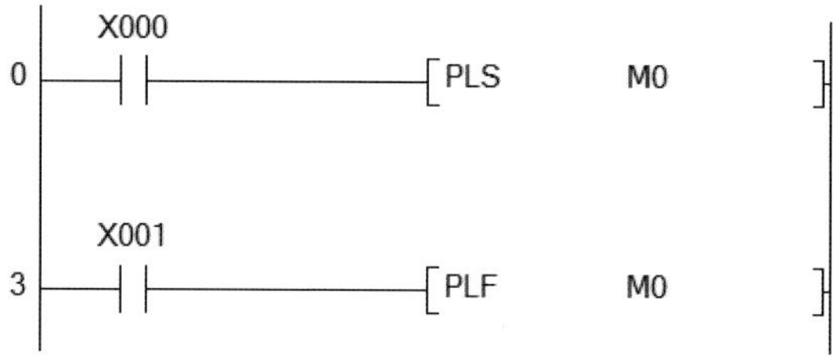

2. 三菱 FX3U PLC 对软元件的常用处理方式

1. 位元件

X、Y、M、S 可以单独使用，也可以组合起来使用。以4位为单位，每4位表示1组。

比如，K1Y0表示4个 Y，分别是Y0~Y3。

K4M0表示16个M，分别是：M15 M14 M13 M12 M11 M10 M9 M8 M7 M6 M5 M4 M3 M2 M1 M0

高位　　　　低位

如果是16位的数据，取值范围为K1~K4；如果是32位的数据，取值范围为K1~K8

2. 字、双字

一个字是16位，通常用D存储；如果32位，用两个连续的D存储，(D0 D1) 或 (D10 D11)。

字元件里面的位，比如D0里面可以存储16位的数，D0= 1111 1111 0000 0000

第几位，分别用 FEDC BA98 7654 3210 表示

D0.0表示寄存器D0里面的第0位

D0.F表示寄存器D0里面的第16位

3. 三菱的计数器分类

1）可分为普通计数器和高速计数器。

2）可分为16位和32位。

FX3U的计数器：

16位增计数器（计数范围为0~32767）

C0~C99一般用

C100~C199停电保持用

32位增减计数器（计数范围：-2147483648~2147483647)

C200~C219一般用

C220~C234停电保持用

32位高速计数器

C235~C255

定时器普通型：

100ms：T0~T199

10ms：T200~T245

1ms：T256~T511

累计型：

1ms：T246~T249

100ms：T250~T255

数据寄存器：

D0~D199

D200~D511

D512~D799

D8000~D8511

常数

十进制K 比如　MOV K2 D0

十六进制H 比如　MOV H255 D0

实数 E

字符串　比如“ABC123”

实数中带小数点的数，也叫浮点数，在三菱PLC中浮点数前面需要加E，

比如可表示为　DEMOV E3.14 D0

3. 简单的自锁控制电路与梯形图的转换

1.继电器-接触器控制电路

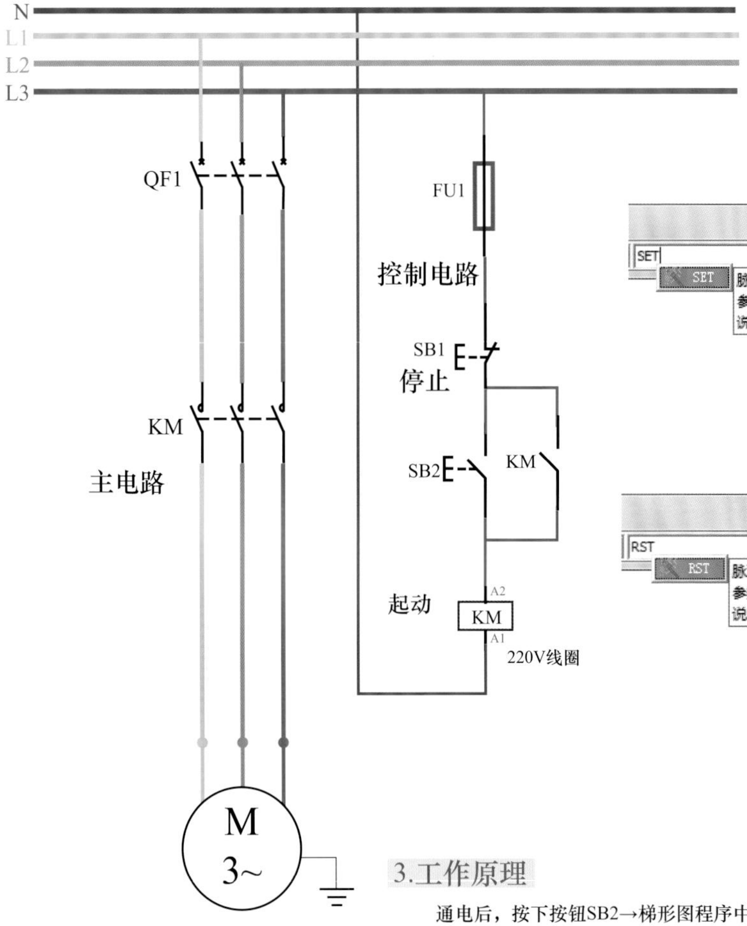

2.梯形图程序

例一

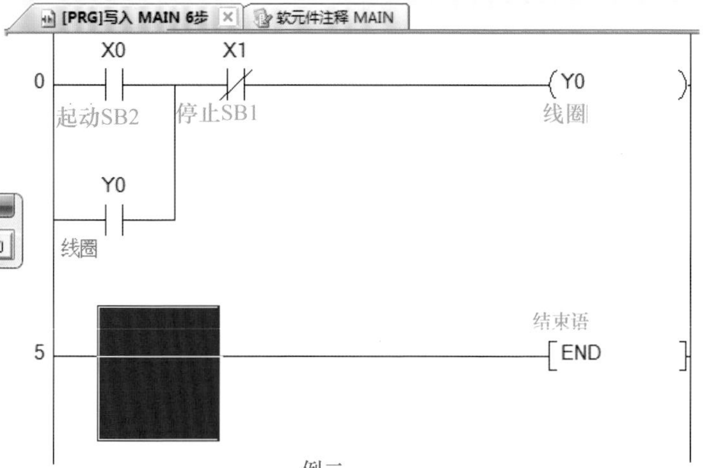

例二

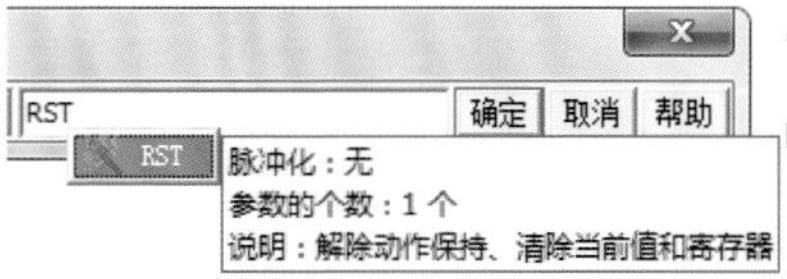

3.工作原理

通电后，按下按钮SB2→梯形图程序中的触点X0闭合→通过X1常闭→线圈Y0得电→Y0常开触点自锁闭合，Y0输出端子与COM端子间的内部触点闭合，使线圈Y0在X0触点断开后仍可得电；接触器KM线圈得电，主电路中的KM主触点闭合，电动机得电工作。

停止时，按下SB1常闭触点X1断开，Y0线圈断电停止。

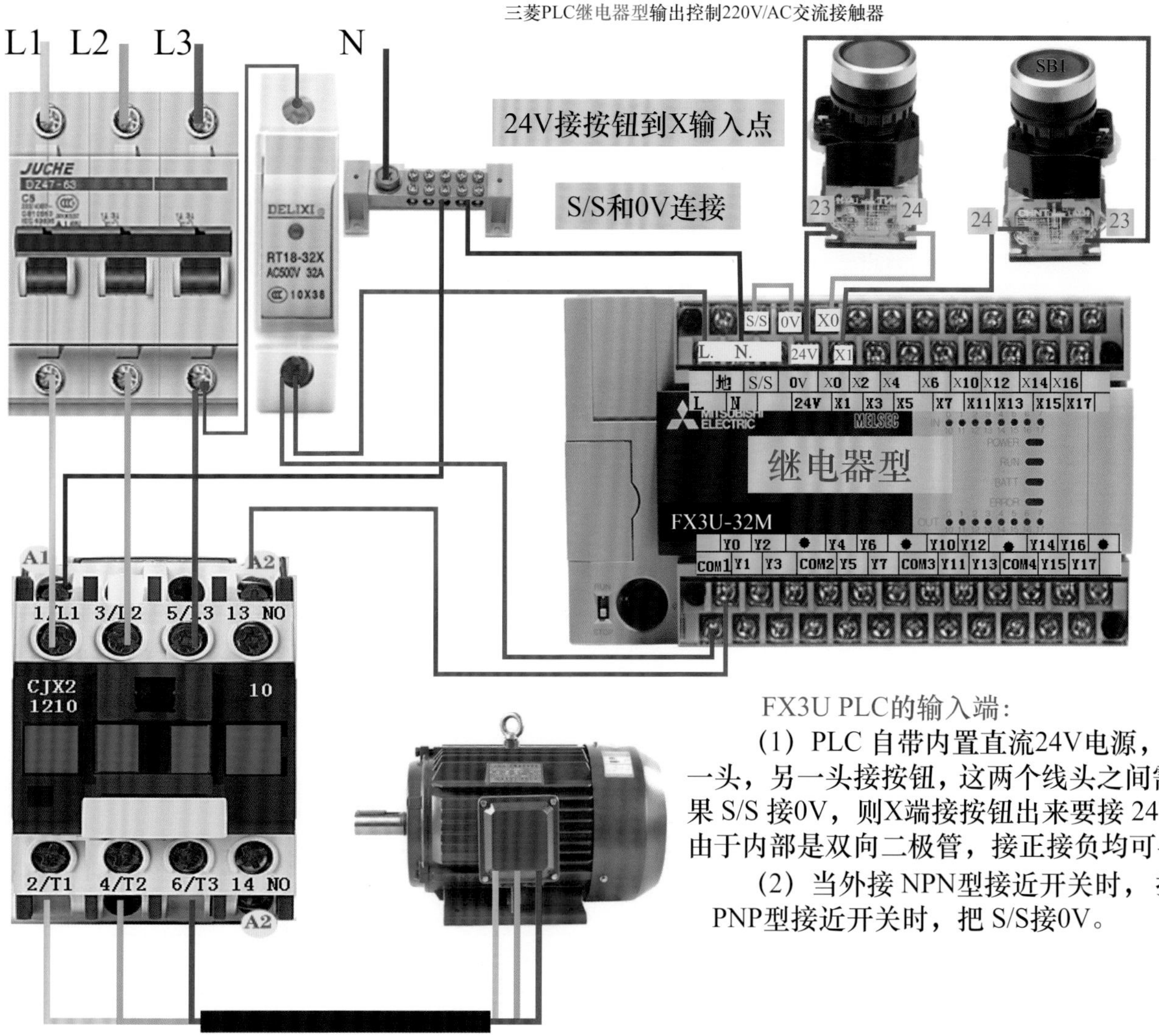

FX3U PLC的输入端:

（1）PLC 自带内置直流24V电源，S/S相当于输入端X的一头，另一头接按钮，这两个线头之间需要加24V的电压，如果 S/S 接0V，则X端接按钮出来要接 24V，才可以构成回路。由于内部是双向二极管，接正接负均可导通。

（2）当外接 NPN型接近开关时，把S/S 接24V；当外接PNP型接近开关时，把 S/S接0V。

三菱 FX3U PLC 控制的简单的自锁电路实物接线图

4. 电动机一键起停控制电路与梯形图的转换

1.继电器-接触器控制电路

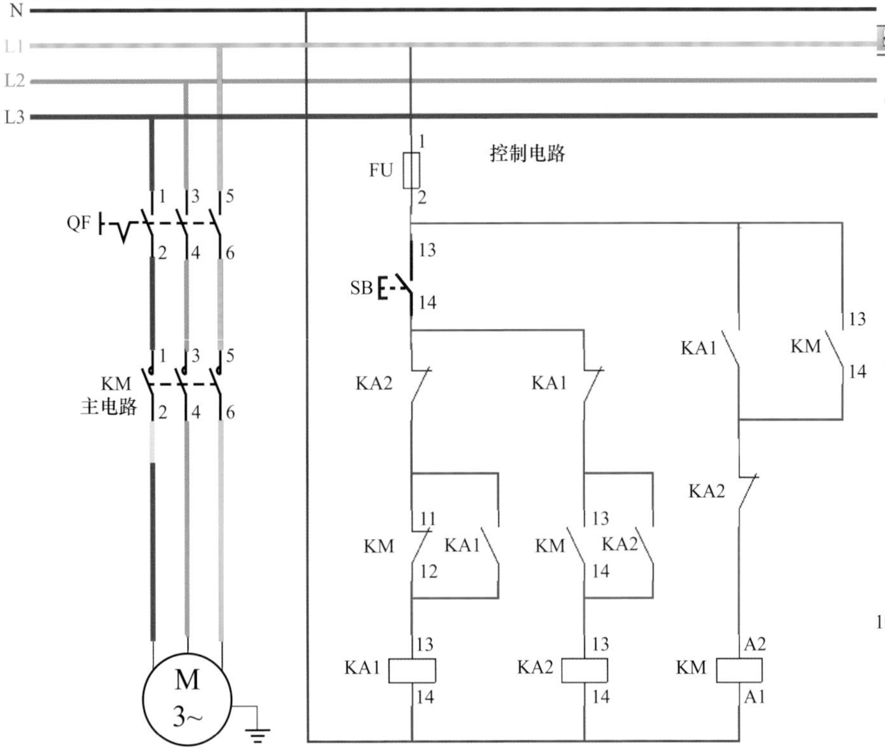

2.梯形图程序

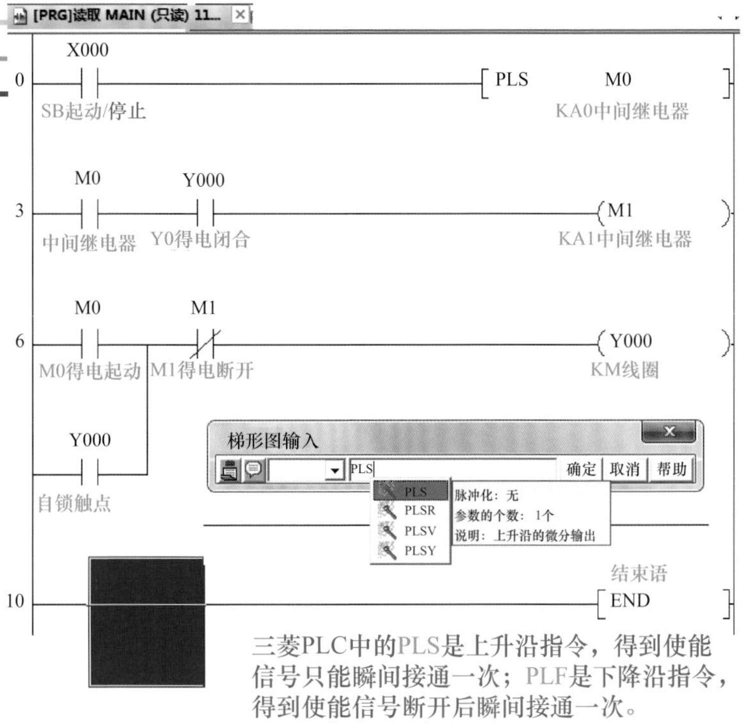

3.工作原理

通电后，按下按钮SB1→梯形图程序中的触点X000闭合→线圈M0得电，M0常开触点闭合启动Y0线圈，Y000常开触点自锁闭合，Y000输出端子与COM端子间的内部触点闭合输出，接触器KM线圈得电，主电路中的KM主触点闭合，电动机得电工作。

停止时，再次按下SB1，常开触点X000闭合→线圈M0得电，M000常开触点闭合通过Y000常开触点闭合使M1线圈得电，M1常闭触点断开Y000自锁线路停止输出，接触器KM线圈断电，主电路中的KM主触点断开，电动机停止工作。

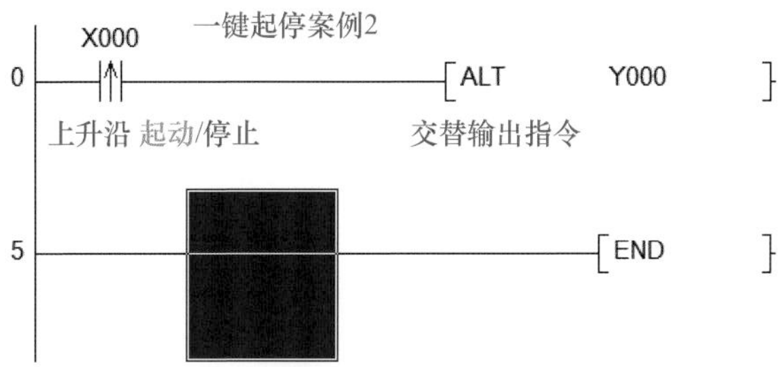

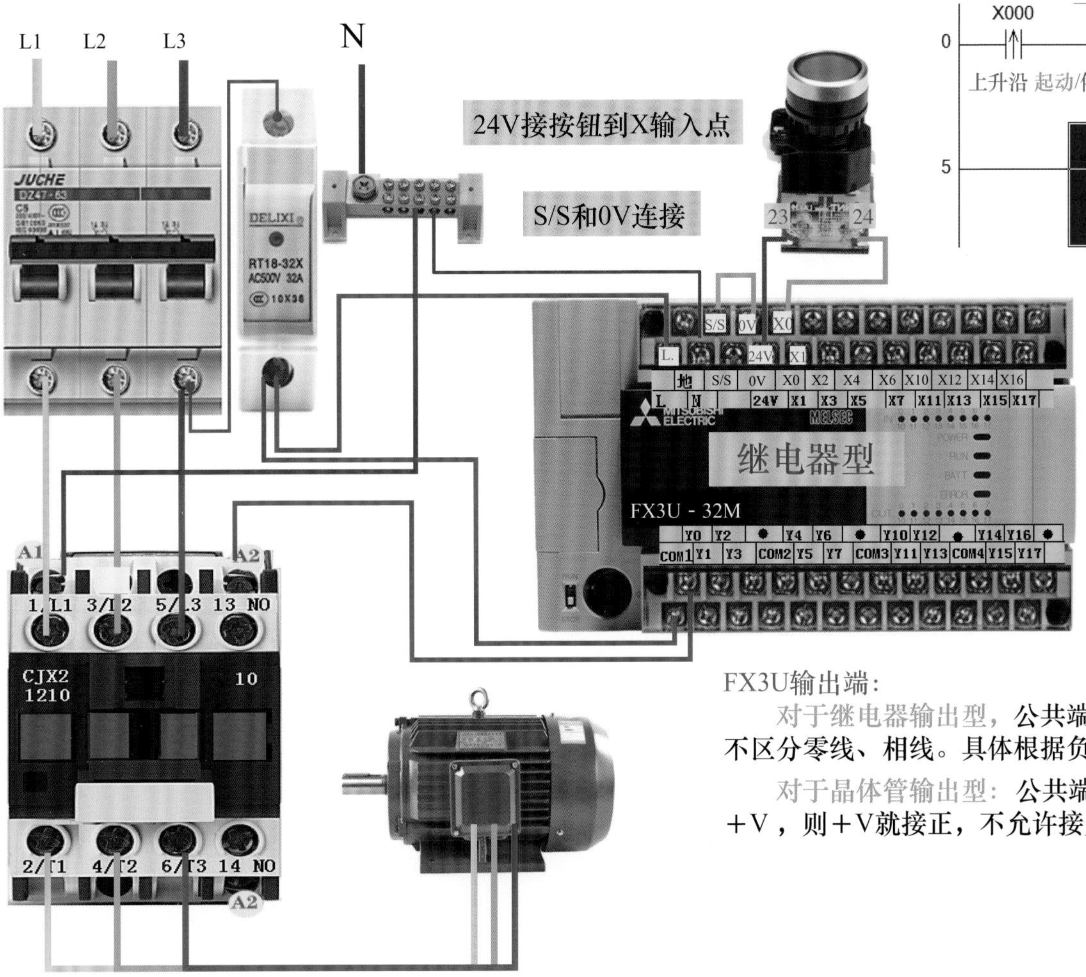

三菱PLC的ALT是交替输出的指令，
第一次触发Y000就为 ON 状态，
再一次触发Y000就变成 OFF 状态，
再一次触发Y000又回到 ON 状态，
ON—OFF—ON—OFF，就这样交替下去。

FX3U输出端：

对于继电器输出型，公共端和 Y 之间接直流、交流均可，不分正负极不区分零线、相线。具体根据负载的电压确定。

对于晶体管输出型：公共端标注COM，则COM接负；如果标注的是+V，则+V就接正，不允许接反。

三菱 FX3U PLC 控制的电动机一键起停电路实物接线图

5. 电动机正反转控制电路与梯形图的转换

1.继电器-接触器控制电路

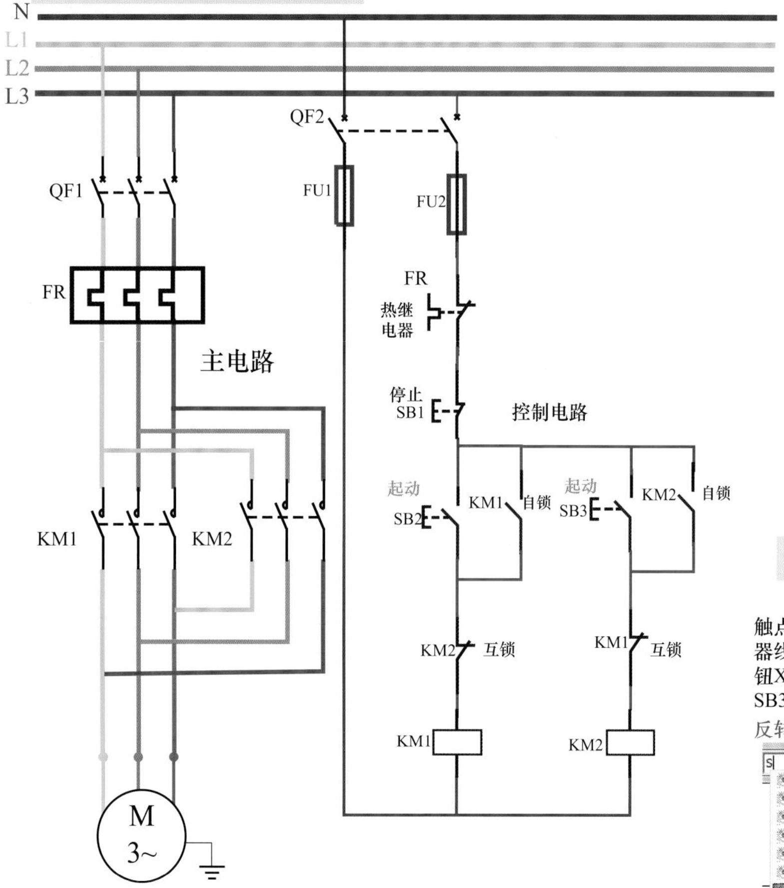

2.梯形图程序

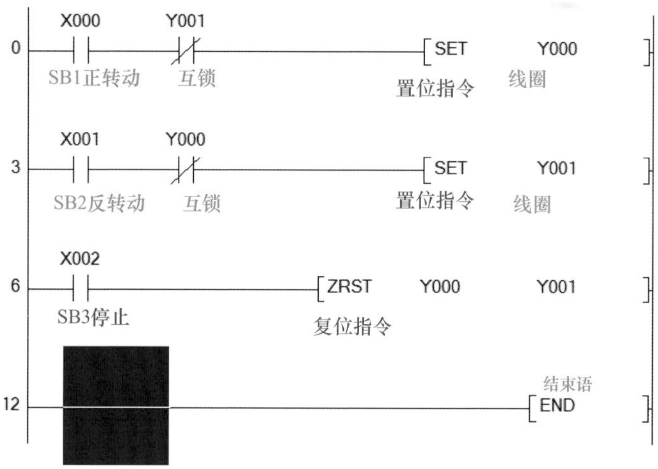

3.工作原理

正转起动时，按下按钮SB1→梯形图程序中的触点X000闭合→通过Y001常闭触点互锁→线圈Y000得电，Y000输出端子与COM端子间的内部触点闭合，接触器线圈得电主电路中的KM1主触点闭合，电动机得电工作。这时按下反转SB2按钮X001闭合是无法起动Y001因为Y000起动时断开反转控制。只有按下停止按钮SB3，X002闭合使Y0线圈复位停止工作，才可以起动反转运行。

反转起动时同理。

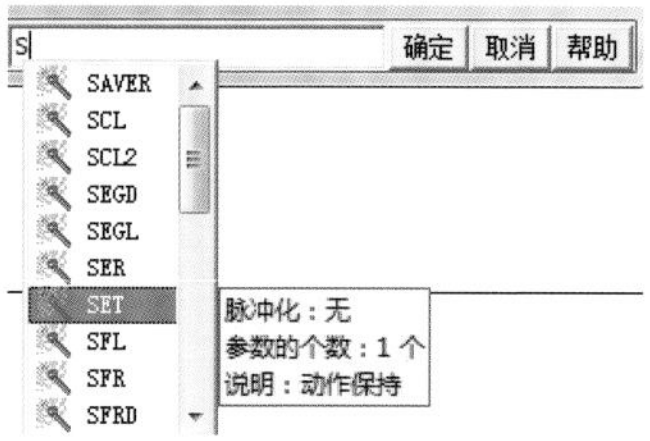

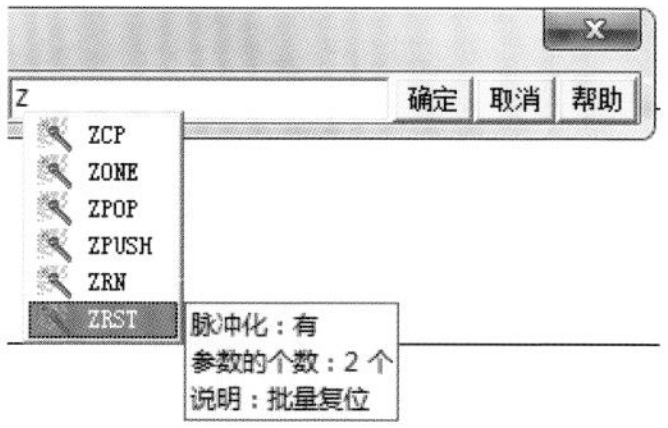

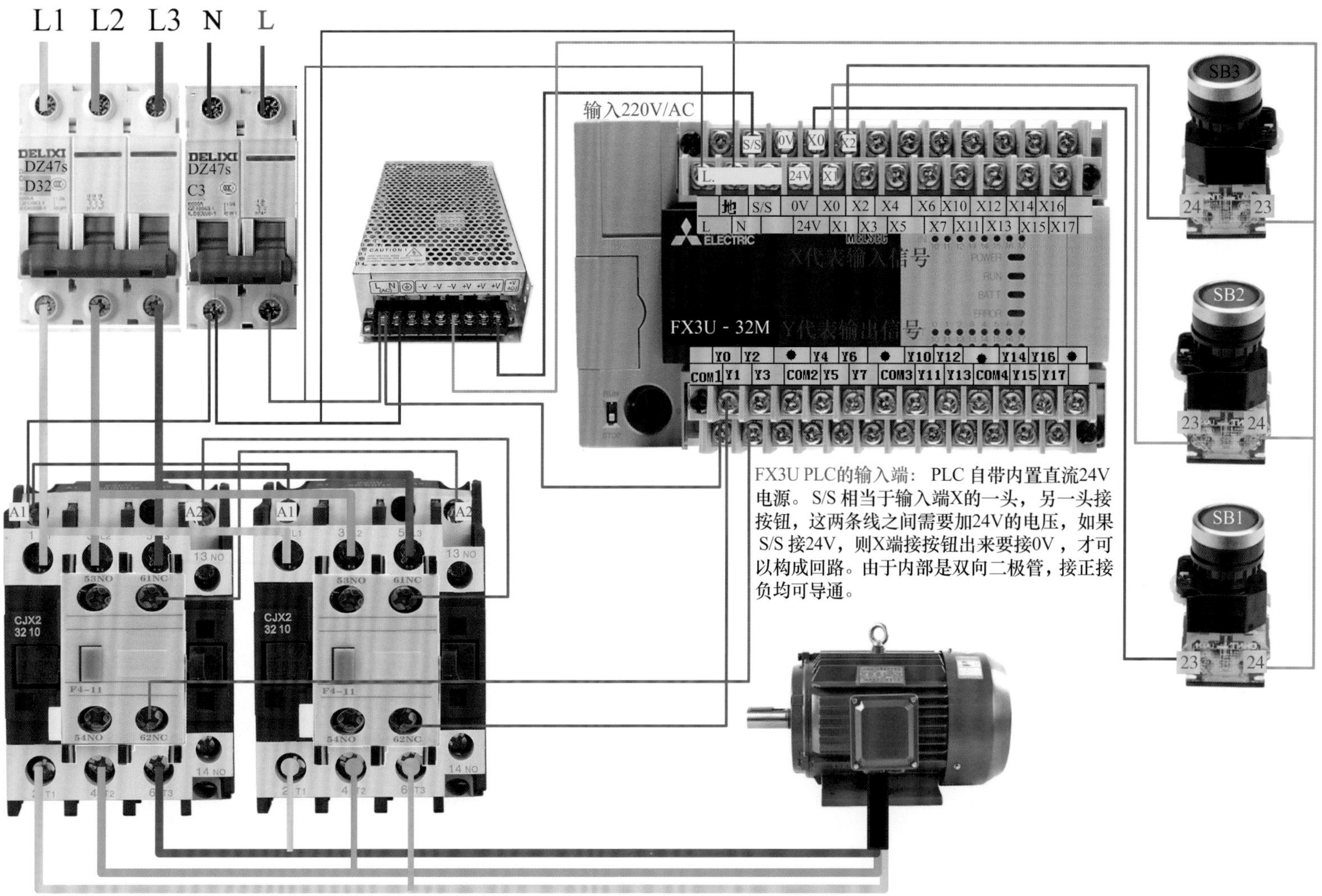
L1 L2 L3 N L
输入220V/AC
FX3U - 32M
X代表输入信号
Y代表输出信号
SB3
SB2
SB1
FX3U PLC的输入端：PLC 自带内置直流24V电源。S/S 相当于输入端X的一头，另一头接按钮，这两条线之间需要加24V的电压，如果S/S 接24V，则X端接按钮出来要接0V，才可以构成回路。由于内部是双向二极管，接正接负均可导通。

三菱 FX3U PLC 控制的电动机正反转电路实物接线图

6. 电动机正常起动延时停止控制电路与梯形图的转换

1.继电器-接触器控制电路

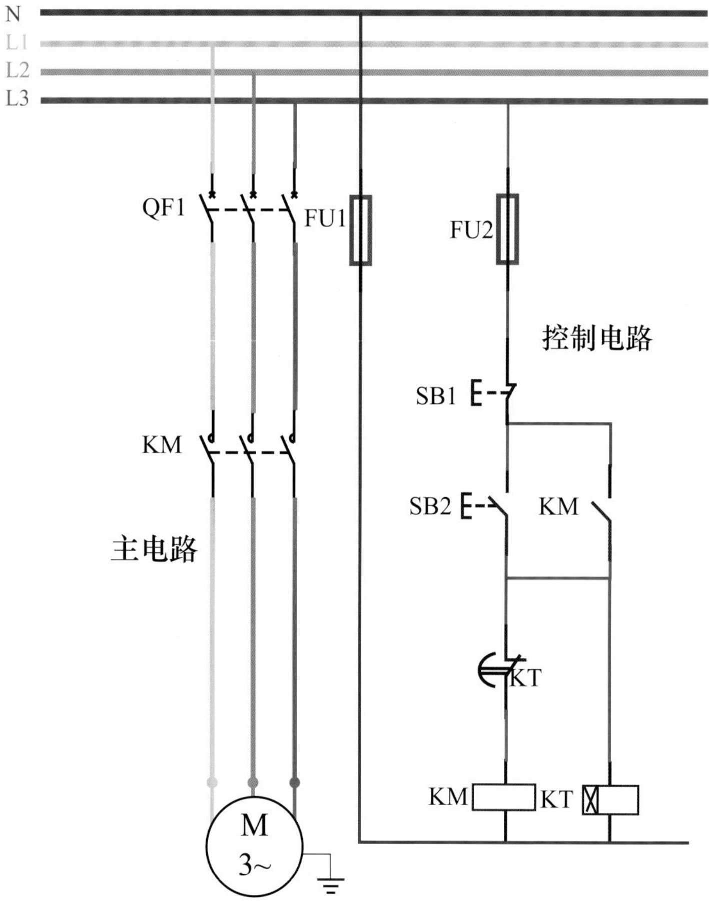

2.梯形图程序

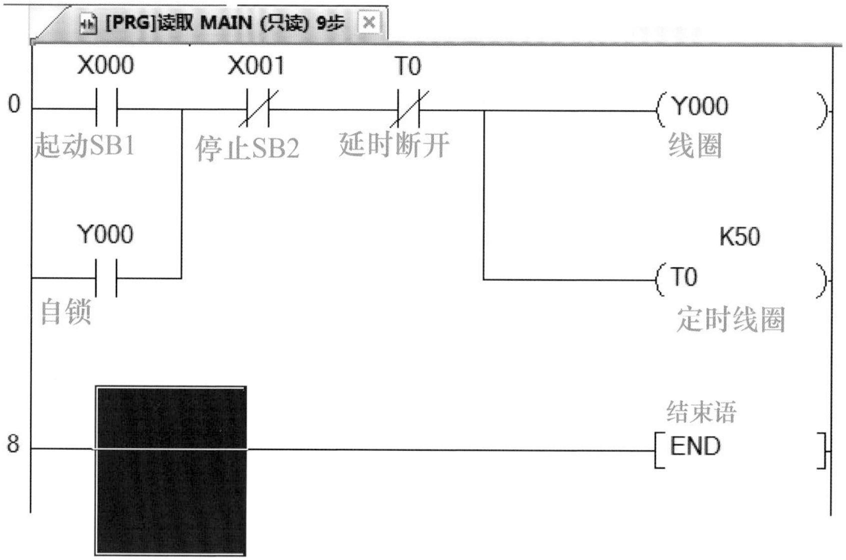

3.工作原理

起动时，按下按钮SB1→梯形图程序中的触点X000闭合→通过X001-T0常闭触点→线圈Y000得电，Y000常开触点闭合自锁，同时T0定时器计时工作(定时时间根据自己需要设置时间，修改K50即可)，时间到达后T0常闭触点断开， Y000控制Y0失去自锁，停止输出。

在工作运行时，可以直接按下SB2停止按钮使电路停止工作。

三菱FX3U PLC用外置DC 24V电源控制输入和输出

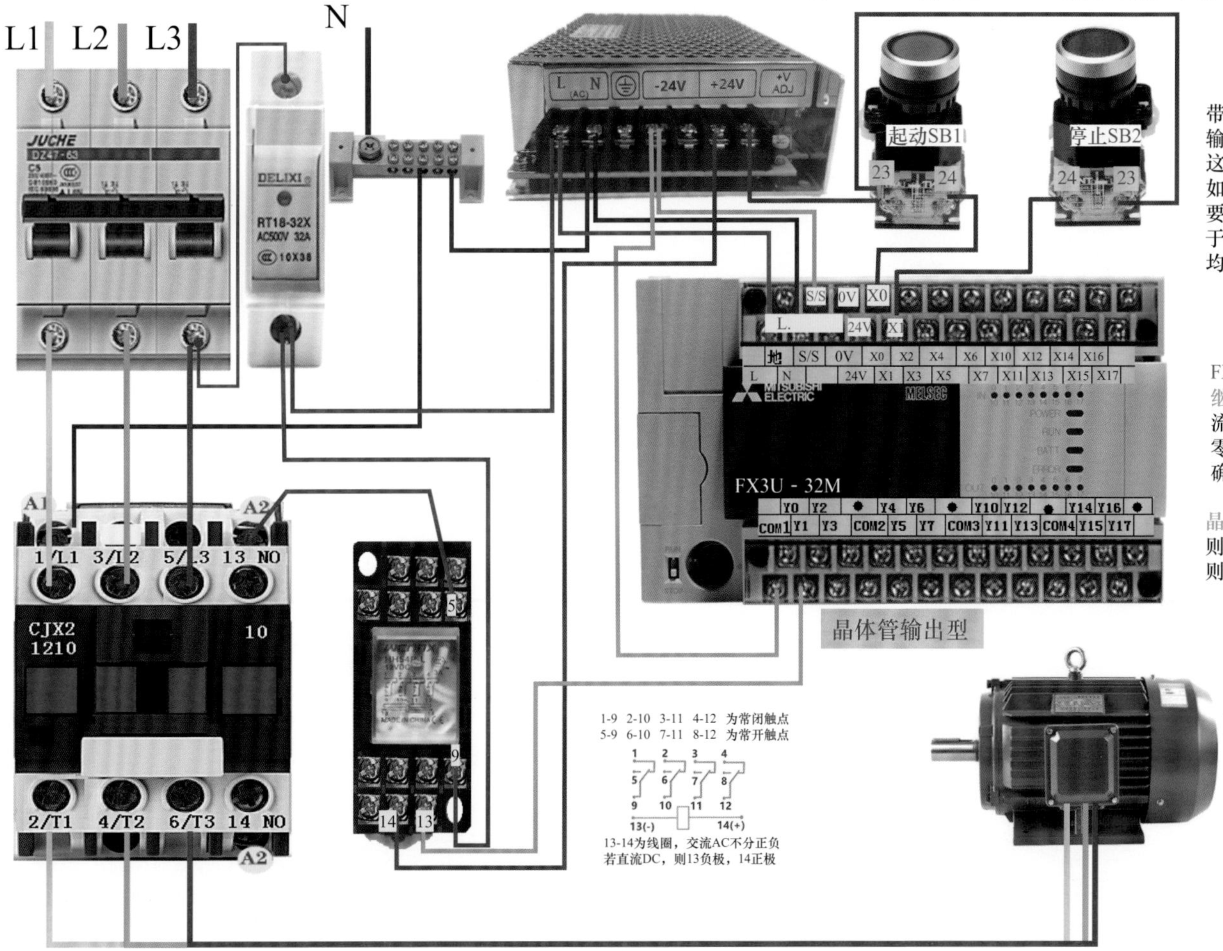

FX3U PLC的输入端：PLC自带内置直流24V电源。S/S相当于输入端X的一头，另一头接按钮，这两条线之间需要加24V的电压，如果S/S接0V，则X端接按钮出来要接24V，才可以构成回路。由于内部是双向二极管，接正接负均可导通。

FX3U PLC的输出端：
继电器型的公共端和Y之间接直流、交流均可，不分正负极不分零线相线。具体根据负载的电压确定。

晶体管型的公共端标注有COM，则COM接负。如果标注的是+V，则+V就接正，不允许接反。

注意：输出晶体管必须控制直流KA中间继电器线圈，并利用KA常开触点控制交流接触器。

三菱 **FX3U PLC** 控制的电动机正常起动延时停止电路实物接线图

7. 电动机延时起动控制电路与梯形图的转换

1.继电器-接触器控制电路

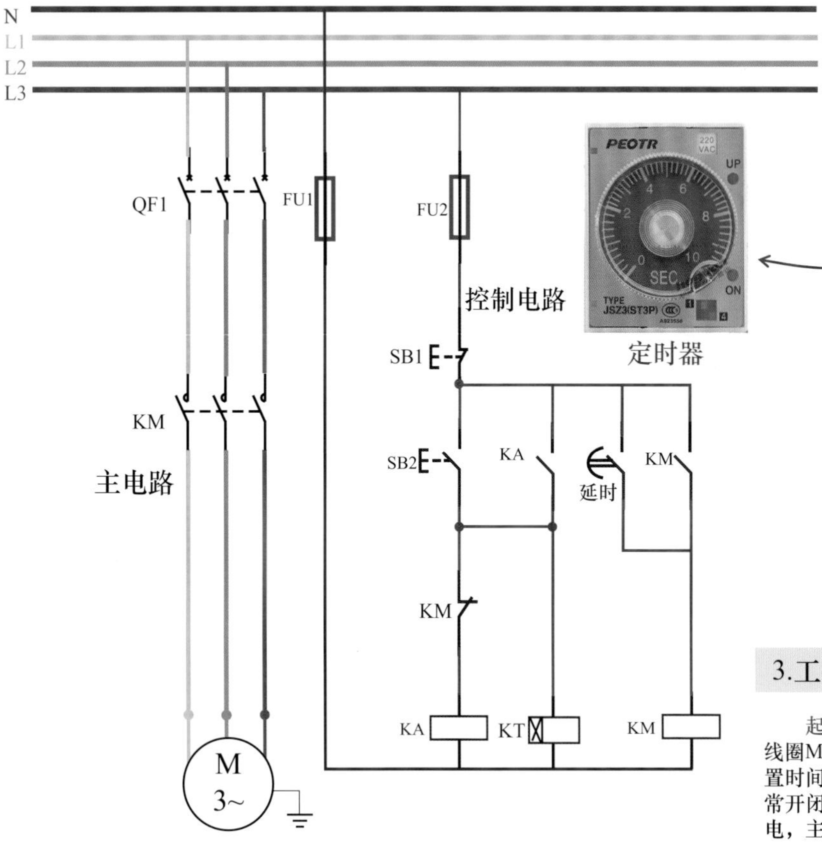

2.梯形图程序

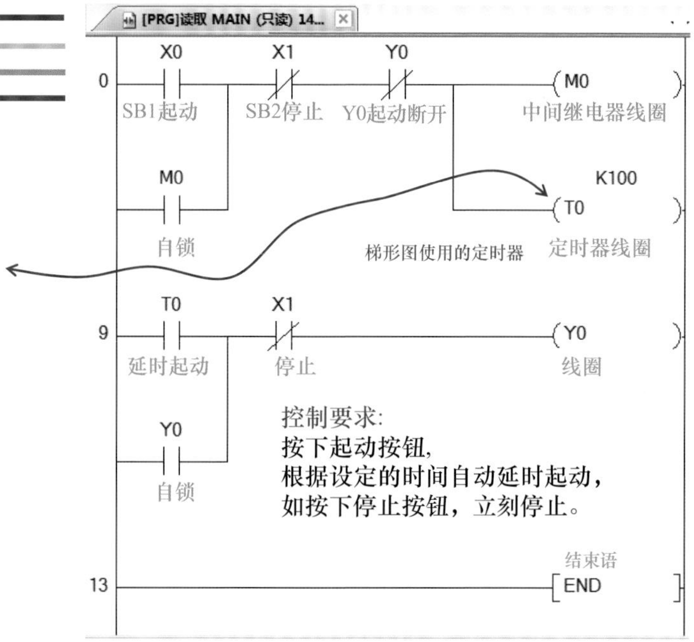

3.工作原理

起动时，按下按钮SB1→梯形图程序中的触点X0闭合→通过X1、Y0常闭触点→线圈M0得电，M0常开触点闭合自锁，同时T0定时器计时工作(定时时间根据需要设置时间，修改K100即可)，时间到达后T0常开触点闭合经过X1常闭Y0线圈得电，Y0常开闭合自锁，Y0输出端子与COM端子间的内部触点闭合输出，接触器KM线圈得电，主电路中的KM主触点闭合，电动机得电工作。

停止时，按下SB2，梯形图程序中的触点X1断开失去自锁，Y0停止输出，接触器线圈失电，电动机停止工作。

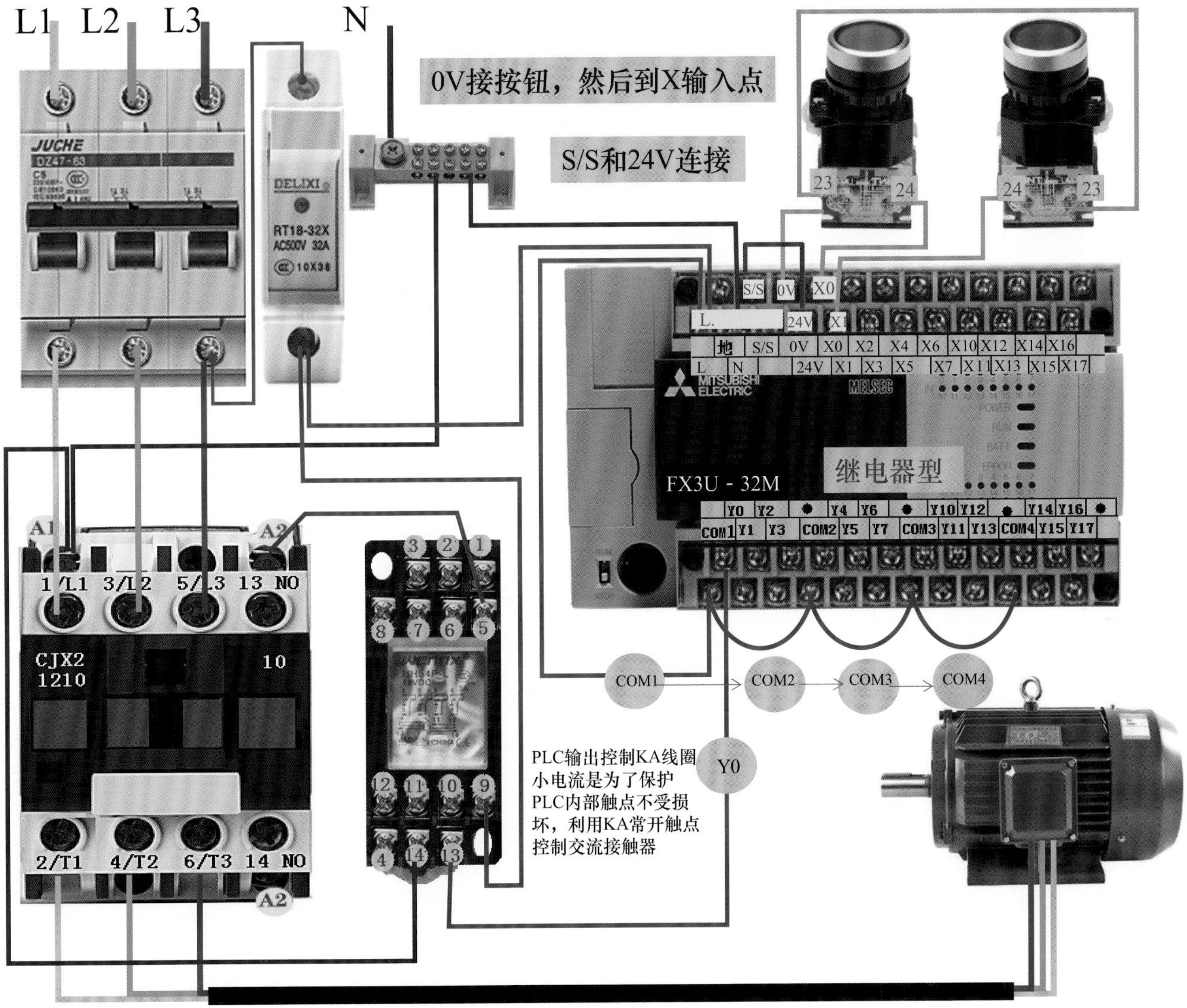

三菱 FX3U PLC 控制的电动机延时起动电路实物接线图

8. 电动机起动同时开始计数，计数值到达后立即停止控制电路与梯形图的转换

1.继电器-接触器控制电路

2.梯形图程序

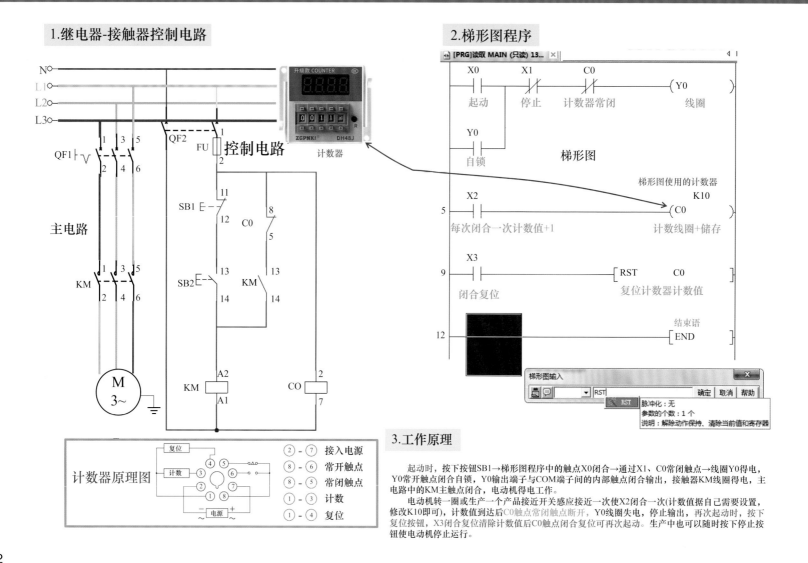

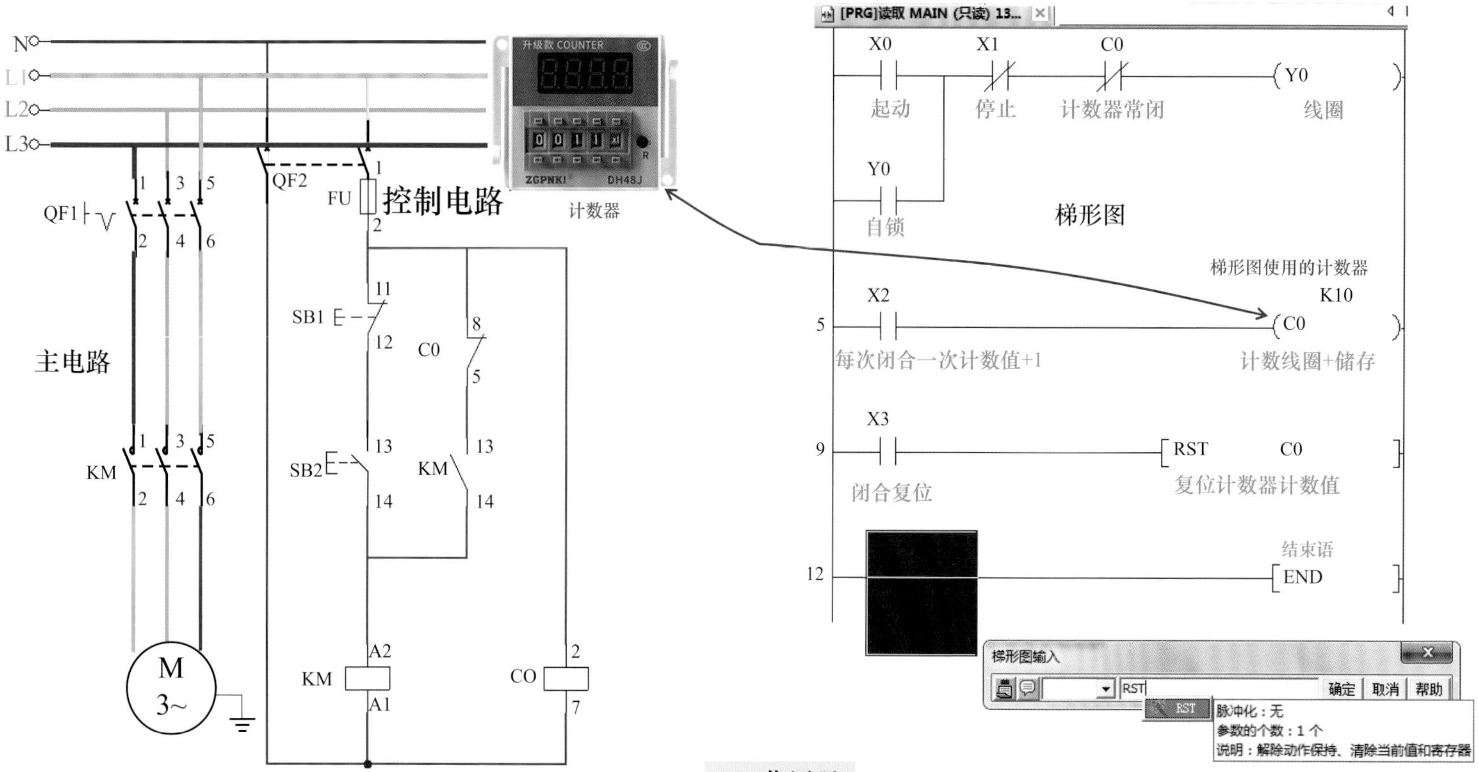

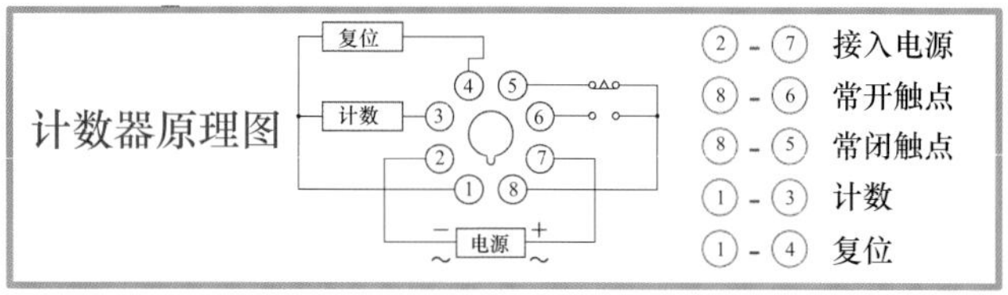

3.工作原理

起动时，按下按钮SB1→梯形图程序中的触点X0闭合→通过X1、C0常闭触点→线圈Y0得电，Y0常开触点闭合自锁，Y0输出端子与COM端子间的内部触点闭合输出，接触器KM线圈得电，主电路中的KM主触点闭合，电动机得电工作。

电动机转一圈或生产一个产品接近开关感应接近一次使X2闭合一次(计数值据自己需要设置，修改K10即可)，计数值到达后C0触点常闭触点断开，Y0线圈失电，停止输出，再次起动时，按下复位按钮，X3闭合复位清除计数值后C0触点闭合复位可再次起动。生产中也可以随时按下停止按钮使电动机停止运行。

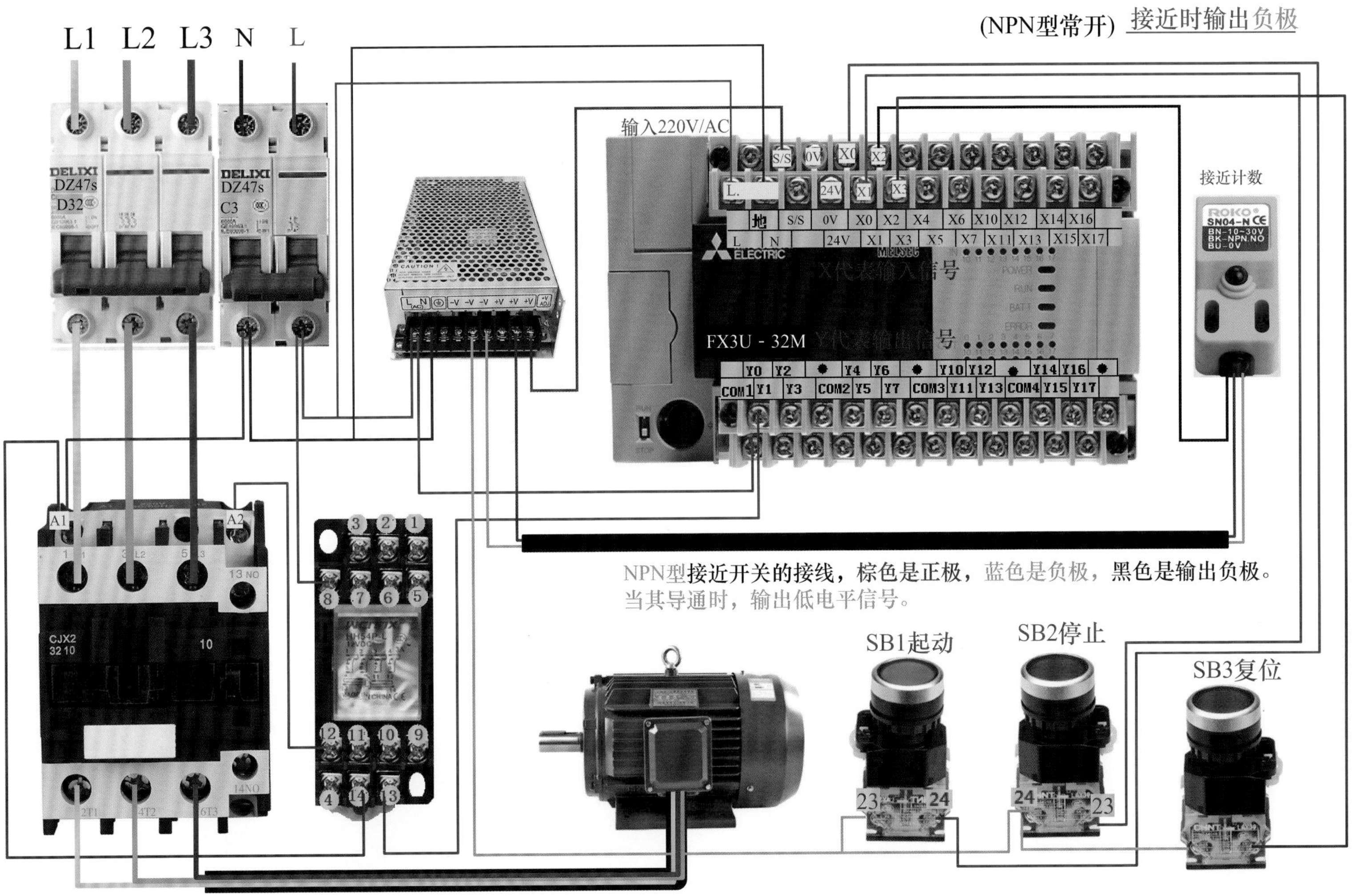

三菱 FX3U PLC 控制的电动机起动同时开始计数，计数值到达后立即停止电路实物接线图

9. 小车自动往返控制电路与梯形图的转换

1.继电器-接触器控制电路

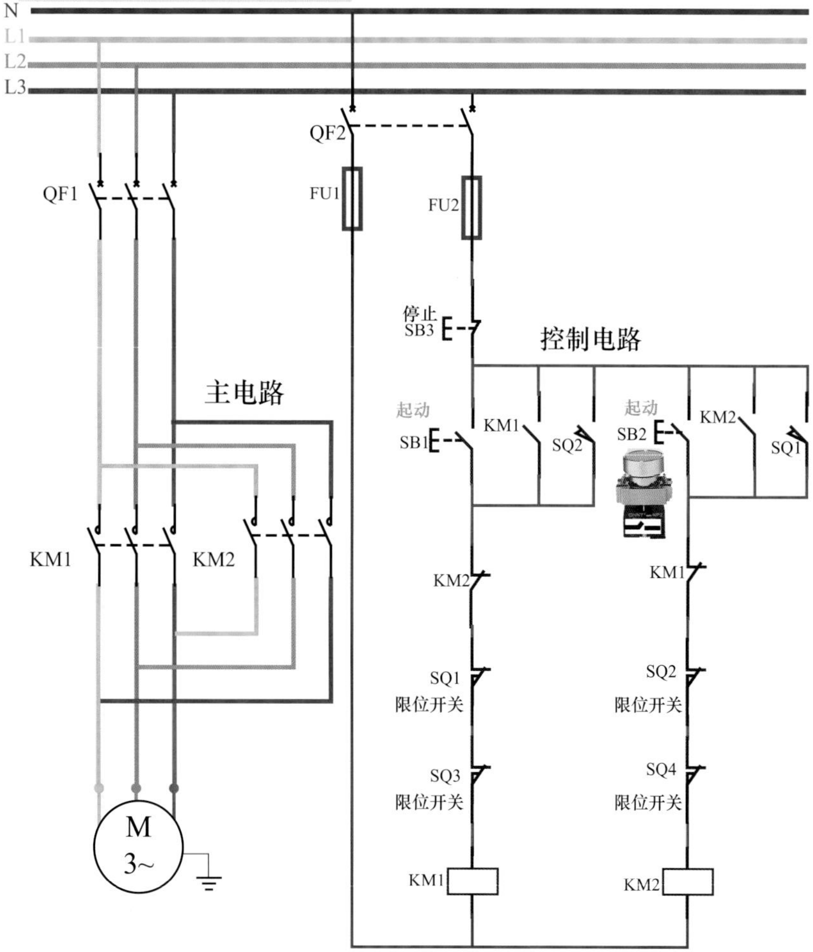

2.梯形图程序

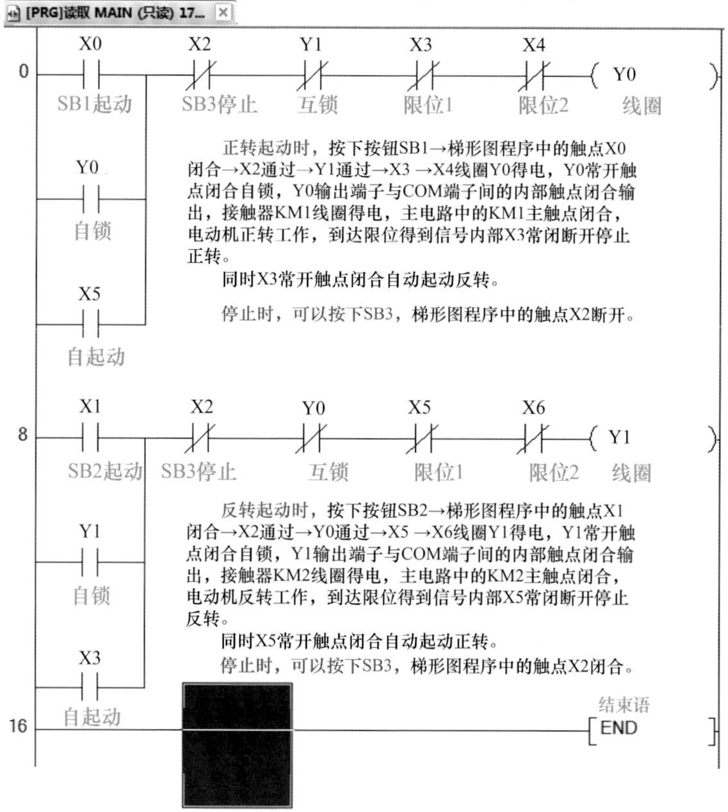

正转起动时，按下按钮SB1→梯形图程序中的触点X0闭合→X2通过→Y1通过→X3→X4线圈Y0得电，Y0常开触点闭合自锁，Y0输出端子与COM端子间的内部触点闭合输出，接触器KM1线圈得电，主电路中的KM1主触点闭合，电动机正转工作，到达限位得到信号内部X3常闭断开停止正转。

同时X3常开触点闭合自动起动反转。

停止时，可以按下SB3，梯形图程序中的触点X2断开。

反转起动时，按下按钮SB2→梯形图程序中的触点X1闭合→X2通过→Y0通过→X5→X6线圈Y1得电，Y1常开触点闭合自锁，Y1输出端子与COM端子间的内部触点闭合输出，接触器KM2线圈得电，主电路中的KM2主触点闭合，电动机反转工作，到达限位得到信号内部X5常闭断开停止反转。

同时X5常开触点闭合自动起动正转。

停止时，可以按下SB3，梯形图程序中的触点X2闭合。

3.工作原理

按下正转起动按钮SB2，电动机正转运行，到达限位，SQ1常闭触点断开正转停止同时SQ1常开触点闭合起动KM2实现自锁电动机反转，到达限位，SQ2常闭触点断开反转，只要不按下停止按钮，一直重复以上动作。

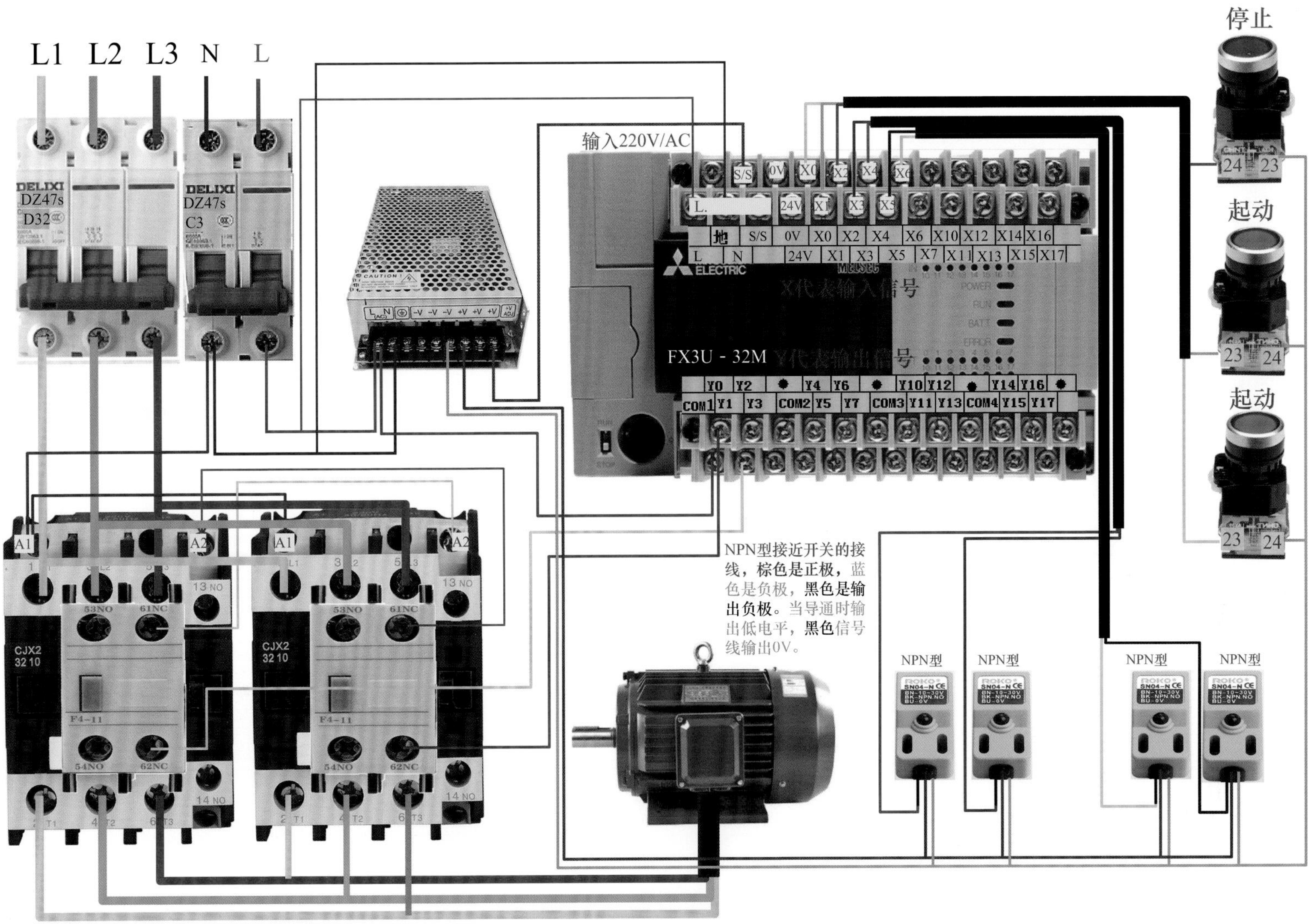

L1 L2 L3 N L
输入220V/AC
FX3U - 32M
X代表输入信号
Y代表输出信号
停止
起动
起动
NPN型接近开关的接线，棕色是正极，蓝色是负极，黑色是输出负极。当导通时输出低电平，黑色信号线输出0V。
NPN型
NPN型
NPN型
NPN型

三菱 FX3U PLC 控制的小车自动往返电路实物接线图

10. 小车延时自动往返控制电路与梯形图的转换

1.继电器-接触器控制电路

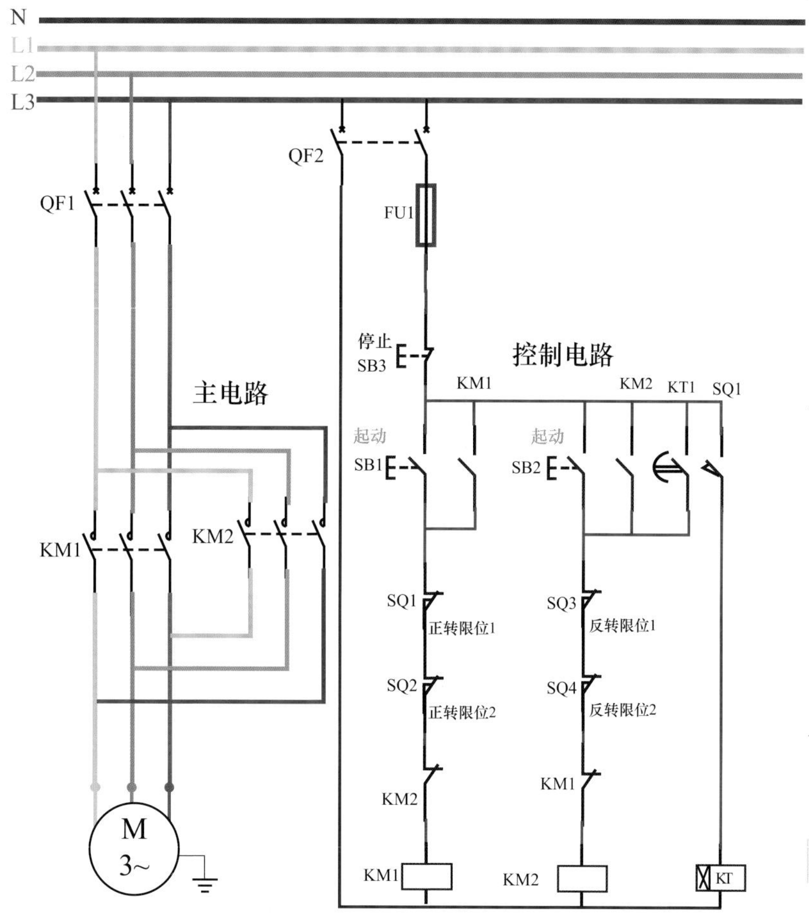

N
L1
L2
L3
QF1
QF2
FU1
停止
SB3
控制电路
主电路
KM1
KM2
KT1
SQ1
起动
SB1
起动
SB2
KM1
KM2
SQ1
正转限位1
SQ2
正转限位2
SQ3
反转限位1
SQ4
反转限位2
KM2
KM1
KM1
KM2
KT
M
3~

2.梯形图程序

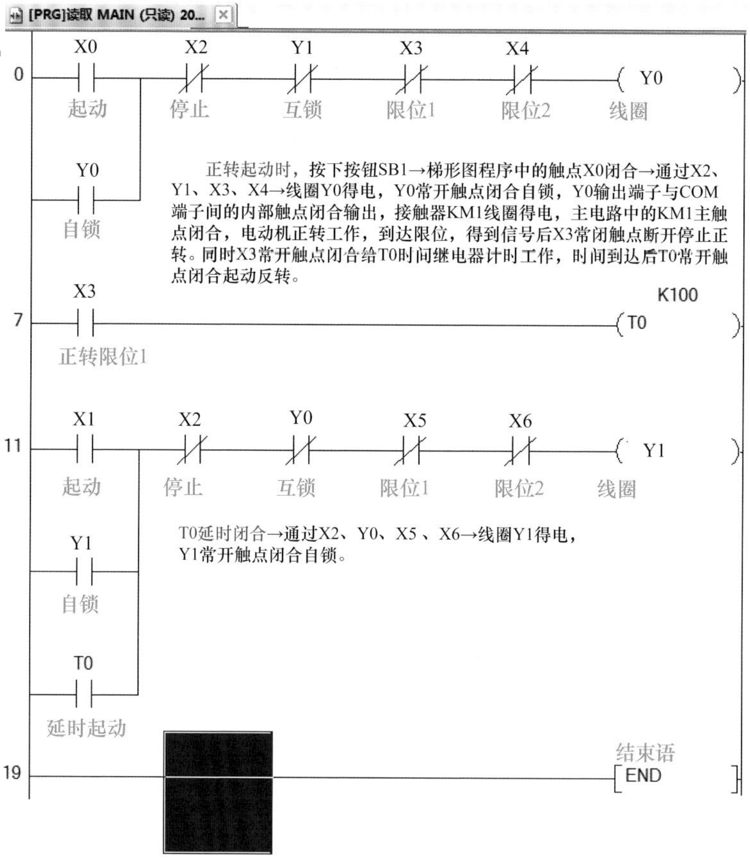

[PRG]读取 MAIN (只读) 20...
0
X0 起动
X2 停止
Y1 互锁
X3 限位1
X4 限位2
Y0 线圈
Y0 自锁
正转起动时，按下按钮SB1→梯形图程序中的触点X0闭合→通过X2、Y1、X3、X4→线圈Y0得电，Y0常开触点闭合自锁，Y0输出端子与COM端子间的内部触点闭合输出，接触器KM1线圈得电，主电路中的KM1主触点闭合，电动机正转工作，到达限位，得到信号后X3常闭触点断开停止正转。同时X3常开触点闭合给T0时间继电器计时工作，时间到达后T0常开触点闭合起动反转。
7
X3 正转限位1
K100
T0
11
X1 起动
X2 停止
Y0 互锁
X5 限位1
X6 限位2
Y1 线圈
Y1 自锁
T0 延时起动
T0延时闭合→通过X2、Y0、X5 、X6→线圈Y1得电，Y1常开触点闭合自锁。
19
结束语
END

3.工作原理

按下SB2起动按钮，电动机正转往前运行，到达限位后，SQ1常闭触点断开正转停止同时SQ1常开触点闭合给KT供电，计时到达后KT1常开触点闭合自动起动KM2反转。

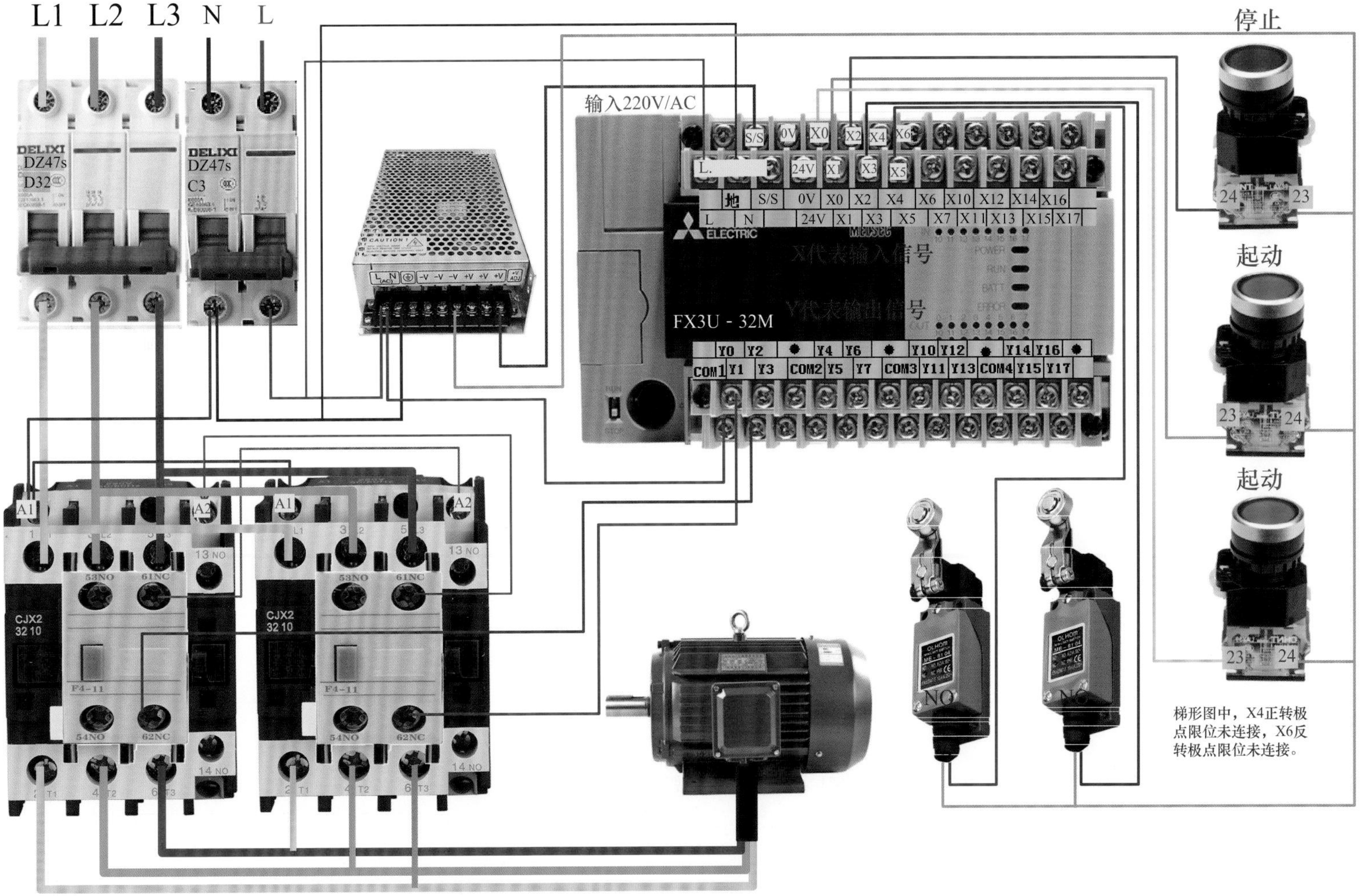

三菱 FX3U PLC 控制的小车延时自动往返电路实物接线图

11. 电动机星-三角减压起动控制电路与梯形图的转换

1.继电器-接触器控制电路

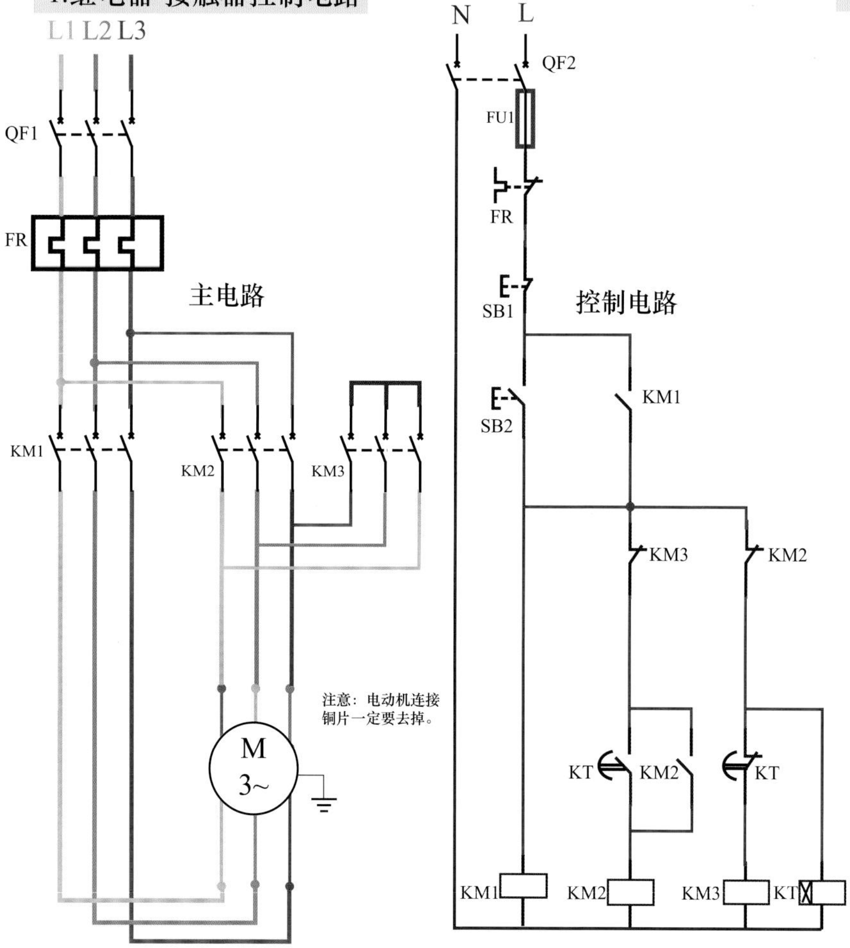

2.梯形图程序

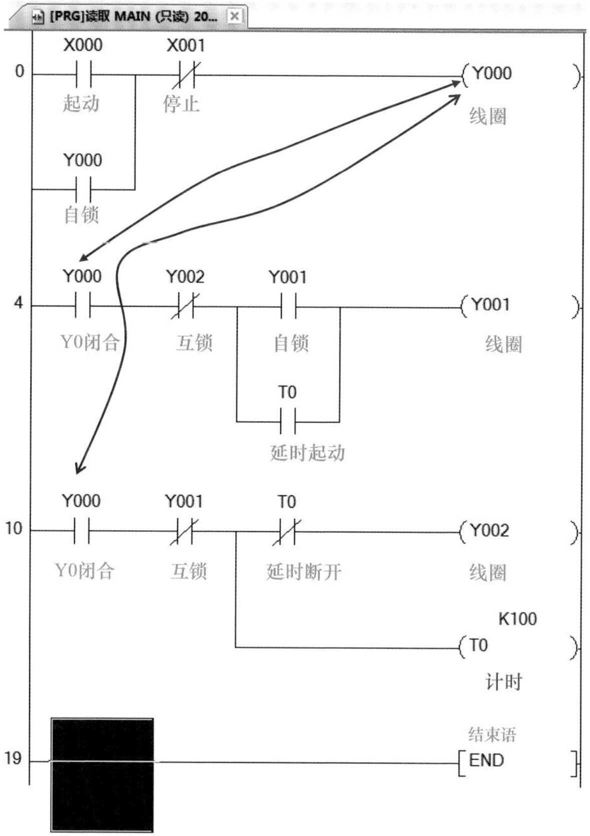

3.工作原理

按下起动按钮SB2，KM1和KM3吸合，同时KT得电计时，到达设定值后KT断开，KM3吸合，转换KM2自锁，KT失电。停止时按下SB1全部失电停止。

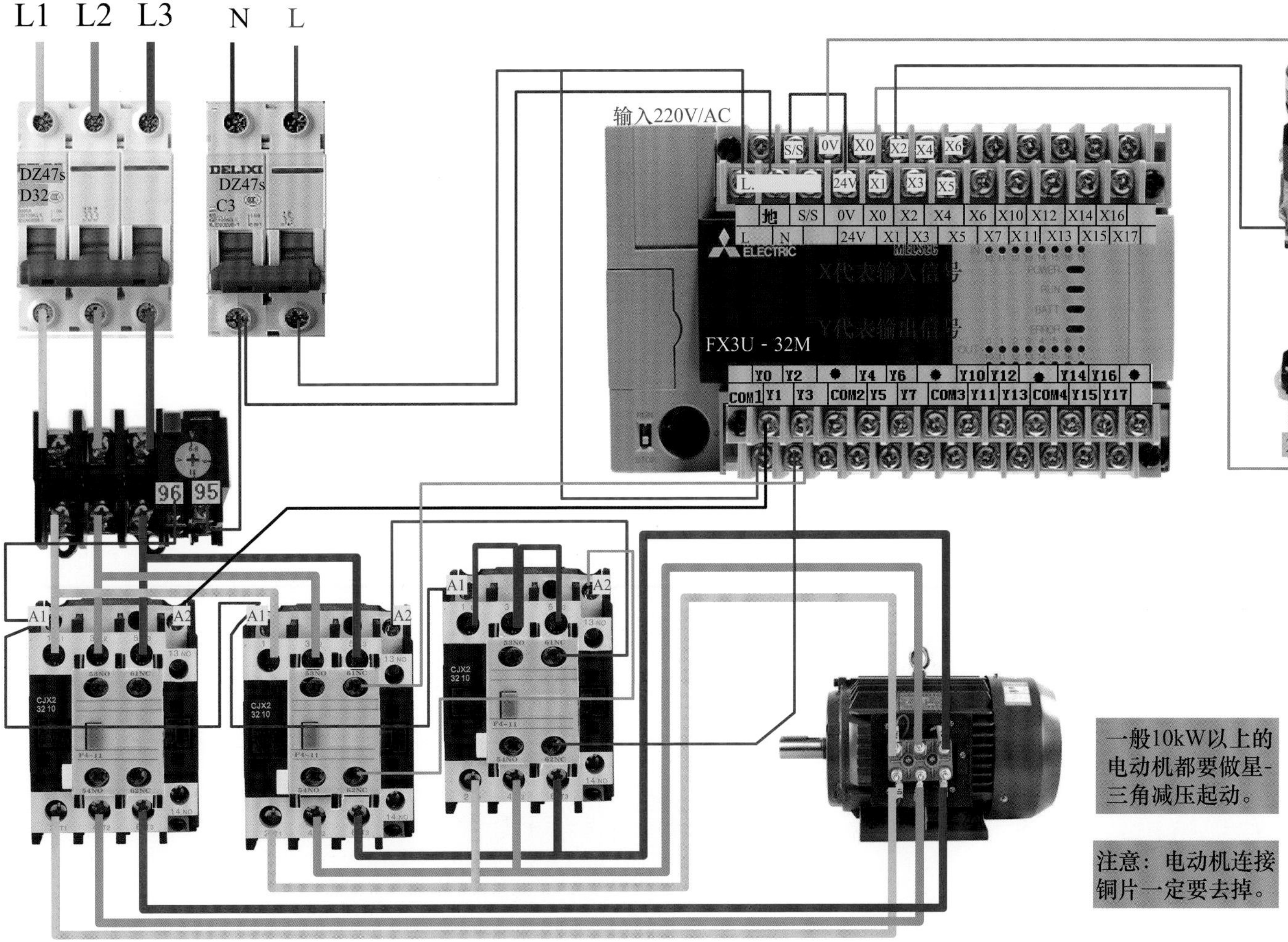

三菱 FX3U PLC 控制的电动机星-三角减压起动电路实物接线图

12. 两台电动机顺序延时起动手动延时停止控制电路与梯形图的转换

1.继电器-接触器控制电路

控制要求：按下起动按钮，第一台电动机起动10s后，自动起动第二台电动机，按下停止按钮，第一台电动机停止，第二台电动机运行15s后，自动停止。系统必须设置紧急停止按钮。

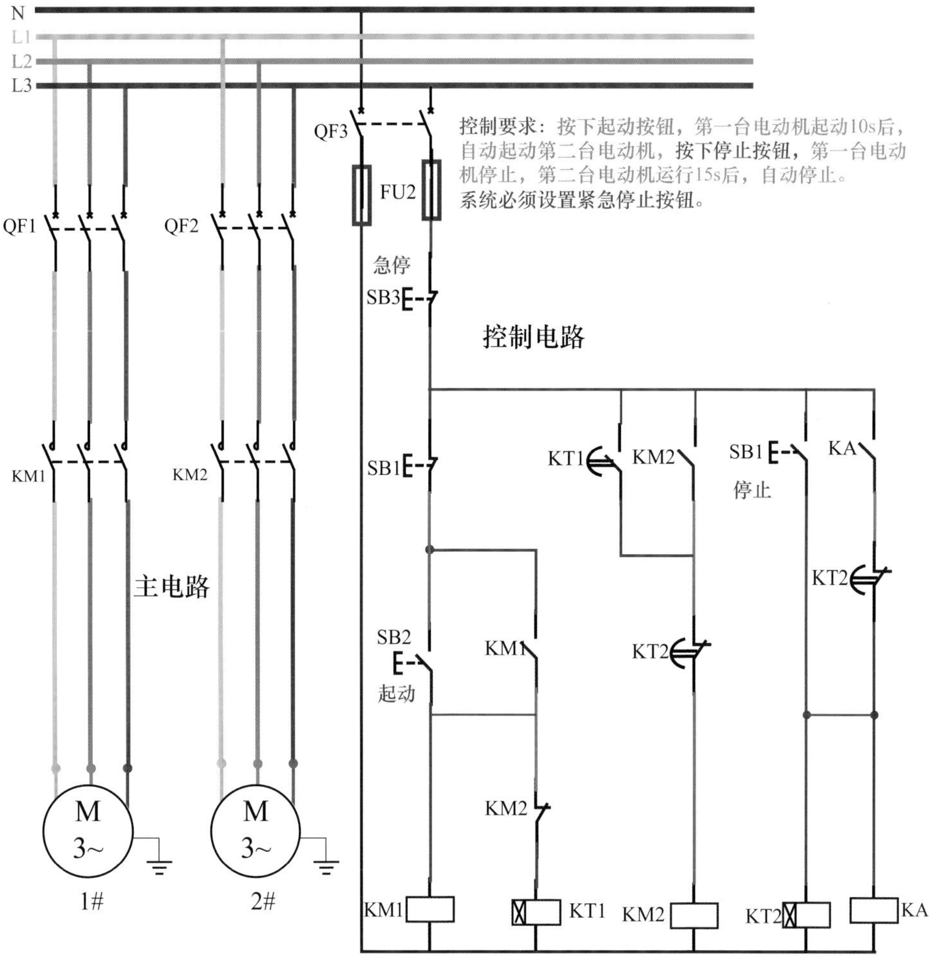

2.梯形图程序

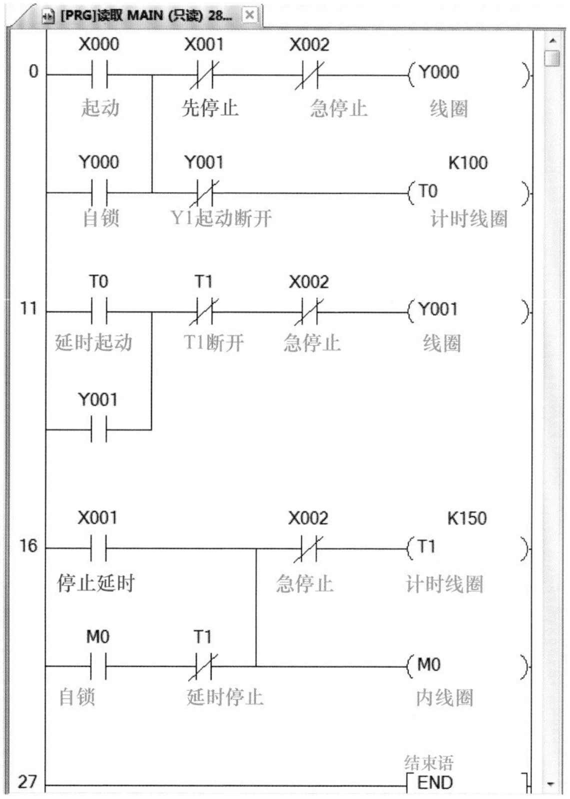

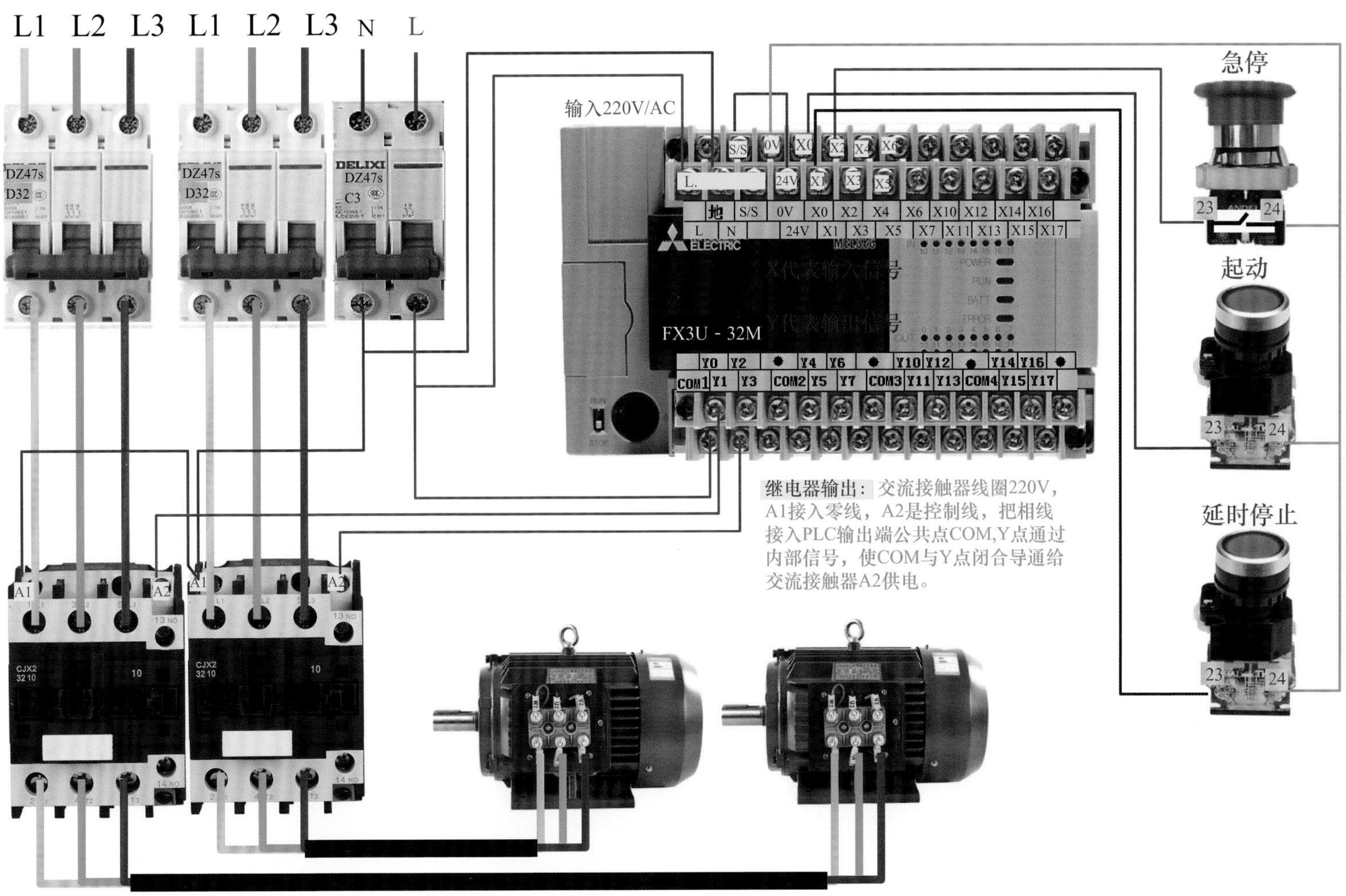

三菱 FX3U PLC 控制的两台电动机顺序延时起动手动延时停止电路实物图接线

13. 三菱 FX3U PLC 实现步进电动机正反转控制电路

1.梯形图程序

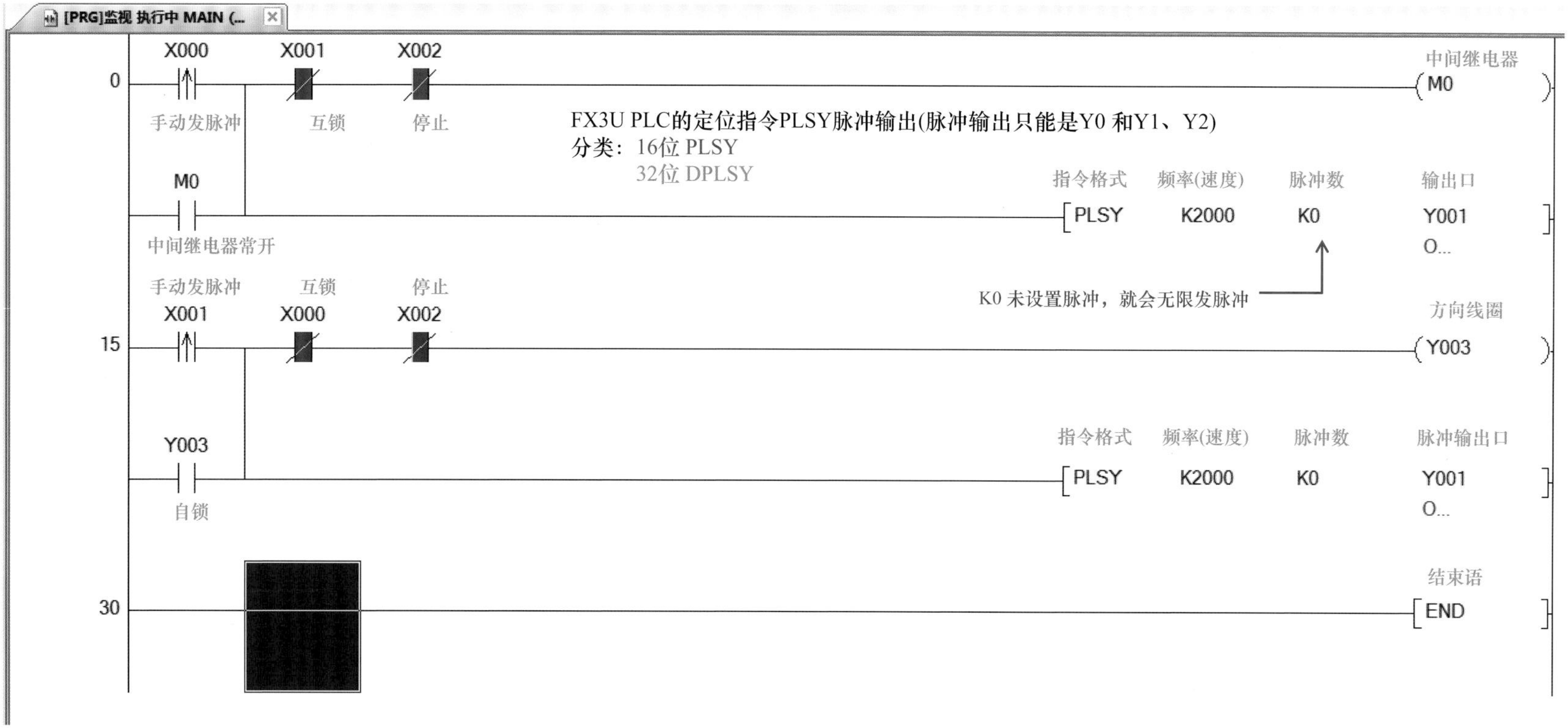

2.工作原理

正转起动时，按下按钮SB1→梯形图程序中的触点X000闭合→通过X001、X002常闭触点→线圈M0得电，M0常开触点闭合自锁，一直给PLSY使能触发脉冲，只有按下SB3，X002内部触点断开，才可以停止发脉冲。

反转起动时，按下按钮SB2→梯形图程序中的触点X001闭合→通过X000、X002常闭触点→线圈Y3得电，Y3常开触点闭合自锁，一直给PLSY使能触发脉冲，只有按下SB3， X002内部触点断开，才可以停止发脉冲。

PLSY 指令分析：由于这条指令没有加减速 ，如果速度过快，停止时可能会出现过冲、失步，因此只能用到要求不太高的场合。

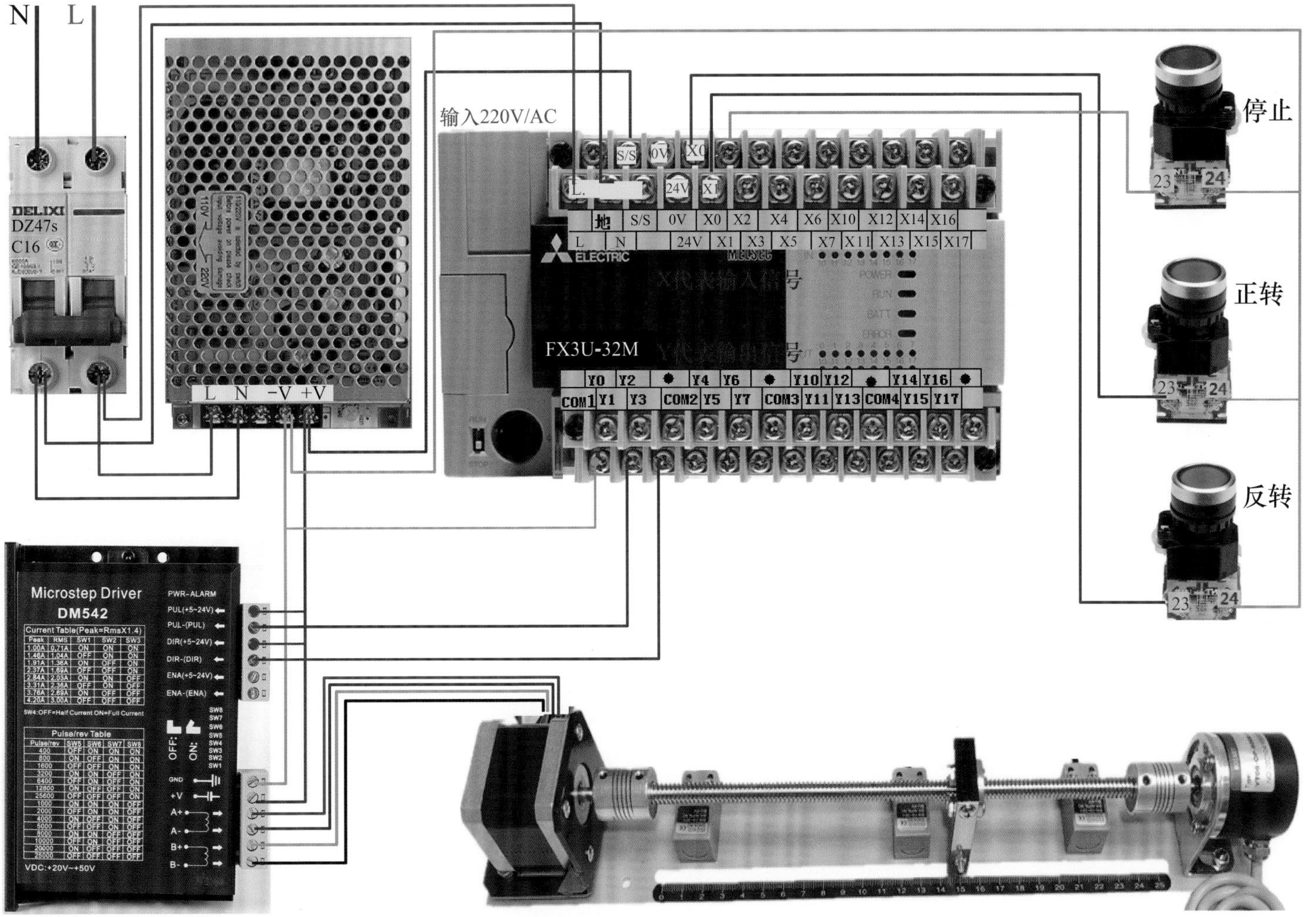

三菱 FX3U PLC 控制的步进电动机正反转电路实物接线图

14. 三菱 FX3U PLC 实现步进电动机自动往返控制电路

1.梯形图程序

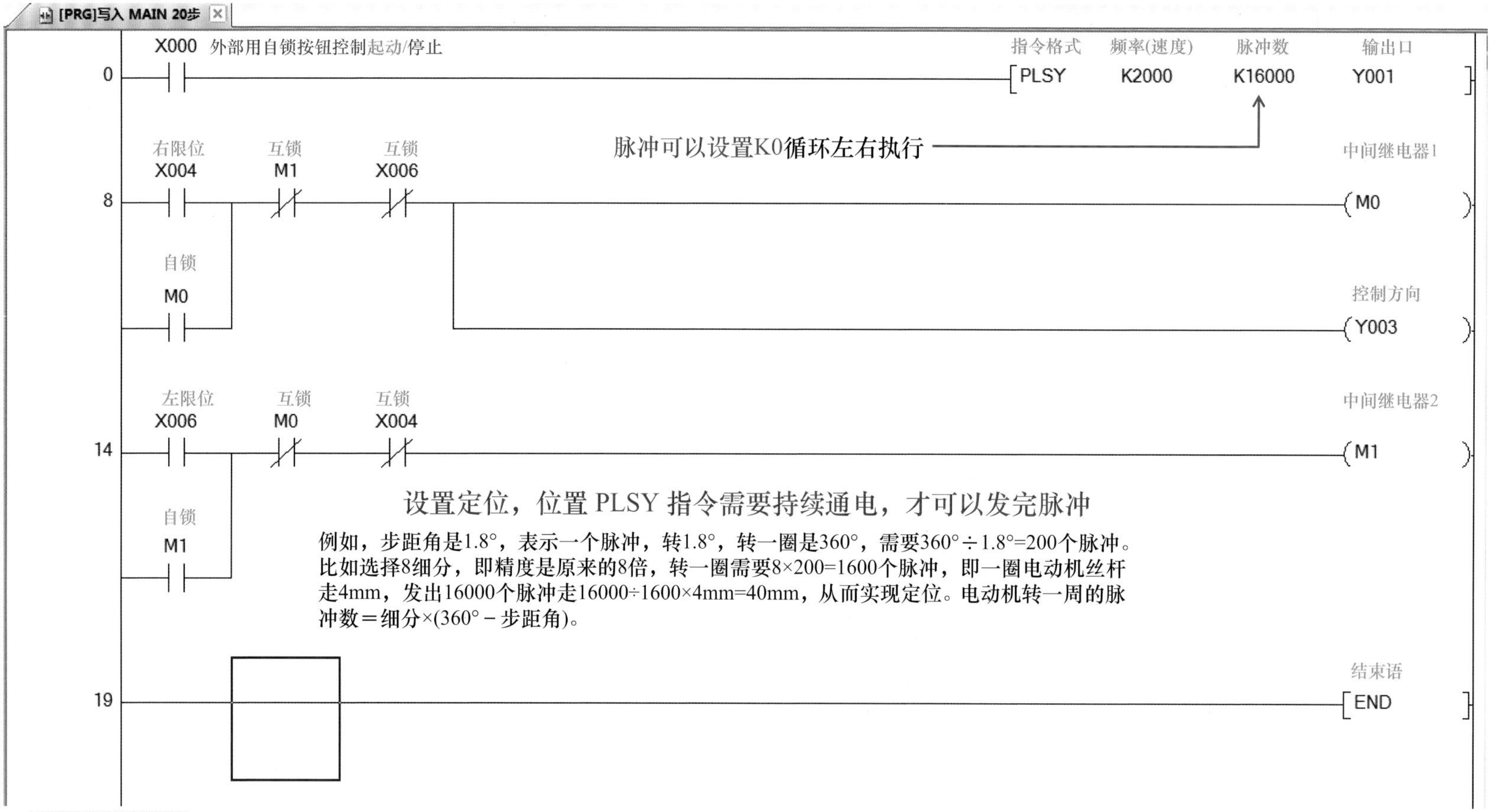
[PRG]写入 MAIN 20步
X000 外部用自锁按钮控制起动/停止
指令格式 频率(速度) 脉冲数 输出口
0
PLSY K2000 K16000 Y001
脉冲可以设置K0循环左右执行
右限位 X004
互锁 M1
互锁 X006
中间继电器1
8
M0
自锁 M0
控制方向
Y003
左限位 X006
互锁 M0
互锁 X004
中间继电器2
14
M1
自锁 M1
设置定位，位置 PLSY 指令需要持续通电，才可以发完脉冲
例如，步距角是1.8°，表示一个脉冲，转1.8°，转一圈是360°，需要360°÷1.8°=200个脉冲。比如选择8细分，即精度是原来的8倍，转一圈需要8×200=1600个脉冲，即一圈电动机丝杆走4mm，发出16000个脉冲走16000÷1600×4mm=40mm，从而实现定位。电动机转一周的脉冲数＝细分×(360°－步距角)。
19
结束语
END

2.注意事项

在两点之间往返：起动后，工件向右移，到右限位，自动转为左行，到达左限位，自动转为右行。循环执行。按下停止随时可以停止。PLSY指令分析：由于这条指令没有加减速功能，如果速度过快，停止时可能会出现过冲、失步等现象，因此只能用在要求不太高的场合。

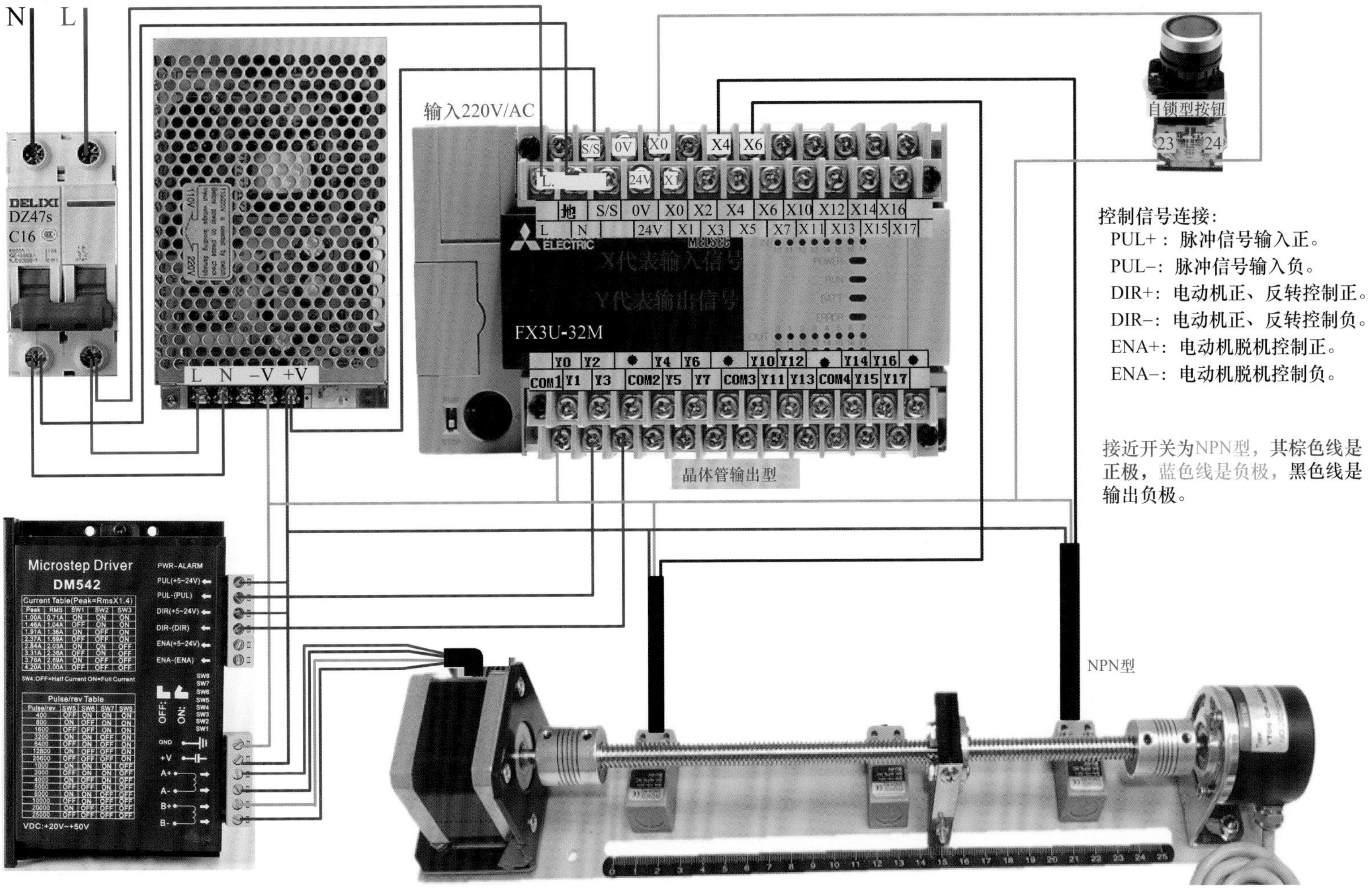

三菱 **FX3U PLC** 控制的步进电动机实现自动往返电路实物接线图

15. 三菱 FX3U PLC 实现步进电动机手动复位回原点控制电路

1.梯形图程序

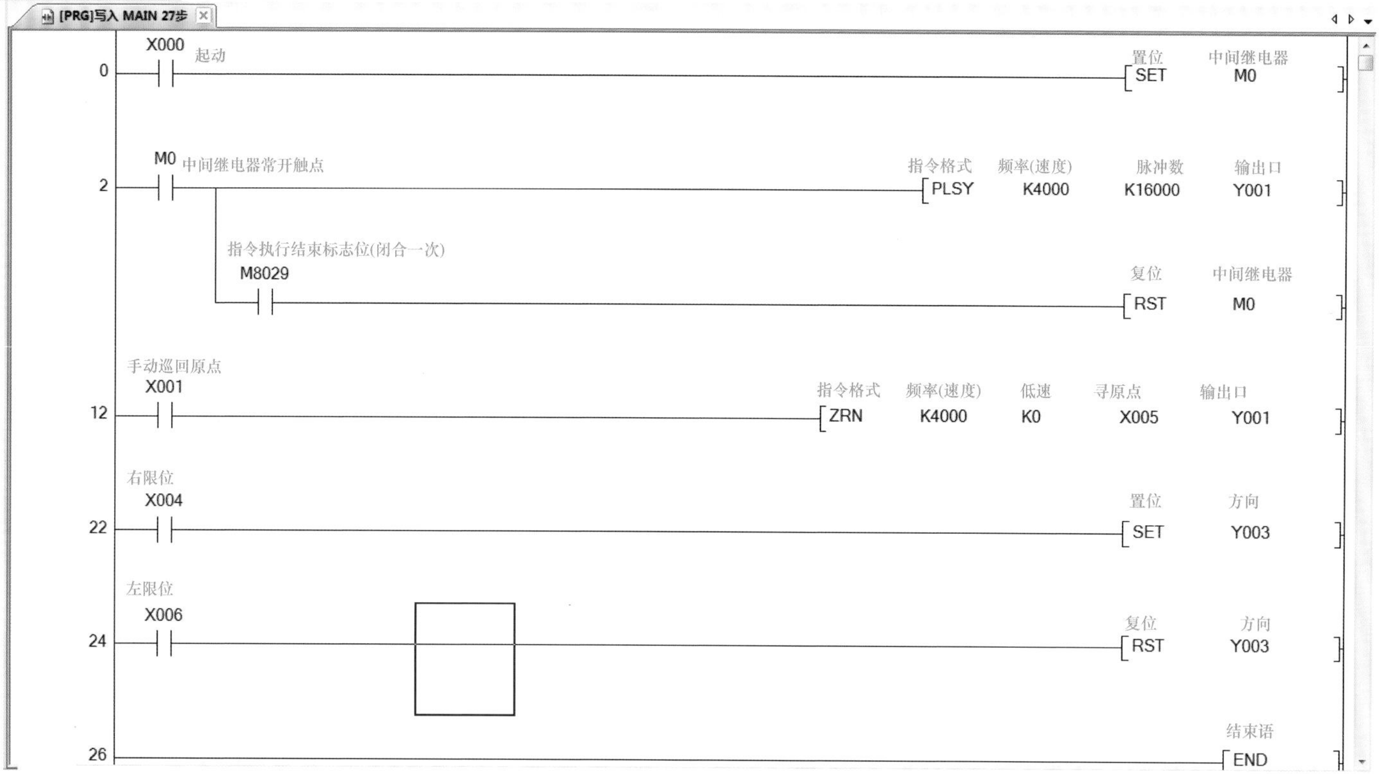

2.注意事项

以固定的频率走指定的脉冲数时应注意，PLSY指令需要持续通电，才可以发完脉冲。如果细分设为转1圈1600个脉冲，则16000个脉冲转10圈，走10×4mm=40mm。

PLSY 指令分析：由于这条指令没有加减速功能，如果速度过快，停止时可能会出现过冲、失步等现象，因此只能用在要求不太高的场合。

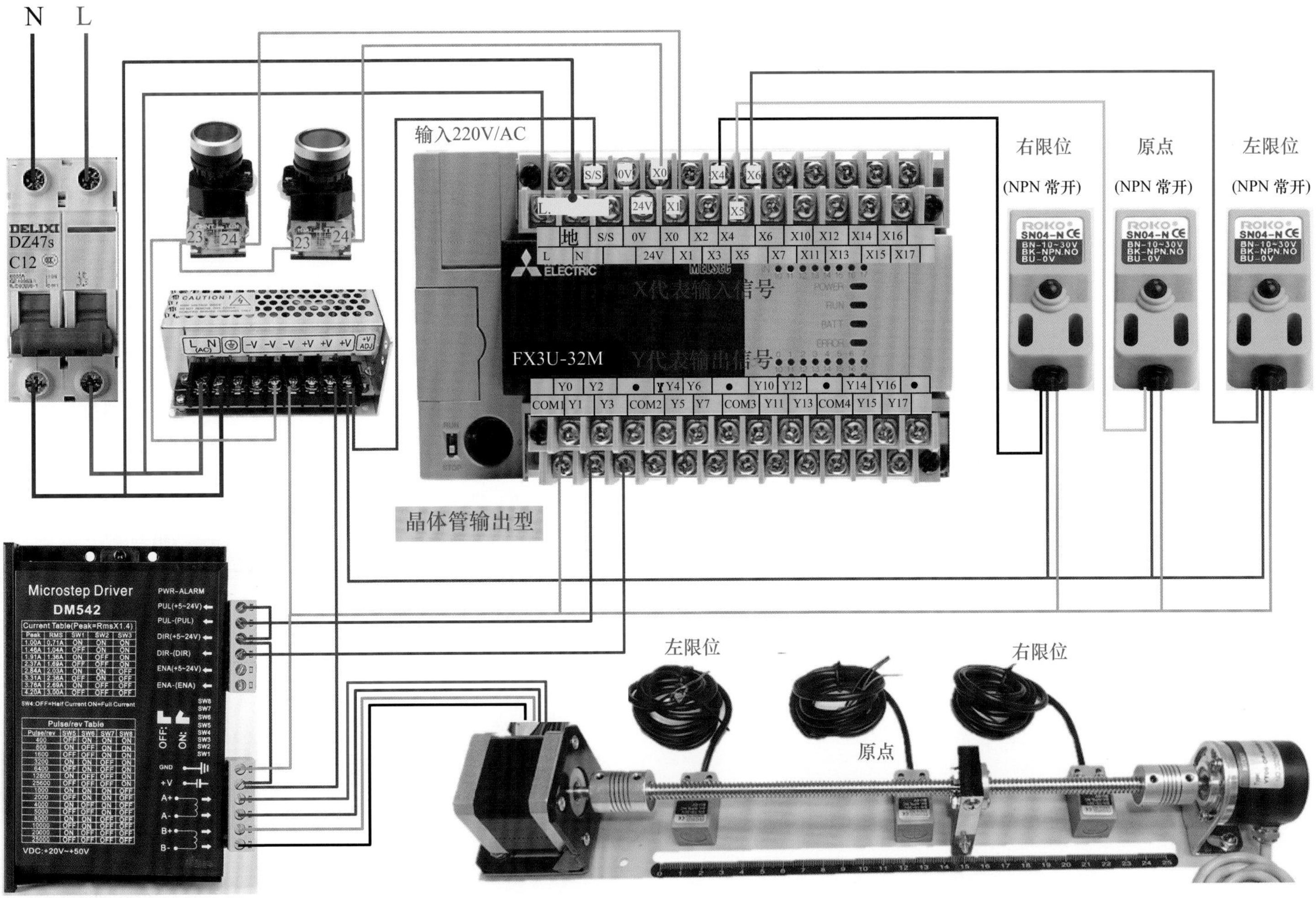

三菱 FX3U PLC 控制的步进电动机手动复位回原点电路实物接线图

16. 三菱 FX3U PLC 实现相对定位控制电路

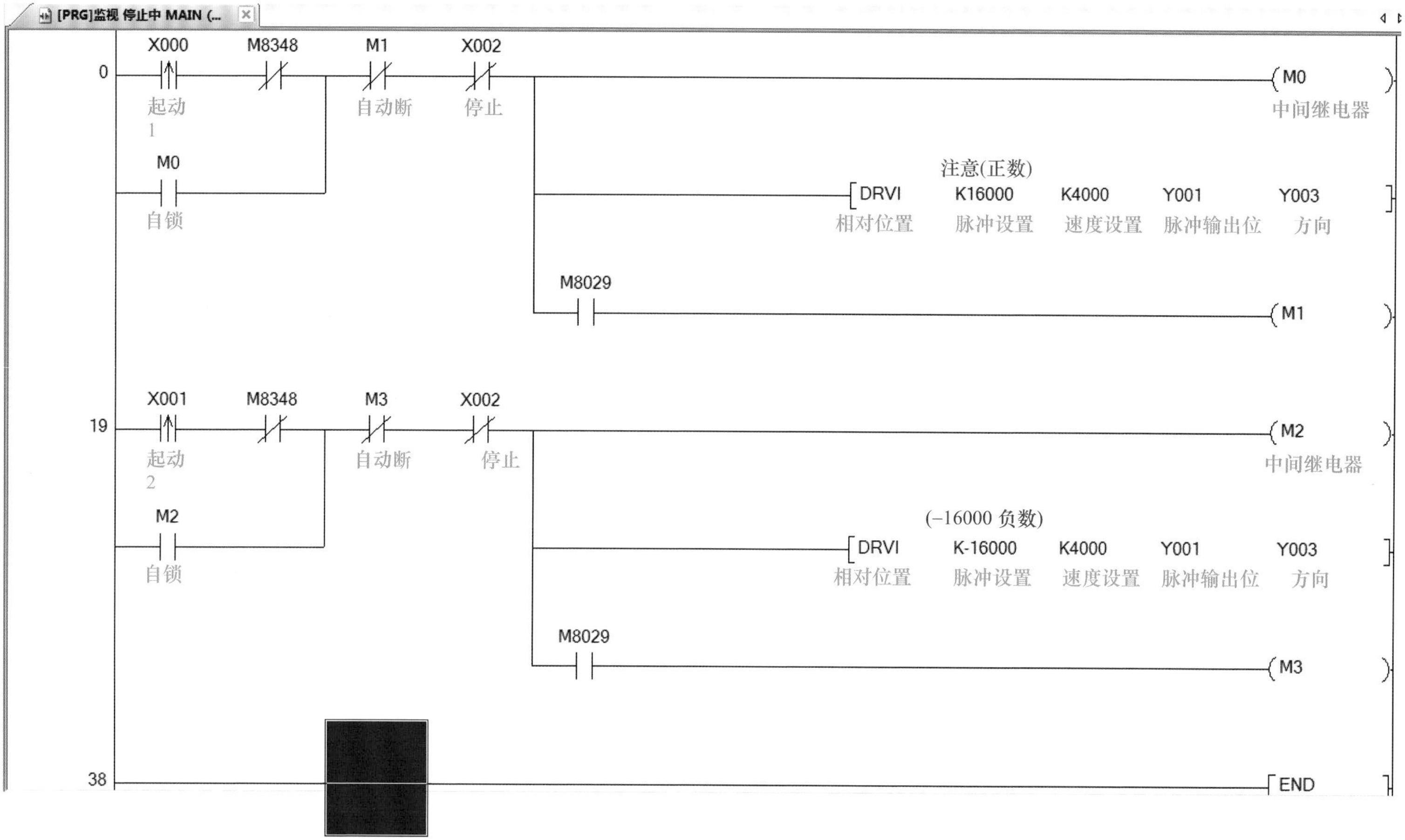

相对定位 DRVI指令(分16位和32位)执行时，不论当前位置是多少，都从当前位置移动指定的脉冲数。

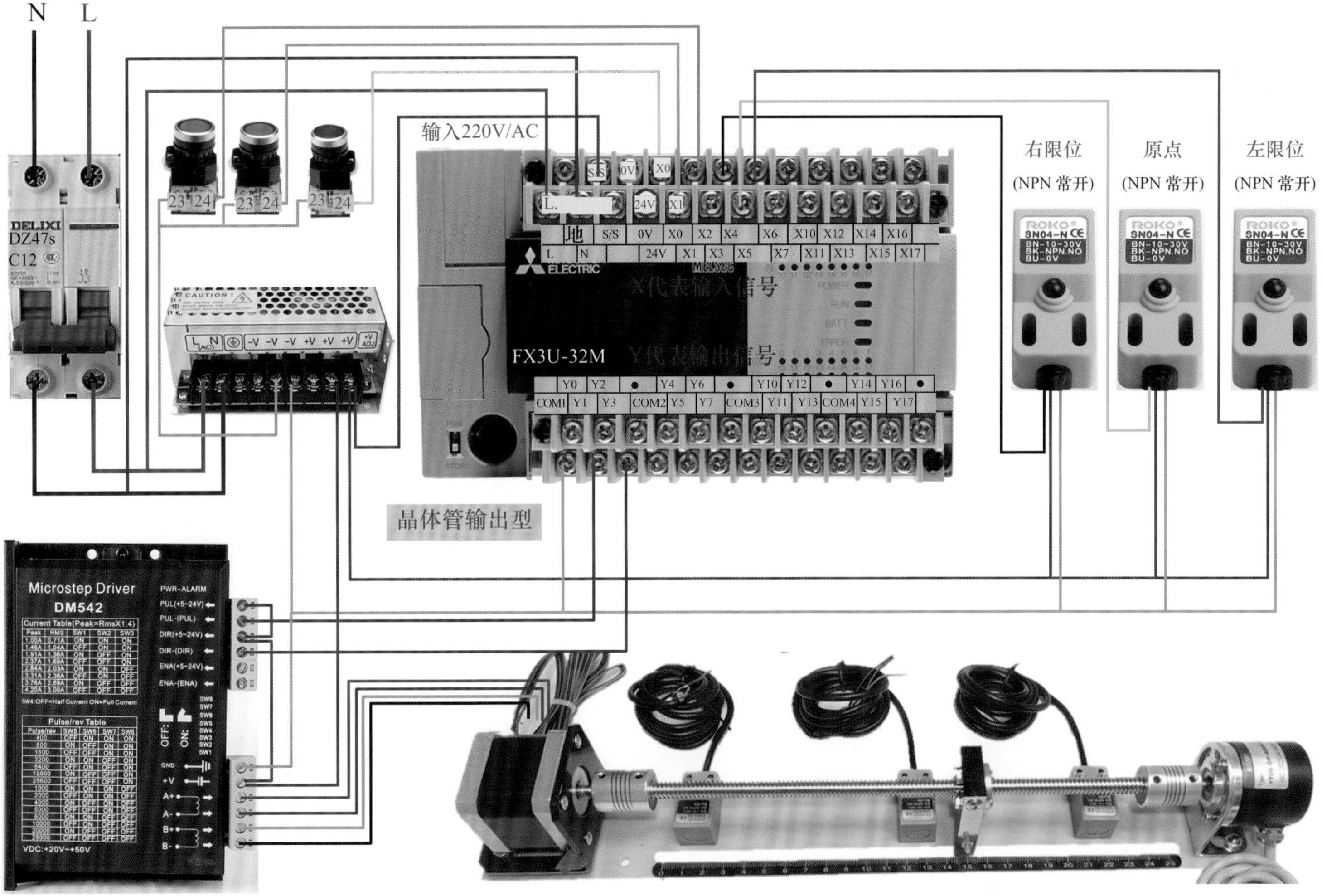

三菱 FX3U PLC 实现相对定位控制电路实物接线图

17. 三菱 FX3U PLC 实现绝对定位控制电路

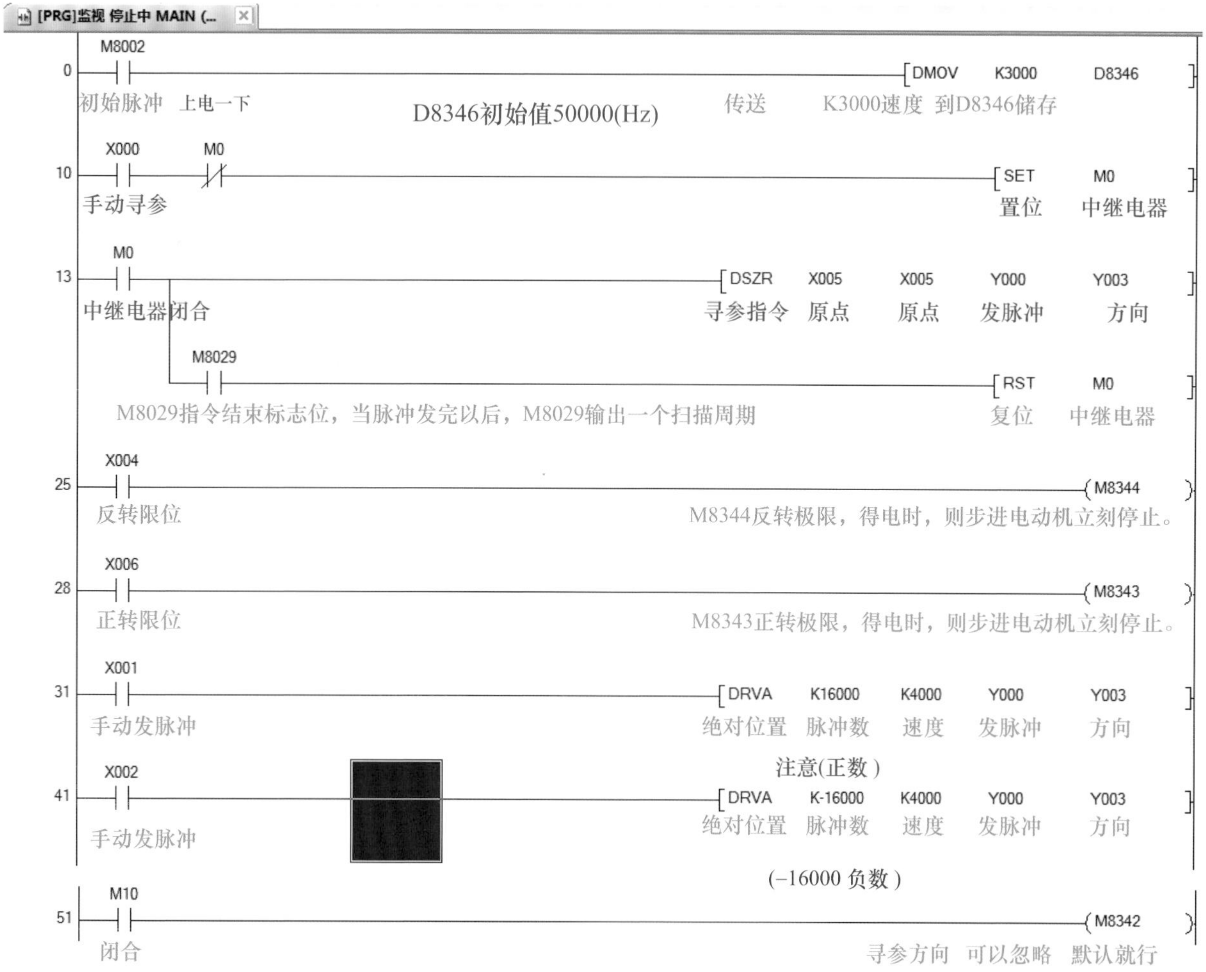
[PRG]监视 停止中 MAIN (...
0 M8002 [DMOV K3000 D8346]
初始脉冲 上电一下
D8346初始值50000(Hz)
传送 K3000速度 到D8346储存
10 X000 M0 [SET M0]
手动寻参
置位 中继电器
13 M0 [DSZR X005 X005 Y000 Y003]
中继电器闭合
寻参指令 原点 原点 发脉冲 方向
M8029 [RST M0]
M8029指令结束标志位，当脉冲发完以后，M8029输出一个扫描周期
复位 中继电器
25 X004 (M8344)
反转限位
M8344反转极限，得电时，则步进电动机立刻停止。
28 X006 (M8343)
正转限位
M8343正转极限，得电时，则步进电动机立刻停止。
31 X001 [DRVA K16000 K4000 Y000 Y003]
手动发脉冲
绝对位置 脉冲数 速度 发脉冲 方向
注意(正数)
41 X002 [DRVA K-16000 K4000 Y000 Y003]
手动发脉冲
绝对位置 脉冲数 速度 发脉冲 方向
(−16000 负数)
51 M10 (M8342)
闭合
寻参方向 可以忽略 默认就行

绝对位置指令：DRVA
寻参指令：DSZR

Y0 脉冲口相关介绍如下：

1)Y000脉冲口的原点回归方向指定标志位为M8342。

M8342=1，在正转方向进行原点回归；M8342=0，在反转方向进行原点回归。一般默认为反转方向。

2)设定速度时，应遵循基底速度≤原点回归速度≤最高速度的关系。

当原点回归速度＞最高速度时，按最高速度动作。

3)基底速度存放在D8342中，原点回归速度存放在D8347、D8346中。初始值50000(Hz)（必须修改初始值建议先修改5000以下）看程序第一条，用传送指令把K3000传送D8346。

最高速度放在D8344、D8343中，初始值为I100kHz。

爬行速度存放在D8345中， 初始值为1000Hz。

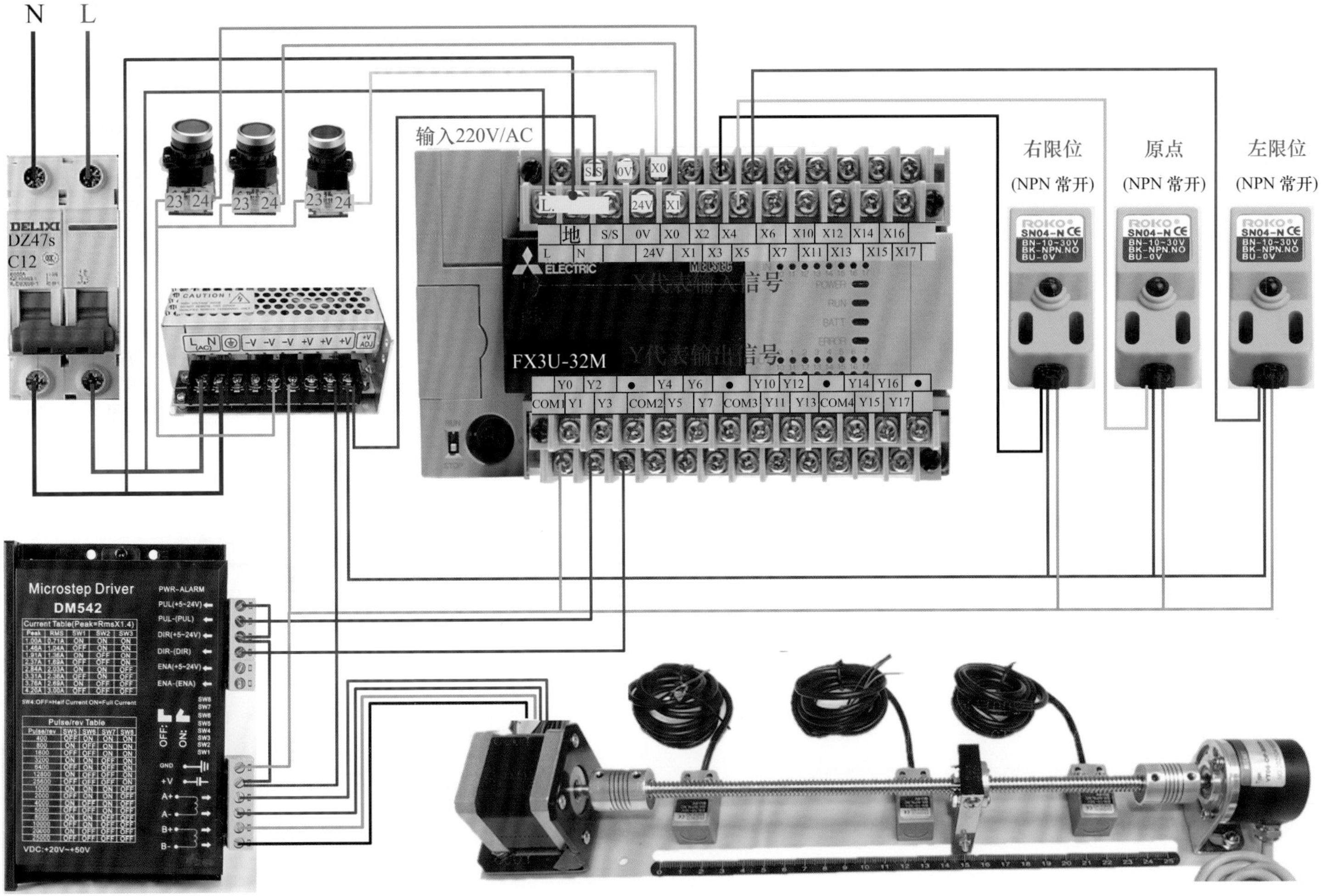

三菱 FX3U PLC 实现绝对定位控制电路实物接线图

18. 三菱 FX3U PLC 利用触点比较和定时器指令实现四台电动机顺序延时起动控制电路

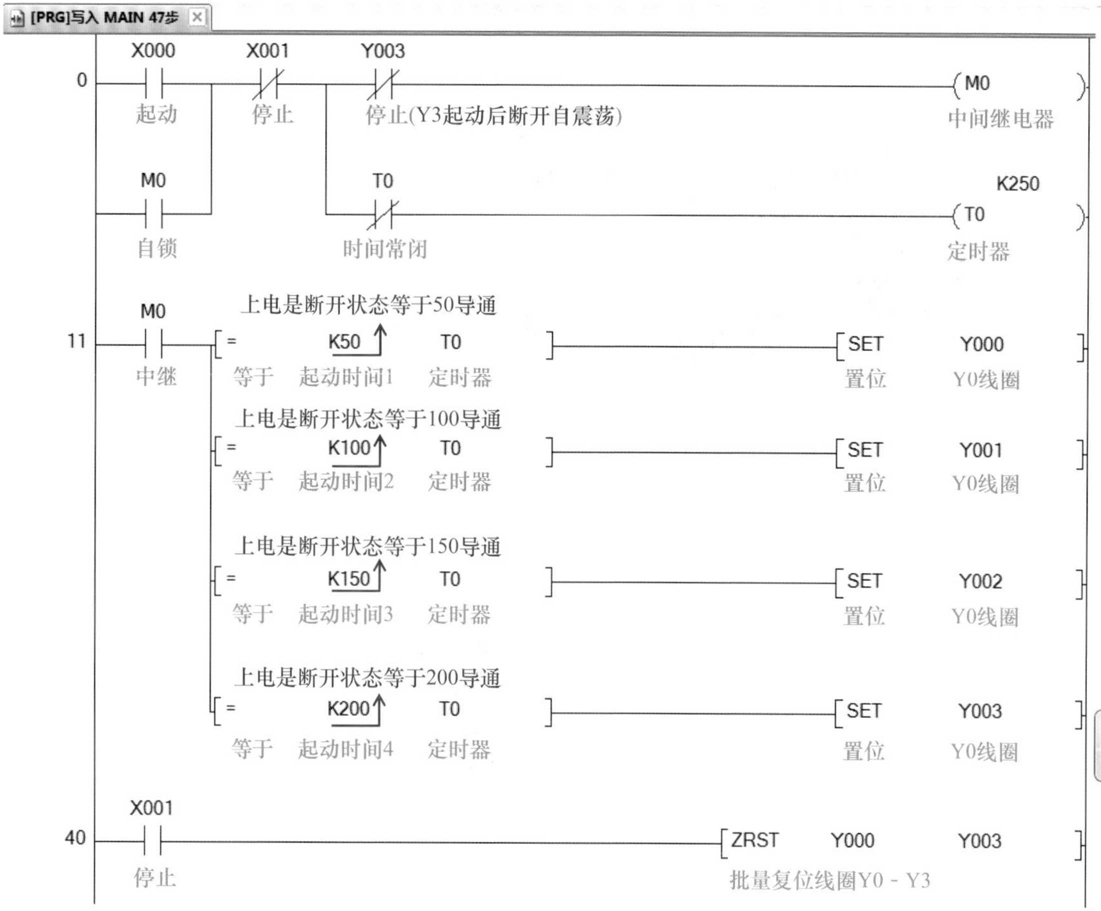

触点比较指令，有

LD >；大于

LD <；小于

LD >=；大于等于

LD <=；小于等于

LD =；等于

LD <>(不等于)；

这6条指令主要配合计数器、定时器、递增指令、数据寄存器使用。例如，在GX Works2 编程软件写K50 T0的意思就是：

当T0的当前值等于50时，Y0接通，

当T0的当前值等于100时，Y1接通，

当T0的当前值等于150时，Y2接通，

当T0的当前值等于200时，Y3接通。

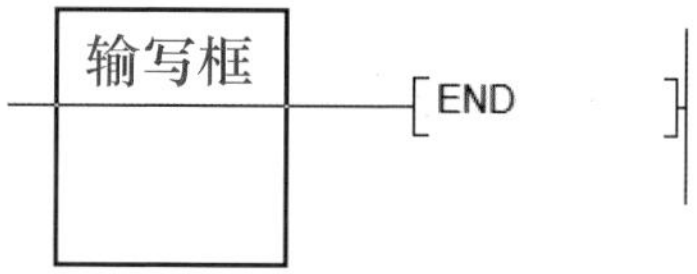

比较指令输入

在输写框内直接写L就会出现各种比较指令供选择使用。

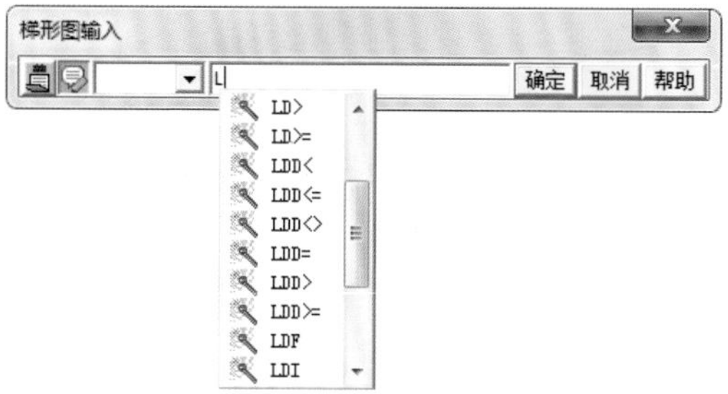

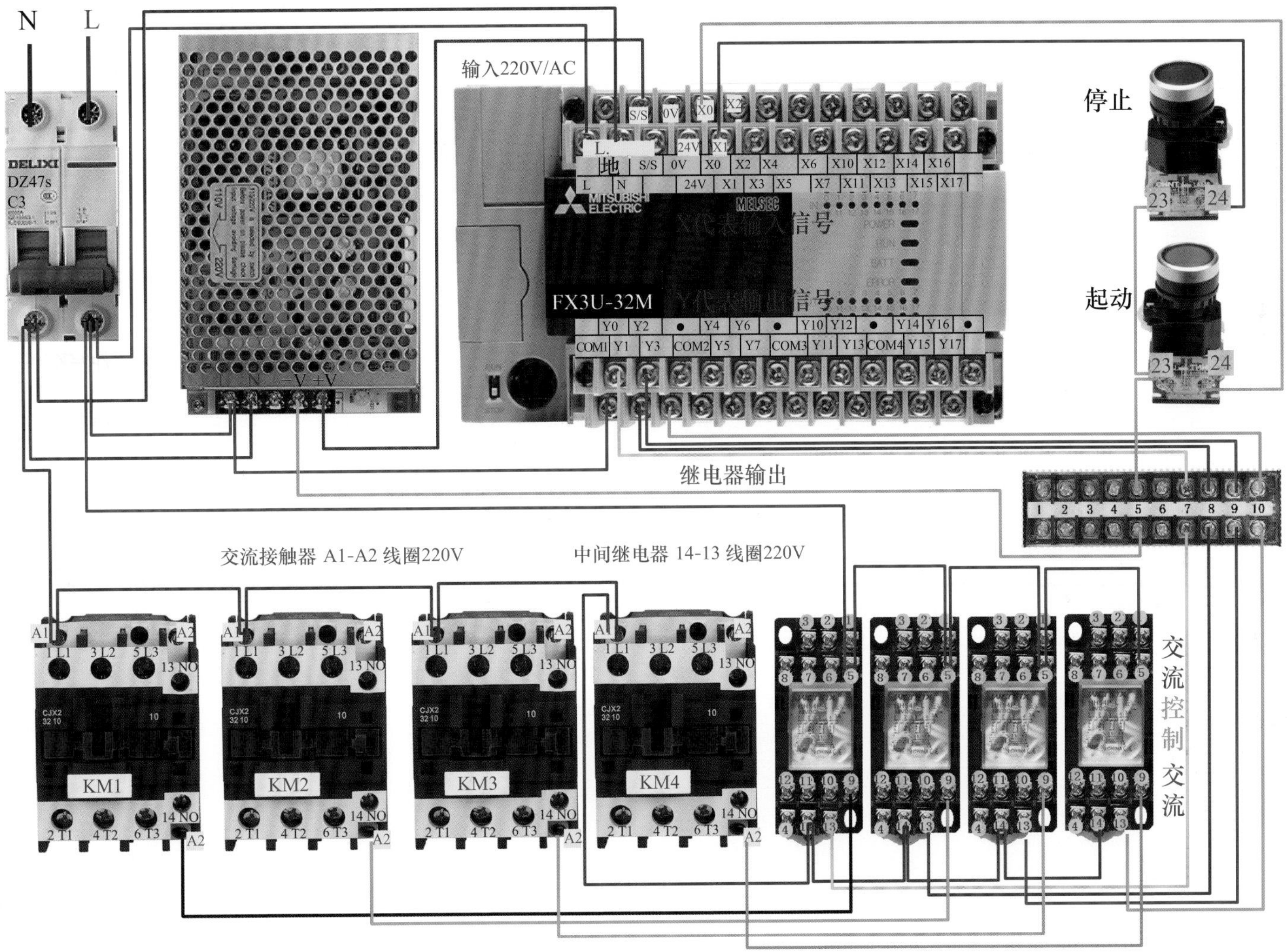

三菱 FX3U PLC 利用触点比较和定时器指令实现四台电动机顺序延时起动电路实物接线图

19. 三菱 FX3U PLC 利用递增和触点比较指令实现三台电动机顺序起动逆序停止控制电路

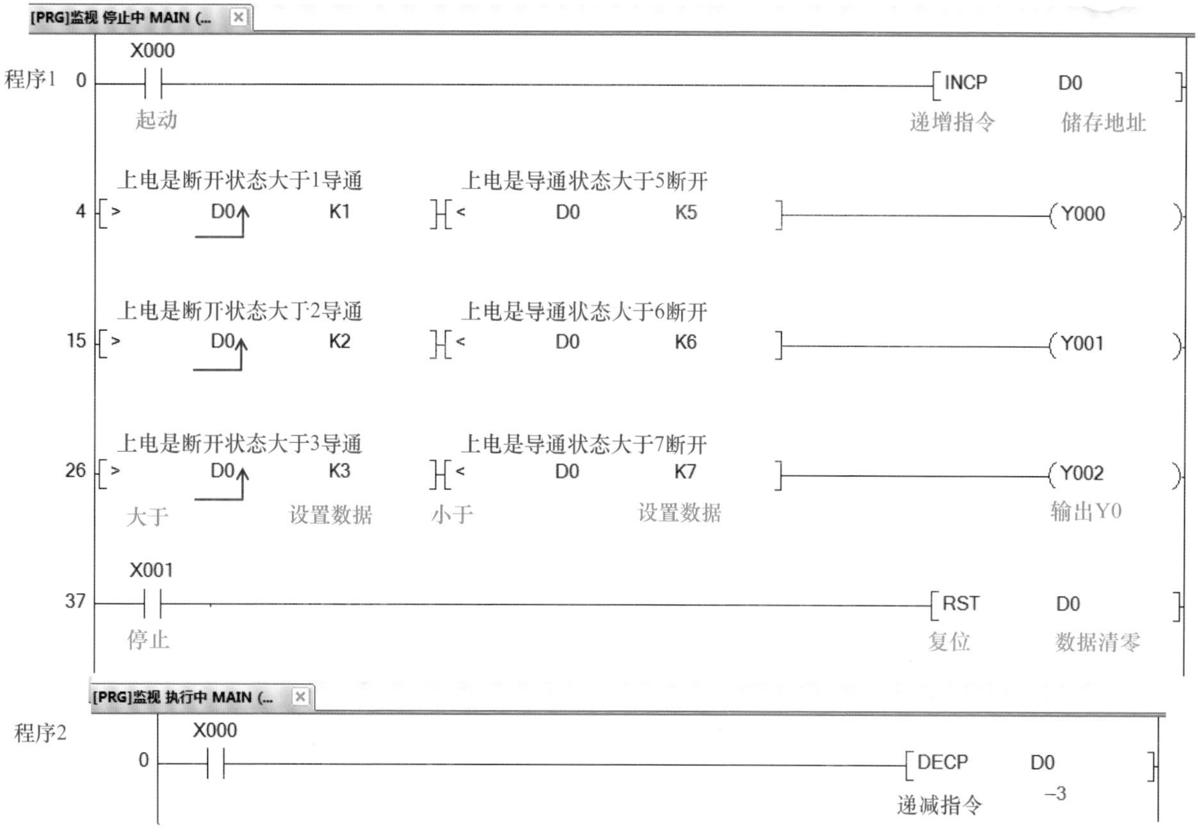

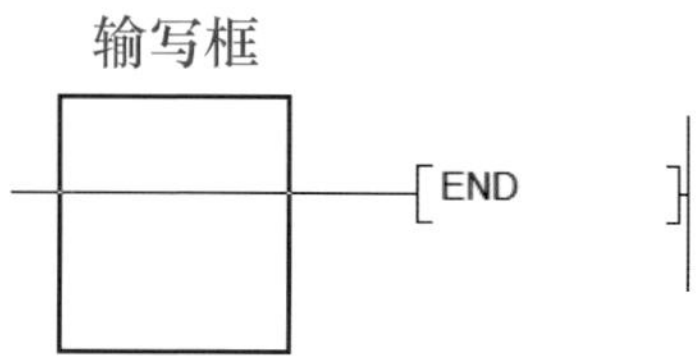

比较指令输入
在输写框内直接写L就会出现下面各种比较选择使用。

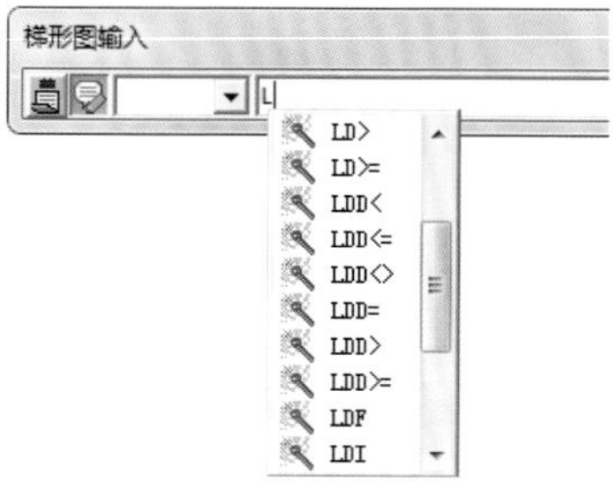

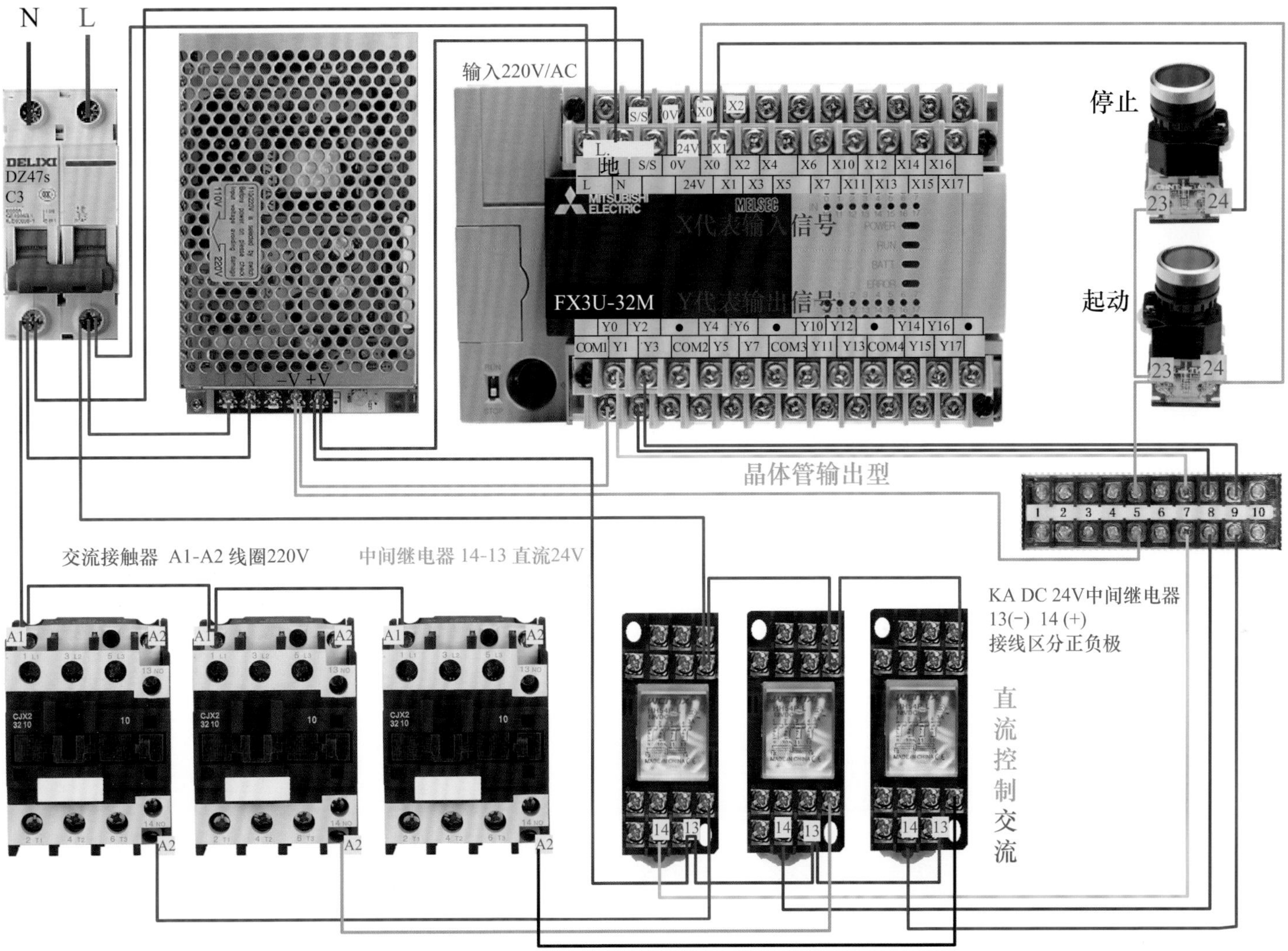

三菱 FX3U PLC 利用递增和触点比较指令实现三台电动机顺序起动逆序停止电路实物接线图

20. 三菱 FX3U PLC 利用位左移指令实现简单的跑马灯控制电路（一）

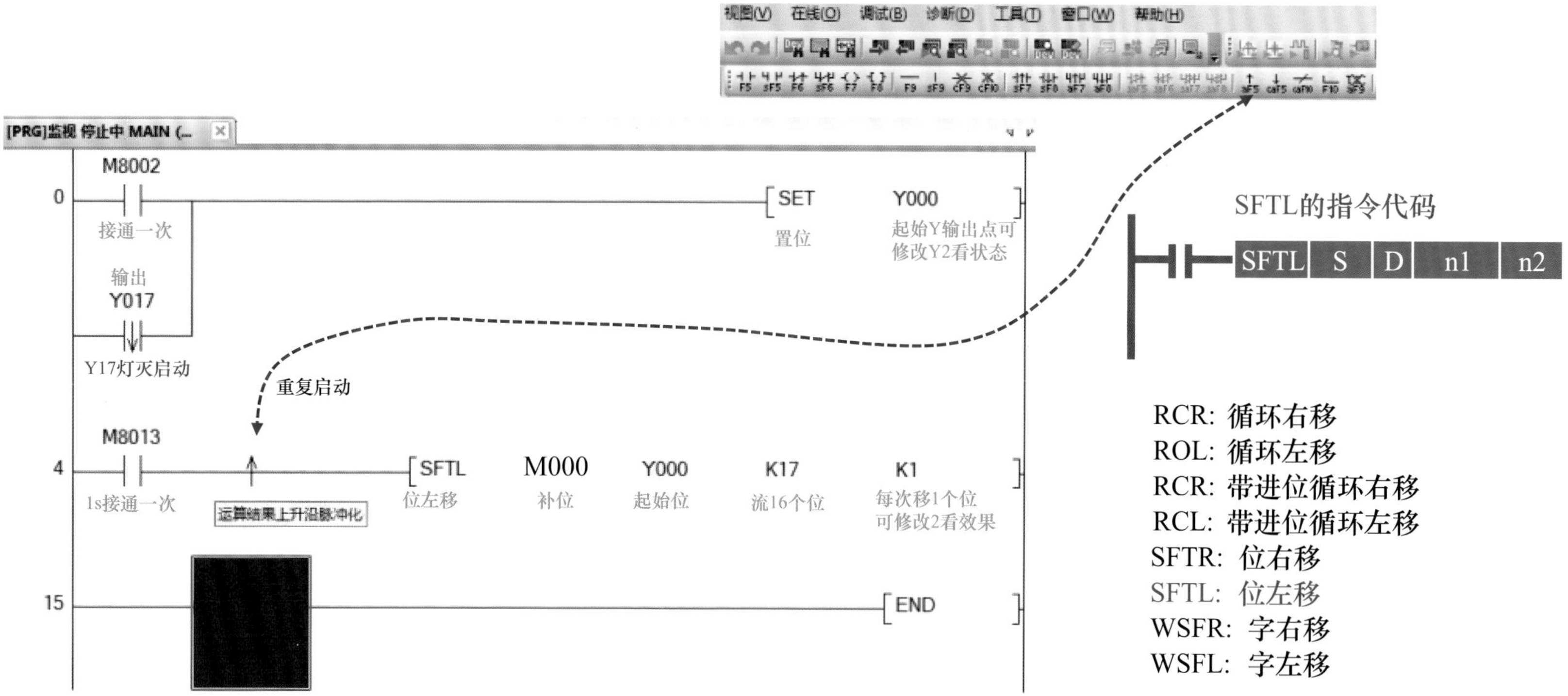

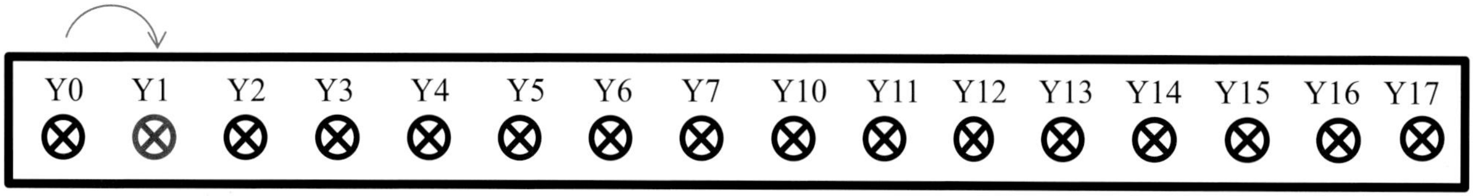

跑马灯顺序：从Y1点亮移动到Y2点亮、Y1熄灭，从Y2点亮移动到Y3点亮、Y2熄灭，依次到Y17循环点亮、熄灭。如果把M8002并联的Y17下降沿常开触点去掉，就不会循环点亮、熄灭。

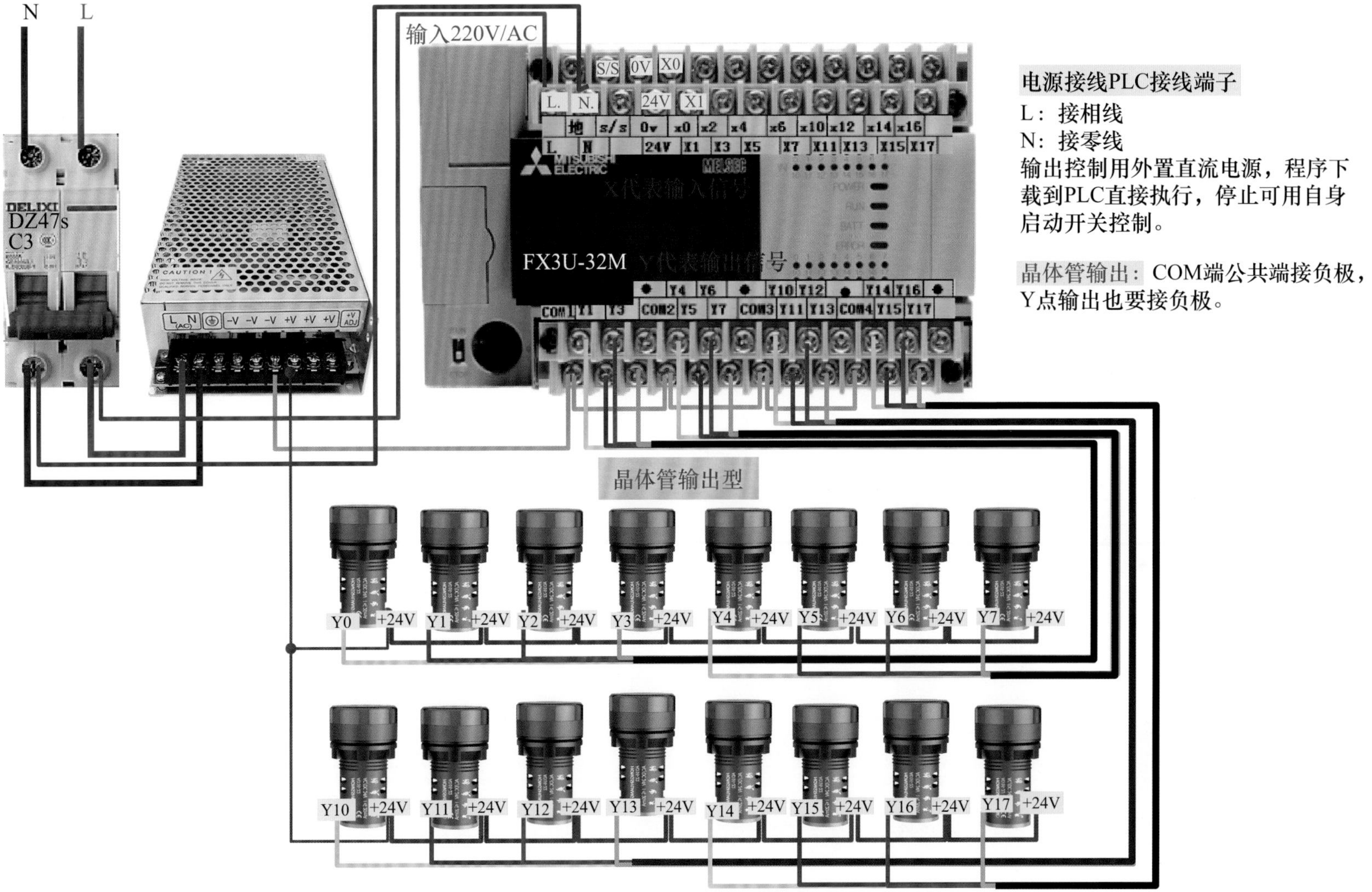

三菱 **FX3U PLC** 利用位左移指令实现简单的跑马灯控制电路实物接线图（一）

21. 三菱 FX3U PLC 利用位左移指令实现简单的跑马灯控制电路（二）

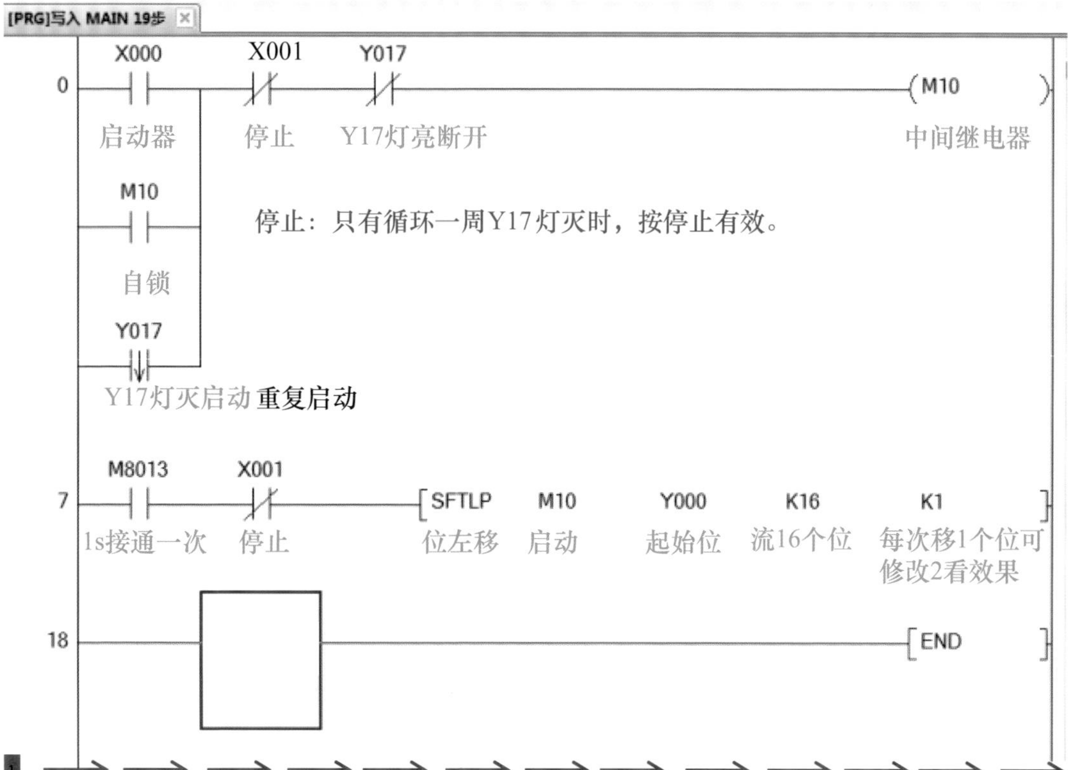

SFTL+P脉冲的指令代码

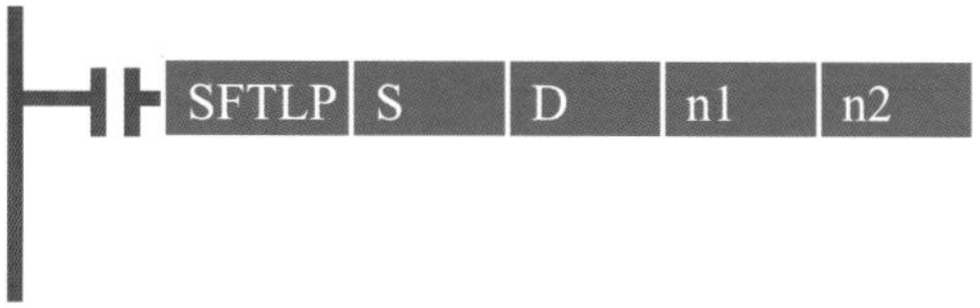

RCR：循环右移
ROL：循环左移
RCR：带进位循环右移
RCL：带进位循环左移
SFTR：位右移
SFTL：位左移
WSFR：字右移
WSFL：字左移

流水顺序：从Y0依次点亮到Y16，然后从Y0依次熄灭到Y16循环流水。如果把启动X0并联的Y17下降沿常开触点去掉，就不会循环显示。

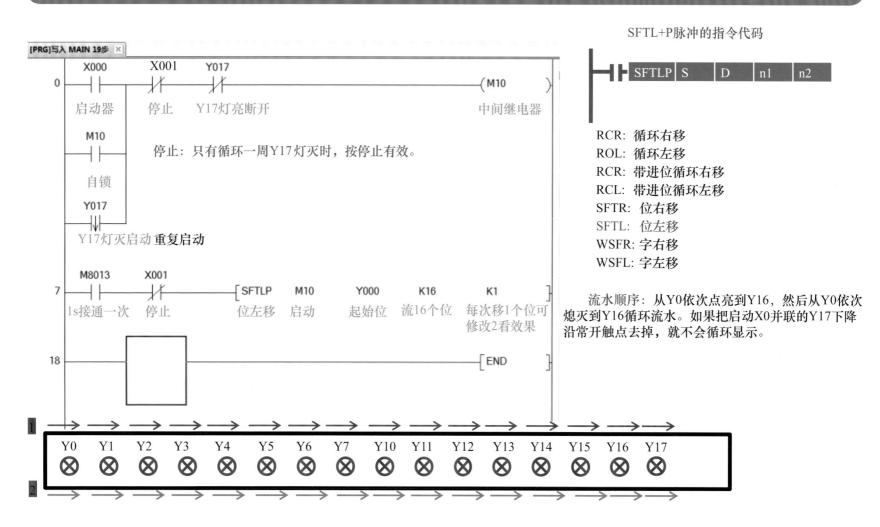

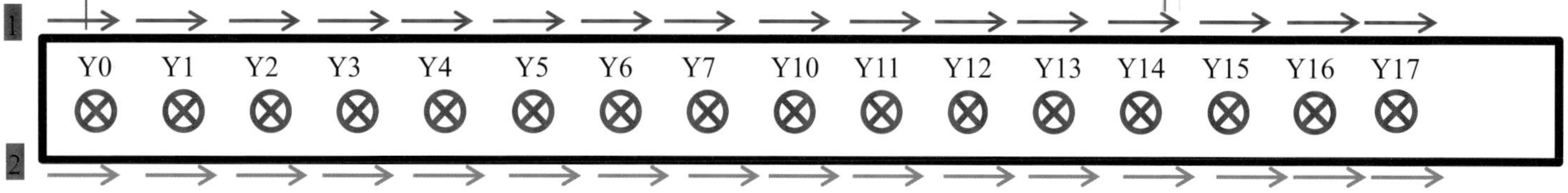

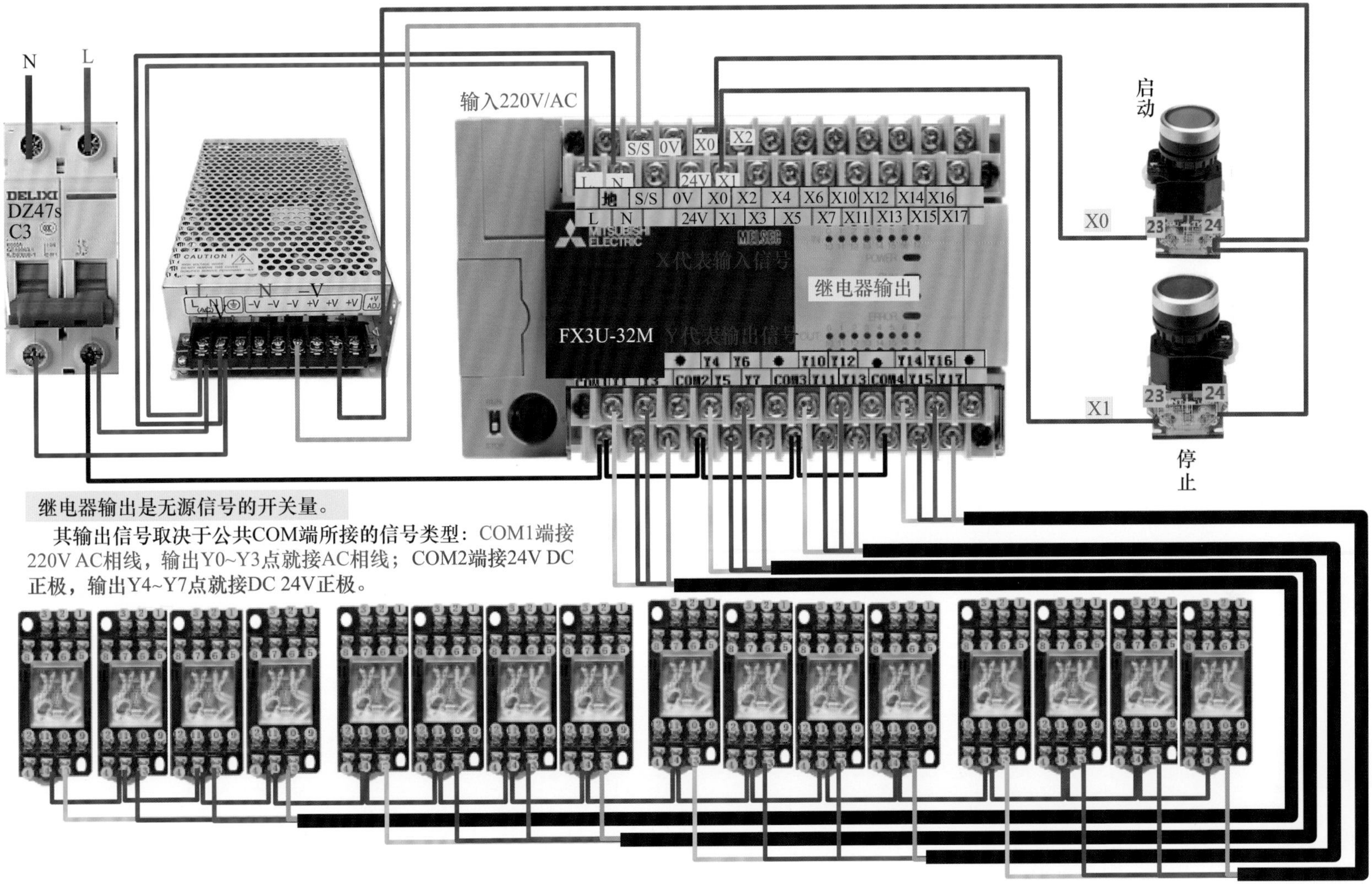

三菱 FX3U PLC 利用位左移指令实现简单的跑马灯控制电路实物接线图（二）

22. 三菱 FX3U PLC 利用循环左移指令实现简单的跑马灯控制电路

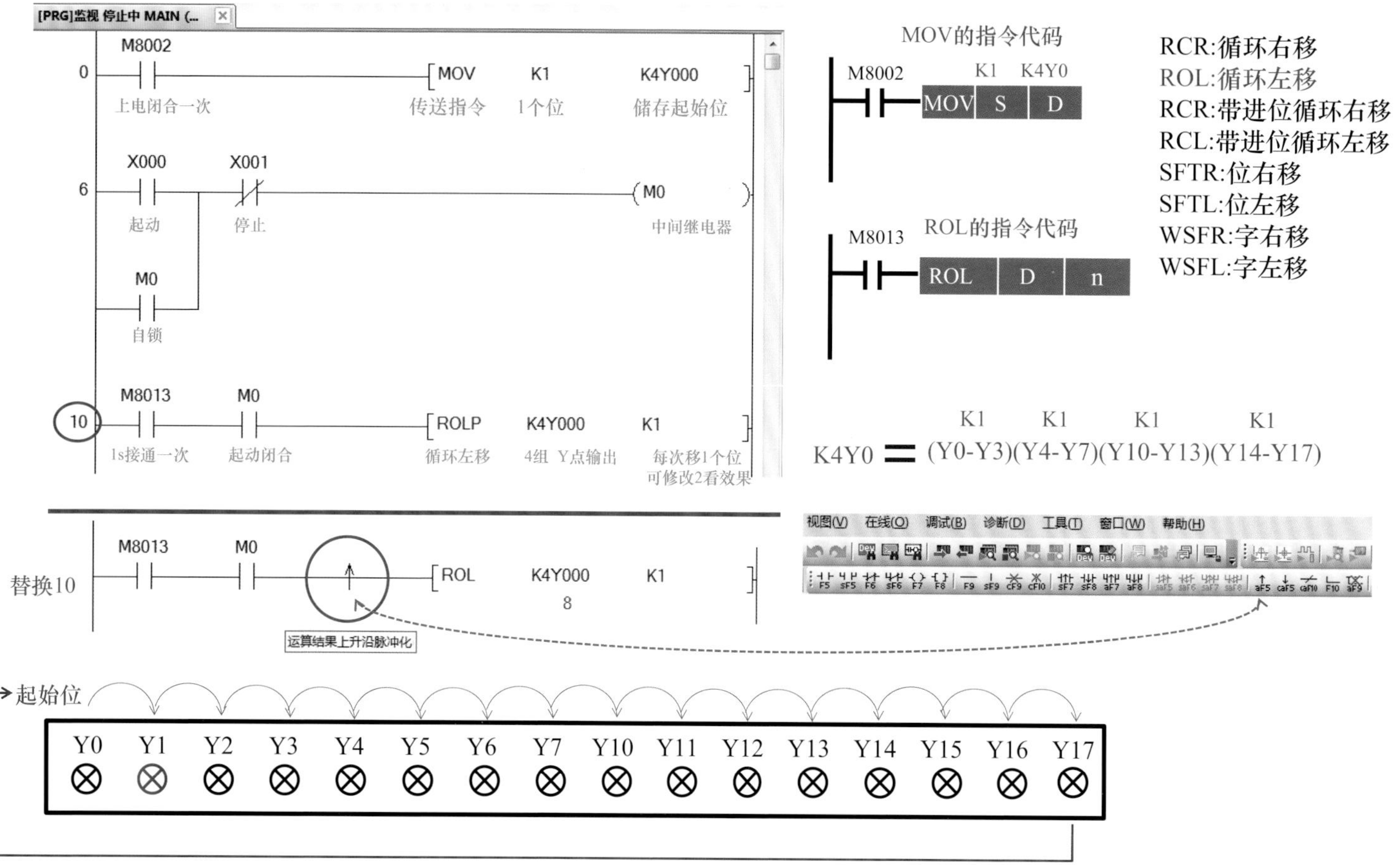
[PRG]监视 停止中 MAIN (...
M8002
MOV K1 K4Y000
上电闭合一次
传送指令
1个位
储存起始位
X000
X001
M0
起动
停止
中间继电器
自锁
M8013
ROLP K4Y000 K1
1s接通一次
起动闭合
循环左移
4组 Y点输出
每次移1个位
可修改2看效果
替换10
ROL K4Y000 8 K1
运算结果上升沿脉冲化
MOV的指令代码
K1 K4Y0
MOV S D
ROL的指令代码
ROL D n
RCR:循环右移
ROL:循环左移
RCR:带进位循环右移
RCL:带进位循环左移
SFTR:位右移
SFTL:位左移
WSFR:字右移
WSFL:字左移
K4Y0 = (Y0-Y3)(Y4-Y7)(Y10-Y13)(Y14-Y17)
视图(V) 在线(O) 调试(B) 诊断(D) 工具(T) 窗口(W) 帮助(H)
起始位
Y0 Y1 Y2 Y3 Y4 Y5 Y6 Y7 Y10 Y11 Y12 Y13 Y14 Y15 Y16 Y17

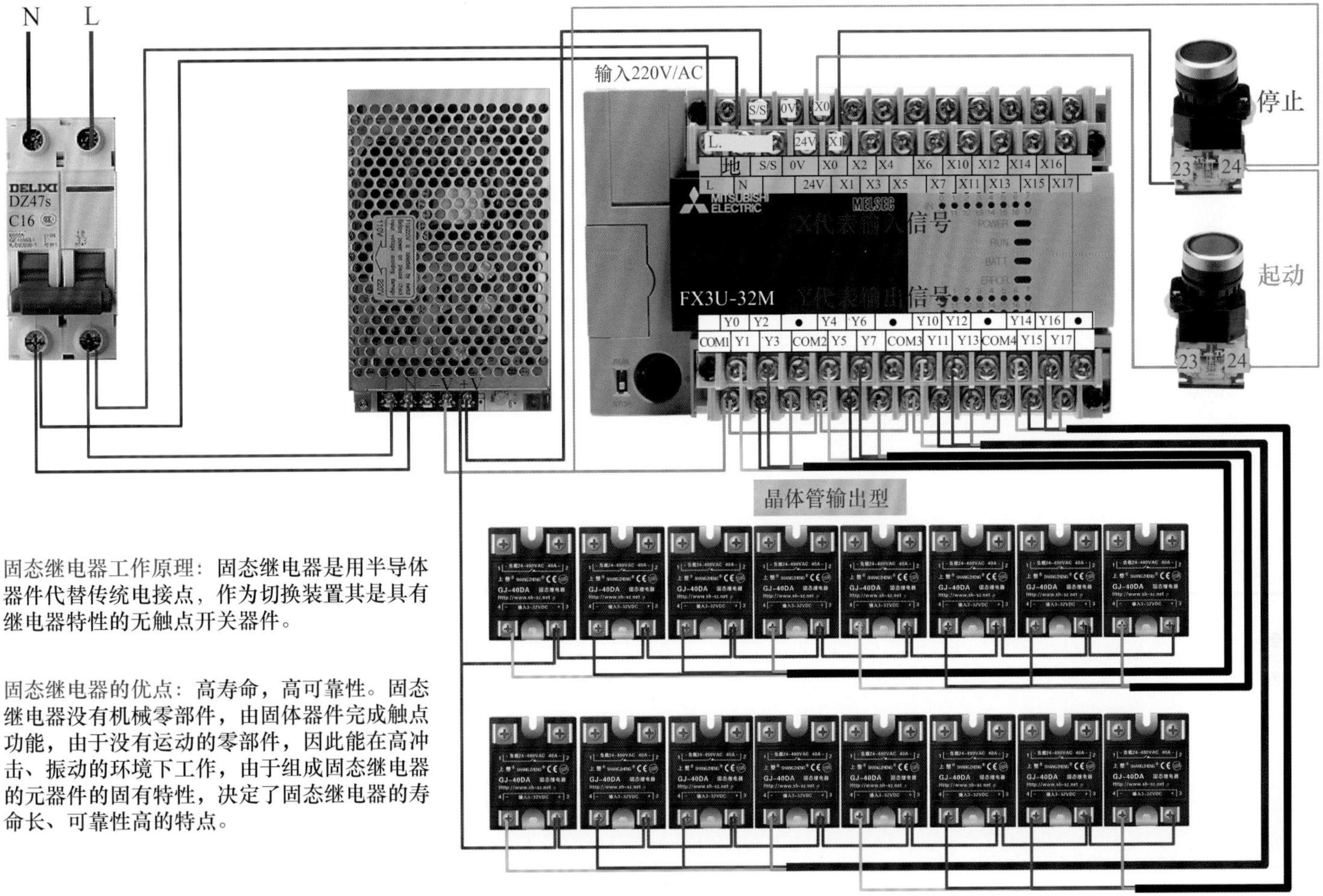

固态继电器工作原理：固态继电器是用半导体器件代替传统电接点，作为切换装置其是具有继电器特性的无触点开关器件。

固态继电器的优点：高寿命，高可靠性。固态继电器没有机械零部件，由固体器件完成触点功能，由于没有运动的零部件，因此能在高冲击、振动的环境下工作，由于组成固态继电器的元器件的固有特性，决定了固态继电器的寿命长、可靠性高的特点。

三菱 FX3U PLC 利用循环左移指令实现简单的跑马灯电路实物接线图

23. 三菱 FX3U PLC 利用循环左、右移指令实现简单的跑马灯控制电路梯形图程序

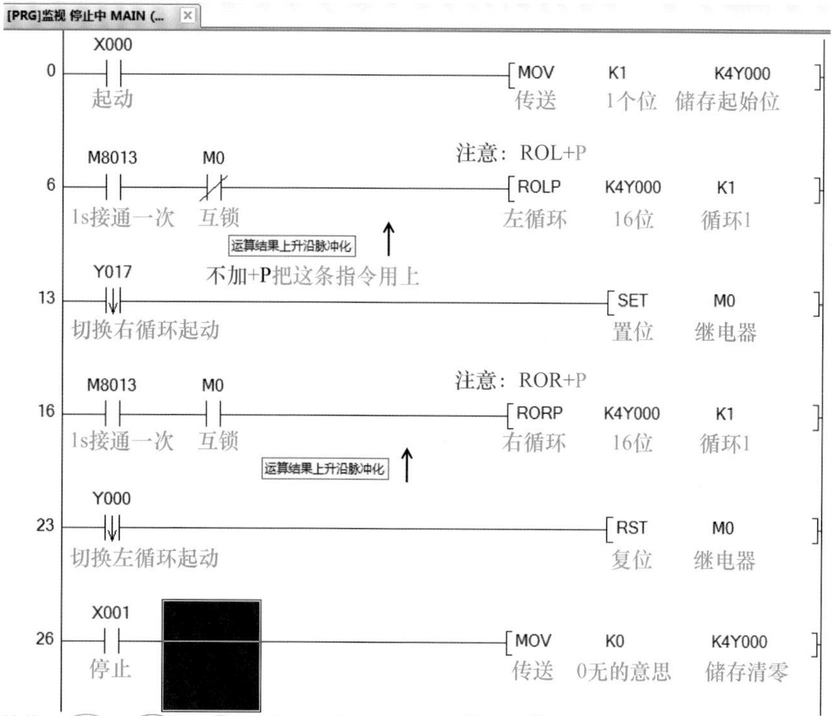

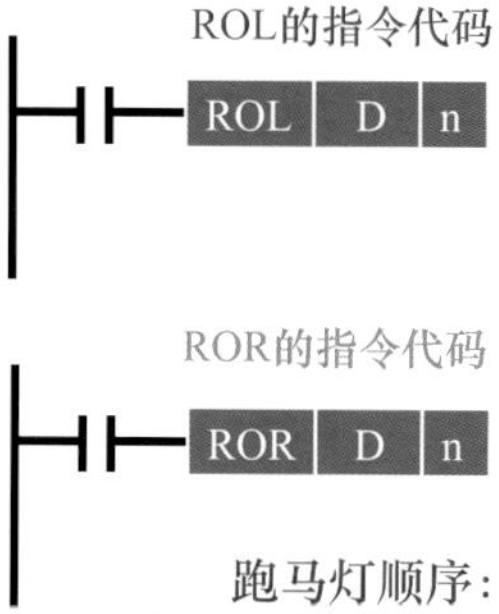

ROR:循环右移
ROL:循环左移
RCR:带进位循环右移
RCL:带进位循环左移
SFTR:位右移
SFTL:位左移
WSFR:字右移
WSFL:字左移

跑马灯顺序：从Y0点亮移动到Y1点亮，Y0熄灭，从Y1点亮移动到Y2点亮，Y1熄灭，依次到Y17点亮。

Y17熄灭后，下降沿使Y000导通一次，把M0线圈置位得电，M0常闭触点断开，常开触点闭合切换到右循环。

从Y17点亮移动到Y16点亮，Y17熄灭，从Y16点亮移动到Y15点亮，Y16熄灭，依次到Y0点亮。

Y0熄灭，下降沿使Y017导通一次，把M0线圈复位断电，M0常闭复位，常开复位切换到左循环。

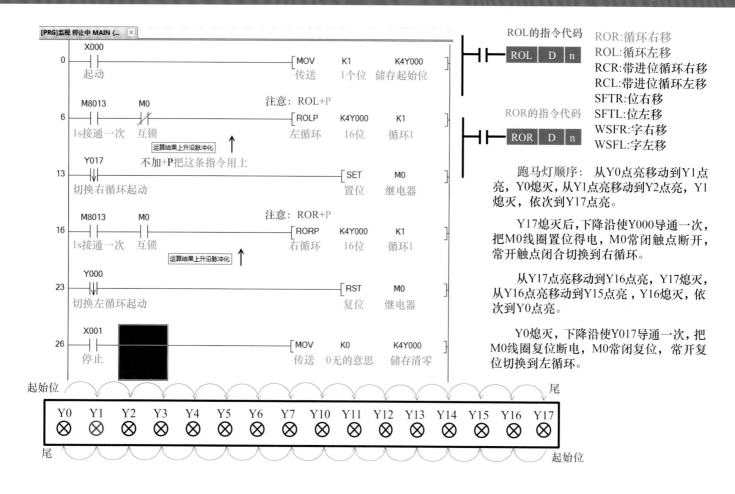

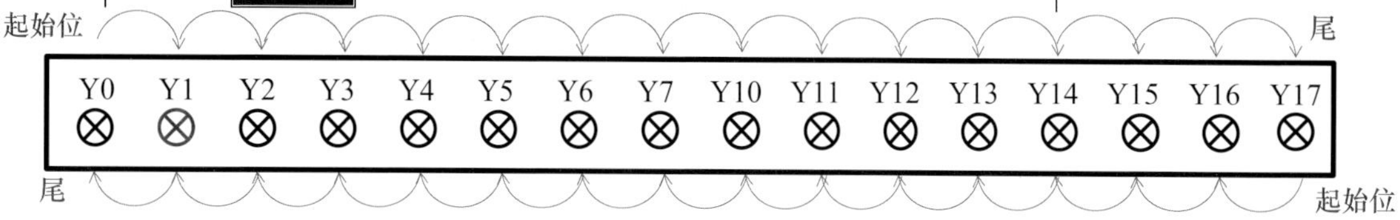

24. 三菱 FX3U PLC 实现单相单计数控制电路

1.梯形图程序

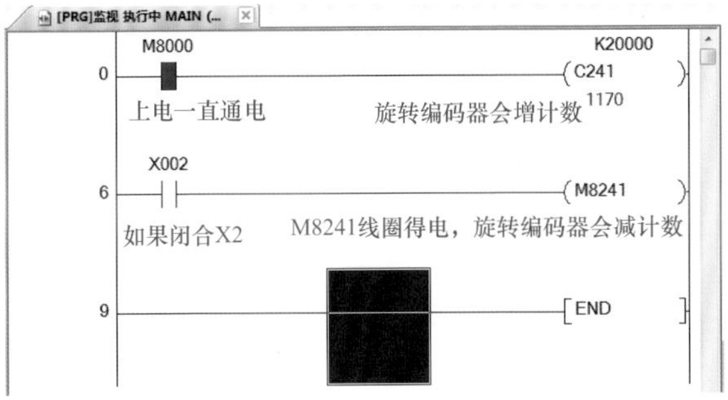

2.实物接线图

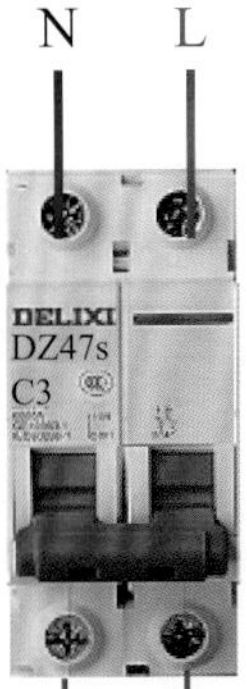

电源与PLC接线端子L接相线，N接零线。

控制电路使用PLC自带输出直流电源，把编码器的棕色线接PLC的24V，蓝色线接0V，黑色线接X0，X0是指定的信号输入端。PLC的S/S端接24V。

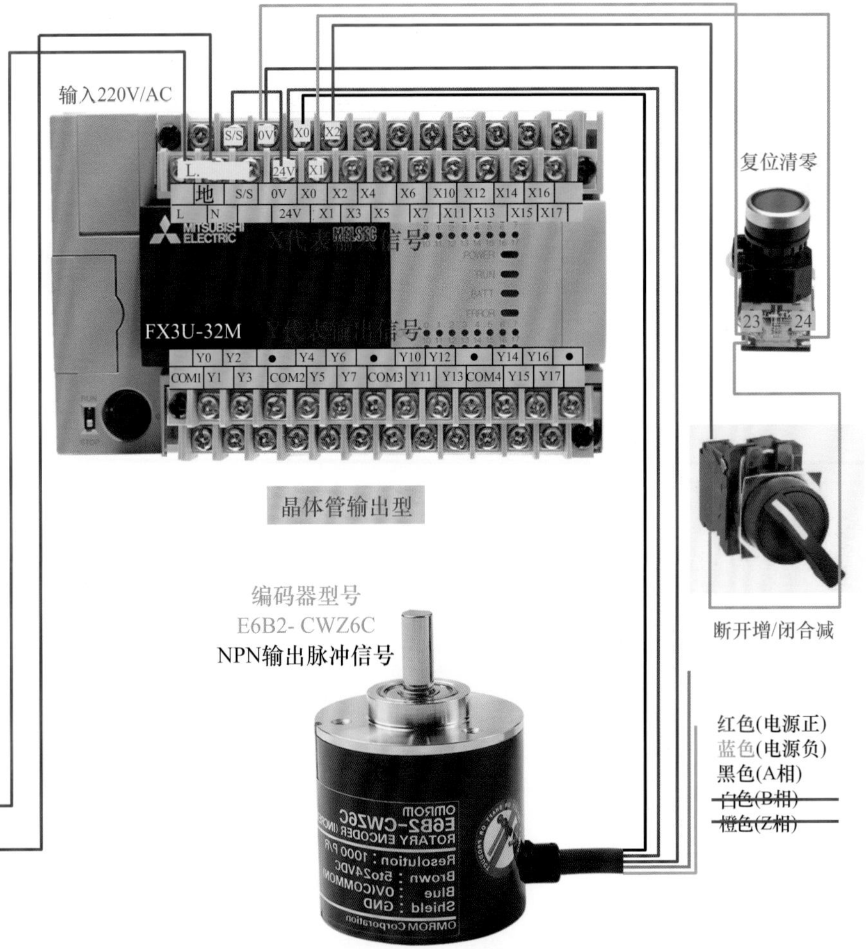

25. 三菱 FX3U PLC 实现单相双计数控制电路

1.梯形图程序

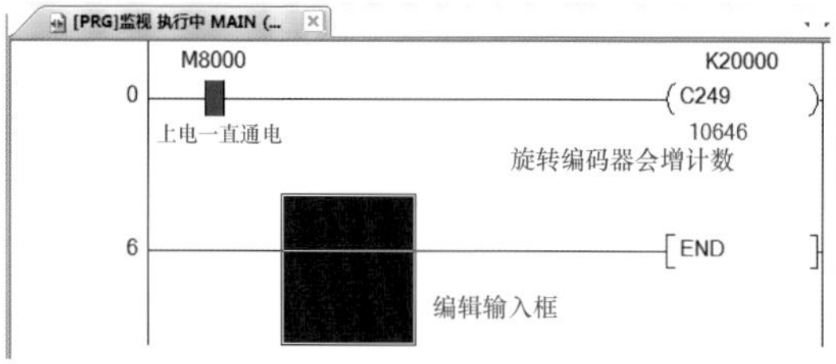

2.实物接线图

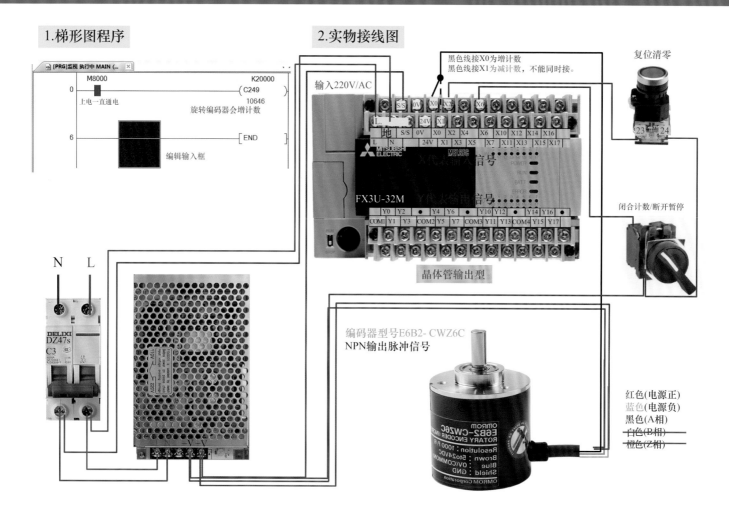

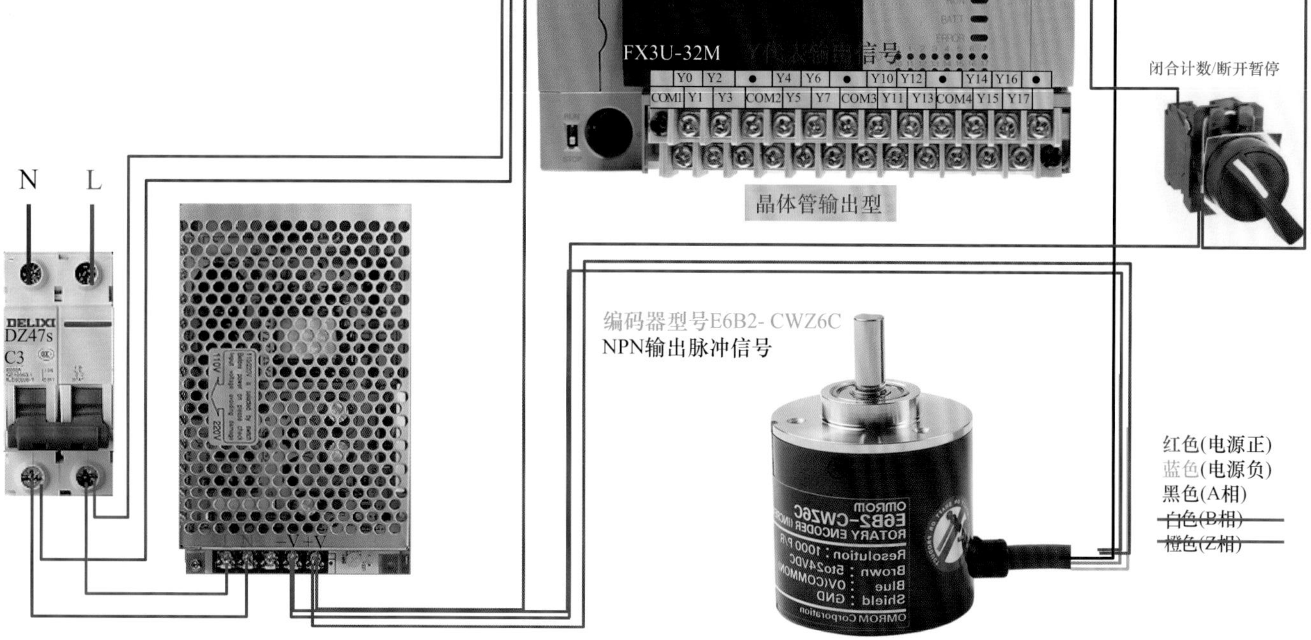

26. 三菱 FX3U PLC 实现 A/B 正交双向双计数控制电路

1.梯形图程序

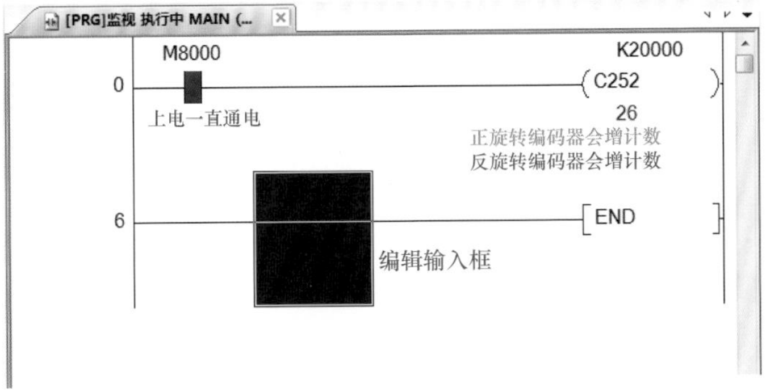

2.实物接线图

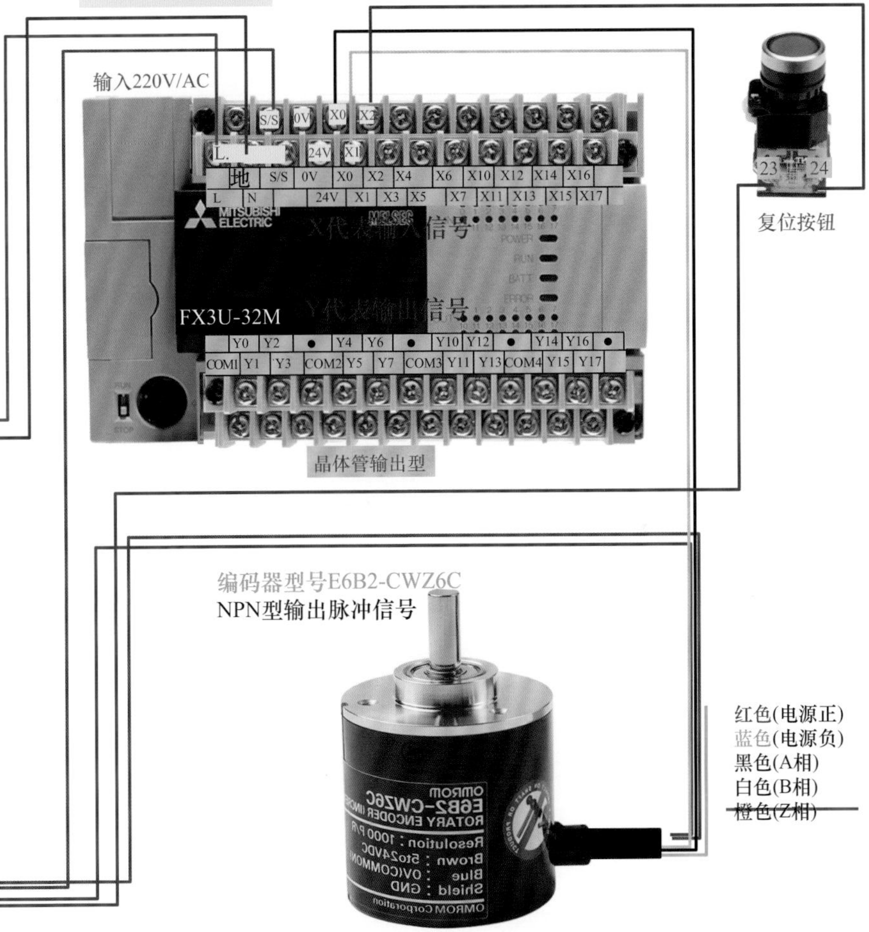
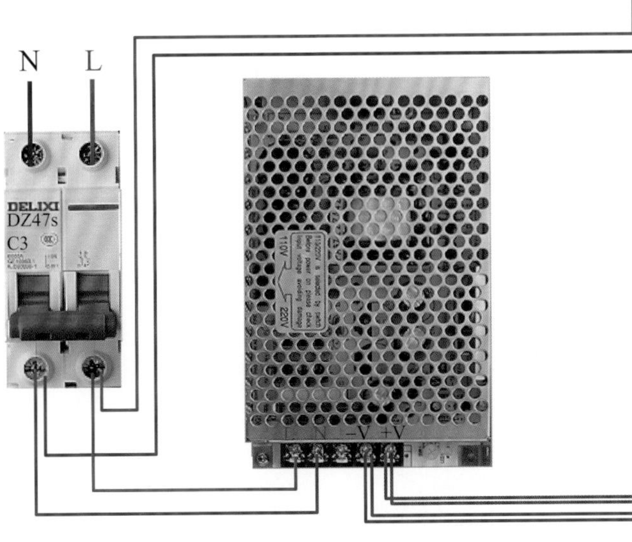

27. 三菱 FX3U PLC 利用比较复位和比较置位指令实现 A/B 正交双向双计数控制电路

1.梯形图程序

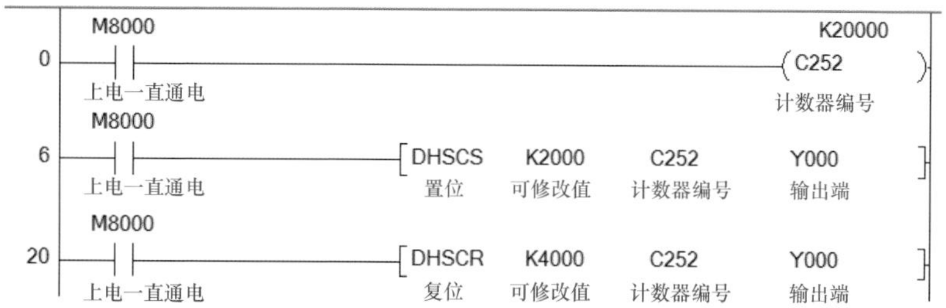

高速计数器比较置位(DHSCS)和比较复位指令(DHSCR)：当C252当前值=K2000时，置位Y000；当C252当前值=K4000时，复位Y000。

2.实物接线图

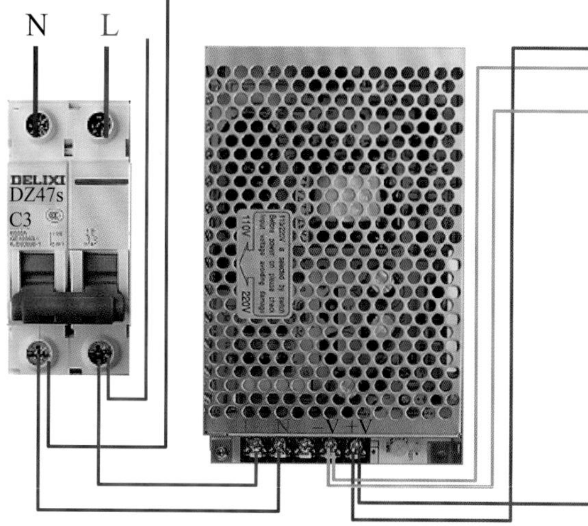
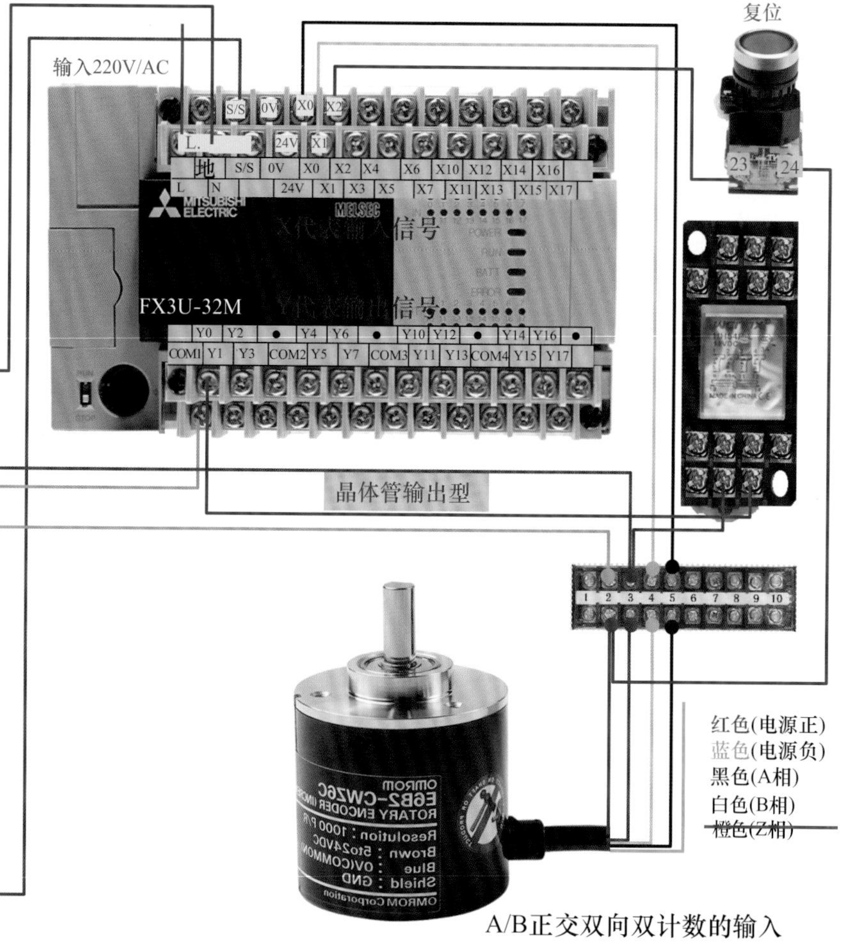

28. 三菱 FX3U PLC 利用区间比较指令实现 A/B 正交双向双计数控制电路

1.梯形图程序

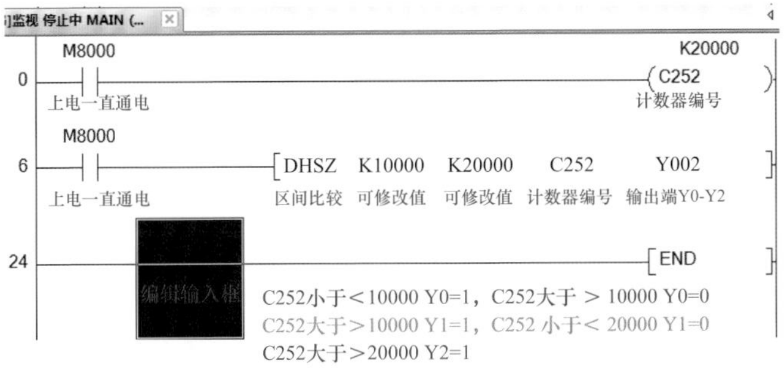

2.实物接线图

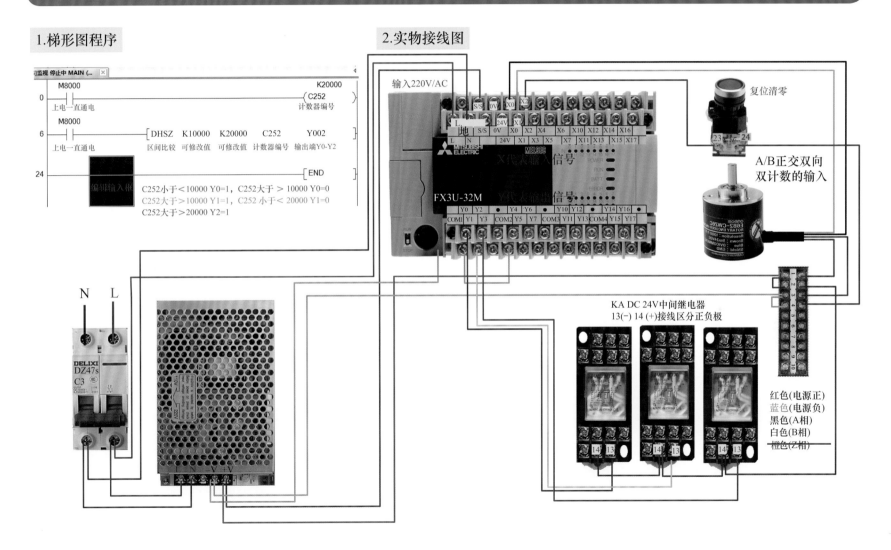

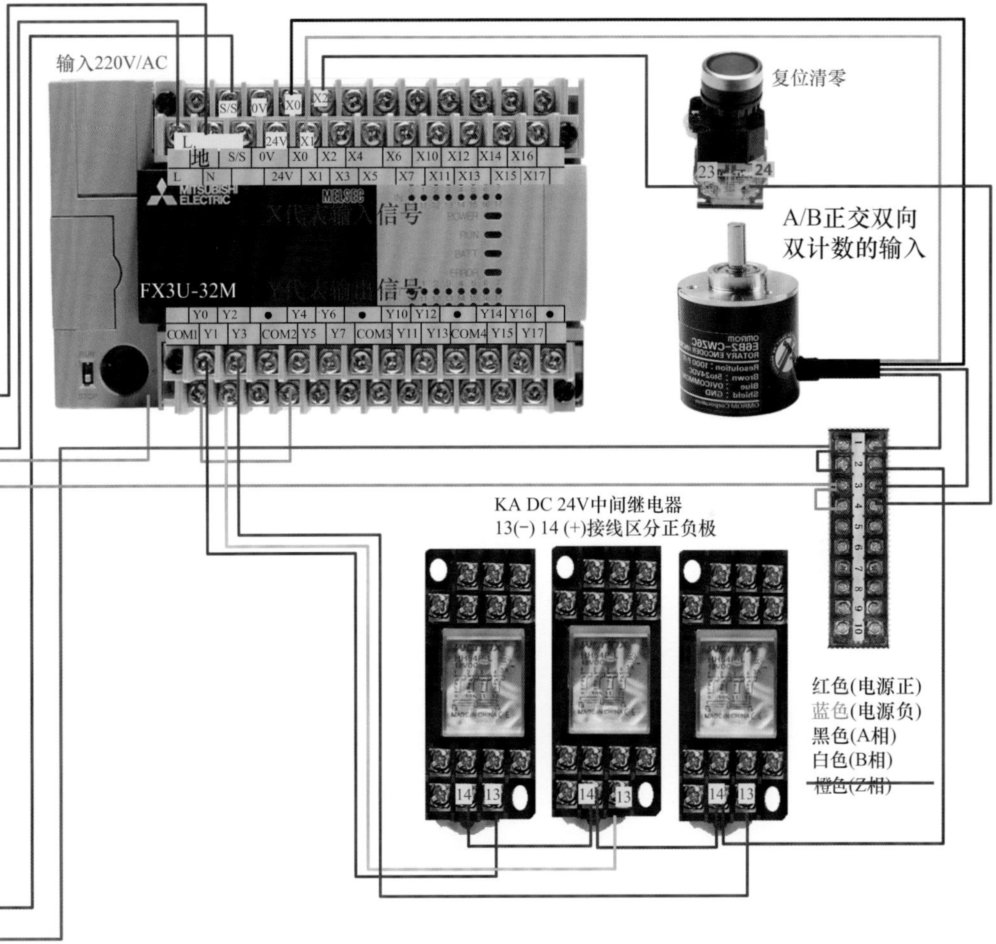

29. 三菱 FX3U PLC 利用传送指令实现二进制数到十六进制数的转换

如果是16位指令，是 MOV(MOVP表示脉冲执行)；如果是32位指令，是 DMOV(DMOVP 表示脉冲执行)。传送指令的主要功能是把数据传送过去，相当于复制粘贴，原来的内容会被覆盖。

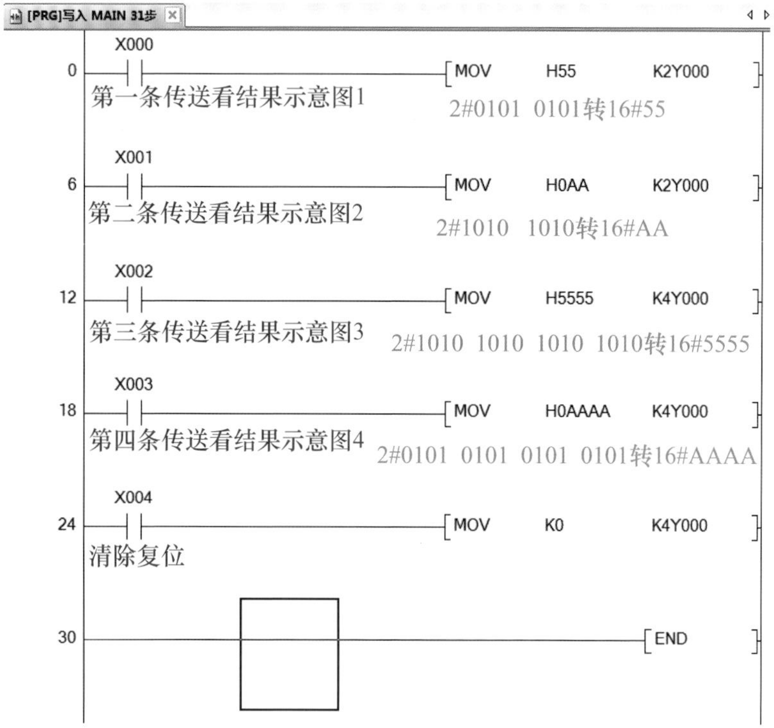

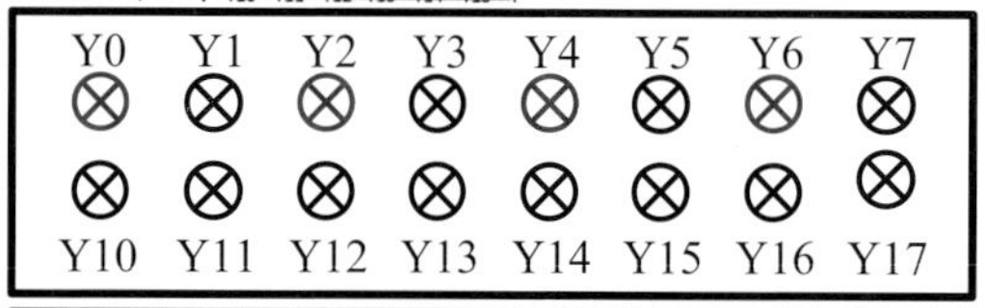

示意图1

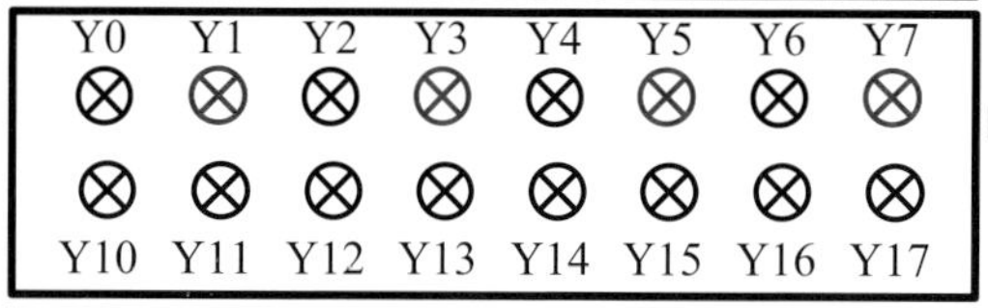

示意图2

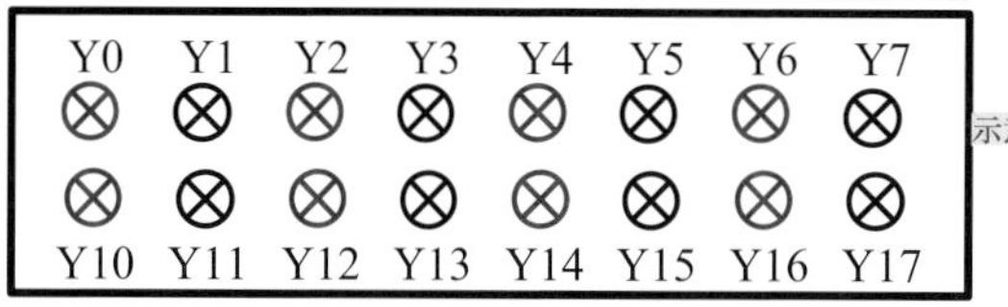

示意图3

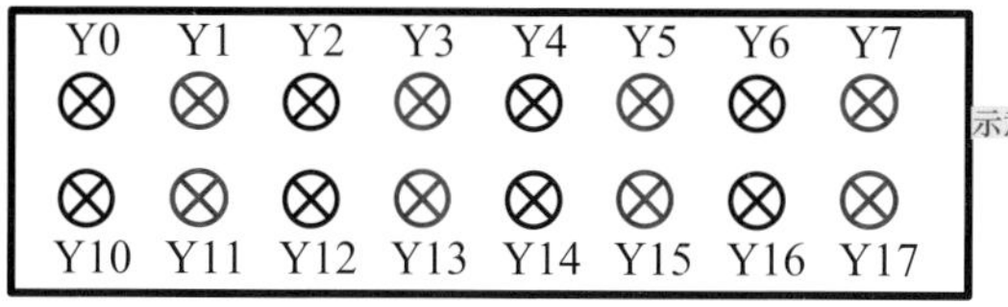

示意图4

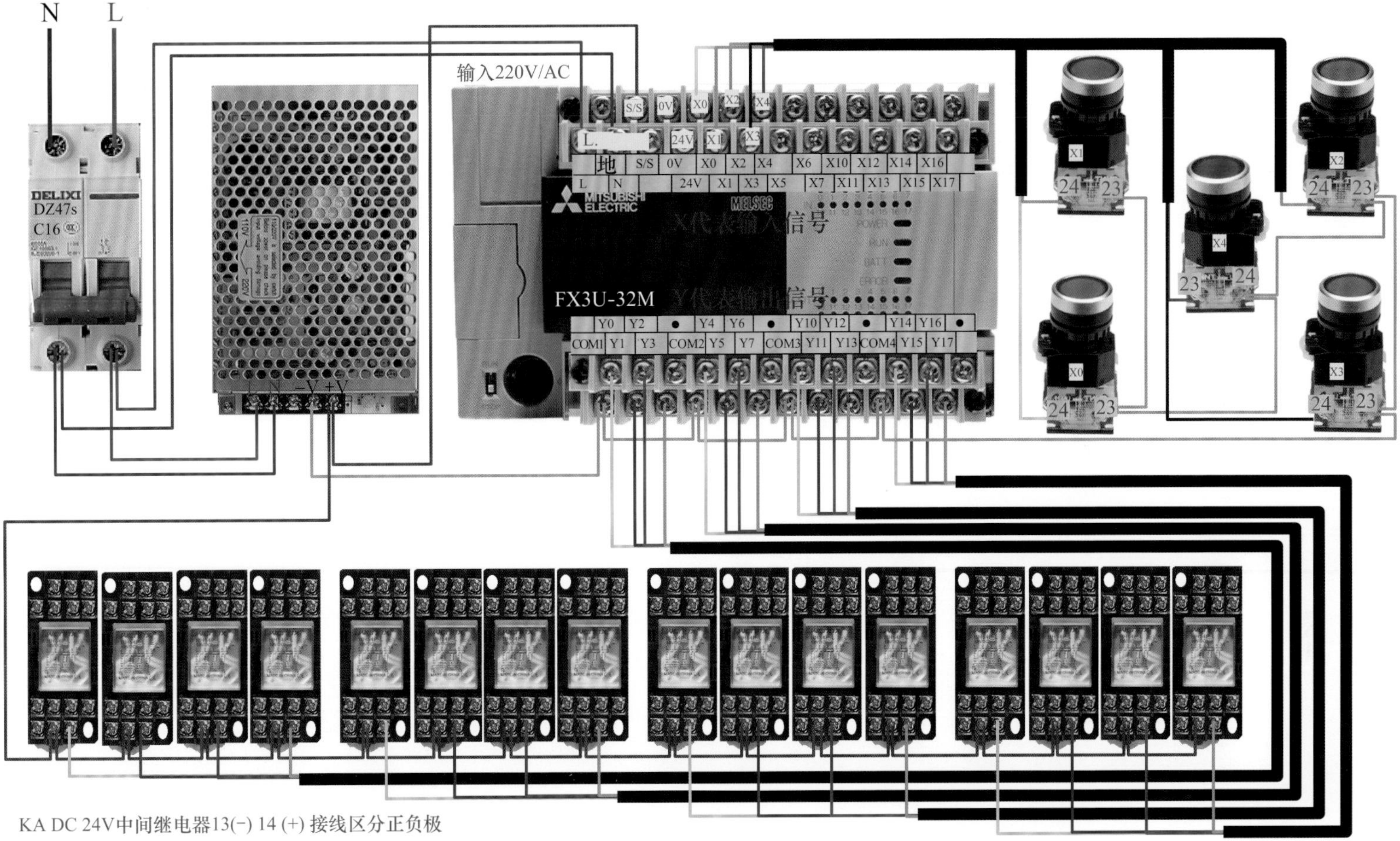

三菱 FX3U PLC 利用传送指令实现二进制数到十六进制数转换应用电路实物接线图

30. 三菱 FX3U PLC 利用基本指令控制伺服驱动器

PLSY脉冲输出

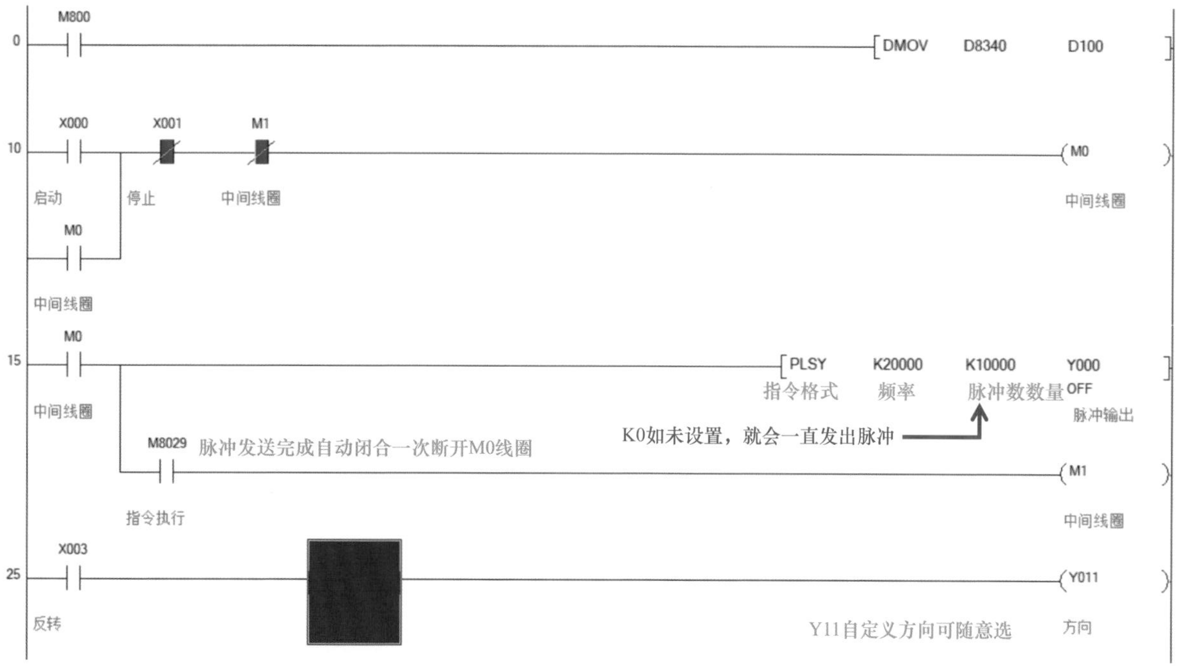

PLSY: 脉冲输出
PLSR: 带加减速的脉冲输出
PWM: 脉宽调制
PLSV: 可变速脉冲输出
M8092: 指令执行结束标志位(闭合一次)
DRVA: 绝对定位指令
DRVI: 相对位置指令
DZR: 原点回归
DSZR: 带搜索的原点回归

参数序号	参数名称	参数值	参数范围	说明
Pn000	电动机型号	1330A	1330A 2430A	1330A: 400W伺服电动机 2430A: 750W伺服电动机
Pn001	每转脉冲数	10000	200-65535	电动机每转一圈需要的脉冲数
Pn002	电动机默认转向	0	0~1	0 : 正转 1 : 反转
Pn012	脉冲输入模式	0	0~1	0 : 脉冲+方向 1 : 双脉冲
Pn023	控制方式	0	0~3	0 : 脉冲模式 1 : 速度485 2 : IO模式 3 : 转矩485

指令用来产生指定数量的脉冲，其可以设置脉冲频率、脉冲数量和脉冲输出元件。如果使用指令时未设置脉冲数量，将一直发出脉冲。如上图所示，如果需要实现电动机的正反转控制，可以通过添加一个输入元件，增加一行程序来实现。

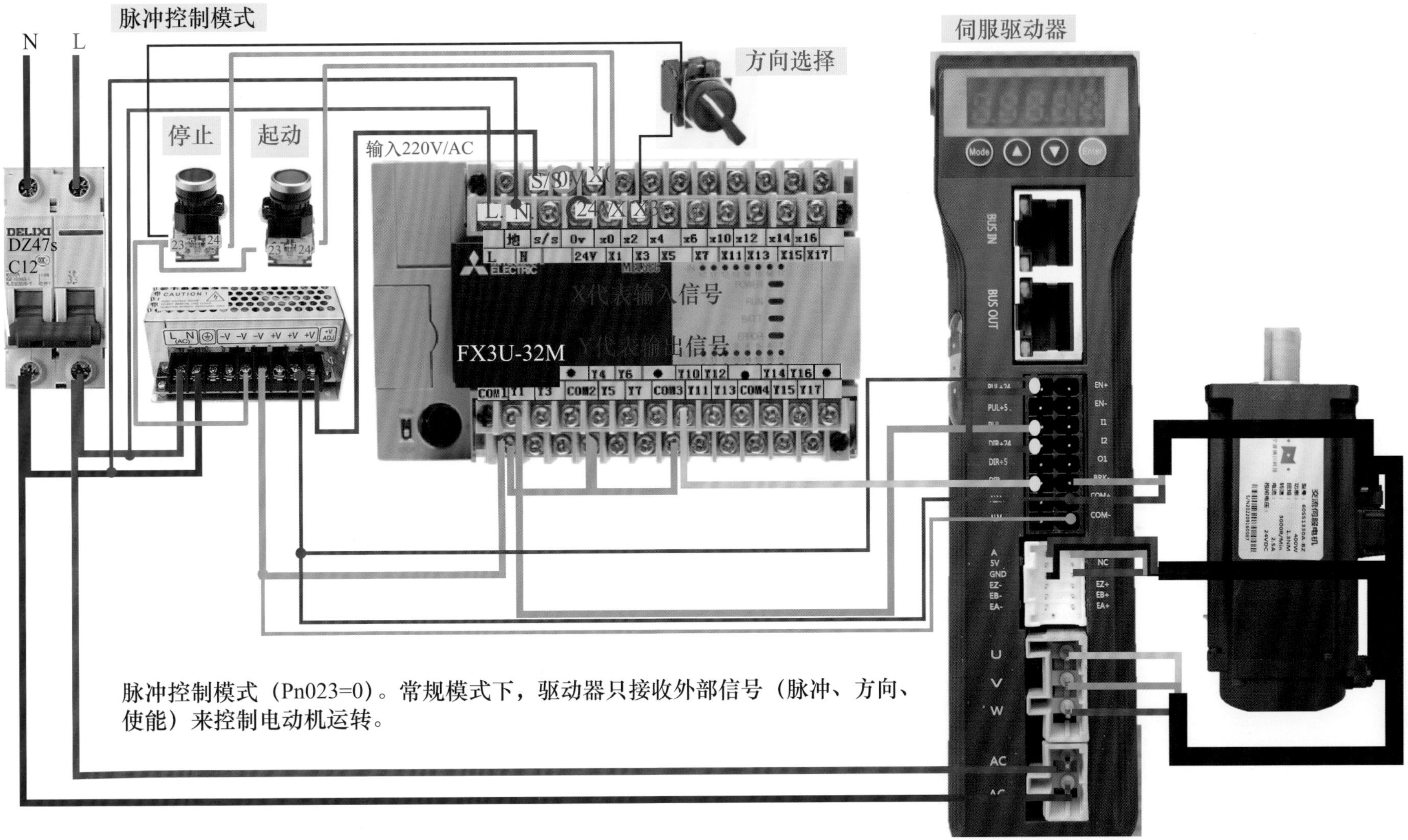

三菱 **FX3U PLC** 利用基本指令控制伺服驱动器实物接线图

资源获取说明

本书相关配套视频需进行兑换操作，才能正常观看。具体获取方式如下：

1）在微信 App 中，搜索“天工讲堂”，并关注微信公众号“天工讲堂”。

2）选择“我的”→“使用”。

3）刮开图书封底处的“刮刮卡”，获得“兑换码”。

4）输入“兑换码”和“验证码”，即可免费获得全套资源！

5）进入微信小程序“天工讲堂”。在“我的”中登录后，可在“学习”中看到兑换的课程或资源。

兑换完成后，也可扫描上面的课程二维码即可进行学习

兑换后，使用微信扫一扫本页右上角二维码以及书中各个视频二维码即可观看配套内容。

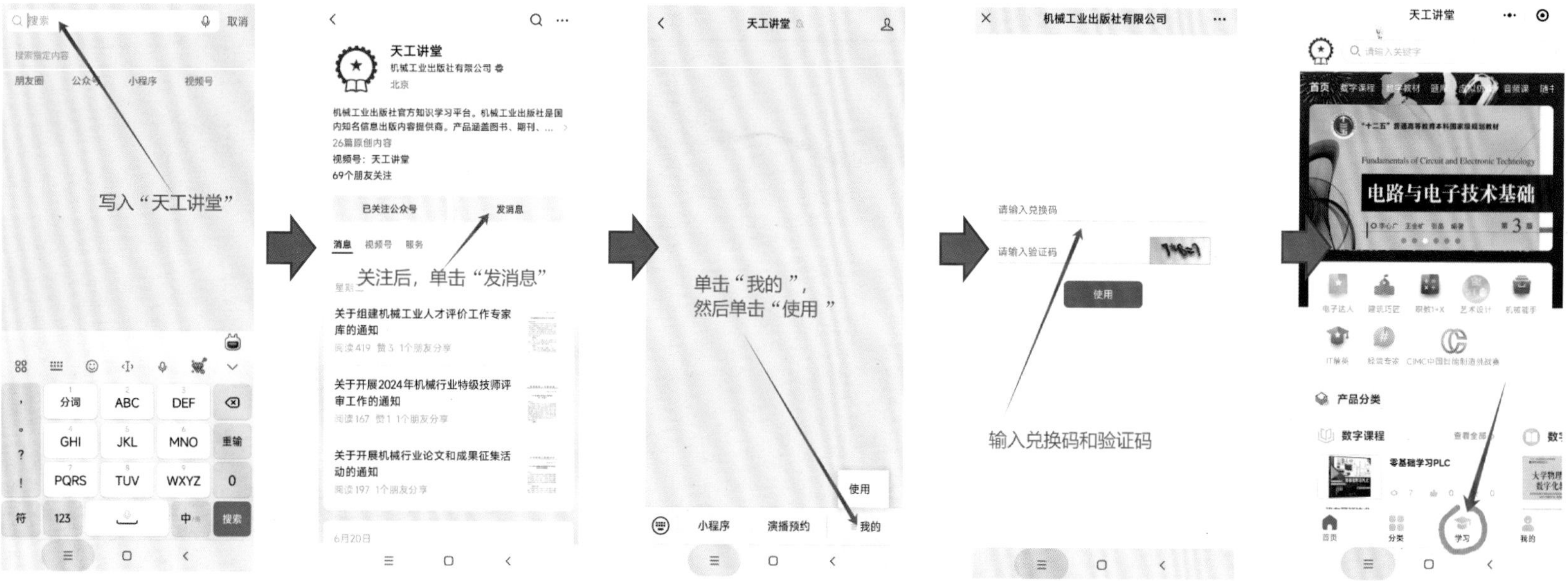